中国传统建筑
解析与传承

中华人民共和国住房和城乡建设部 编

THE INTERPRETATION AND INHERITANCE OF TRADITIONAL CHINESE ARCHITECTURE

Ministry of Housing and Urban-Rural Development of the People's Republic of China

湖南卷
Hunan Volume

中国建筑工业出版社

图书在版编目（CIP）数据

中国传统建筑解析与传承　湖南卷/中华人民共和国住房和城乡建设部编. —北京：中国建筑工业出版社，2017.9

ISBN 978-7-112-21210-1

Ⅰ.①中… Ⅱ.①中… Ⅲ.①古建筑–建筑艺术–湖南　Ⅳ.①TU-092.2

中国版本图书馆CIP数据核字（2017）第220076号

责任编辑：吴　佳　李东禧　唐　旭　吴　绫　张　华
责任校对：焦　乐　姜小莲

中国传统建筑解析与传承　湖南卷
中华人民共和国住房和城乡建设部　编

*

中国建筑工业出版社出版、发行（北京海淀三里河路9号）
各地新华书店、建筑书店经销
北京锋尚制版有限公司制版
北京顺诚彩色印刷有限公司印刷

*

开本：880×1230毫米　1/16　印张：31¾　字数：925千字
2017年10月第一版　2017年10月第一次印刷
定价：298.00元
ISBN 978-7-112-21210-1
（30853）

版权所有　翻印必究
如有印装质量问题，可寄本社退换
（邮政编码 100037）

总　序

Foreword

几年前我去法国里昂地区，看到有大片很久以前甚至四百年前建造的夯土建筑，也就是干打垒房子，至今仍在使用。20世纪80年代，当地建设保障房小区时，要求一律建造夯土建筑，他们采用了现代夯土技术。西安科技大学的两位老师将这种技术引入国内，在甘肃、河北等多地建了示范房。现代夯土技术的改进点在于科学配比土与石子、使用模板和电动器具夯筑，传承了夯土建筑的优点，如造价低、节能保温，弥补了缺陷，抗震性增强，也美观，颇受农民的好评。我对这个事例很感兴趣并悟出一个道理，做好传承关键要具备两种精神：一是执着，坚信许多传统能够传承、值得传承。法国将传统干打垒房子当作好东西，努力传承，而我国虽然是生土建筑数量最多的国家，但今天各地却都视其为贫穷落后的标志，力图尽快消灭；二是创新，要下力气研究传统的优点及缺点，并用现代技术克服其缺点，赋予其现代功能，使传统文明成果在今天焕发新的生命力。这两方面的功夫我们都不够。

文明古国的中国，在实现现代化的进程中，只有十分自信、满腔热情地传承了优秀传统文化，才能受到全世界的尊重。建筑是一个民族生存智慧、工程技术、审美理念、社会伦理等文明成果最集中、最丰富的载体，其传承及体现是一个国家和民族富强与贫弱的标志。改变今天建筑缺失传统文化的局面，我们需要重新认识我国传统建筑文化，把握其精髓和发展脉络，挖掘和丰富其完整价值，探索传统与现代融合的理念和方法。2012年，住房和城乡建设部村镇建设司组织了首次传统民居全国普查，编纂了《中国传统民居类型全集》，其详细、准确、系统地展示了我国传统民居的地域性。在此基础上，2014年又启动了"传统建筑解析与传承"调查研究，这是第一次国家层面组织的该领域的大型调查研究，颇具价值：

价值一，它是至今对我国传统建筑文化最全面、最系统的阐释。第一，本次调查研究地域覆盖广，历史挖掘深，建筑类型多。31个省（市、区）开展了调查研究，每个省的研究也都覆盖了全域；一些省对传统建筑文化的追溯年代突破了记录；建筑类型不仅涵盖了官式建筑、庙宇、祠堂等，更涵盖了各类代表性民居。第二，更加注重从自然、人文、技术、经济几条主线解析传统建筑文化，而不是拘泥于建筑本身；不但阐释了传统建筑的物质形体，而且阐释了传统建筑文化的产生机制。第三，研究体例和解析维度保持了基本一致，各省都通过聚落格局、建筑群体与单体、细部与装饰、风格与装修对传统建筑进行解析。通过解析，大大丰富和提升了对我国传统建筑文化精髓的认识，如：中国传统建筑与自然相适应，和谐共生，敬天惜物；与生存实际相适应，容纳生产生活；与社会伦理相适应，井然有序；与发展相适应，灵活易变，是模块化的鼻祖。第四，内在形式统一，体现了中华文明的持久性和一致性；木结构等技术高度成熟，体现了中华民族的智慧；丰富的地区差异，体现了中华文化的多样性。一些研究基础较差的省，第一次对传统建筑有了全面认识；一些研究基础较好的省，又深化了认识。可以说，这次全面调查研究是对中国传统建筑文化的一次重新认识。

价值二，也是更重要的价值，它是就如何传承传统建筑文化、如何实现传统与现代融合这一难题，至今所进行的广泛深入的探索。第一，提出了更为本质、更具指导意义的传承理论和原则，如建筑文化的三大传承主线：自然、人文、技术；"形"的传承、"神"的传承、"神形兼备"的传承；适应性传承、创新性传承、可持续性传承等理论；坚持挖掘地域文化与建筑的关联性，坚持寻找并传承其最有价值和生命力的要素，坚持与时代发展相接轨等原则。第二，提出了更具操作性的传承方法和要点，如建筑肌理、应对自然环境、空间变异、建造方式、建筑材料、符号特征六方面的传承方法。第三，收集、展示、分析了近代以来大量的现代建筑探索传承的案例，既包括比较成功的，也包括比较失败的，具有很好的参考意义。同时也提出了应防止的误区。

价值三，唤起了对传统建筑文化的空前热情。通过这次研究，各地建设部门更加重视传统建筑文化的传承工作了，这将有利于扭转当前我国城乡建设缺乏传统文化的局面。在学术界，不仅老专家倾力投入，新参与的专家学者也越来越多，而且十分积极。过去研究传统建筑的专家学者与从事设计的建筑师交流不多，通过这次研究，两个群体融合到了一起，不仅有利于传承的研究，更有利于传承的实践。有的老专家说，等了几十年，终于等到国家组织这项工作了。

探索传统建筑文化与现代建筑的融合是难度极大的挑战，永远在路上。虽然本次调查研究存在着许多不足和局限，但第一次组织全国专业力量努力探索的成果，惠及当今，流芳百年，意义非凡，不仅具有中国意义，也具有世界意义。在此，谨向为成就这一大业，辛勤无私付出并作出卓越贡献的所有专家学者、建筑师和技术人员、各地建设部门领导和职工，表示衷心的感谢和崇高的敬意。此外，我还深深感受到，组织实施全国范围的、具有历史意义的调查研究，是其他组织和个人难以做到的，是中央部委必须承担的重要职责，今后还要多做。

住房和城乡建设部总经济师 赵晖

2016年9月

编委会

Editorial Committee

发起与策划：赵　晖

组 织 推 进：张学勤、卢英方、白正盛、王旭东、王　玮、王旭东（天津）、
于文学、翟顺河、冯家举、汪　兴、孙众志、张宝伟、孙继伟、
刘大威、沈　敏、侯淅珉、王胜熙、李道鹏、李兴军、陈华平、
尹维真、蒋益民、蔡　瀛、吴伟权、陈孝京、余晓斌、文技军、
宋丽丽、赵志勇、斯朗尼玛、韩一兵、杨咏中、白宗科、岳国荣、
海拉提·巴拉提

指 导 专 家：崔　愷、吴良镛、冯骥才、孙大章、陆元鼎、张锦秋、何镜堂、
朱光亚、朱小地、罗德启、马国馨、何玉如、单德启、陈同滨、
朱良文、郑时龄、伍　江、常　青、吴建中、王小东、曹嘉明、
张俊杰、张玉坤、杨焕成、黄汉民、王建国、梅洪元、黄　浩、
张先进、洪再生、郑国珍

秘 书 长：林岚岚

工 作 组：罗德胤、徐怡芳、杨绪波、吴　艳、李立敏、薛林平、李春青、
潘　曦、王　鑫、苑思楠、赵海翔、郭华瞻、贾一石、郭志伟、
褚苗苗、王　浩、李君洁、徐凌玉、师晓静、李　涛、庞　佳、
田铂菁、王　青、王新征、郭海鞍、张蒙蒙、丁　皓、侯希冉

湖南卷编写组：

组织人员：宁艳芳、黄 立、吴立玖

编写人员：何韶瑶、唐成君、章 为、张梦淼、姜兴华、罗学农、黄力为、张艺婕、吴晶晶、刘艳莉、刘 姿、熊申午、陆 薇、党 航、陈 宇、江 嫚、吴 添、周万能

调研人员：李 夺、欧阳铎、刘湘云、付玉昆、赵磊兵、黄 慧、李 丹、唐娇致、石凯弟、鲁 娜、王 俊、章恒伟、张 衡、张晓晗、石伟佳、曹宇驰、肖文静、臧澄澄、赵 亮、符文婷、黄逸帆、易嘉昕、张天浩、谭 琳

北京卷编写组：

组织人员：李节严、侯晓明、李 慧、车 飞

编写人员：朱小地、韩慧卿、李艾桦、王 南、钱 毅、马 泷、杨 滔、吴 懿、侯 晟、王 恒、王佳怡、钟曼琳、田燕国、卢清新、李海霞

调研人员：刘江峰、陈 凯、闫 峥、刘 强、段晓婷、孟昳然、李沫含、黄 蓉

天津卷编写组：

组织人员：吴冬粤、杨瑞凡、纪志强、张晓萌

编写人员：朱 阳、王 蔚、刘婷婷、王 伟、刘铧文

调研人员：张 猛、冯科锐、王浩然、单长江、陈孝忠、郑 涛、朱 磊、刘 畅

河北卷编写组：

组织人员：封 刚、吴永强、席建林、马 锐

编写人员：舒 平、吴 鹏、魏广龙、刁建新、刘 歆、解 丹、杨彩虹、连海涛

山西卷编写组：

组织人员：张海星、郭 创、赵俊伟

编写人员：王金平、薛林平、韩卫成、冯高磊、杜艳哲、孔维刚、郭华瞻、潘 曦、王 鑫、石 玉、胡 盼、刘进红、王建华、张 钰、高 明、武晓宇、韩丽君

内蒙古卷编写组：

组织人员：杨宝峰、陈 彪、崔 茂

编写人员：张鹏举、彭致禧、贺 龙、韩 瑛、额尔德木图、齐卓彦、白丽燕、高 旭、杜 娟

辽宁卷编写组：

组织人员：任韶红、胡成泽、刘绍伟、孙辉东

编写人员：朴玉顺、郝建军、陈伯超、杨 晔、周静海、黄 欢、王蕾蕾、王 达、宋欣然、刘思铎、原砚龙、高赛玉、梁玉坤、张凤婕、吴 琦、邢 飞、刘 盈、楚家麟

调研人员：王严力、纪文喆、姚 琦、庞一鹤、赵兵兵、邵 明、吕海平、王颖蕊、孟 飘

吉林卷编写组：

组织人员：袁忠凯、安 宏、肖楚宇、陈清华

编写人员：王 亮、李天骄、李雷立、宋义坤、张 萌、李之吉、张俊峰、孙守东

调研人员：郑宝祥、王 薇、赵 艺、吴翠灵、李亮亮、孙宇轩、李洪毅、崔晶瑶、

王铃溪、高小淇、李　宾、李泽锋、
梅　郊、刘秋辰

黑龙江卷编写组：

组织人员：徐东锋、王海明、王　芳
编写人员：周立军、付本臣、徐洪澎、李同予、
　　　　　殷　青、董健菲、吴健梅、刘　洋、
　　　　　刘远孝、王兆明、马本和、王健伟、
　　　　　卜　冲、郭丽萍
调研人员：张　明、王　艳、张　博、王　钊、
　　　　　晏　迪、徐贝尔

上海卷编写组：

组织人员：王训国、孙　珊、侯斌超、魏珏欣、
　　　　　马秀英
编写人员：华霞虹、王海松、周鸣浩、寇志荣、
　　　　　宾慧中、宿新宝、林　磊、彭　怒、
　　　　　吕亚范、卓刚峰、宋　雷、吴爱民、
　　　　　刘　刊、白文峰、喻明璐、罗超君、
　　　　　朱　杭
调研人员：章　竞、蔡　青、杜超瑜、吴　皎、
　　　　　胡　楠、王子潇、刘嘉纬、吕欣欣、
　　　　　林　陈、李玮玉、侯　炬、姜鸿博、
　　　　　赵　曜、闵　欣、苏　萍、申　童、
　　　　　梁　可、严一凯、王鹏凯、谢　屾、
　　　　　江　璐、林叶红

江苏卷编写组：

组织人员：赵庆红、韩秀金、张　蔚、俞　锋
编写人员：龚　恺、朱光亚、薛　力、胡　石、
　　　　　张　彤、王兴平、陈晓扬、吴锦绣、
　　　　　陈　宇、沈　旸、曾　琼、凌　洁、
　　　　　寿　焘、雍振华、汪永平、张明皓、
　　　　　晁　阳

浙江卷编写组：

组织人员：江胜利、何青峰

编写人员：王　竹、于文波、沈　黎、朱　炜、
　　　　　浦欣成、裘　知、张玉瑜、陈　惟、
　　　　　贺　勇、杜浩渊、王焯瑶、张泽浩、
　　　　　李秋瑜、钟温歆

安徽卷编写组：

组织人员：宋直刚、邹桂武、郭佑芹、吴胜亮
编写人员：李　早、曹海婴、叶茂盛、喻　晓、
　　　　　杨　燊、徐　震、曹　昊、高岩琰、
　　　　　郑志元
调研人员：陈骏祎、孙　霞、王达仁、周虹宇、
　　　　　毛心彤、朱　慧、汪　强、朱高栎、
　　　　　陈薇薇、贾宇枝子、崔巍懿

福建卷编写组：

组织人员：蒋金明、苏友佺、金纯真、许为一
编写人员：戴志坚、王绍森、陈　琦、胡　璟、
　　　　　戴　玢、赵亚敏、谢　骁、镡旭璐、
　　　　　祖　武、刘　佳、贾婧文、王海荣、
　　　　　吴　帆

江西卷编写组：

组织人员：熊春华、丁宜华
编写人员：姚　糖、廖　琴、蔡　晴、马　凯、
　　　　　李久君、李岳川、肖　芬、肖　君、
　　　　　许世文、吴　琼、吴　靖
调研人员：兰昌剑、戴晋卿、袁立婷、赵晗聿、
　　　　　翁之韵、项琛春、廖思怡、何　昱

山东卷编写组：

组织人员：杨建武、尹枝俏、张　林、宫晓芳
编写人员：刘　甦、张润武、赵学义、仝　晖、
　　　　　郝曙光、邓庆坦、许丛宝、姜　波、
　　　　　高宜生、赵　斌、张　巍、傅志前、
　　　　　左长安、刘建军、谷建辉、宁　荞、
　　　　　慕启鹏、刘明超、王冬梅、王悦涛、
　　　　　姚　丽、孔繁生、韦　丽、吕方正、

王建波、解焕新、李 伟、孔令华、
王艳玲、贾 蕊

河南卷编写组：

组织人员：马耀辉、李桂亭、韩文超
编写人员：郑东军、李 丽、唐 丽、韦 峰、
黄 华、黄黎明、陈兴义、毕 昕、
陈伟莹、赵 凯、渠 韬、许继清、
任 斌、李红建、王文正、郑丹枫、
王晓丰、郭兆儒、史学民、王 璐、
毕小芳、张 萍、庄昭奎、叶 蓬、
王 坤、刘利轩、娄 芳、王东东、
白一贺

湖北卷编写组：

组织人员：万应荣、付建国、王志勇
编写人员：肖 伟、王 祥、李新翠、韩 冰、
张 丽、梁 爽、韩梦涛、张阳菊、
张万春、李 扬

广东卷编写组：

组织人员：梁志华、肖送文、苏智云、廖志坚、
秦 莹
编写人员：陆 琦、冼剑雄、潘 莹、徐怡芳、
何 菁、王国光、陈思翰、冒亚龙、
向 科、赵紫伶、卓晓岚、孙培真
调研人员：方 兴、张成欣、梁 林、林 琳、
陈家欢、邹 齐、王 妍、张秋艳

广西卷编写组：

组织人员：彭新唐、刘 哲
编写人员：雷 翔、全峰梅、徐洪涛、何晓丽、
杨 斌、梁志敏、尚秋铭、黄晓晓、
孙永萍、杨玉迪、陆如兰
调研人员：许建和、刘 莎、李 昕、蔡 响、
谢常喜、李 梓、覃茜茜、李 艺、
李城臻

海南卷编写组：

组织人员：霍巨燃、陈孝京、陈东海、林亚芒、
陈娟如
编写人员：吴小平、唐秀飞、贾成义、黄天其、
刘 筱、吴 蓉、王振宇、陈晓菲、
刘凌波、陈文斌、费立荣、李贤颖、
陈志江、何慧慧、郑小雪、程 畅

重庆卷编写组：

组织人员：冯 赵、吴 鑫、揭付军
编写人员：龙 彬、陈 蔚、胡 斌、徐千里、
舒 莺、刘晶晶、张 菁、吴晓言、
石 恺

四川卷编写组：

组织人员：蒋 勇、李南希、鲁朝汉、吕 蔚
编写人员：陈 颖、高 静、熊 唱、李 路、
朱 伟、庄 红、郑 斌、张 莉、
何 龙、周晓宇、周 佳
调研人员：唐 剑、彭麟麒、陈延申、严 潇、
黎峰六、孙 笑、彭 一、韩东升、
聂 倩

贵州卷编写组：

组织人员：余咏梅、王 文、陈清鋆、赵玉奇
编写人员：罗德启、余压芳、陈时芳、叶其颂、
吴茜婷、代富红、吴小静、杜 佳、
杨钧月、曾 增
调研人员：钟伦超、王志鹏、刘云飞、李星星、
胡 彪、王 曦、王 艳、张 全、
杨 涵、吴汝刚、王 莹、高 蛤

云南卷编写组：

组织人员：汪 巡、沈 键、王 瑞
编写人员：翟 辉、杨大禹、吴志宏、张欣雁、

　　　　　　刘肇宁、杨　健、唐黎洲、张　伟
调研人员：张剑文、李天依、栾涵潇、穆　童、
　　　　　王祎婷、吴雨桐、石文博、张三多、
　　　　　阿桂莲、任道怡、姚启凡、罗　翔、
　　　　　顾晓洁

西藏卷编写组：

组织人员：李新昌、姜月霞、付　聪
编写人员：王世东、木雅·曲吉建才、拉巴次仁、
　　　　　丹　达、毛中华、蒙乃庆、格桑顿珠、
　　　　　旺　久、加　雷
调研人员：群　英、丹增康卓、益西康卓、
　　　　　次旺郎杰、土旦拉加

陕西卷编写组：

组织人员：王宏宇、李　君、薛　钢
编写人员：周庆华、李立敏、赵元超、李志民、
　　　　　孙西京、王　军（博）、刘　煜、
　　　　　吴国源、祁嘉华、刘　辉、武　联、
　　　　　吕　成、陈　洋、雷会霞、任云英、
　　　　　倪　欣、鱼晓惠、陈　新、白　宁、
　　　　　尤　涛、师晓静、雷耀丽、刘　怡、
　　　　　李　静、张钰曌、刘京华、毕景龙、
　　　　　黄　姗、周　岚、石　媛、李　涛、
　　　　　黄　磊、时　洋、张　涛、庞　佳、
　　　　　王怡琼、白　钰、王建成、吴左宾、
　　　　　李　晨、杨彦龙、林高瑞、朱瑜葱、
　　　　　李　凌、陈斯亮、张定青、党纤纤、
　　　　　张　颖、王美子、范小烨、曹惠源、
　　　　　张丽娜、陆　龙、石　燕、魏　锋、
　　　　　张　斌
调研人员：陈志强、丁琳玲、陈雪婷、杨钦芳、
　　　　　张豫东、刘玉成、图努拉、郭　萌、
　　　　　张雪珂、于仲晖、周方乐、何　娇、
　　　　　宋宏春、肖求波、方　帅、陈建宇、
　　　　　余　茜、姬瑞河、张海岳、武秀峰、
　　　　　孙亚萍、魏　栋、千　金、米庆志、
　　　　　陈治金、贾　柯、刘培丹、陈若曦、
　　　　　陈　锐、刘　博、王丽娜、吕咪咪、

　　　　　卢　鹏、孙志青、吕鑫源、李珍玉、
　　　　　周　菲、杨程博、张演宇、杨　光、
　　　　　邱　鑫、王　镭、李梦珂、张珊珊、
　　　　　惠禹森、李　强、姚雨墨

甘肃卷编写组：

组织人员：蔡林峥、任春峰、贺建强
编写人员：刘奔腾、张　涵、安玉源、叶明晖、
　　　　　冯　柯、王国荣、刘　起、孟岭超、
　　　　　范文玲、李玉芳、杨谦君、李沁鞠、
　　　　　梁雪冬、张　睿、章海峰
调研人员：马延东、慕　剑、陈　谦、孟祥武、
　　　　　张小娟、王雅梅、郭兴华、闫幼锋、
　　　　　赵春晓、周　琪、师宏儒、闫海龙、
　　　　　王雪浪、唐晓军、周　涛、姚　朋

青海卷编写组：

组织人员：杨敏政、陈　锋、马黎光
编写人员：李立敏、王　青、马扎·索南周扎、
　　　　　晁元良、李　群、王亚峰
调研人员：张　容、刘　悦、魏　璇、王晓彤、
　　　　　柯章亮、张　浩

宁夏卷编写组：

组织人员：杨　普、杨文平、徐海波
编写人员：陈宙颖、李晓玲、马冬梅、陈李立、
　　　　　李志辉、杜建录、杨占武、董　茜、
　　　　　王晓燕、马小凤、田晓敏、朱启光、
　　　　　龙　倩、武文娇、杨　慧、周永惠、
　　　　　李巧玲
调研人员：林卫公、杨自明、张　豪、宋志皓、
　　　　　王璐莹、王秋玉、唐玲玲、李娟玲

新疆卷编写组：

组织人员：马天宇、高　峰、邓　旭
编写人员：陈震东、范　欣、季　铭

主编单位：
中华人民共和国住房和城乡建设部

参编单位：

北京卷： 北京市规划委员会
北京市勘察设计和测绘地理信息管理办公室
北京市建筑设计研究院有限公司
清华大学
北方工业大学

天津卷： 天津市城乡建设委员会
天津大学建筑设计规划研究总院
天津大学

河北卷： 河北省住房和城乡建设厅
河北工业大学
河北工程大学
河北省村镇建设促进中心

山西卷： 山西省住房和城乡建设厅
北京交通大学
太原理工大学
山西省建筑设计研究院

内蒙古卷： 内蒙古自治区住房和城乡建设厅
内蒙古工业大学

辽宁卷： 辽宁省住房和城乡建设厅
沈阳建筑大学
辽宁省建筑设计研究院

吉林卷： 吉林省住房和城乡建设厅
吉林建筑大学
吉林建筑大学设计研究院
吉林省建苑设计集团有限公司

黑龙江卷： 黑龙江省住房和城乡建设厅
哈尔滨工业大学
齐齐哈尔大学
哈尔滨市建筑设计院
哈尔滨方舟工程设计咨询有限公司
黑龙江国光建筑装饰设计研究院有限公司
哈尔滨唯美源装饰设计有限公司

上海卷： 上海市规划和国土资源管理局
上海市建筑学会
华东建筑设计研究总院
同济大学
上海大学
上海市城市建设档案馆

江苏卷： 江苏省住房和城乡建设厅
东南大学

浙江卷： 浙江省住房和城乡建设厅
浙江大学
浙江工业大学

安徽卷： 安徽省住房和城乡建设厅
合肥工业大学

福建卷：福建省住房和城乡建设厅
厦门大学

江西卷：江西省住房和城乡建设厅
南昌大学
江西省建筑设计研究总院
南昌大学设计研究院

山东卷：山东省住房和城乡建设厅
山东建筑大学
山东建大建筑规划设计研究院
山东省小城镇建设研究会
山东大学
烟台大学
青岛理工大学
山东省城乡规划设计研究院

河南卷：河南省住房和城乡建设厅
郑州大学
河南大学
河南理工大学
郑州大学综合设计研究院有限公司
河南省城乡规划设计研究总院有限公司
河南人建建筑设计有限公司
郑州市建筑设计院有限公司

湖北卷：湖北省住房和城乡建设厅
中信建筑设计研究总院有限公司

湖南卷：湖南省住房和城乡建设厅
湖南大学
湖南大学设计研究院有限公司
湖南省建筑设计院

广东卷：广东省住房和城乡建设厅
华南理工大学
广州瀚华建筑设计有限公司
北京建工建筑设计研究院

广西卷：广西壮族自治区住房和城乡建设厅
华蓝设计（集团）有限公司

海南卷：海南省住房和城乡建设厅
海南华都城市设计有限公司
华中科技大学
武汉大学
重庆大学
海南省建筑设计院
海南雅克设计有限公司
海口市城市规划设计研究院
海南三寰城镇规划建筑设计有限公司

重庆卷：重庆市城乡建设委员会
重庆大学
重庆市设计院

四川卷：四川省住房和城乡建设厅
西南交通大学
四川省建筑设计研究院

贵州卷：贵州省住房和城乡建设厅
贵州省建筑设计研究院
贵州大学

云南卷：云南省住房和城乡建设厅
昆明理工大学

西藏卷：西藏自治区住房和城乡建设厅
　　　　西藏自治区建筑勘察设计院
　　　　西藏自治区藏式建筑研究所

陕西卷：陕西省住房和城乡建设厅
　　　　西安建大城市规划设计研究院
　　　　西安建筑科技大学建筑学院
　　　　长安大学建筑学院
　　　　西安交通大学人居环境与建筑工程学院
　　　　西北工业大学力学与土木建筑学院
　　　　中国建筑西北设计研究院有限公司
　　　　中联西北工程设计研究院有限公司
　　　　陕西建工集团有限公司建筑设计院

甘肃卷：甘肃省住房和城乡建设厅
　　　　兰州理工大学
　　　　西北民族大学
　　　　甘肃省建筑设计研究院

青海卷：青海省住房和城乡建设厅
　　　　西安建筑科技大学
　　　　青海省建筑勘察设计研究院有限公司
　　　　青海明轮藏传建筑文化研究会

宁夏卷：宁夏回族自治区住房和城乡建设厅
　　　　宁夏大学
　　　　宁夏建筑设计研究院有限公司
　　　　宁夏三益上筑建筑设计院有限公司

新疆卷：新疆维吾尔自治区住房和城乡建设厅
　　　　新疆建筑设计研究院
　　　　新疆佳联城建规划设计研究院

目　录

Contents

总　序

前　言

第一章　绪论

002　　第一节　湖南地区概况
002　　一、湖南省简述
002　　二、地域分区及地理气候概述
004　　三、社会人文环境
005　　第二节　湖南历史文化特征综述
005　　一、湖湘文化渊源解读
007　　二、不同文化分区特征综述
009　　第三节　湖南传统建筑特征及影响因素
009　　一、传统城镇与村落特征
016　　二、主要影响因素归纳
016　　第四节　现代建筑传承现状概述
016　　一、现代建筑传承现状
018　　二、传承实践中遇到问题

上篇：湖南传统建筑地域特征解析

第二章　湖南传统建筑文化的形成背景

023　　第一节　湖南地区独特的气候条件

023	一、独特气候形成背景	
023	二、气候概况	
023	第二节 多民族文化的影响	
023	一、汉族	
024	二、土家族	
025	三、苗族	
026	四、侗族	
027	五、瑶族	
028	六、其他少数民族	
028	第三节 传统建筑营造技艺的影响	
028	一、历史溯源	
029	二、技艺特色	

第三章 武陵·源——湘西北地区传统建筑风格特征解析

034	第一节 地理环境与人文环境
034	一、地理环境
034	二、人文环境
035	三、历史文化
035	第二节 传统城镇与传统村落选址
036	一、传统城镇
043	二、传统村落选址
048	第三节 传统建筑类型特征
048	一、公共建筑
063	二、民居
071	第四节 建筑材料及营造方式
071	一、建筑材料
074	二、营造方式
075	第五节 传统建筑装饰与细节
075	一、封火山墙

078		二、木雕构件
079		三、门窗
082		四、栏杆
083		五、石柱础
083	第六节	传统元素符号的总结与比较
083		一、传统元素符号的总结
084		二、传统元素符号的比较

第四章 雪峰·巍——湘西南地区传统建筑风格特征解析

088	第一节	地理气候与人文环境
088		一、地理气候
088		二、历史文化背景
088		三、人文环境
089	第二节	传统城镇与村落选址
089		一、传统城镇
100		二、传统聚落的选址与格局
108	第三节	传统建筑类型特征
108		一、公共建筑
114		二、民居
123	第四节	建筑材料与营造方式
123		一、建筑材料
125		二、营造方式
130	第五节	传统建筑装饰与细节
130		一、门
132		二、窗花
132		三、雕刻
134		四、彩绘
136	第六节	传统元素符号的总结与比较
136		一、传统元素符号的总结
139		二、传统元素符号的比较

第五章　潇湘·梦——湘东南地区传统建筑风格特征解析

142	第一节　自然环境与人文环境
142	一、自然环境
142	二、人文环境
144	第二节　传统城镇与聚落选址
144	一、传统城镇
146	二、传统聚落选址与格局
152	第三节　传统建筑类型特征
152	一、公共建筑
165	二、民居
172	第四节　建筑材料及营造方式
172	一、建筑材料
175	二、营造方式
181	第五节　建筑装饰与细节
181	一、木雕
184	二、石雕
188	三、砖雕
189	四、泥塑
189	五、彩绘
190	六、壁画
191	第六节　传统元素符号的总结与比较
191	一、传统元素符号的总结
192	二、传统元素符号的比较

第六章　洞庭·波——湘东北地区传统建筑风格特征解析

195	第一节　地理气候与人文环境
195	一、地理气候
195	二、历史文化背景
197	三、生态环境与社会经济

198	第二节 传统聚落的选址与格局
198	一、防卫型格局——以长乐古镇为例
201	二、聚族而居
205	第三节 传统建筑类型特征
205	一、公共建筑
218	二、民居
226	第四节 建筑材料与营造方式
226	一、建筑材料
227	二、营造方式
232	第五节 传统建筑装饰与细节
232	一、石雕
234	二、木雕
236	三、油漆彩画
237	第六节 传统元素符号的总结与比较
237	一、传统元素符号的总结
239	二、传统元素符号的比较

第七章 梅山居——湘中地区传统建筑风格特征解析

246	第一节 地理气候与人文环境
246	一、地理气候
246	二、历史沿革
246	三、文化背景
247	第二节 传统聚落的选址与格局
247	一、宗教信仰与聚落选址
247	二、聚落布局特征
249	三、案例分析：娄底市新化县正龙村
252	第三节 传统建筑类型特征
252	一、公共建筑
265	二、民居
279	第四节 建筑材料及营造方式
279	一、建筑材料

280	二、营造方式
282	第五节　传统建筑装饰与细节
282	一、门窗
283	二、梁坊及构架
283	三、天花、藻井
284	四、柱础
284	第六节　传统元素符号的总结与比较
284	一、传统元素符号的总结
286	二、传统元素符号的比较

下篇：湖南传统建筑文化传承与创新

第八章　湖南近现代传统建筑文化传承

291	第一节　追本溯源——近现代建筑的脉络
291	一、早期西方建筑的异地重构
292	二、近代建筑兴起时期的风起云涌
294	三、文夕大火以后的建设
296	第二节　源远流长——近现代建筑的解读
296	一、近现代教堂建筑
302	二、近现代学校建筑
313	三、公馆民居建筑
319	四、工业建筑
321	五、其他建筑
325	第三节　巧夺天工——近现代地域建筑的创新
325	一、柳士英先生的现代建筑尝试
331	二、从书院修复到地域主义兴起

第九章　技术与创作策略在湖南传统建筑中的传承

336	第一节　设计原则
336	一、文化的合理性

340	二、功能的适用性
344	三、生产的经济性
344	第二节　设计方法
345	一、居住建筑
348	二、公共建筑
366	三、公共空间
377	四、工业建筑

第十章　传统建筑风格在现代建筑中的传承与表达

385	第一节　山水意境——自然肌理的表达
385	一、自然山水在设计中的应答
387	二、园林空间在设计中的引用
395	三、山水文化元素在设计中的应答
402	第二节　气候应对——自然气候的响应
402	一、建筑与自然环境的关系
402	二、建筑与自然气候的关系
408	三、建筑与周边微环境的关系
411	第三节　新修如旧——历史建筑文脉元素的回归传统
411	一、传统建筑文脉元素的整体继承
412	二、传统建筑文脉元素的交融
424	第四节　变异空间——空间布局的考虑
424	一、传统空间的转化更新
430	二、传统建筑空间形态的表达
434	第五节　材料和建造——地域材料的表现
434	一、传统材料在设计中的考量
435	二、传统材料的建造方式体现现代建筑特征
442	第六节　朱楼绮户——点缀性的符号
442	一、点缀符号在现代建筑中的直接运用
447	二、点缀性符号在现代建筑中的借用
448	三、传统建筑元素肌理样式的简化
449	四、点缀性符号在现代建筑中的抽象继承

第十一章 湖南省传统建筑传承与现代建筑发展的机遇与挑战

452　第一节　传统建筑文化与城市的适应性
452　一、传统地域文脉的割裂
452　二、传统建筑文脉的错位
453　三、传统文脉精神的丧失
454　第二节　传统建筑元素与设计的合理性
454　一、建筑元素体现设计思想
455　二、设计过度下的元素装饰
456　第三节　传统建筑技法与生态的可续性
456　一、建筑技法支持生态可持续
461　二、生态需求下的技法改进
468　第四节　传统建筑保护与再利用的可适性
468　一、传统建筑的保护与修复研究现状
471　二、保护前提下的再利用案例

第十二章 结语

参考文献

后　记

前 言

Preface

　　建筑大师梁思成先生曾说过:"建筑这本石头和木头的史书,忠实地反映着一定社会之政治、经济、思想和文化。"中国传统建筑文化历史悠久,源远流长,光辉灿烂,独树一帜。在漫长的历史长河中,作为东方传统文化和哲学的物质载体,在东方地平线上投下了磅礴而巨大的历史侧影。它映射出的美学精神、严肃的伦理规范,以及对人生的终极关怀,都蕴藏着高超的技术成就与迷人的艺术风韵,铸就了高雅的理性品格和深邃的哲学境界。古老的中华大地精彩纷呈的各类建筑,从横向角度说风格各异,缤纷斑斓;从纵向角度说则一脉相承,绵延发展,最终形成了独具特色的建筑,构建了具有独特风格的、相对完整的中国建筑文化体系。它是中国历史、文化发展的见证,是人类文明和智慧的结晶。

　　湖南历史文化悠久,从3000年前商朝至北宋时期的北部楚文化到湖南西部、南部的苗蛮文化、百越文化等,再到中原文化南下形成的被称为"潇湘洙泗"的正统儒学文化的变迁与发展,尤其是经历了历史上宋、元、明时期的多次大规模移民,使湖南地区在人口、习俗、风尚、思想观念上均发生了重要变化,从而建构出一种新的区域文化形态——湖湘文化。时至今日,湖南保存着大量的传统建筑文化遗产:如老司城遗址、里耶古城遗址、长沙铜官窑遗址和高庙遗址等古遗址近百处;挖掘出马王堆汉墓、西汉长沙王室墓和炎帝陵等近60处古墓葬;保留有岳麓书院、南岳庙、张谷英村古建筑群等古建筑365处;挖掘出麓山寺碑和白沙古井等各种石窟寺、石刻近50处……它们是一幅幅在青山绿水间展现的美丽画卷,是一篇篇用青砖灰瓦写就的诗意文章,是一段段矗然凝固的不朽历史,更是湖湘文化的根与魂。

　　当你站在那一栋栋传统建筑前,犹如聆听一位风蚀残年的老人用微弱而深沉的声音,向我们诉说那遥远的故事:泛着青光的青砖、青瓦、青石板,斑驳的清水墙,失去了昔日光彩的雕梁画栋和满布青苔与伤痕的精美石刻……这一切的历史痕迹,正渐渐地离我们而去,有的已经消失在我们的视线中。面对即将翻去的历史一页,我们逐步认识到:湖南传统建筑艺术作为一种具有强烈地域特色的传统文化,不仅要以鉴赏的眼光去审视它,更重要的是要带着对历史和文化的尊重去发现、挖掘、整理蕴藏在其中的传统人文精神和所呈现出的传统文化价值,并且加以保护和利用。

　　当你踏着光滑油亮的青石板路,触摸着历经岁月风霜、散发着青泽亮光的抱鼓石和石门槛,仰望着那昂首飞向天际的依稀可见昔日华美的马头墙，你都会深深感受到这就是我们本土的历史！我们祖先遗留下的不仅仅是书本中的文字或是老人口头的讲述；还有这可触摸的青砖、青瓦、青石板；还有这撒落在湖湘大地的一幢幢传统建筑和一个个镶嵌在自然环境中斑驳却安静恬淡的传统村落。审视历史，审视传统文化，这不只是一种传承文化的冲动，我们所面临的更为重要的任务应该是重新去挖掘湖湘传统建筑中所具有的历史、文化、艺术、科学价值，并在继承的基础上，保护、利用好其中有益的部分，为新的历史时期的建筑创作服务，为中华民族创造出更多、更好的具有文化传承特征的优秀建筑作品。

本书立足湖湘文化传承的视角，着重探析其传承与发展的设计实践。全书共分为三个部分，从湖南地理环境到传统文化的解读；从传统文化形成背景到传统建筑地域特征解析；从理论研究到案例评述，剖析湖湘文化的特征要素，其中：

绪论部分是湖南地区概况及全书内容概要，从自然人文环境、湖南文化解读、传统建筑历史沿革、历史文化特征及现代建筑传承现状引出全书内容。

上篇是湖南传统建筑文化解析（第二章至第七章）。以传统建筑为研究对象，结合影响传统建筑空间形态的地理因素、文化因素、经济因素等，提出将湖南划分为湘西北文化区、湘西南文化区、湘东南文化区、湘东北文化区、湘中文化区五大文化区，并从地理环境与人文环境、传统城镇与传统村落选址、传统建筑类型特征、建筑材料及营造方式、传统建筑装饰与细节及传统元素符号的总结六个部分进行文化解读。同时，由于以往湖南传统建筑研究主要集中在湘西少数民族地区，对汉族民居研究较少，故本书的第五章至第七章中对湘东南、湘东北、湘中三个地区汉族建筑进行了系统总结和归纳，以进一步完善湖南传统建筑的构成体系。

下篇是湖南传统建筑文化传承与创新（第八章至第十一章）。其中，第八章是湖南传统建筑文化的近现代地域化传承，从近现代建筑的脉络、探究和创新三部分进行归纳总结；第九章是湖南传统建筑技术与创作策略在现代建筑设计中的传承，从建筑设计的原则与方法上探索建筑创作策略；第十章从自然肌理的表达、自然气候的响应、历史文脉的回归、空间布局的考虑、地域材料的表现和点缀性的符号等六个方面对传统建筑风格在现代建筑中的传承与表达进行系统总结与叙述；第十一章从传统建筑文化与城市的适应性、传统建筑元素与设计的合理性、传统建筑技法与生态的可续性、传统建筑保护与再利用的可适性四个方面提出湖南建筑文化传承与发展面临的主要问题与挑战。

本书研究的最终目的不仅仅是为了传承湖湘文明；也不仅仅是为了唤醒人们对传统建筑文化的保护意识。湖湘文化源远流长，如何让这种文化为今所用，这才是我们共同面对的全新课题。希望本书的相关研究，在未来建筑创作中对湖南建筑文化内涵广度与深度的挖掘和对地域建筑文化内涵的表现形式与艺术风格的表达方式等有所借鉴与启发，这也是本书的主旨所在！

第一章　绪论

在21万平方公里的三湘大地上，留存、散落着众多传统建筑。这些传统建筑是祖先留给我们一笔珍贵且不可再生的文化遗产。它们是一幅幅展现在青山绿水间的美丽画卷；它们是一篇篇用青砖灰瓦书写的诗意文章；它们更是一段段矗然凝固的不朽历史。作为传统聚落和居住空间的遗存，其生生不息的居住环境作为活的历史，诠释着农耕时代特定生活方式及文化习俗的空间文本，承载着民族先人的嘱托和期望，传递着先辈们筚路蓝缕、前仆后继的创业精神，具有珍贵的历史价值。

徜徉在三湘四水之间，从湘北洞庭湖滨的岳阳楼、张谷英村，到湘南谢沫河畔的安陵书院、上甘棠村；从湘东岳麓山脚下的岳麓书院、锦绶堂，到湘西武陵山下沱江边的凤凰古城、吊脚楼，一个个传统村落、一栋栋传统建筑和一片片斑驳陆离的传统民居，它们或散布在城市的街巷中，或分布于乡村的广阔田野和丛山峻岭之间，仿佛在无声地向我们诉说着曾经的辉煌，我们不能不为湖湘先人的创造力而赞叹，不能不为我们祖辈的智慧击掌叫好。

第一节 湖南地区概况

一、湖南省简述

湖南省地处中国中部、长江中游，因大部分区域属于洞庭湖以南而得名"湖南"；因省内最大河流——湘江流贯全境而简称"湘"，省会为长沙市。湖南处于东经108°47′~114°15′，东临江西，西接重庆、贵州，南毗广东、广西，北与湖北相连。省界极端位置，东为桂东县黄连坪，西至新晃侗族自治县韭菜塘，南起江华瑶族自治县姑婆山，北达石门县壶瓶山。东西宽667千米，南北长774千米。土地面积21.18万平方千米，占中国国土面积的2.2%，在各省市区面积中居第10位，中部第1位。全省辖13个市、1个自治州，下辖122个县（市、区），其中市辖区34个、县级市16个、县65个、自治县7个，2016年末常住人口6822万，居全国第7位。湖南是多民族省份，有汉族、土家族、苗族、瑶族、侗族、白族、回族等55个民族，其中世居的有汉族、苗族、土家族、侗族、瑶族、回族、壮族、白族等9个民族。少数民族人口680万，占湖南省总人口的10%左右，大多聚居在湘西和湘南山区，少数杂居在湖南省各地。在少数民族中，土家族和苗族人口最多，主要居住在湘西北的湘西土家族苗族自治州。

图1-1-1 张家界国家森林公园（来源：湖南省住房和城乡建设厅 提供）

二、地域分区及地理气候概述

湖南省东、西、南三面山地环绕，形成向东北开口不对称的马蹄形。湘西北、湘西南分别有山势雄伟的武陵山和雪峰山盘踞；湘东南是湘江流域，山间盆地较多，谷地为交通要道；湘北为洞庭湖及湘、资、沅、澧四水尾闾的河湖冲积平原；湘中为丘陵地区，台地广布、平地较少。

（一）湘西北地区

湘西北位于湖南省的西北部，主要包括张家界、湘西自治州两个市，为"喀斯特山原地区"，属于我国东部新华夏系一级构造第三隆起带的南段，主体由武陵山次级隆起带和张家界盆地次级沉降带构成（图1-1-1）。整个区域内地貌除山间河谷盆地外，大部分为中、低山地，地势自北西部向南逐渐降低。岩性多为石灰岩、红色砂砾岩和泥页岩。新构造运动表现为上升隆起，且比较强烈。削蚀作用主要以强烈的溶蚀和流水侵蚀为主。

湘西北地区属亚热带季风温暖潮湿气候，春暖多雨，夏季干热，秋高气爽，冬季寒冷，四季分明，降水丰沛，年平均相对湿度78%~80%。

（二）湘西南地区

湘西南处云贵高原东侧，北西高、东南低，属中国由西向东逐渐降低第二阶梯之东缘，包括怀化市、邵阳市部分地区。该区域有海拔1000~1500米山势雄伟的雪峰山盘踞，地面被切割成大小不等的小盆地、台地和高峰、沟谷和陡坡，河床多被分成峡谷，坡陡流急，梯级裂点多，水资源丰富。域内耕地零星分散，土层厚薄不一。山上山下气候变化明显，山南山北降水量差异显著，地层发育齐全，构造复杂多样，矿产资源丰富。碳酸盐岩广布，岩溶地貌发育。山原峰丛、峰丛峡谷和槽谷、溶蚀洼地和平原、溶蚀岗地和丘陵，以及溶沟、石林、漏斗、天坑、溶洞、落水洞、暗河、伏流等岩溶景观到处可见。溶洞多而密布，形态多样复杂，规模大小悬殊，为美丽丹霞地貌（图1-1-2）。

图1-1-2 崀山风景名胜区（来源：湖南省住房和城乡建设厅 提供）

湘西南属亚热带季风性湿润气候，霜期较长，气温低，全年多雨多雾，日照偏少，具有"冬冷夏凉、冬干夏湿"的特点。

（二）湘东南地区

湘东南地区位于湖南省的东南部，南岭北麓，湘江上游，主要包括永州市、郴州市、衡阳市和长株潭地区。湘东南为丘陵山区，以山地、丘陵、盆地为主；南部为南岭山脉的骑田、萌渚、都庞等山岭，其主峰海拔高达1500米以上；北有衡阳盆地，西有零祁盆地和道江盆地；东南边缘有罗霄山脉，构成洞庭湖流域与鄱阳湖流域的分水岭。山地丘陵占本区面积的63.4%，岗地平原仅占本区面积的36.6%。该地区雨量充沛，地面坡度较大，水的侵蚀能力强烈，因而水系发达，较大的干流有来水、春陵水、永乐江并向北汇入湘江，武水朝南及龙河朝东，分别汇入广东北江和江西赣江。

湘东南地区属中亚热带湿润性季风气候，并表现出向南亚热带过渡的特征。春季温和湿润，夏季高温湿热，秋季干旱少风雨，冬季低温干燥。

（四）湘东北地区

湘东北地区位于湖南东北部，主要包括岳阳市、常德市与益阳市部分区域。该区域处于长江中游，西北部属武陵山系，中低山区；南部为红岩丘陵区，其间出现断块隆起和蚀余岛状的弧形山；东部幕阜山、连云山绵亘；西南部是雪峰山余脉，组成中山区；洞庭湖畔为四水下游及洞庭湖平原区。

湘东北地处中亚热带向北亚热带过渡区，属大陆性湿润气候，四季分明，季节性强，热量丰富，雨量充沛。

（五）湘中地区

湘中地区从地理位置看，处于湖南"马蹄形"中央偏西的位置，以娄邵盆地为中心，包括现在的娄底市全境，邵阳市的邵东县、新邵县、邵阳县，益阳市的安化县，长沙市的宁乡县，湘潭市的湘乡县及衡阳市临近娄底和邵阳的部分。它北靠洞庭，东临湘江，南近南岭，西接雪峰山脉，中央为娄邵盆地，总的来说地势从西南向东北呈阶梯状倾斜。湘中河流较多，水资源丰富。资水是湘中地区的主要河流，此外还有湘江支流和沅江支流。

湘中地区属中亚热带季风性湿润气候区，四季分明，日照充足，严寒期短，无霜期长，雨量充沛，春温多变，夏秋多旱。冬季北风凛冽干寒，冷空气影响较大，但时期较短。夏季南风，潮湿闷热，持续时间较长（图1-1-3、图1-1-4）。

图1-1-3　湘江橘子洲头（来源：湖南省住房和城乡建设厅 提供）

图1-1-4　新化紫鹊界梯田（来源：湖南省住房和城乡建设厅 提供）

三、社会人文环境

（一）湖湘文化

湖湘文化的基本精神"淳朴重义""勇敢尚武""经世致用""自强不息""淳朴"，即敦厚雄浑、未加修饰、不受拘束的生猛活脱之性。"重义"，即强烈的正义感和向群性。二者融贯，构成了湖湘文化独特的强力特色，具有鲜明的英雄主义色彩。

"湖湘文化"特指两宋以来湖南地区形成的地域文化，包括思想意识、学术观念、文学艺术、宗教信仰等社会意识文化和心理、性格、民风、民俗等社会心理文化两个层次的内容。它与齐鲁文化、巴蜀文化以及吴越文化等构成中华传统文化。湖湘文化因其形成的历史时代、地域环境和经济条件的差异，因而又具有自己的特色，其基本特征为：

其一，爱国主义。在不同历史时期，湖湘文化中的爱国主义有着不同的内容，但其深沉的忧患意识和以天下为己任的坚定历史责任感与使命感却始终未曾改变。

其二，经世致用。该文化将传习理学的学术教育活动与经邦济世的理想抱负结合在一起，注重实干、勇于任事、自强不息、勤勉朴实，对中国产生了强劲的影响。

其三，重视教育。湖湘文化之所以能在中国文化历史中大放异彩，人才辈出，重视教育是其中的一个重要原因。坐落于湘江之畔、麓山之腰的千年学府岳麓书院，作为湖湘文化的摇篮，培养了一大批人才，成为"三湘弟子遍天下，百代弦歌贯古今"的美谈。

（二）湖南方言

湖南方言，包括湘方言、西南官话、赣方言、客家方言，另外，还有湘南土话、乡话这一些尚未确定归属的方言。在少数民族聚居的地区，许多人既能说本民族语言，又能用汉语方言进行交际。

1. 湘方言。湘方言（也叫湘语）是湖南省最具代表性的方言，主要分布在长沙市、株洲市、湘潭市、衡阳市、邵阳市、岳阳市、益阳市、娄底市等地。湘语从内部语音差异上看，又有新湘语和老湘语之分。老湘语广泛流行于湖南中部宁乡市、衡阳市等地，新湘语流行于长沙市、株洲市等大中城市。

2. 西南官话。西南官话主要分布于湘西的大部分地区和湘南的郴州市区，西南官话形成的时间较晚，但在湘西北、湘西南一带影响广泛，为湖南省的第二大汉语方言，是湖广地区的第一大方言。

（三）戏曲

湖南不仅山川秀丽，而且文化传统悠久。现有湘剧、祁剧、辰河戏、衡阳湘剧、武陵戏、荆河戏、巴陵戏、湘昆、长沙花鼓戏、邵阳花鼓戏、衡州花鼓戏、常德花鼓戏、岳阳花鼓戏、永州花鼓戏、阳戏、花灯戏、傩戏、苗剧、侗戏等19个湖南地方戏剧剧种，艺术表演团体近100个。湖南地方戏剧作为我国重要的非物质文化遗产，以其奇异的风姿，高耸于中华艺林，长期以来创作了大量艺术性、观赏性俱佳的戏剧精品，如《琵琶记》、《白兔记》、《拜月记》、《目连传》、《精忠传》、《夫子戏》、《观音戏》、《打鸟》和《刘海砍樵》等。花鼓戏《老表轶事》入选2007~2008年度国家舞台艺术精品工程重点资助剧目。

（四）教育

湖南自古文教发达，宋代中国四大书院，湖南占其二（长沙岳麓书院、衡阳石鼓书院）。

湖南省现有普通高等学校109所，其中本科院校36所，专科院校7所，高职院校66所。拥有"985工程""211工程"重点建设高校4所，其中中国国防科学技术大学、中南大学、湖南大学为985工程重点建设高校，湖南师范大学为国家211工程建设高校，还有教育部重点共建的湘潭大学。截至2015年底，普通高等教育研究生毕业生1.9万人；本专科毕业生30.1万人；中等职业教育毕业生20.4万人；普通高中、初中和小学毕业生共计176.5万人；在园幼儿216.6万人，比上年增长6.6%。小学适龄儿童入学率99.97%，高中阶段教育毛入学率90.0%。各类民办学校12280所，在校学生248.5万人。

第二节　湖南历史文化特征综述

一、湖湘文化渊源解读

湖湘大地，从古至今都称为"古道圣土""屈贾之乡""潇湘洙泗"。所谓"古道圣土"是指湖湘大地是炎帝和舜帝传播中华道德古训、培育中华伦理文明的主要地方；"屈贾之乡"指湖湘大地是屈原、贾谊忧国忧民的地方，是他们心系天下万民、求索国家前途的地方，同时更是他们精神得以安顿、人格臻于完善的地方；"潇湘洙泗"指湖湘大地是光大儒家伦理精义、传承孔孟儒家学脉的地方。湖湘文化历经上古本土文化、楚文化和中原文化，形成鲜明的地域文化特征。

（一）上古本土文化与湖湘文化

1. 石器时代湖湘地区的文化

湖南在旧石器时代就有人类活动，出现了"澧水文化类群"和"舞水文化类群"并存的特点。旧石器时代，诞生于此的澧水文化类群主要包括澧水流域和洞庭湖西岸的平原地区，此文化类群可划分为三期：早期的虎爪山文化，主要通过形式多样的大尖状器来体现其文化特征；中期的鸡公垱文化，以常见厚大石片、砾石三棱尖状器、大尖状器、石球等器类组合，表现出南方砾石石器文化的风格；晚期的乌鸦山文化，次文化时期开始出现"过渡特征"，石器明显趋小，主要以多种形式的小型刮削器和尖状器为特征。在临澧竹马遗址还发现了小型高台方形房尾居址，表明人们已开始小规模定居。新、旧石器过渡时期的宋家溪文化，则出现了数量众多、富有特征的盘状器和细小石器。"舞水文化类群"指舞水、渠水和沅水流域发现的文化，又由于舞水主要以沅水为主，故又称"沅水文化类群"，该文化的主要特征主要表现为砍砸器，以河流砾石为石料，石器大小相近，台面都多为砾石的自然面。

湖南新石器时代主要以"皂市下层文化"为主。皂市下层文化是以石门县皂市遗址时发现商代文化层之下的古老文化遗存而确定的，代表性遗址还有澧县黄家岗、临澧县胡家屋场。该文化特征主要以大圈足盘、折沿双耳罐、高领圜底罐、圜底釜等器类组合为代表，器表多红褐色，胎常夹稻壳，呈黑灰色。流行细绳纹、划纹、戳印纹、篦点纹、戳印及雕镂装饰。纹样以复杂多变的刻划图案为典型标志。彩陶很少，多见褐彩，图案为宽带、网格与弧边三角。器物定型规整，胎较薄，以圜底、圈足为主，兼有平底器，三足器不见。器物样式复杂多变，折沿折壁成为器物的主导风格。生产工具仍然以打制为主，磨制石器的数量明显增加。细小燧石器盛行，大型砾石石器大大减少。

湖南新石器文化在距今约6500年进入一个新的阶段——大溪文化阶段。大溪文化以四川巫山县大溪发掘的文化遗址而命名的一种文化，其在湖南地区主要集中在澧水中下游和洞庭湖西北边缘地带，包括湖南澧县东田丁家岗、梦溪三元宫、安乡县汤家岗和划城岗等遗址。洞庭湖区大溪文化在人类历史发展长河中最辉煌的遗产为城头山城池，因城池的出现，使人类社会进入到一个新的发展阶段，中国最早的城邦国家就此拉开序幕。对于中国文明化进程而言，它的地位无疑是里程碑式的。

2. 上古时期湖湘地区的苗蛮古越文化

1）苗蛮文化。从历史上寻根，湖南文化之根为三苗文化。事实上，中国远古文化源流存在三大派系：一个是以炎帝和黄帝为代表、发源于黄河中上游的华夏文化；第二个是以射日的后羿和共工为代表，发源于黄河下游的山东东夷文化；第三个是以著名的氏族英雄伏羲和蚩尤为代表，发源于长江、湘江流域的苗蛮文化。

根据《史记·五帝本纪》透露记载：苗族先民"九黎"开始生活在黄河中下游一带，炎涿鹿之战兵败后，苗族人们不得不南迁来到湖南安家落户。湖南武陵蛮的始祖——蚩尤，在这一动乱时期力挽狂澜，成为部落英雄，受到广泛崇拜。据《战国策·魏策》记载，"昔者，三苗之居，左彭蠡之波，右洞庭之水，文山（今五岭）在其南，衡山在其北。"这说明湖南先民就是苗族，同时也是湖湘文化的鼻祖。由于时代不同，部落称呼有差别，在战国和秦汉称为"五溪蛮"（今怀化地区），而在唐代称为"武陵蛮"（今常德地区）。

苗族文化主要特征以巫鬼为主导，具有浓厚"信鬼而好祠"习俗。湖湘民居信仰的神祇包括两部分，一是对大自然中日、月、星、风、雨、电、山、河等的崇拜，为"自然神"；一是中原地区的祖宗崇拜的英雄圣人，为"人格神"。大量考古学材料已经证明了这一点，如《九歌》、《九章》和《离骚》等文学上对作歌乐舞以乐诸神及文人雅士对这种巫歌的文化提升；20世纪40年代长沙子弹库出土的楚帛画；2005年发掘的距今7800年的洪江高庙遗址，出土了大量与自然崇拜相关、绘有太阳、八角星、凤鸟、獠牙兽等纹饰的陶器，是原著民祭祀场所的巫文化遗址；《周礼·大宗伯》所阐述"以沉埋祭山林川泽"的自然崇拜在湖湘地区出土的大量动物造型或饰纹的青铜器上均可见。由此可知，苗族文化中自然崇拜和巫文化对社会影响很大。

2）百越文化。百越又称为百越族，它并不是一个整体，而是一种泛称、一种地理称呼，是居于中国南方和古代越人有关的各个不同族群的总称。据历史学和考古学证实，湖南自古为百越之地，该地区古代文化有着浓郁的越文化色彩。

百越文化研究是南方考古研究的一个重点。近年来，关于百越民族和百越民族文化特征的专著和论文越来越多，百越文化的特征渐渐被世人所知。百越族有自己独特的民族语言，百越语为黏着型，与汉语的单音成义不同，百越语译成汉语时一般将一字译成两字，如爱翻译为"怜职"，热翻译为"煦虾"，与现代的侗语系语言十分接近。

百越民族的物质文化主要是：以水稻种植为主，喜欢食蛇、蛤等小动物，葛麻纺织业发达，大量使用石器，善铸青铜剑、铜铎（大铃）等铜器，善于用舟、习水战，建筑为干阑式，几何印纹陶器和原始瓷器居多。

（二）楚文化与湖湘文化

湖南、湖北分别简称为湘、鄂，战国时期称为楚地，其中湖南属于湘楚分支，而湖北为荆楚分支。"湘楚文化"和"荆楚文化"一样，均为楚文化遗传下来的，是楚文化的延续与发展。众所周知，中华民族传统文化的"一南一北"的先楚文化和中原文化，为中华民族五千年灿烂文化作出了巨大的贡献。而湘楚文化作为一支独具风采的区域文化，成长于辽阔富饶的三湘大地，糅合了楚文化、蛮文化与中原文化的芳馨神韵，因其传承了先楚文化的主旨并形成于浩瀚楚域之湘资沅澧而得名。

有别于以龙为图腾的中原文化，楚文化以灵动飘逸为旨归、理想浪漫为皈依的凤凰为精神图腾，处处充满着浓郁的浪漫主义精神。楚文化这种浪漫主义情怀并非一蹴而就的，是在长期的生产生活实践中逐渐形成的。《楚辞·思美人》有曰："高辛之灵盛兮，遭玄鸟而致诒"，考古史论研究者据此考证道：玄鸟致诒即凤凰受诒。受、授者，诒，贻通，知古代传说之玄鸟，实是凤凰也；又如《离骚》有云："鸾皇为余先戒兮，雷师告余以未具。吾令凤鸟飞腾兮，继之以日夜"。直至当代，仍有不少湖南文学作家以"鸟的传人"自居。在此，不得不提伟大的爱国诗人屈原，其浪漫主义体现在文学上，如《离骚》的忧愤嫉俗、《天问》的骇世奇绝，等等；更体现在爱国忠君、卓绝独立的为人处世上。他的浪漫来自巫的怪想、道的妙理、骚的绮思，三者交融，以致迷离恍惚、汪洋恣肆、精彩绝艳，比寻常所谓浪漫主义更为浪漫主义，是一种知行合一、体用互补的生命哲学。

至此，湘楚文化神秘浪漫的神巫精神及乡土现实情结特征主要体现在以下方面：（1）图腾。湖南地区民间图腾艺术浸润于湘楚文化，如楚墓中出土大量凤的图腾。龙、蛇、螭纹也是被楚人所青睐的图腾，"仰光刻桷，画龙蛇些"可见当时社会盛行以龙、蛇的形象装饰椽梁的。螭是秦汉时期瓦当上常见的纹样，是龙生九子中一个无角的龙，在民间的器物和建筑装饰纹样中遗存大量的螭纹。（2）色彩。《楚辞·招魂》中"红壁沙版，玄玉梁些"和"网户朱缀、刻方连些"等；《国语·楚语上》记伍举说，灵王所筑章华台有"彤镂"之美；《墨子·公孟篇》："昔者，楚庄王鲜冠组缨，绛衣博袍，以治其国，其国治。"等从室内装修的角度谈论楚人好色；从长沙马王堆出土大量的彩绘木雕珍品、漆画、帛画等文物中来看，既反映湘楚文化的特点，又表现高超的雕刻、绘画技巧。（3）古乐。清代乾嘉年间的乐工邱之睦继承古乐传统，创制了浏阳文庙古乐，弥补失传已久古"八音"中的"匏音"。

（三）外来移民文化与湖湘文化

湖南长期被人称为"瘴疠卑湿"之地，生活在该地区的土著居民大都是苗瑶等"蛮族"，其在历史文物方面远逊于东南地区和中原地区，"湖南人物，罕见史传"是最好的写照。

人口的迁入，使湖南文化得以迅速发展，出现前所未有的景象。"五胡乱华""司马渡江"时期的湖南出现了外籍"飞地"或"侨郡"：北方的两个郡乔迁到今华容、安乡并澧县一带。东汉末年的"四方贤大夫避地江南者甚众"的人口大举南迁。宋代，经济、文化发达的江西陆续向湖南移民，长沙岳麓书院和衡州石鼓书院与江西白鹿洞、河南嵩山并称为"天下四大书院"。元末明初的战乱，湖南出现了十室九空、经济衰败的情况，常德武陵县土旷人稀、耕种者少、荒芜者多的凋零景象，醴陵县在元明之际，土著存者仅18户，出现了大规模的"江西填湖广"移民活动。明末清初的"湖广填四川"移民。由于本地文化和移民文化之间的差异，通过移民注入了新的血液，促进经济和文教事业的进展。

二、不同文化分区特征综述

（一）湘西北地区——武陵文化

武陵文化以历史上"武陵蛮"（即今天的土家族、苗族为主体的少数民族）在武陵山区创造的一种地域文化，其生成与武陵山所处的地理环境和相邻民族文化的影响密不可分。该文化起源于先秦时期，形成于汉晋时期，发展于唐宋时期，繁荣于元明清时期。它是一种山地文化，不仅源远流长，其成就也粲然可观，它具有神秘浪漫、崇尚武勇、多元融通等特性，文化核心为巫文化。

（二）湘西南地区——雪峰山文化

雪峰山因山顶常年积雪而得名，因其海拔位置高，被称为"湖南的青藏高原"。雪峰文化是千百年来形成的独特的区域文化，以地处雪峰山东麓的洞口县为中心，辐射周边相关地区。经过数千年的文化积沉和演变，在这块古老而神奇的土地上呈现出一系列独具魅力的雪峰文化现象。这里神奇绿洲，古风犹存；家族宗祠，文化传承；雪峰会战，世界和平；文化古镇，烟景繁华；宗教文艺，异彩纷呈。

孕育7000年前高庙文化的雪峰山，有代代敬畏自然的生态文化，层层梯田传承的稻作文化，有大诗人屈原流放溆浦演绎的屈原文化，有独具特色的花瑶文化，有清代民居遗落的古村文化，有红军长征播种的红色文化，还有雪峰抗战凝聚的抗战文化。雪峰文化的基本内涵：忠孝勤俭、和平正义、开放包容。雪峰山蛮文化是湖湘文化的底蕴，是湖湘文化的特色。归根结底，"蛮"就是对困难的挑战性，就是对权威的颠覆性；"蛮"就是湖湘文化的根本特征。这种"霸蛮"的文化特征是一种山岳性文化特征；这种"霸蛮"的山岳性文化特征发端于雪峰山，形成于雪峰山。

（三）湘东南地区——湘江文化

作为长江主要支流的湘江是湖南省境内最大的河流，其历史与长江一样古老，在中华文明演进的过程中，同样发挥了不可替代的作用。该区域文化特征为湘江文化，其核心是被称为"潇湘洙泗"的儒学文化。

受南下中原文化影响，湖南成为以儒学文化为正统的省区，岳麓书院讲堂所悬的"道南正脉"匾额，显示着湖湘文化所代表的儒学正统。继先秦、两汉经学、魏晋玄学、隋唐佛学之后，两宋时期兴起了理学文化思潮。作为一种新兴的文化思潮，理学的主要特点在于对传统思想文化的综合。一方面它以复兴儒学为旗帜，要求重新解释儒学经典，力图使儒家文化在新的历史时期得以振兴；另一方面，它又大量吸收、综合了佛、道两家的宇宙哲学和思辨方法，将儒学发展为一种具有高深哲理的思想体系。由于理学能够振兴儒学，发展儒学，适应了中国封建社会后期的需要，故很快成为一种统治地位的意识形态，直至延续到儒学地域化的宋代。于是，一个个具有各自学术传统、思想特色的地域学派就形成了。

（四）湘东北地区——洞庭湖文化

洞庭湖文化发端于洞庭湖区，它吸收融汇了南方和北方多个民族的优秀文化，并从地域和内涵上不断扩展，逐步发展成为湘东北地域文化。该文化从旧石器时代被总括为澧水文化类群到距今约9000年的彭头山文化；从7000多年前的皂市下层文化到大溪文化、屈家岭文化和石家河文化。它成为湖湘文化的重要组成部分，对湖南乃至全国的社会经济发展影响极大。

洞庭湖以烟波浩渺或风光旖旎著称，为人们的精神文化生活提供了重要的食粮，以其博大胸怀、有容乃大吸引着无数文人志士驻步停留，成为文人墨客们争先吟咏的对象，由此也使湖泊有了更加深厚的文化积淀。屈原在洞庭湖放射出的文化思想光芒，2000多年来，照射着文学的后来人。众多骚人名士，沿着屈原的足迹，来到洞庭湖。李白、杜甫、白居易、李商隐、刘禹锡、孟浩然等著名诗人相继流寓洞庭湖，或登楼，或泛舟，奋笔抒怀，泼墨为文，留下了许多吟咏洞庭的佳作，使洞庭湖名声更大。

洞庭湖文化具有鲜明的地方特色。这种特色植根于洞庭湖独特的地理环境——"水"，也可以说是一种"水文化"，其主要内容归纳起来是：忧国忧民的思想内涵、勇武不屈的民族气节、敢为人先的开拓精神、经世致用的优良学风。洞庭湖文化以其开放性、兼容性、灵活多动性，顺应历史潮流，紧扣时代脉搏而变换其文化的时代主题，与时俱进而成为一株文化常青藤，植根于湖湘山山水水之间的洞庭文化将继续发扬光大，永放异彩。

（五）湘中地区——梅山文化

梅山文化，是一支在文化史上曾被长时间隔离、后来又大部分被汉文化所同化、带有明显的区域特征的地方性文化。它的存在，对整个古梅山及其周围地区人们社会生活曾产生过巨大的影响。与古梅山那种原始封闭，艰苦险峻的生态环境相适应，它以一种独特的方式规范着人们的生活乃至社会的意识形态。

梅山之地历史源远流长，先后受中原文化、楚文化和巴蜀文化的熏陶，是多种文化交混的地区。一方面它是渔猎农耕巫傩文化的遗存，祭祀先祖、多神崇拜正是长江流域古糯民的万物有灵、原始崇拜、原始宗教、灵魂归祖、传统习俗的传承，是典型的伏羲神糯炎帝文明文化；另一方面又是黄帝芈姓熊氏家族在长江流域的继承发展，大量吸收黄帝后黄河流域文明文化的新鲜血液，是典型的炎黄文明。梅山文化的根深深扎根在长江流域文明的发展流变之中，其内容集中地表现风情民俗、宗教信仰和民间歌谣三个方面。

第三节 湖南传统建筑特征及影响因素

一、传统城镇与村落特征

（一）传统城镇与村落选址特征

1. 传统城镇选址特征

湖南省地域面积较大，各地城镇自然地貌、风俗文化、民族特点和经济水平等差别较大，形成特色不一的各种城镇。这些古城、古镇经历了岁月的洗礼，有着深厚的文化底蕴，反映该地的历史沿革、发展脉络以及建筑的风貌特点；具有鲜明的民族性，体现了少数民族传统习俗和民族风情。

1）湘西地区山峦重叠、林谷深幽、沟壑纵横、溪河交错和陆路交通非常之不便利，受这些地理环境的影响，传统城镇选址一般靠近水源，利用河运发展经济，如中国第一古商城——洪江古商城、江南古建筑博物馆——黔阳古城、中国最美的小城之一——凤凰古城（图1-3-1）等。这些古城大多数"背山面水"，符合"背有依托，左辅右弼"的理想选址原则，前有屏障围合的空间格局和"藏风聚气""负阴抱阳"的法则，古城大部分依山而建，层层升高，这样使建筑具有良好的通风和采光，同时形成参差错落、丰富多变的建筑环境景观。

2）湘东南和湘中地区以山地、丘陵为主，水系发达，该地区传统城镇一般都临河建镇、临水建城。一方面，可以满足古代城镇发展交通运输的需求和城市居民的日常生活用水；另一方面利用河流作为防御屏障，保证城镇的安全。许多沿河的城镇建有大量码头，形成商业型城镇，如"八街四巷七码头"的靖港古镇，基本上呈现出"房—街—河"和"房—街—房—河"的沿河空间模式，街道的尺度规模较小，形成前街后院、下街上宅的建筑形态。"老埠头"潇湘古镇，古时作为交通要驿和零陵县城关厢重要的人流、物流集散地，其街市拓展延伸，自南而北，纵深长达七里，并跨越湘江，形成"半边铺子一条街，一镇通达湘两岸"的历史最大规模格局等。

3）湘东北地区以丘陵山地和平原为主，传统城镇以防卫型为主，利用群山、河流形成天然城墙，再配以人工修的城墙，构成多重防御体系；其次，街道、巷道、空间节点组

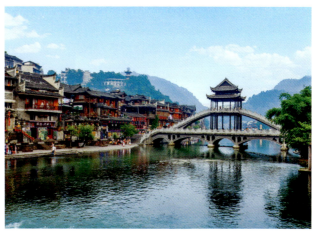

图1-3-1 凤凰古城（来源：湖南省住房和城乡建设厅 提供）

成的线性街巷空间，使得整体街巷空间围合内敛，形成具有防卫结构的特色民居聚落，如"承载千余年繁华"的长乐古镇，以其"五街八巷主街"的街巷结构和"一桥一祠一寺十门"的街巷节点见证历史变迁。

2. 传统村落选址特征

传统村落一街一巷、一砖一瓦无不印着历史的痕迹，反映着当地历史脉络和人文气息。生活在其中的人们，至今保留着传统生活方式，具有强烈的民族风情特色。

1）湘西北地区受"火耕水耨"生产方式的山区农耕自然经济、"汉不入峒，蛮不出境"土司制度和巫文化中对自然崇拜的影响，该地区传统村落选址十分注重与自然地形的结合，形成"背山面水，负阴抱阳"的空间形态。湘西北传统村镇布局方式大致分为线型村镇、二分型村镇、台阶式村镇、组团式村镇、散点式村镇、孤岛式村镇6种（图1-3-2），多顺应自然环境的变化，呈现出物我合一的状态。

2）湘西南地区属于丘陵地带，传统村落选址往往依山傍水，形态布局以山麓型为主，附有平坝型、山脊型和山谷型（图1-3-3）。但由于自然地理环境和周边的人文环境的差别，其聚落模式也有许多不相同的地方：有些村落建筑紧密相联；有些村落民居通过连廊将建筑连接成一片；而有的以狭窄的巷道将建筑连接起来。这些紧密型的建筑布局，不

图1-3-2　湘西土家族苗族自治州花垣县板栗村（来源：湖南省住房和城乡建设厅 提供）

图1-3-3 永州市零陵区干岩头村（来源：湖南省住房和城乡建设厅 提供）

图1-3-4 永州市双牌县坦田村（来源：湖南省住房和城乡建设厅 提供）

仅可以使人们获得更多的耕地，也满足防御的需要。

3）受自然地理条件的影响，湘东南传统建筑的选址布局主要体现在"依山而建、择水而居"的传统观念和"以人为本、天人合一"的传统生态环境观念两方面（图1-3-4）。该地区传统聚落环境根据基地条件和聚落规模构建空间结构形态，分为集中型传统村落、组团型传统村落和带型传统村落三种，以中心、方向、领域三元素和几何形的坐标系统（几何元素中的点、线、面）及几何结构方法构建空间体系。

4）聚族而居是明清时期湘东北地区村落的基本特征，它以血缘关系为纽带，有严格的封建等级、社会伦理制度，它强调"父为子纲、夫为妻纲""男尊女卑"等以父权和男权为中心的父系社会思想，通过一系列严格的伦理制度来保证父权和家长制的绝对权威。在这种家族宗法制度的控制下，传统聚落的整体布局、建筑形式、空间形态、用材规格、装饰材料和装饰内容等，均体现出严格的宗法等级思想，如传统民居聚落总体布局中以堂庙、宗祠等为中轴线的对称布局，强调的便是"居中为贵""王者必居天下之中，礼也"的思想（图1-3-5）。

5）湘中地区传统村落受宗教信仰、家族观念与乡土情结和交通条件等因素的影响，村落住宅布局有：沿山脚散点或线性排布，前面有水系；沿山脚散点或线性排布，前面有水田或梯田；在山坡上向上分层递进排布；在山谷中，从山口向里延伸排布，共4种方式（图1-3-6）。湘中地区聚落选址、民居布局等力求建筑与环境合为一体，将环境的生命力引入建筑，使建筑与环境的互动中成为人类的庇护所。此外，湘中涟源地区保留了很多鲜为人知的清代民居建筑，这些传统民居因其占地规模庞大被称为大宅或大屋，其建筑选址、布局、装饰及居住文化等，较多地体现了梅山传统文化的特点。

（二）传统建筑特征

1. 湘西北传统建筑特征

湘西北主要是土家族和苗族等少数民族居住区，干阑式建筑特征明显。

土家族建筑主要由主屋和吊脚楼组成，再配以少量的附属建筑。土家住宅正屋一般为一明两暗三开间，以龛子（厢房）作为横屋，形成干阑与井院相结合的建筑形式（图1-3-7）。从简单三开间吊一头的"一字屋"，"一正一横"的"钥匙头"，到较复杂的"三合水"、"四合水"。正房中间为堂屋，后部设祖坛，堂屋两边分别为火堂（长子结婚分家后形成两个火塘）。由于家庭成员的增多，土家人一般在正屋一边或两边各建一厢房，分别形成"钥匙头"或"三合水"住宅，而"四合水"庭院则由间或廊四面围合而成。村寨"四合水"大门一般偏置一侧，面对大门为厢房，进天井

图1-3-5　岳阳市张谷英村（来源：湖南省住房和城乡建设厅 提供）

图1-3-6　娄底市新化县正龙村全貌（来源：湖南省住房和城乡建设厅 提供）

图1-3-7 张家界市石堰坪村（来源：湖南省住房和城乡建设厅 提供）

后转折到达敞厅或敞廊。

湘西苗族民居一般由主屋和吊脚楼两部分组成，吊脚楼多与主屋成直角设置，呈"L"或"U"形布置，以"L"形平面居多。正房一般是面阔三开间，正中一间向内退进，在入口处形成凹口，称为"虎口"或叫"吞口"。大门在吞口正中，两侧各有一扇侧门。室内大部分的情况下都不做分隔，以满足祭祀活动的需要。此外，苗族"石头寨"如舒家塘、拉毫营村等，其建筑采用石块砌墙、石板为瓦，有的原石未动，有的錾迹寥寥；有的粗犷奔放，有的清雅细刻（图1-3-8）。石头建筑造价低廉，节约木材，冬暖夏凉，隔声效果好，几米高的石墙，不用水泥接缝也能坚固耐用，它掩映于青山绿水之中，造型简朴，色彩和谐，是一座座有着悠久历史和厚重文化的石头民居建筑博物馆。

图1-3-8 凤凰县拉毫村巷道（来源：湖南省住房和城乡建设厅 提供）

2. 湘西南传统建筑特征

湘西南主要是侗族和瑶族等少数民族居住区。

侗族民居村寨多建在河溪两旁，以鼓楼为中心，建筑为干阑式。侗寨内建筑随山就势，灵活多变，道路自由延伸，

"依坡而居""天平地不平"是对侗族民居和村寨的形象概括。鼓楼、风雨桥及寨门，堪称侗族建筑中的"三宝"，独特的建筑、底蕴深厚的文化与淳朴好客的侗族群众，给人留下深刻印象。

瑶族民居样式大致有砖瓦式、泥瓦式、干阑式和围篱式4种类型。屋顶一般为"人"字形。房屋朝向因地理位置的不同而异，一般以坐西向东或坐北向南的居多，也有坐东向西或坐南向北的。瑶族民居因地制宜修建，有"半边楼"、"全楼"和"四合院"之分。

3. 湘东南、湘东北传统建筑特征

湘东南和湘东北传统建筑具有典型的南方传统建筑的特征，建筑平面以合院式居多，形式上采用封闭式天井建筑模式，结构以木构架为主体，布局以"一明两暗"三开间为基础，前堂后寝，中轴对称，内部天井规整严谨，总体布局结合地形变化，前低后高，一般坐北朝南，空间层次丰富有序。外观上主要的地域性特征表现为青墙灰瓦（图1-3-9），稳重朴实，封火山墙，俏丽灵动，室内外装修装饰丰富多变，但整体又表现出朴实素雅之风。

4. 湘中地区传统民居特征

湘中地区大屋民居平面规整，处处体现了家族等级制度和宗法礼仪。全宅以堂屋为中心，正屋为主体，中轴对称、厢房、杂屋均衡扩展。堂屋设在平面主中轴线终端，为全宅精神内核。

湘中大屋多采用"外庭院内天井"格局。外庭院是指主体建筑正前方所形成的开阔院落。内天井有方形、长方形、亦有多边形，位于大门与堂屋、或各正房与厢房之间。"外院内井"布局符合大家族内向性较强的居住氛围，也适应农耕社会农业生产的功能。它们与主体建筑整体构成内敛、开敞丰富的居住空间。

（三）传统建筑装饰与细节

1. 湘西北民居装饰元素最主要的特点是它的直观性，多是通过对自然形象或动植物描绘直观地把视觉形象展现在人们面前。通常在其构件表面直接雕刻或绘画形态各异的动植物形象，或用木材直接雕刻成此类形象来装饰栏杆、门窗等。以龙、凤、鱼、虎、狮、麒麟、天马、卷草、荷叶等象征富贵、和谐、幸福、吉祥的图案为主；也有的采用几何形状纹样，如方格子、王子格、古老泉（中间为圆形、四周有花纹）、书条嵌凌式、井字形、梭字格、平纹、斜纹、冰裂纹、整纹穿如意心、书条川万字式、鬼纹六角式等进行装饰（图1-3-10），同样具有艺术的美感。

2. 湘西南地区主要以木雕、石雕、彩绘装饰等为主，雕刻和壁画题材丰富，如"封侯拜相""五福临门""松龄鹤寿""竹报平安""喜鹊衔梅""太极八卦"等，具有很高的艺术研究价值。

3. 建筑装饰是湘东南传统民间建筑的重要组成部分，匠师们结合当地材料物质特性和地域文化特点，在木雕、石雕、彩画、泥塑等装饰工艺上匠心独运，采用蝙蝠、鹿鹤、祥云、林芝、仙桃、喜鹊与梅花、龙、凤、麒麟、狮子等装饰图案（图1-3-11），创造了有别于徽派精雕细刻，亦有别于广东纷繁瑰丽的装饰艺术，体现了独具湘东南地域特点的建筑装饰艺术和建筑装饰工艺。

4. 湘东北地区在建筑装饰上常采用木雕、砖雕、石雕、彩绘等艺术手法，精巧实用，做工考究。装饰集中在门窗、柱础、梁杨、脊擦、天花、藻井、家具、陈设及墙头等

图1-3-9 永州市零陵区干岩头村一角（来源：湖南省住房和城乡建设厅 提供）

图1-3-10 湘西北民居装饰（来源：何韶瑶 摄）

图1-3-11 湘东南传统建筑雕刻装饰（来源：何韶瑶 摄）

处，精美的镂空浮雕表达出浓厚的传统文化色彩，极具观赏和审美价值。在结合当地的气候特点和民俗传统的基础上，充分运用我国传统的象征、寓意和祈望等手法，将雕刻与绘画等民间工艺相结合，图文并茂，将实用与艺术相结合，结构与审美相统一，重点与一般相融合，表现民族哲理、伦理思想和审美意识，突出湖南传统建筑装饰装修的审美观和文化内涵。

5. 湘中地区传统建筑装饰独特，如屋顶上造型各异的脊饰，单调的门上与众不同的窗格花纹样式，梁、柱上简洁而又富有特色的造型等。传统民居的装饰整体上简洁、质朴，以实用为主，较少有夸张、华丽的装饰构件。装饰大部分集中在建筑的主要空间，起到画龙点睛的作用。

二、主要影响因素归纳

（一）自然环境

1．"七山一水二分地"的自然环境。湖南地区土地分配大约为十分之七的山、十分之一的水，剩下的为耕地。

2．发达的水系。湖南省水资源丰富，省内河网密布、水系发达，5千米以上河流5341条，河流总长度9万公里，淡水面积为1.35万平方千米。省内主要为湘江、资水、沅水和澧水4大水系，还有少数珠江水系和赣江水系，顺着地势由南向北汇入洞庭湖、长江，形成中国第二大淡水湖——洞庭湖。

3．四季分明的气候。湖南为大陆性亚热带季风湿润气候，冬寒冷夏酷热，春温多变，秋温骤降，春夏多雨，秋冬干旱。同时，光、热、水资源丰富。

4．丰富的木、石等原材料。湖南处于丘陵地区，木材和石头等资源丰富，为传统建筑提供丰富的原材料。

（二）人文环境

湖南地区文化分别为北部楚文化、西部和南部的苗蛮文化、百越文化等。随着中原文化南下，湖南形成"潇湘洙泗"以儒学文化为正统的省区。历经宋、元、明的几次大规模的移民和受外来文化的影响，该地区在人口、习俗、风尚、思想观念上均发生了变化，建构出一种新的区域文化形态——湖湘文化。

（三）技术渊源

湖南地区木材资源丰富，木构技术成熟，传统技艺经过工匠代代传承。湘西地区至今还保留部分传统木结构建筑，且在近、现代又新建大量的木结构建筑。建筑大多数是"穿斗式"木结构，少量为"抬梁式"结构，这种结构具有施工周期短、设计风格多样化、保温隔声、节约能源、抗震性能好及绿色环保等特点。

第四节　现代建筑传承现状概述

一、现代建筑传承现状

（一）山水意境在建筑中的表达

肌理是指纵横交错、高低不平、粗糙平滑的物体表面组织纹理结构，是人对设计物纹理特征的感受。肌理按形成过程分自然肌理和创造肌理两种：自然肌理指山、水、木和石等没有加工、自然形成的现实纹理；创造肌理指经过人工处理过的现实纹理。自然山水在建筑设计中是不可缺少的元素，如应用恰当，可使设计独具魅力。

现代建筑设计中，常通过对自然山水肌理借用、抽象和再加工后融入建筑中，以凸显功能属性与时代特征。融合自然山水肌理创造丰富的空间意识和建筑意境，对其进行简化与抽象，给现代建筑以全新启迪，彰显现代建筑简洁风格。

建筑师通过建筑"形"和"意"表达自然环境的肌理，建筑"形"主要体现在：（1）群体建筑的院落特征，通过"庭院深几许"的空间渗透和丰富层次，配以绿化设计，表达自然山水意境；（2）单体建筑的造型，以灵动的屋顶和平台表现山水环境的自然，赋予建筑以动态美、自然美；虚实对比强烈的立面构成，以玻璃、洞口等"虚空间"表达水，以砖墙、混凝土和石材等暗示自然山。建筑"意"主要体现在：路径的曲折、水流和花木及山石等"微花"元素运用和自然山水环境的颜色点缀。

（二）自然气候的响应

一栋好的建筑，必须适合当地的自然环境、经济环境和人文环境，才能给人们安全、稳定和舒适的感觉，才能够长存于世上。气候条件是自然环境中主要的组成部分，气候条件不同，建筑总体布局、空间形态和围护构造等均有差异，如北方窑洞与南方干阑式建筑。

由前文可知，湖南地区夏季高温炎热、冬季寒冷干燥，建筑设计充分考虑夏季的隔热和冬季的保温。该地区传统建筑的设计为现代建筑的气候设计提供了有益的启发和引导。传统建筑背山面水的建筑选址理念、传统院落空间布局、冷巷空间的组织及选用保温隔热性能好的材料等来适应当地气候条件。现代建筑除选用传统被动式技术外，先进的、对环境污染少的主动技术利用也越来越多，如地源热泵、太阳能光伏等，塑造了人与自然环境相得益彰的居住环境。

（三）历史文脉的回归

从历史发展演变来看，无论是西方还是东方的建筑，在某一个特定的时期画上了特定的符号。建筑除了满足基本功能需要及地域特征以外，同时成为朝代的标志和时代的象征。然而，经过千百年来的发展与演变，这些建筑符号与标志俨然成为了一种文化，这种文化不仅展示着建筑的历史，还展示着人类的历史。从而，建筑便有了历史与文化的双重属性。因此，历史的建筑与建筑的历史便成为文化变迁以后不得不考虑传承的理由，创造还是传承，随之成为建筑在时代发展进程中面临的一个重要问题。建筑不能没有历史，人类不能没有文化，生活不能没有未来。当建筑涵盖了历史、文化、未来等多重含义的时候，是传承还是割舍？

历史是不能复制的，但历史需要铭记，文化积淀随时间流逝也越加深沉。建筑师夹在历史与未来之间，面对支离破碎的现实，选择重新编织历史，还是全新塑造未来？历史俨然成为包袱和负担，历史越深沉而包袱就越加沉重。因此，建筑出现了多面性的表达与实践，建筑更贴近自然——自然主义的建筑、建筑更考虑文化——地域特色的建筑、建筑更面向未来——未来派建筑。

（四）变异空间布局的考虑

传统公共建筑的空间相对较简单，以满足生活和防御为首任；传统居住建筑的里坊、坊巷和街巷等空间受经济和社会宗教礼制的影响，布局单一、功能简单。建筑立面是空间的反映，一般为三段式，即屋顶、屋身和基础。随着计算机技术的进步，建筑承重结构与非承重表皮发生分离，出现结构变异、表皮变异、质感变异、生态变异、生态技术和绿色变异及物质变异等，从而使得建筑空间也产生了变异，以满足建筑形态的需要。

现代建筑空间设计并不是抛弃传统建筑空间，而是对其进行提取和深化，通过变异的手法对空间进行创新和重组，营造良好的氛围。如湖南现代高层建筑立面引入了传统建筑的院落空间，形成空中边庭景观，使得立面更具活力，同时也是传统建筑空间的传承。

（五）地域建筑技艺与材料的重现

湖南地区传统建筑多采用木材、石头、砖为主要的建筑材料，体现了丰富多彩的地域传统文化。湖南传统建筑，虽历经时间洗礼，但是各种风格的传统建筑建造技术被很好地传承下来，这些传统建筑材料和建筑技术是建设湖湘文化城市的重要基石，应该得到继承、保护与发扬。

现代建筑材料与传统材料多维度的组合，不仅是地域建筑风格特征的体现，也是建筑技术的人文底蕴和技术的有力结合，增添现代建筑的审美文化价值。传统材料与现代技术、材料结合方式有以下3种：（1）与新材料结合。传统材料与现代材料的结合而产生新的结合体，给现代建筑带来了全新的发展空间，开创现代建筑设计新局面，如传统木材与现代钢结构结合、传统木结构与保温材料结合等等。（2）与新技术结合。传统建筑材料如竹材、木材具有天然环保性，但是在建造过程中容易毁坏，因此通过与新技术结合，可充分发挥材料优良的性能和独特的环保属性。（3）与新工艺结合。传统材料通过新工艺，对其颜色、质地等进行处理，呈现出另一种材料形象，又可以借助材料不同质感、颜色等的对比变化，体现出现代建筑设计的不同魅力。

（六）点缀性的符号应用

湖南传统建筑符号凝结着湖湘文化传统的建筑空间布

局、结构选型、材料使用及装饰艺术等方面的形象、符号或风俗习惯，是湖南地区传统建筑最精彩、最直观的表现形式。湖南传统建筑符号来源于传统建筑的精华部分，包括有形的构件符号和无形的空间两种；它们是建筑地域性的传承，是对历史建筑中体现传承精神设计的基本表现，是在新技术支撑下体现当代建筑的地域性。

对传统建筑符号提炼和发掘，通过置换、重构、叠错和新旧结合等手法应用于现代建筑之中，赋予其现代建筑语言，是对地域特征做出的有力回应。现代建筑设计中，彩色琉璃檐饰、富丽典雅的天花藻井等，是对传统建筑中的各种构件、装饰、色彩等微观的建筑构成符号进行创作；分散式空间布局、曲折屋顶和马头墙设计，是传统建筑中观符号现代化的体现；传统街区改造中保持原有建筑风貌、特色步行街发展等，是宏观层次传统建筑符号的应用。

二、传承实践中遇到问题

（一）滥用"拿来主义"

"千街一面"、"千城一面"在近几年的城市建设中成为频繁出现的词语，指的是近些年在我国的城市建设中，很多城市为了单纯的追求与国际接轨，大量的模仿西方的风格，丢弃了本地的文化特色，造成全国南北建筑风格趋同的现象。

在建筑风格上，唯有崇洋之风。楼盘开发时，大肆标榜"欧陆风情"，圆顶、拱券和老虎窗随处可见，再硬生生安上一个外国地名，似乎只有这样才可以彰显气派。街道两旁的商业建筑，均为如出一辙的方盒子。城市广场设计往往千篇一律，几何形绿化搭配大面积硬质铺地，极为生硬。乍一看，城市已与世界接轨，现代气息扑面而来，但城市原有的风格消失了，城与城之间的差别也不见了。

（二）缺乏对传统建筑的保护

每一个历史文化城市都有自己传统的建筑风格和历史建筑，它们作为城市符号，是城市古老文明的载体，是区别城市之间的标志之一，同时也是城市一代代人生活的印记。它们融入城市居民血液，就像血管里流淌着前辈的血液一样。人们的桑梓之情和家乡的追忆传统建筑环境联系在一起的，谁也不愿意来到故乡，满眼陌生，没有一个熟悉的人，没有一座熟悉的房子。城市的历史固然在书本之中，更在传统建筑及其生态环境形成的历史文脉里。传统建筑及其生态环境又直接关系着城市形象，对于这个城市以外的人们，这个城市留给人们的印象，主要是通过建筑及其生态环境形成的；这个城市的历史文化内涵，固然在书本之中，更在传统建筑及其生态环境给人的整体印象里。

在城市建设过程中，缺乏对城市文化的了解与传统建筑的保护，讲究大手笔、大架势，大拆大建，破坏了历史文脉、城市肌理。在没有经过深入调查研究的情况下，大量有历史价值的传统建筑被划一个"拆"字草草了事，许多珍贵的历史街区匆匆倒在推土机的脚下。一个城市失去了历史文化遗产，就失去了原有的韵味。毫无根基地盲目跟风，只能产生昙花一现的形式美。

每个城市的传统建筑都有其独特的个性，都是一种生态形式。保护好城市传统建筑的精华及其相应的生态环境，这样的城市才是从古到今完整的生命体系，这样的城市才富有历史文化内涵、富有个性、富有人情味，才是理想的"人居环境"；生活在城市的人们，才有一种归属感、自豪感。当城市面目千篇一律如克隆出来一般，其文化生态已被彻底破坏，传统文脉再也无法再现，这个城市营造的，只是一片文化沙漠。它使市民失去精神家园，无法安心扎根在这个城市；它使这个城市以外的人们，对这个城市毫无兴趣。

（三）对传统建筑文化的误解

传统建筑文化历经时间的检验、永不褪色，具有以下3个特点：（1）深沉高迈的文化哲理。首先，表现在对建筑的名称上，如建筑群中位于主体位置、形体高大的建筑为"殿"或"堂"等，可见其强烈的文化意义。其次，传统建筑文化象征美学的阴阳数理哲学的营造方法；最后，独特的礼制是传统建筑博大精深文化哲理的最集中体现。（2）重情知礼的人本精神。传统建筑以人为出发点的设计原则，也是"人伦之轨模"原则的体现；以近人的尺度营造不同形象、空间和环境，显得亲切平和，具有阴柔之美的艺术感染力；把传统美德、人生哲理、儒教家训等与建筑结合起来，形成强烈的人文环境，达到教化的目的；以建筑群整体组合呈现有机的群体意识，强调整体重于布局、群体重于个体的观念。（3）"天人合一"的环境观念。传统建筑强调人与自然环境和谐共处，营造山水城市，达到崇尚自然的环境美学。

然而，现代建筑师受传统建筑文化的教育少于现代建筑教育，盲目崇洋与盲目复古的荒唐现象时有发生。有些人认为，传统建筑文化、传统建筑形式已成为过去式，无法适应现代的技术和材料；又有些人对传统建筑的理解仅限于大坡顶、琉璃瓦、花格窗，缺乏对传统建筑文化中那些具有现代价值的"看不见的东西"进行发掘、提炼及完整叙述，或者说不能够准确捕捉、理解传统建筑的灵魂，无法将传统建筑的精华转化为足以支持与指导当代建筑实践的文化资源，导致湖南地区出现了较多的架着大屋顶的四不像建筑，令人惋惜。

上篇：湖南传统建筑地域特征解析

第二章　湖南传统建筑文化的形成背景

　　文化是建筑的基础，脱离特定的人文环境，建筑就会失去生命力。无论是西方建筑还是东方建筑，都有各自深厚的文化根基，建筑理论必须牢牢抓住这个根基，才能创造出与民族特色相符的地域特色建筑。建筑是凝固的历史，包含着浓厚的文化内涵，它以独特的词汇倾诉着人们的思想情感，促进社会文明的进步。建筑与文化是不可分割的统一整体，它们互为影响，互为补充。追溯湖南地区传统建筑文化，使湖湘传统建筑文化得以延续和传承。

第一节 湖南地区独特的气候条件

一、独特气候形成背景

湖南复杂的地形地貌造就了气候多样性。首先，在三面环山、朝北开口的马蹄形地貌背景下，湖南地区雨、热等气候要素等值线打破了与纬线平行的一般规律，与地形等高线大致平行，少雨中心在衡邵盆地、洞庭湖平原及河谷地区，多雨中心位于雪峰山、幕阜山、九岭山和湘东南山地的迎风面，如安化、平江、浏阳、汝城、桂东等地；高温中心在洞庭湖平原、衡邵盆地与河谷地带，并向东、西、南三面递减。其次，山区立体气候特征非常明显，按不同山系气候要素年平均资料统计，每上升100米，年平均气温的垂直递减率为0.44~0.58℃，年降水量的垂直递增率为34.0~53.4毫米。全省大多数县市都存在不同程度的立体气候现象，对于一些地势复杂的区域，这种垂直方向的气候差异相当于水平方向7~10个纬距的气候差异，这样就形成全省的气候多样性特征。

二、气候概况

湖南省大陆性气候特征明显，属于夏热冬冷地区，气候特征：四季分明，热量丰富，雨水集中，夏季高温炎热、冬季寒冷湿润。

（一）温度

湖南省年平均气温在16~18.5℃之间，自东南向西北逐渐降低；全年无霜期时间较长，大致为260~310天。冬季，最冷月（1月）平均温度在4℃以上；等温线呈东西走向，总趋势是南高北低，温度相差约3℃，最低气温0℃以下天数20~37天。夏季，最热月（7月）平均气温在27~30℃之间，等温线呈南北走向，东西相差3.5℃；最高气温35℃以上的天数达到30~45天，局部极端最高气温曾达43℃以上。

（二）太阳辐射与日照

全省年平均太阳辐射总量为3726~4605兆焦耳/平方米，太阳辐射最强月（7月）平均总辐射值达到644兆焦耳/平方米，最弱月（1月）平均总辐射值196兆焦耳/平方米。

全省每年日照时间在1300~1800小时之间，呈东多西少的趋势。从地区位置上看，洞庭湖最多，可达1840小时；长沙和常德等地日照时间仅次于岳阳，达1700小时以上。从季节分布上看，春冬日照时间少，二月份日照时间最低，全省大部分地区日照时间不足80小时；夏秋日照时间多，七、八月日照时间长，高达200小时。

（三）降雨与常年风向

湖南省境内雨量充沛，年平均降水量在1200~1700毫米之间，为我国雨水较多的省区之一。降雨量虽多，但时空分布不均，其中湘西地区如桑植等地为多雨区；湘中、湘北地区如长沙、岳阳等存在季节性、区域性、水质性缺水。全年降水天数为140~180天，主要集中在4~9月，达65%~70%。全省年平均相对湿度大，在78%~83%之间，春季（4月梅雨季节）约85%，夏季（7月）也在80%以上。

湖南省常年风向较稳定，夏季以东南风为主、冬季为西北风，风速在1.2~3.5米/秒之间。由于地理位置和河流走向不同，洞庭湖区和湘江流域的风速在2~3.5米/秒以上；由于山脉走势的影响，山区风速较小，如湘西地区，风速平均在1.5米/秒以下。

第二节 多民族文化的影响

一、汉族

湖南地区汉族历史源远流长，人口约占全省的90%，是该省古老民族，普遍分布在全省各个地区。

（一）民族图腾

汉族图腾是由龙与凤组成，寓意阴阳，代表男女。龙飞凤舞，是中原地区与南方地区的民族标志。龙之精神是万物一体、相容并蓄的精神境界，是追求和谐、群体本位的人生态度，是中华大一统的情结。凤之品德是涅槃求光明，象征新生与中华民族的觉醒，是集民众责任感与历史使命感于一身的忧患意识，是自强不息、舍身弘道的理想主义，是勤劳俭朴、艰苦奋斗的谋生态度。

（二）文化信仰

汉族自古对各种宗教信仰采取兼容并蓄的态度。天命崇拜和祖先崇拜是汉族宗教的主要传统观念。历史上汉族人一部分信仰道教和佛教；随着天主教、基督新教传入中国，又有一些人开始信仰这些宗教。几千年来，提倡以仁为中心，重视伦理教育，孔子、孟子思想体系的形成的儒家学说对汉族产生着深刻的影响。

汉族宗教文化，有"儒道释"三教之说；中国人在祖先崇拜的基础上，都受到儒、道、释三教思想的影响，称之为中国民间信仰。

（三）文化心理

汉民族的文化心理是经过几千年的积淀逐渐形成的。虽然近百年来各种现代文化思潮的涌入，受到了一定的冲击，但由于其历史久远，影响较少。

首先，以农业自然经济为基础的封建社会统治了中国几千年，这种封建的宗法社会，在民族心理上造就了两个特点：一是对血缘关系的高度重视，二是对等级差异的强调。因此在言语交际上一个突出的特点是讲究亲属称谓的使用，长幼辈分的严格区别。

其次，强调人际关系的和谐，强调人的社会性，强调社会、群体对个人的约束，不突出个人与个性，而强调群体。这也是与封建社会的宗法关系相连的，它与西方以自我为中心，强调独立的人格、个性，推崇个人的成就和荣誉形成鲜明的对比。

二、土家族

湖南省土家族主要分布在湘西自治州和张家界市所辖的各县、市、区以及常德市的石门、怀化市的沅陵、溆浦等地区。

（一）文化艺术

神话、传说、故事、诗歌、音乐、舞蹈、雕塑、建筑、绣织等，构成土家族绚丽多彩、独具一格的文化艺术。土家语属汉藏语系藏缅语族。土家族地区素有"歌的海洋"的美称，《摆手歌》、《梯玛歌》、《哭嫁歌》最具代表性。传统的《摆手舞》土家语称"社巴日"，古朴刚健，有鲜明的民族特色和浓厚的土家山乡气息，每年春节期间，大家聚在村寨中设的"摆手堂"前举行摆手舞会，多时达万人。土家族地区流行的剧种有茅古斯、傩愿戏、阳戏等（图2-2-1、图2-2-2）。

图2-2-1　八部大王祭祀（来源：湖南省住房和城乡建设厅 提供）

图2-2-2　茅古斯舞（来源：湖南省住房和城乡建设厅 提供）

茅古斯是土家族古老而原始的戏剧，多在小摆手舞活动的间隙表演。乐器主要有唢呐、木叶、"咚咚喹"以及打击乐器"打溜子"。"咚咚喹"是土家族具有特色的乐器，声音柔和悦耳，曲调活泼欢快。土家族工艺美术主要有织锦、雕刻、绘画、剪纸，都具有浓郁的民族风格和较高的工艺水平。"西兰卡普"（土家语，即土花铺盖）是土家妇女借鉴鲜花、羽毛、晚霞和彩虹的自然色谱而精织的特有手工艺品，织工精巧，色彩绚丽。它和摆手舞一起被称作土家族人民的艺术之花。吊脚楼为土家人居住生活的场所，多依山就势而建。湖南永顺老司城、溪州铜柱是国家重点保护文物。土家族打溜子、土家族摆手舞、湘西土家族毛古斯舞、土家族织锦技艺等入选了第一批国家级非物质文化遗产名录。土家族梯玛神歌、土家族咚咚喹、土家族跳丧舞、土家族过赶年、土家社巴日、土家族打溜子、土家族摆手舞、土家族织锦技艺等入选湖南省第一批省级非物质文化遗产名录。

（二）风俗习惯

土家族一般聚族而居，十多户、数十户至百余户结为村寨。除本民族同宗、同姓人为主外，还有少数汉族及其他民族。民居大部分为木屋瓦房结构。土家族转角楼建筑别具特色，其在正屋左右两端向前延伸，楼上有伸出的悬空走廊，下有雕刻的悬空柱脚，称为"吊脚楼"；走廊外沿两边的檐角翘起，雄伟壮观，建筑工艺奇特，故有"山歌好唱难起头，木匠难起转角楼"之说。

三、苗族

湖南省苗族主要分布在湘西土家族苗族自治州的花垣、凤凰、吉首、保靖、古丈、泸溪以及邵阳市的城步、绥宁和怀化市的麻阳、靖州、会同等市县。

（一）文化艺术

苗族人民创造了丰富多彩、风格独特的文化艺术。苗语属汉藏语系苗瑶语族苗语支。湖南苗族主要使用湘西方言和黔东方言。苗族民间文学有歌谣、谚语、谜语、神话、传说、故事、寓言、笑语等，《古老话》、《休巴休玛》是其流传至今的代表作。苗族是个能歌善舞的民族，其音乐、舞蹈和戏剧等具有悠久的历史。

唱歌是苗族人民的一种特别爱好，迎亲送别，多以歌来表达感情。妇女们常以歌来叙说家常，男女青年常以情歌求婚和表达对自己婚姻的向往。湖南苗族传统舞蹈流行最广、最具有代表性的是鼓舞，有花鼓舞、猴儿鼓舞、团圆鼓舞、单人鼓舞、双人鼓舞、四人鼓舞、跳年鼓舞等，跳香舞、接龙舞、芦笙舞和傩堂舞也是苗族地区常见的舞蹈。苗族戏剧主要有傩堂戏、辰河戏、花灯戏、阳戏等（图2-2-3），其中傩堂戏流行最广，为苗族群众喜闻乐见。

凤凰县回龙阁吊脚楼群（图2-2-4），前临古宫道，

图2-2-3 苗家傩戏（来源：湖南省住房和城乡建设厅 提供）

图2-2-4 凤凰县回龙阁吊脚楼群（来源：湖南省住房和城乡建设厅 提供）

后悬于沱江之上,是最具浓郁苗族建筑特色的古建筑群。苗族传流工艺美术主要有纺织、编织、刺绣和剪纸、桃花和银饰、蜡染等。凤凰古城为国家重点文物保护单位。靖州苗族歌鼟、湘西苗族鼓舞、凤凰苗族银饰锻制技艺入选了第一批国家级非物质文化遗产名录。苗族古老话、苗族歌谣、湘西苗族民歌、湘西自治州阳戏、苗戏、湘西苗族服饰、凤凰蓝印花布、凤凰纸扎、苗族椎牛祭、苗族赶秋、苗族武术、苗族"四八"姑娘节、乾州春会等,入选湖南省第一批省级非物质文化遗产名录。

(二)风俗习惯

苗族聚族而居,少则数户,多则数十户、上百户为村寨。以一姓或两姓为主,个别杂居多姓。村寨位于山腰和山脚,也有分布在山头或平坝。房屋廊檐相接。湘西苗族聚居区多木质结构的平房,房屋坐北朝南,有一字开和倒凹形。湘西南城步、靖州、绥宁等地苗族多建造吊脚楼房,古称"干阑",为3层重檐的木质卯榫结构,人住楼上,楼下关养牲畜和安置厕所、灰堆。楼上有较宽的走廊,走廊与中堂相连,宽敞明亮,出进方便。走廊靠檐边有带靠背的长条板凳,热天可乘凉休息。

(三)宗教信仰

苗族宗教信仰主要是祖先崇拜、图腾崇拜和自然崇拜。苗族敬奉地方神祇颇多,有些受汉族习俗和佛、道教的影响。苗族聚居区还有对"马王""梅山""火神""黑神"的崇拜。

四、侗族

湖南省侗族主要分布在怀化市的通道、新晃、芷江、靖州、会同和邵阳市的绥宁等县。新晃、芷江属北部侗族聚居区,开发较早,经济、文化较为发达。通道、靖州属南部侗族聚居区,仍保留古老的经济、文化生活,具有浓郁的民族特色。

(一)文化艺术

侗族具有丰富多彩、独具一格的传统文化艺术。侗语属汉藏语系壮侗语族侗水语支,分南北两种方言。侗族民间文学主要有歌、耶词、垒词、款词、传说、故事等。侗族地区系有"诗的家乡、歌的海洋"的美誉,多声部的"侗族大歌"是中华音乐的瑰宝。

琵琶歌,因琵琶伴奏而得名,为侗族特有。侗族舞蹈以"哆耶"和芦笙舞(图2-2-5、图2-2-6)为普遍,"哆耶"是群众性的集体歌舞,或男或女,围成圆圈,边舞边唱。芦笙舞,包括多种内容和形式,其中有节日时的自娱性舞蹈、有青年男女之间进行交谊的舞蹈、还有为展现技艺的芦笙演奏和竞赛性舞蹈。侗戏唱腔多样,典调优美,是我国

图2-2-5 哆耶舞(来源:湖南省住房和城乡建设厅 提供)

图2-2-6 吹地筒(来源:湖南省住房和城乡建设厅 提供)

民间戏曲剧种之一。新晃侗族自治县傩戏"咚咚推",是以侗语道白,舞蹈为主、戴木质面具跳舞的还愿傩戏,为祭祀之后的娱乐节目。

侗族工艺品有挑花、刺绣、侗锦、银器、藤编、竹编、雕刻、剪纸、刻纸等,美观实用,各具特色。侗族擅长石木建筑,鼓楼、风雨桥造型独特,是其建筑艺术的结晶,在侗族集聚的村寨,都会建有一座高大、古朴、典雅,造型各具特色的木结构建筑"鼓楼"。通道侗族自治县的马田鼓楼、芋头侗寨古建筑群和坪坦风雨桥为国家级重点文物保护单位。侗族傩戏入选了第一批国家级非物质文化遗产名录。侗锦、侗戏、侗族琵琶歌、通道侗族大戊梁歌会等入选湖南省第一批省级非物质文化遗产名录。

(二)风俗习惯

侗族多聚族而居,寨内人烟缜密,一般数十户,多至数百户。房屋均廊檐相接,鳞次栉比。通道、靖州侗族喜楼居,房屋多是干阑式木楼。一般分3层,高六七米,全用卯榫嵌合,通称吊脚楼。新晃、芷江侗族多住木质结构的两层长方形开口屋。

(三)宗教信仰

侗族信仰多神,盛行祖先崇拜和自然崇拜,以祖先和历史英雄人物为神,认为"万物有灵",凡天、地、日、月、大树、巨石、水井、桥梁等都是崇拜对象。通道侗族以至高无上的神为"萨",意为祖婆,许多村寨都建立萨堂。萨堂禁止人、畜践踏,保持庄严肃穆。

五、瑶族

湖南省瑶族要分布在永州市的江华、江永、蓝山、宁远、道县、新田,郴州市的汝城、北湖区、资兴、桂阳、宜章等县,邵阳市的隆回、洞口、新宁,怀化市的通道、辰溪、洪江、中方,衡阳市的塔山以及株洲市的炎陵等县,也有小的聚居区。瑶族聚居区沟壑纵横,溪河密布,水力资源和地下资源丰富。

(一)文化艺术

瑶族有自己的语言,分属汉藏语系苗瑶语族瑶语支和苗语支。瑶族的民间文学源远流长,口头文学极为丰富,民间文学题材丰富,浩若烟海,有反映人类起源和民族来源的神话传说,如《盘王大歌》、《盘瓠传说》、《姜果佬》、《伏羲兄妹》等。该族人们喜爱唱歌,往往能触景生情,出口成歌。瑶族歌曲按其唱腔可分成讲歌、拉发、哪罗哩和仙牌4种。乐器有长腰鼓、唢呐、芦沙、胡芦笙等。瑶族有很多优美的舞蹈,如长鼓舞、铜鼓舞、伞舞、盘鼓舞等,其中长鼓舞和铜鼓舞是祭祖或喜庆活动中都要跳的一种舞蹈。瑶族妇女精于织染和刺绣、挑花、编织和雕刻(图2-2-7、图2-2-8),刺绣构思精巧,针工精细,和谐美观,别具一格。盘王节、花瑶呜哇山

图2-2-7 瑶族挑花(来源:湖南省住房和城乡建设厅 提供)

图2-2-8 苗族服饰(来源:湖南省住房和城乡建设厅 提供)

歌、江华瑶族长鼓舞、瑶族谈笑、花瑶挑花等入选湖南省第一批省级非物质文化遗产名录。

（二）宗教信仰

瑶族宗教信仰主要是自然崇拜、图腾崇拜、祖先崇拜和鬼神崇拜。瑶族信仰梅山教，这是道教与巫教相融合形成的一种宗教。

六、其他少数民族

湖南境内少数民族如土家族和苗族的人口在百万以上，侗族、瑶族和白族的人口在10万以上。而回族、维吾尔族等少数民族则是从外省迁入湖南的，人口较少，在10万以下。各少数民族有自己的民族语言、风俗习惯和宗教信仰。

回族是湖南省少数民族中分布最广泛的民族，全省绝大部分县市区有回族居民，以常德市的桃源县、汉寿县、鼎城县、澧县，邵阳市的隆回县、邵阳县、邵东县，益阳市的桃江县最为集中。回族信仰伊斯兰教，在全省回民聚居或人口较多的20多个市县中，建有清真寺50多座。回族文化教育比较发达，但多受伊斯兰教的影响。

壮族在全省各地都有少量分布，相对集中在江华瑶族自治县清塘壮族乡。壮族是元、明时期从广西宾州（今宾阳县）、贺县迁来，长期与瑶族、汉族杂居，通用汉语文，但仍保留壮语。在文学、艺术和生活习俗等方面有显著民族特色。湖南省维吾尔族主要聚居于常德市桃源县枫树维吾尔族回族乡、青林回族维吾尔族乡，汉寿县毛家滩回族维吾尔族乡，鼎城区许家桥回族维吾尔族乡。维吾尔族人民多从事农业，少数人擅于经商及手工业，长期与汉族杂居，通用汉语、汉文，但在宗教活动和日常生活中仍保留有本民族的习俗，信仰伊斯兰教。

第三节　传统建筑营造技艺的影响

湖南传统建筑营造技艺是以木材为主要建筑材料，以榫卯构件为主要结合方法，以模数制为尺度设计和加工生产手段的建筑营造技术体系。营造技艺以师徒之间"言传身教"的方式世代相传。湖南传统建筑营造技艺根植于该地区特殊的人文与地理环境，是在特定自然环境、建筑材料、技术水平和社会观念等条件下的历史选择，反映了湖南人"营造合一、道器合一、工艺合一"的理念。

一、历史溯源

湖南传统建筑以木结构为结构体系，以土、木、砖、瓦、石为建筑材料。营造的专业分工主要包括：大木作、小木作、瓦作、砖作、石作、土作、彩画作、搭材作、裱糊作等，其中以大木作为诸"作"之首，在营造中占主导地位。工匠师在营造过程中积累了丰富的技术工艺经验，在材料的合理选用、结构方式的确定、模数尺寸的权衡与计算、构件的加工与制作、节点及细部处理和现场安装等方面都有独特与系统的方法或技艺，并有相关的禁忌和操作仪式。

明清时期，受明代《鲁班营造正式》和清代工部《工程作法》建筑构造做法影响，斗栱结构功能逐渐退化或减弱，并充分利用梁头向外出挑来承托本已缩小的屋檐重量；抬梁式建筑屋角部梁架的构造顺梁、扒梁、抹角梁方法；用水湿压弯法，使木料弯成弧形檩枋，供小型圆顶建筑使用（宋代就有）；木构件断面尺寸变小，并用小尺寸短木料对接或包镶，拼合成高大的木柱，供楼阁建筑作通柱使用。

宫殿和庙宇的建造是社会性物质与文化生活中的重要内容，具有民族文化高度的认同性，包括其中的营造技艺。这类官式建筑一般由专业工匠建造，在建造过程中所需要的图纸只有外观形象和控制尺寸，其建筑材料、构件内容、模数尺寸、加工与装配方法等，靠工匠的传习和对口诀的记忆来实现，具有清晰明确的认同感和持续感。

民居建造是居民物质与文化生活中的重要内容，以家族为单位的民居建造都是由工匠、家族成员和乡邻好友共同完成，辈辈传承至今。建造材料一般就地取材，既有贯之通用的营造技艺，又具有明显的地方性特征。如湘南、湘东北地区形成青砖、青瓦、青石板、清水墙传统建筑的风貌与气质，细细品读之下，无论是青山环绕清水萦绕的周家大院，规模宏大、保存完整的古村板梁，以堂庙、宗祠等为中轴线的对称布局的张谷英村，还是瑶族同胞对盘瓠图腾崇拜而兴建的盘王庙，无不体现湘南和湘东北传统建筑独特的地域特色和文化内涵；湘西地区的少数民居，受地形地貌的影响，为充分利用自然，营造良好的居住环境，该地区少数民族居民能工巧匠的精心设计、不断加工装饰，或形成古朴实用、美观大方的吊脚楼建筑形态，给该地区村落增添了绚丽色彩；或由鼓楼、萨堂（祖母祠）、戏台、民居、禾晾、禾仓、寨门、凉亭、风雨桥等构成了完整的聚落型的村寨。

二、技艺特色

湖南传统建筑营造技艺以自上古沿续至今的湘西南、湘西北广大少数民族地区的干阑式建筑和广大湘中、湘南、湘东北地区以汉人为主明清时期府第式、庄园式和街衢式建筑最具特色，彰显湘人浪漫的建筑情怀与和谐的人文理想。

（一）干阑式建筑

干阑式建筑主要集中在湘西南、湘西北广大的少数民族地区。这类建筑适应当地山高林密、气候湿热、地形复杂、资源丰富、取材与营造方便的特征，一楼架空，二楼居人，俗称"吊脚楼"。或依山成村，或临水成院，形成一个个气势恢宏又充满灵秀神韵的建筑群体，完美地融入自然山水之中。

1. 土家族传统建筑技艺特色

土家族建筑历来闻名遐迩，尤以吊脚楼独领风骚。挑廊式吊脚楼因在二层向外挑出一廊而得名，是土家族吊脚楼的最早形式和主要建造方式。居住空间一般楼设二三层，民居周围设廊出挑，廊步宽在2.8尺左右，挑廊吊柱由挑枋承托，出檐深度一般以两挑两步或三挑两步最为常见。这类吊脚楼空透轻灵、文静雅致，高高的翘角、精细的装饰、轻巧的造型是它的主要特点。若从地形上看，吊脚楼往往占据地形不利之处，如坡地、陡坎和溪沟等，而主体部分则位于平整的基地上。若从吊脚楼与主体的结合方式看，有一侧吊脚楼、左右不对称吊脚楼和左右对称吊脚楼3种形式，其中以一侧吊脚楼最为常见。此外，土家族还有一种不做挑廊的吊脚楼，其正屋主体部分与厢房吊脚楼直角相连，似乎已形成约定俗成的"规矩"。通透的支柱、轻灵的翘角反而成为视觉的焦点。

2. 苗族传统建筑技艺特色

苗族吊脚楼一般有三层，四榀三间、五榀四间、六榀五间成座，依山错落，鳞次栉比。吊脚楼一般3层，上层储谷，中层住人，下层围棚立圈，堆放杂物和关牲畜。住人的楼层除卧室、厨房外，还有接待客人的中堂，宽敞明亮，中堂的前檐下装有靠背栏杆，形成一个木制阳台，既可凭高远眺，又可休息聚会。秋冬时节，金黄的苞谷，火红的辣椒，洁白的棉球等成串悬挂于楼栏楼柱，把小巧的吊脚楼点缀得缤纷绚丽，既避免潮霉，又能防遁，是天然粮仓。

苗家吊脚楼，飞檐翘角，三面有走廊，悬出木质栏杆，栏杆上雕有万字格、喜字格、亚字格等象征吉祥如意的图案。悬柱有八棱形和四方形，下垂底端常雕绣球和金瓜等各种装饰。上层室外为走廊，多为妇女女红劳作（绣花，挑纱，织锦）场所，或者观花赏月之处。

3. 侗族传统建筑技艺特色

1）鼓楼

鼓楼又称"罗汉楼"，埋巨木为中心柱，建成塔形"独角楼"，矗立于侗寨之中，立地顶天，成为侗家人的精神象征。

塔式鼓楼除八角外，也有六角或方形的。鼓楼以杉木凿榫衔接，顶梁柱拔地凌空，排枋纵横交错，上下吻合，采用杠杆原理，层层支撑而上。鼓楼通体为本质结构，不用一钉一铆，由于结构严密坚固，可达数百年不朽不斜。这充分体现侗族人民中能工巧匠建筑技艺的高超。

2）民居

侗寨的民居以鼓楼为中心，逐层扩散开来，形成一个个或大或小的建筑群，民居是完全生活化的空间，以实用为根本，故没有鼓楼或风雨桥那样多的装饰和复杂的结构。侗族民居建筑从最早的缘木"巢居"到原始的"棚屋"，到家庭公社共居的公房，最后发展到今天普遍可以见到的干栏式木楼，其间经过了漫长的演变过程。

侗族民居属于典型的山地干栏式木楼建筑。一般是三层建筑，占用面积最大的二层楼上有宽廊，它是侗族民居内部的重要空间。侗族民居另一特征是"倒金字塔"形状，即第二层在第一层的基础上挑出60厘米左右，第三层又在第二层的基础上再挑出60厘米左右，形成上大下小的倒金字塔形木楼，这是侗族人利用空间的一种办法，这种占天不占地的办法真可谓是巧夺空间。

3）风雨桥

风雨桥又称廊桥、亭桥，就是在木悬臂梁式平桥上建造长廊。大多数都要把它弄成多重檐的，或至少有两层檐的

骨架复杂的廊桥，即使是跨度较小的桥亦如此，人们甚至在桥的廊顶上修出数个多层檐的亭阁宝顶。这种桥看起来就像是带了鼓楼的长廊。同鼓楼一样，风雨桥显著的装饰物就是龙，人们还喜欢在风雨桥上大事彩绘以作纹身。这些繁复的形式与侗族和越人龙文化诸多渊源有关（图2-3-1）。

4. 瑶族传统建筑技艺特色

瑶族聚居区沟壑纵横，溪河密布，水利资源和地下资源丰富。瑶族的民居分为两种：湘西南的隆回、辰溪、新宁等县的瑶民，以及湘南的部分平地瑶、土瑶和民瑶等，其房屋旧时大多数是筑土为墙，上面盖以茅草、稻草、杉木皮或竹片，屋小而阴湿。有少数瑶族亦住砖瓦屋，屋顶正中有三叠瓦堆或品字形，两侧的人字墙，前高后低用石灰粉成龙头状。湘南称为"过山瑶"或"顶板瑶"的瑶族，旧时居住的房屋极其简陋，一般是用杉木条支撑而成的棚屋，上用茅草或杉木皮覆盖，用杉木条或竹片围成，俗称"千个柱头下地"。现在，瑶族居住条件大为改善，大多已住上板壁屋、土墙屋、砖瓦屋。

（二）府第式、庄园式和街衢式建筑

1. 府第式建筑

明清两代砖木结构的府第式建筑（图2-3-2），为湖湘

图2-3-1 湖南通道县松月桥（来源：湖南省住房和城乡建设厅 提供）

图2-3-2 长沙市大围山镇楚东村锦绶堂（来源：湖南省住房和城乡建设厅 提供）

建筑文化的代表。这些建筑群落，一方面，从建造规制上，严格遵循着儒家礼法传统，反映出高下有等、内外有别、长幼有序；另一方面从营造装饰上，则又不失湘人的浪漫情怀。湘中、湘南地区砖木结构的大宅院，以正屋为主体，中轴对称，厢房、杂屋均衡展开，内部又有大大小小的小庭院，共同组合成一个庞大的建筑院落。中为尊，东为贵，西次之，后为卑，形成规制森严的建筑格局。湖湘建筑装饰，多采用华美的木雕、精致的石刻和富于文人气息的壁画和题壁书法，传达出湖湘古民居与众不同的艺术气息和温馨浪漫的情怀。

这些深宅大院重视正屋厅堂，有的多达数百间。装饰上大多采用木雕、石雕和壁画等，显得富贵堂皇。大院讲究几进几横，多以天井为中心营造小院，院中有院，院中套院，以亭廊相连，辅以廊房、轿厅、书楼、花园、佛堂、戏台，有的受西洋文化的影响，还在西厢或边角处建造"西洋厅"，专供家人与外籍人士休闲娱乐。院落都有设计精准的给水排水系统，各种设施，一应俱全，足不出户便可自给自足、自娱自乐。

2. 庄园式建筑

湘中大户望族，聚族而成，自然形成村落，一个村落往往就是一个家族，如湘中地区的曾国藩富厚堂，戴海还柏荫堂，以及曾被称为中国第二大地主的刘敏吾庄园；又如湘南桂阳的阳山村何氏家族、永兴县板梁的刘氏家族、双牌县理家坪乡岁圆楼（图2-3-3）等。

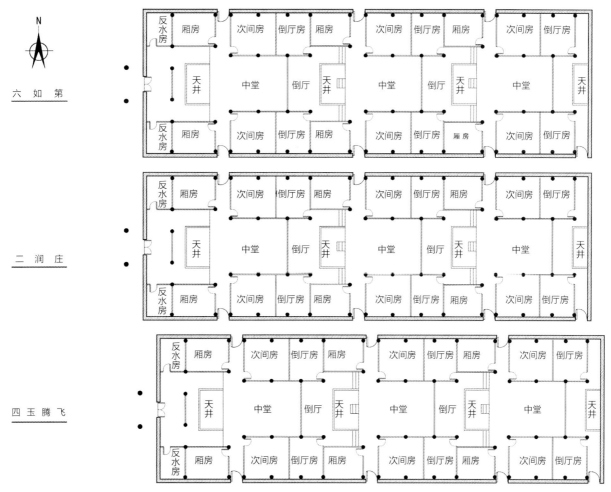

图2-3-3　湖南省永州市双牌县理家坪乡岁圆楼（来源：湖南省住房和城乡建设厅 提供）

湘中的大庄园相对集中。双峰的三塘铺、甘棠铺、青树坪方圆10公里左右，就集中着40多座大型的庄园。体仁堂、柏荫堂、韦伯堂是其中的代表：韦伯堂建筑历经家族12代，从明至清末一直在修建、改造、扩充，最终形成占地近600亩的规模，最厚的一扇大门厚达80多厘米，可以想见当年的建造之坚固。体仁堂规模更是浩大，为了保证用砖的质量，竟仿照朱元璋修建南京城墙的做法，砖头上刻有工匠姓名和制造年款，该建筑群三进六出，正厅堂3个，侧厅堂6个，三厢九进，厢房厅房18个，108根石木基柱撑起48个天井，以廊洞相连，所有的廊道、房屋地面都是磨砖地，多数墙壁是双砖或三砖，非常坚固。体仁堂内有完好的仓储系统和给排水系统，仅二层楼的粮仓，现存就有79间，至今仍有两个泉眼完好无损。

3. 街衢式建筑

湘南、湘东北民居建筑以分栋相衔的街衢式建筑群最有特色，如桂阳阳山村何氏家族、永兴板梁村的刘氏家族、岳阳县的张谷英村等。阳山村的何氏家族建筑群，与四清湖万华岩风景区连成一体，南望罗坦坪天兵岩，仅咫尺之遥。三面环山，一面傍水，外看不显山露水。原有150栋大宅院，现存完好的尚有65栋，建筑面积18000平方米以上，现存的二层楼有13000平方米左右。现有居民480多人住在里面，均为何姓。何氏建筑群分横巷8排，竖巷道5条，青石板铺路。每房都有厅堂，厅堂里有匾额，供奉先祖的神龛用木雕装饰，前有屏风（有的已毁），独自成家。外墙饰有石雕或壁画，尚保存完好。板梁刘氏则是与街衢式布局稍有不同的部落式建筑群体，由3个建筑版块组成群落，原有房屋1347间，现存约1000间。第一板块是祭祀与公学用房，第二板块是民居，第三板块是学堂、演武场等公共设施。与其他的建筑群落一样，注意建筑选址。这片建筑群的背后是一座不太高的小山，前面是一条弯弯的小溪，蓝天白云映衬着鳞次栉比的封火墙。张谷英村为汉族聚居群落。整个建筑群由当大门、王家塅、上新屋3大群体组合而成。古建筑群始建于明嘉靖四十一年，清代两次续建，现有巷道62条，天井206个，总建筑面积达5万多平方米，共有大小房屋1732间。总体布局依地形呈"干技式"结构，主堂与横堂皆以天井为中心组成单元，各个单元自成庭院，各个庭院贯为一体。其最大特点是排水设施完整，采光、通风、防火设施完备。

第三章 武陵·源——湘西北地区传统建筑风格特征解析

湘西北地区主要指湖南省西北部地区，包括张家界市、湘西土家族自治区、怀化市的沅陵县等区域，该区域古时属武陵郡管辖，早在远古时期境内就有人类活动的痕迹。该地区地形地貌以山地为主，地域环境复杂，土地利用类型多样，"八山一水一分田"是该区地貌的真实写照。境内属亚热带季风温暖潮湿气候，夏热冬冷，四季分明，降水充沛，水资源非常丰富。

湘西北地区复杂的地形、悠久的历史、神秘的文化，孕育出该地区独特的传统建筑风格。封闭的地理环境，使得湘西北在近代较少受到战乱侵害，其传统建筑及传统村落保存得相对较为完整，具有较高的保护、研究价值，以及潜在的文化价值，如果能够加以合理的开发利用，可为湘西北地区的经济发展带来巨大的动力。

第一节　地理环境与人文环境

一、地理环境

（一）地形地貌

湘西北地区属云贵高原北东部边缘，武陵山脉由北东向南西斜贯全境，位于中国由西向东逐步降低第二阶梯之东缘。该地区西部与云贵高原相连，北部与鄂西山地交接，东南以雪峰山为屏障，为"喀斯特山原地区"。湘西北地区主体由武陵山次级隆起带和张家界盆地次级沉降带构成，地貌格局除山间河谷盆地及山原外，大部分为侵蚀剥蚀中、低山地。岩性多为石灰岩、红色砂砾岩、泥页岩。由于碳酸盐广泛分布，岩溶地貌景观显著，峰峦重叠，河谷幽深，尤以张家界地区喀斯特地貌最为独特、知名。

（二）气候条件

湘西北地区属亚热带季风性湿润气候，具有明显的大陆性气候特征，夏半年受夏季风控制，降水充沛，气候温暖湿润，冬半年受冬季风控制，降水较少，气候较寒冷干燥。四季分明，降水充沛，光热偏少。根据山地的不同地形、不同高度的特点，全区从垂直方向上可划为河谷温热湿润带、山地温暖较潮湿带、山地温凉潮湿带等4个气候类型带，在水平方向上又分为"西北热量偏少，夏秋少旱气候区""东北热量较多，夏秋偏旱气候区""中部热量偏少，夏秋偏旱气候区""东南热量较多，夏秋少雨多旱气候区"等5个气候区。

（三）水文条件

湘西北地区水资源十分丰富，区域内有酉水、沅水、澧水、武水等多条水系，河网星罗棋布，纵横交错，年平均径流量达317.6亿立方米。区域内熔岩地下水资源丰富，水质良好，且地表水与地下水相互转化，形成地表地下水综合利用的格局。

二、人文环境

（一）区划沿革

湘西北，历来为世人瞩目，这里山清水秀，人杰地灵，物产丰富，历史悠久。据《尚书》、《禹贡》记载，夏周时为荆州域，秦属黔中郡，汉为武陵郡。随着封建王朝的更替，州域的隶属关系和行政建制几经变更。清代，曾分属辰沅永靖道德辰州府、永顺府，另有乾州（今吉首）、永绥（今花垣）、凤凰三个直隶厅。民国初（20世纪20年代），撤府，改厅为县。30年代末，湖南省划为10个行政督察区，州域分属第八、第九行政督察区。中华人民共和国成立初期，州域分属永顺专署、沅陵专署；1952年，成立湘西苗族自治州，1995年，改为湘西苗族自治州，1957年9月，成立湘西土家族苗族自治州至今。自治州人民政府驻吉首市，原湘西苗族自治州所属吉首、泸溪、凤凰、花垣、保靖、古丈6县及原由湘西苗族自治州代省领导的永顺、龙山、桑植、大庸4县划归湘西土家族苗族自治州。1988年5月18日，国务院批准将大庸市升为地级，设立永定区、武陵源区，将原常德市的慈利县和湘西土家族苗族自治州的桑植县划归大庸市，1994年4月4日，大庸市更名为张家界市。

（二）人口状况

湘西北地区很早就有人类活动，随着经济和社会的发展，人类繁衍生息，人口不断增多。2010年第六次全国人口普查，湘西土家族苗族自治州为少数民族居住地，该区域少数民族人口为196.7万人，占77.21%；其中土家族人口108.9万人，占42.75%；苗族人口86.3万人，占33.88%；其他为回族、瑶族、侗族和白族等少数民族。

总的来说，湘西北地区各民族处于大杂居、小聚居的状态，土家族、苗族主要分布在交通闭塞的乡村，汉族及其他少数民族主要分布在市区、河畔叉口、市镇墟场。土家族主要集中在北部及中部的永顺、保靖、龙山、古丈、吉首、张家界、慈利、桑植。苗族主要集中在南部及中部的花垣、凤凰、古丈、泸溪、吉首、保靖。回族主要集中在龙山县、凤凰县、永顺县和吉首市。瑶族主要集中在保靖县、吉首市和永顺县，侗族主要集中在吉首市、花垣县和凤凰县，白族主要集中在吉首市、桑植县、永顺县和龙山县。

三、历史文化

（一）历史概况

湘西北属于社会发展缓慢的少数民族地区，由于地处山势险峻、群山耸立、河谷深彻的山地环境，极不利于农业生产，社会发展较为缓慢。新石器时代，湘西北一带人类活动已能见于史载。上古时代，蚩尤所率领的三苗九黎部落，自从与炎黄部落在中原发生激烈冲突战败后，其势力逐渐退出中原，向西、向南退却，随后进入武陵地区。春秋战国时期，该地区被收入楚国的势力范围，受楚文化的影响较大。自秦汉开始，湘西北地区被纳入版籍。秦时属黔中郡，汉高帝五年（公元前202），改黔中郡为武陵郡。从这时起到五代末，统治者对五溪地区（古时湘西北又称五溪地区）的少数民族实行比较松弛的羁縻政策，农业、手工业、商业贸易和文化都得到了明显发展。唐代，湘西北地区进入封建社会的初期，但是开发程度不平衡，偏僻的深山区人民，仍然是过着刀耕火种、辅以采猎的原始生活。

五代时期，彭氏土司王朝逐步建立，将汉族先进的生产技术如牛耕，苞谷、高粱、豆类等农作物品种和栽培技术引进该地区，带动了生产发展。这一时期封建王朝对湘西北的治理政策存在极大的区域差异。对于受土司统治的"熟苗"区，实行的是比较开明的政策，而对于以腊尔山为中心的不为土司控制的"生苗"区则实行高压政策。这种政策，阻隔了苗族、汉族、土家各族人民的经济文化交流，加深了"生苗"区的封闭性，也加剧了湘西北开发与发展中的不平衡性。土司政权，历经五代、宋、元、明，直到清雍正五年的"改土归流"，彭氏家族在湘西土家族地区维持了800年的统治。

雍正四年（1726年），清廷对西南各省土司制度进行改革，取消"蛮不入境，汉不入峒"的禁例，沿袭800多年的湘西土司制度开始全面废除。清统治者废弃"边墙"，开放汉、苗、土家结亲之禁，建学宫、办义学。学校的建立，起到了传播文化、开启民智的积极作用，同时利于湘西地区的局势稳定和经济与社会的发展。改土归流后，湘西北地区大量汉人流入，土家、苗民受汉文化影响发生变化，生活方式向多样化发展。这一时期的湘西苗区开发与发展，达到了前所未有的水平。

（二）文化

在湘西北这片美丽而神奇的土地上，土家族、苗族、瑶族、汉族等各民族互通有无，共同书写了湘西北的历史，创造了独特的地域文化。从先秦时代的民族交往，到历时近800年的土司王朝，直至清代的"改土归流"，各民族之间的交往，不同文化元素的融合以及诸多历史事件对于湘西北文化都产生了巨大的影响，这些文化因子在互动中有机融合，构成了湘西北（武陵源地区）特有的多元文化。如土家族的摆手、苗族的椎牛和还傩愿，这种经久不衰的集体性质的活动，是原始社会朴素的集体主义遗风的传承和体现，也是湘西北地区巫文化的具体表现。巫文化不仅影响了湘西北地区少数民族的宗教信仰、伦理观念，同时也渗透到了社会生活的各个方面，诸如生产、建筑、服饰、饮食、居住、婚丧、民间巫术、民俗信仰、岁时节令、人生礼仪等。

第二节 传统城镇与传统村落选址

湘西北优美的自然环境，为城镇和村落的建设提供了极好的底图，自然为底，建筑为图，先人们或在河流清澈、群山连绵、山林翁郁的地方选取开阔地，将城镇、村庄巧妙地置入其中，如张家界市石堰坪村（图3-2-1）。或依山就势，充分利用地形布置民居建筑，宛如自然生长的传统民居点缀在层层叠叠的山坡之上，与自然环境达到"天人合一"状态，如古丈县岩排溪村（图3-2-2）。

图3-2-1 张家界石堰坪村全景（来源：全建国 摄）

图3-2-3 里耶古镇（来源：何韶瑶 摄）

图3-2-2 古丈县岩排溪村村景（来源：湖南省住房和城乡建设厅 提供）

图3-2-4 芙蓉镇（来源：湖南省住房和城乡建设厅 提供）

一、传统城镇

湘西北传统城镇根据其形成过程及性质，分为以下几种：第一，交通便利的地区性经济中心，依托大溪、大河等水运条件之利。例如酉水中游的龙山县里耶镇（图3-2-3）、永顺县的芙蓉镇（图3-2-4）。第二，区域性的政治中心，例如湘西州府政府所在地吉首市，明代即设镇溪军民千户所，称"所里"。后清朝康熙四十三年（1704年），撤千户所，设乾州厅，治乾州。1952年，乾城县改名吉首县，后成为州府所在地。第三，历史文化名镇，如凤凰县的沱江镇，环境优美、历史悠久、人才辈出。

（一）传统城镇选址特点

湘西北地区境内山峦重叠、林谷深幽、沟壑纵横、溪河交错，陆路交通非常之不便利，所以在古代，水运的交通方式在这里显得非常重要。俗话说凡河入江处，必有重镇。我国古代城镇的选址都是在靠近水源的地方，这样一方面可以满足城市居民的日常生活用水，另一方面又可以满足古代城镇发展交通运输的需求。湘西北很多主要城镇，都因水而活，因水而发展成周边主要的商业城镇，如酉水中游的里耶古镇，酉水下游的芙蓉镇，清水江下游的茶峒镇。

（二）典型城镇分析——凤凰古城

1. 古城概况

凤凰古城位于湘西州西南部，北临沱江（图3-2-5、图3-2-6），东南濒护城河，西部筑城于山丘上。据《凤凰厅志》记载，凤凰古城早在东汉时即为武陵郡五溪蛮地，后经历代变迁，至民国31年（1942年）改称沱江镇。现存古城始建于清康熙四十三年（1704年），历经300多年古貌犹存，古城东门和北门古城楼尚在。城内建筑多建于清朝中晚期和民国时期，朝阳宫、古城博物馆、杨家祠堂、沈从文故居、熊希龄故居、天王庙、大成殿、万寿宫等主要建筑，大部分保存完好，极具古城特色。古城内部幽深的石板街道，穿城而过的美丽沱江，江边临水的木质吊脚楼，使得凤凰古城成为湘西北最为知名的历史文化古城，因此将其作为湘西北城镇的典型代表进行分析。

图3-2-5　凤凰古城沱江（来源：王俊 摄）

图3-2-6　凤凰古城沱江万名塔（来源：张艺婕 摄）

2. 古城格局

凤凰古城四周群山环抱，秀峰林立，城址背枕南华山，东北侧奇峰山，西侧笔架山，左右相依偎。海拔在500～800米，沱江自西北蜿蜒而来，水质清澈，穿城而过，水口紧缩，形成一个相对围合之地，构成和谐的气场，呈现出"山抱水，水环山"的理想格局（图3-2-7）。

3. 古城形态

凤凰古城城市空间结构明晰，将重点古建筑如杨家祠堂、东门城楼等看成"点"，将街巷空间看成"线"，把传统的民居区看成"面"，这样凤凰古城就呈现出一种以群山为背景，以沱江为依托，以古城为中心，城内为网状，城外呈发散状的城市空间布局。

点、线、面的合理布局，使古城民居、会馆、寺庙、桥、塔以及城楼等古建筑，成为一处有层次、有主次、有广度、有深度、有变化的建筑艺术之宫。它们在空间的各个层次上都呈现出独特的美，给人以丰富、愉悦的审美感受。

4. 街道特点

街巷起到了凤凰古城形体的骨架作用，形成古城独特的结构肌理，同时也体现着古城特色。凤凰的街巷一般狭窄曲折，宽度在3米左右，曲折、幽深的街巷将古城内的大大小小的角落相互连通，组成了层层叠叠极富层次感的街巷空间，使古城内景色变幻有序，尺度协调宜人（图3-2-8）。

东正街是凤凰古城的主要街道，街道由红砂石板铺设，全长300余米，宽约3.8米。自道门口至东门城楼，因直通东门，故称"东正街"，街道两侧保留了比较完整的传统民居与商业建筑，风貌突出。

图3-2-7 凤凰古城航拍图（来源：王俊 摄）

图3-2-8 凤凰古城街巷空间（来源：张艺婕 摄）

5. 建筑特色

凤凰古城建筑秉承了湖湘传统建筑特色，又具有浓郁的地方风情，沱江沿岸的吊脚楼已成为凤凰古城的一张名片，吸引着中外来客。古城内部的传统民居建筑，大部分为四合院，根据街道、地形合理建造，平面布局紧凑、尺度宜人。

青砖黛瓦的古民居，高耸的马头墙、古朴的木门、雕花的格栅窗，共同组成了凤凰古城古朴、清丽的城市风貌。

1）四合院住宅

陈斗南宅院

陈斗南宅院位于古城内吴家弄一号，建于清光绪二十八年（1902年），位于东门城楼和杨家祠堂之间，占地面积366.6平方米，由前进、天井、中堂及后进组成，为四水归堂回廊式院落，是典型的南方四合院（图3-2-9）。四周有10米高的封火院墙围护，院墙下砌有1.1米高的红砂条岩石，整齐有序，颇具内向性、收敛性，说可以几乎是"与世隔绝"，这与清末湘西北匪患猖獗的社会环境有关。

该建筑回廊右侧有木栏扶手梯上楼，由于回廊相通，即使遇上雨天，出入各室，不必涉水，故俗称"一脚干"。屋内装修极为讲究，工艺精细。整个宅院建筑结构严谨，布局合理，是明清以来高层次宅院建筑的代表之一（图3-2-10、图3-2-11）。

2）吊脚楼

沱江沿岸的吊脚楼群是凤凰古城的一张名片，更是湘西北地区沿河吊脚楼的典型代表。由于沿岸的原有住房多位于岸壁之上，用地面积十分有限，家庭成员增多，原住房空间不足时，当地居民便将木柱斜撑在岸壁上或河床的岩石上，于其上加建吊脚楼，将整个建筑向河中延伸。这种各取所需、随意而建的吊脚楼群形成一种变化有致、参差错落的视觉景观。现在，这些吊脚楼大多因商业用途而改建或拆除，或因河水冲垮而毁坏，建筑风貌受到了较大的破坏（图3-2-12、图3-2-13）。

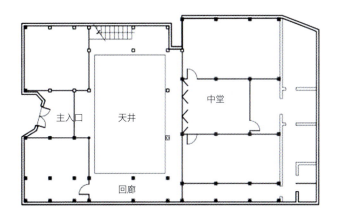

图3-2-9 陈斗南宅院平面图（来源：凤凰县文物局 提供）

图3-2-11 陈斗南宅院2（来源：凤凰县文物局 提供）

图3-2-10 陈斗南宅院1（来源：凤凰县文物局 提供）

图3-2-12 凤凰古城沱江吊脚楼群1（来源：张艺婕 摄）

图3-2-13　凤凰古城沱江吊脚楼群2（来源：张艺婕 摄）

（三）典型城镇分析——黄丝桥古城

1. 古城概况

黄丝桥古城坐落在凤凰县沱江镇以西24公里处，古称渭阳城，始建于唐垂拱二年（公元686年），距今已有1300多年的历史。明朝晚期，为稳定边塞，明朝政府不惜拨出巨资在五寨长官司故地，从湘黔边境的亭子关到所里（吉首）的喜鹊营修筑了一条长360余里的边墙，黄丝桥就成了"边墙"西南线上的重要军事城堡。清乾隆十八年（1753年），凤凰营衙署迁至此处，改土城为石城，古城初具规模。

民国2年（1913年）古城改称为黄丝桥。古城占地约2.9万平方米，城墙周长686米，平面略呈长方形，东西长153米，南北长190米，外墙通高4.8～5.6米，墙顶过道宽2.8米，可跑马，垛墙高1.4米，垛高0.8米，间距0.8米，厚0.6米，城墙对外一侧砌筑锯齿形箭垛300个，修有瞭望孔和射眼。整个城墙均用青石灰条石错缝砌筑，选料、砌法考究，糯米石灰浆拌桐油勾缝，平整端庄，坚固牢实。

2. 古城格局

整座城池开设东、西、北三个城门，并建有城楼，东曰"和育门"，西曰"实城门"，北曰"日光门"。相传南方属火，怕引火进城，故封南门开北城门（如图3-2-14）。城门呈半月拱形，宽2.62米，高3.1米，城门两扇系以铁皮包裹，用圆头铁钉密钉。城门右侧或左侧设石阶上下城墙，

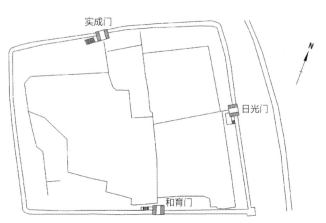

图3-2-14　黄丝桥古城平面示意图（来源：凤凰县文物局 提供）

城墙上有炮台3座，分别设在西门北面40米处及原南城门位置上。城楼外一面开设射眼两层，3座城楼通高约为15米，均为重檐歇山式，下层覆以腰檐，上布小青瓦，飞檐翘角，造型庄严雄伟（图3-2-15～图3-2-17）。楼内有一室，四周回廊相通，前门用青石或泥土砖或木板隔制的门墙0.9米高，一楼屋顶均有藻井天花，绘有花卉图案，6扇隔扇门上槛雕镂空几何图形花样，中槛雕有多幅栩栩如生的人物故事及飞禽走兽、山水、花卉等浮雕，雕琢精美。3个城楼制高点在西门，右手扶梯登楼，可全视城内和远眺城外（图3-2-18、图3-2-19）。

3. 古城街巷布局

城内主干道布局成"T"形，分别称东正街、西正街、北正街，建筑均沿街巷而建（图3-2-20），现有民宅90余栋。多为平房，搁山檩石木结构或土坯砖木结构。石墙以青

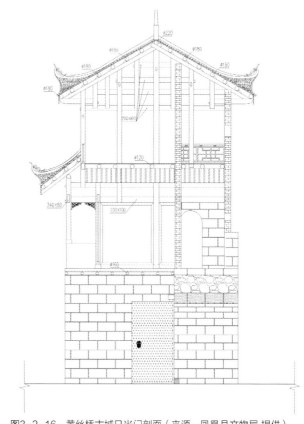

图3-2-16　黄丝桥古城日光门剖面（来源：凤凰县文物局 提供）

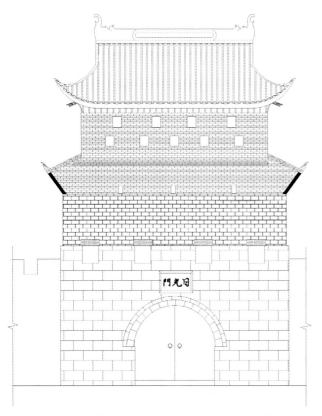

图3-2-15　黄丝桥古城日光门正面（来源：凤凰县文物局 提供）

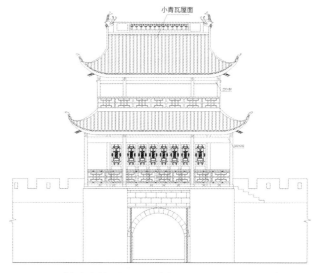

图3-2-17　黄丝桥古城和育门正面（来源：凤凰县文物局 提供）

图3-2-18 黄丝桥古城日光门（来源：何韶瑶 摄）

图3-2-19 黄丝桥古城（来源：何韶瑶 摄）

石块平铺叠砌，墙面平整、牢固；土坯墙建筑以石砌为基，基高一般1米左右，上平铺错缝叠砌土坯砖，砖长24米，宽、厚12厘米，黏土浆粘接，墙面一般用石灰或泥浆抹面（图3-2-21）。

4. 现存建筑

现城内尚存兵营平房一栋，五开间，占地95平方米，以土坯砖筑砌，小青瓦，屋面低矮狭小，极为简陋，据查城内原有大小兵营房屋50余栋，均沿内城墙四周排列，在东正街南侧距北门200米处存有唐老（凤凰辛亥革命起义将领唐力臣）衙门一栋，占地约200平方米，穿斗式砖木结构平房，雕花木门窗；正台衙门改建为民房，其东侧有古井一眼（现已填平）；道台衙门设在距唐老衙门西北80米处，八字形的大门及经过细凿的石门额还完好的保存着。

城外：古城西南方200米处建有天王庙建筑群，占地1200平方米，由正殿、廊房和戏台构成，正殿为猫拱背山墙、歇山顶、砖木结构，具有浓郁的民族色彩和地方风格，现仅存廊房和戏台；正南面有城隍庙、关帝庙、均被拆毁；城西北50米处还存有石拱桥一座，古井一眼及"主客相搏"白刃相交的古战场遗址等，形成众星捧月之势。

图3-2-20 黄丝桥古城街道（来源：何韶瑶 摄）

图3-2-21 黄丝桥古城城墙（来源：何韶瑶 摄）

二、传统村落选址

中国人追求理想的居住环境，即使是在生存条件恶劣的湘西北地区，先人们对传统村落选址也多在依山傍水之处，村落形态大多呈现出对自然环境的顺应和遵从。从整体看来大部分村落的外部形态完全与自然环境融入一体，诠释了古人所追求的"天人合一"的哲学思想。

（一）村落选址

1. 天人感应，顺应自然

湘西北地区原始宗教、自然宗教色彩较重，巫风盛行，其突出特点是基于万物有灵论基础上的自然崇拜，表现出对自然的高度依恋和敬畏。拜井神、拜树神、拜石神的现象十分常见。

这种自然崇拜的思想也影响了村落的选址和布局，湘西北民居聚落的选址十分注重与自然地形的结合，也就是对自然的亲和性。一般基址选择的原则：背山面水，负阴抱阳。这样基址就位于山环水抱的环境中央，四面重山围合，前面流水穿过，形成背山面水的基本格局。同时，整体村落的建筑布局上，注重建筑与自然关系的和谐，多顺应自然环境的变化，呈现出物我合一的状态。

古丈县岩排溪村的择基选址中，村落依山而建，坐北朝南，背枕观音（山名），面朝团山，左右为金冈咀、刀背山两山环抱，符合"左青龙右白虎"之说（图3-2-22）。寨前3株千年古枫高高耸立，喻为观音点插"三炷香"，蕴涵古堪舆之学。村寨周边梯田环绕，浅丘层层叠叠，宛若天成，九条古水渠犹如九龙从天而降，灌溉着千亩良田，在村落的布局上，首先将"气"从山上引下，受四周地形之约束而聚之于"穴"，使"山气茂盛，直走近水，近水聚气，凝结为穴"以达到藏风聚气的效果。该村落布局实际上是先人有效地利用自然、保护自然，将村落住宅与田地、自然相配合、相协调的智慧典范（图3-2-23）。

古丈县默戎镇中寨村位于青山环绕、溪水相伴的山区中，几百里群山余脉绵延至此，雄阔壮美，气韵悠远，在北西东三面突起三座大山峰，中间形成一开阔盆地，河流自北向南流动，形成藏风聚气的理想环境。该村地势北高南低，有清澈的河水伴流全村，俗称"金带环抱"，村落建筑整体布局依山就势，层层排布。该村落的选址、布局反映了古人在"天人合一"思想影响下，对地形、地貌、自然环境的崇拜及合理利用（图3-2-24）。

2. 聚族而居，奉祖为吉

由于中国社会是带着氏族的脐带迈入文明时代的门槛，因此，建立在血缘心理基础之上的祖先崇拜观念特别强烈。

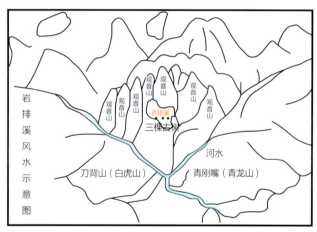

图3-2-22　岩排溪村村落示意图（来源：湖南省住房和城乡建设厅 提供）

图3-2-23　岩排溪村全景图（来源：湖南省住房和城乡建设厅 提供）

图3-2-24 中寨村村落全景图（来源：党航 摄）

较为闭塞的湘西北地区的文化中也保留着较多氏族原始民主平等的遗风，人们长期保存着氏族制下的原始民主、平等、自由的思想观念。

这种思想的主要特征：崇拜祖先，重视族谱，讲宗亲、重家族。所以，湘西北地区人们大多同族聚居，目的是为了防御自然灾害，防异姓欺负，往往一村之中无杂姓。以血缘和宗族为纽带，聚落的发展都会以一种类似细胞裂变的形态扩容，也决定了聚落的内部形态和空间结构特征。从空间结构上看，聚落结构的层次性比较明显；从空间组织上来讲，聚落形态都是与其环境紧密结合的，充分体现了人与自然融合共生的特点（图3-2-25）。

图3-2-25 凤凰县老洞村鸟瞰图（来源：湖南省住房和城乡建设厅 提供）

3. 堪舆学说的现代科学解析

堪舆学体现了中国传统的阴阳五行哲学，蕴含着古人的生存智慧，用现代科学眼光来解释堪舆，首先，人类的生产、生存都离不开水，故村落选址的首要考虑就是水，湘西北地处山区，河道迂回曲折，水量、流速均受季节影响，变化较大。村镇既要近水，又要防洪，因而，多在沿河距水面较高的两岸建设，河床流露的巨大岩石，是构建村镇的良好基础。其次，村镇沿河婉转延伸，并顺应山势坡形层层向上展开，形成生动的村镇空间层次和起伏多变的总体轮廓。布局对地形的顺应不仅可以大大地减少建筑的建造过程中的挖、填土方量，而且可以避免对地层结构建设性破坏所带来的滑坡等自然灾害。

保靖县夯沙乡夯吉村位于三沟三岭之中，村落背靠案山，主山山脉向两侧延伸形成倚靠之势，村前溪水流过，是为冠带水，整个村落背靠主山，面前有作为对景的案山，完全符合堪舆学中，阴阳相济，五行协调的布局。整个村落沿河分布，并层层向山脊展开，在总体上形成"一村横卧、溪水奔流、群山环抱"的历史格局（图3-2-26）。村寨周围自然环境极佳，是藏风聚气的理想格局。村落依山就势建在穹起的山脊上，栗青色的传统民居错落在溪流萦回、沟壑纵横的山水间、充满古朴的乡情野趣处。建筑以群山为背景，增加景观的层次感；村落前的冠带水，视野开阔，建筑因山而挺立，因水而灵动。村落从选址到整体布局，处处体现了人们对于天地自然的谦恭敬畏，对于山水田园的谐和追求（图3-2-27）。

（二）聚落布局特征

湘西北传统村镇的布局方式大致可以分为线型村镇、二分型村镇、台阶式村镇、组团式村镇、散点式村镇、孤岛式村镇六种（表3-2-1）。

图3-2-26 夯吉村航拍图（来源：湖南省住房和城乡建设厅 提供）

图3-2-27 夯吉村全景图（来源：张艺婕 摄）

村镇不同布局形式比较　　　　　表 3-2-1

	村镇形态简图	选址要素	布局方式	空间功能	实例
线型村镇		地形较平坦，有大片河滩地作建房基地与耕地	自然的线型，一条平行于河的主街，建筑一字排开	街道为主要公共空间和生活交往空间，也是商业活动场所	永顺县芙蓉镇；龙山县贾市镇
二分型村镇		河流两岸均有较大面积的河滩，适宜建房与耕作	被河流一分为二，以桥相连，两岸各自沿河或山势展开	河流起空间限定作用，将阻隔的空间相互贯通	吉首市排绸乡河坪村
台阶式村镇		坡度较缓和适宜建房有水流从前面经过，梯田耕作	平行于等高线布置，之间以"Z"形树状小路相连	建筑群随势层层跌落，过街骑楼空间起承转合作用	古丈县红石林镇老司岩村
组团式村镇		山势起伏大，适宜建房的地段不集中，有小片集中地段	围绕晒场或池塘形成一个组团，以小路连到各个组团	组团内部空间围绕一中心展开，组团之间也有守望的功能	吉首市矮寨镇中黄村
散点式村镇		偏远，交通不便，土地有限，人口较少，各自择适宜的地段建造	各户在不同等高线选择缓坡建房，民居之间由山间野路相连，是散状的格局	山间野路通到各户，高处建筑有瞭望作用	吉首市峒河街道小溪村
孤岛式村镇		防御性，居高临下易守难攻，地少，要绕远耕作	无公路与外界相连，水路不畅通，形成较为封闭的组团	防御的功能，堡垒式的空间感受，或有城墙作屏障，或有碉楼	凤凰县山江镇老家寨村；永顺县双凤村

1. 线型村落：村镇大多沿河发展，村落也随着河流的形状形成自然的线型，这样的村镇有一条平行于河的主街，沿街两边的建筑成一字排开，街道有集市的功能，也是邻里之间主要交往空间，例如龙山县贾市镇（图3-2-28），永顺县芙蓉镇。

2. 二分型村镇：村镇大多沿河布局，在一些河滩平缓地带，两岸各有一些适合建房的地段，村镇被河流一分为二。两岸村镇各自沿河展开，以桥相连或者各自独立，吉首市河坪村（图3-2-29）。

3. 台阶式村镇：村镇大多选在略为平缓的山坡，大多平行于等高线布置，每一等高线之间以"Z"形或树状小路相连，就形成台阶式村落，如古丈县红石林镇老司岩村（图3-2-30）。

4. 组团式村镇：在山地上没有集中的适合建房的基址，很多村镇都是分散成组团型，围绕一个晒场或池塘的几栋民居形成一个组团，各个组团分布在同一等高线的平地上或是不同等高线的坡地上，各个组团间由小路相连，形成组团式的村镇，如吉首市矮寨镇中黄村（图3-2-31）。

5. 散点式村镇：偏远地区建房的土地十分有限，村落的人口也较少，各户在不同等高线选择缓坡建房，民居之间由山间野路相连，形成较为分散的格局，如吉首市小溪村（图3-2-32）。

图3-2-29 吉首市河坪村（来源：湖南省住房和城乡建设厅 提供）

图3-2-30 古丈县老司岩村（来源：湖南省住房和城乡建设厅 提供）

图3-2-28 龙山县贾市镇（来源：湖南省住房和城乡建设厅 提供）

图3-2-31 吉首市中黄村（来源：湖南省住房和城乡建设厅 提供）

图3-2-32　吉首市小溪村（来源：湖南省住房和城乡建设厅 提供）

图3-2-33　凤凰县老家寨村（来源：湖南省住房和城乡建设厅 提供）

6. 孤岛式村镇：这种村镇最初的选址时出于防御性的考虑，建于山顶，不仅没有公路与外界相连，水路也并不畅通，形成较为封闭的组团，如凤凰县老家寨村（图3-2-33）。

第三节　传统建筑类型特征

一、公共建筑

传统公共建筑无论是在总体布局上，还是在设计和营造上无不反映当时的建筑技术、生产力水平和经济实力状况，它们都是适应地理气候的产物，因地制宜、就地取材，具有极好的地域适应性，也是民俗、民风、民情等民族文化的集中表现。

公共建筑按功能分类主要包含：城防、宫殿、衙署、坛庙、宗教建筑、陵墓、园林、祠堂、会馆、塔、桥、牌坊。下文将按此分类，对湘西北现存的具有研究价值的公共建筑进行解读。

（一）祠堂

祠堂，又称宗祠，家庙，是旧时宗族制度的产物，在大小城镇，凡大家族均设祠堂。其依托专有田产，提供祭祀、教育、文化娱乐及社交中心等族内福利与服务。祠堂里可教化或奖惩族众，凡一切有关宗族的事务都可以在祠堂里办理。

祠堂所具有的多功能性，使得它外形高大、敞亮、气派，并有较大的、适宜的公共活动空间。祠堂的建制并无明文规定，规模也有大有小，一般正厅为供奉和议事场所。祠堂是一个家族或姓氏的代表，它体现一个家族或姓氏在地方上的地位、势力、威信和荣誉。因此讲究的祠堂多利用木雕、砖雕、石雕等作为建筑装饰（图3-3-1、图3-3-2）。

图3-3-1　桑植县王氏宗祠（来源：张艺婕 摄）

图3-3-2　老司城彭氏祠堂（来源：何韶瑶 摄）

1. 彭氏宗祠

彭氏宗祠位于永顺县老司城中心，衙署区东部第五级台地上，是中轴线上的主体建筑，为供奉历代土司的祠堂建筑。

现存建筑为清同治年间（1862～1874年）重建，正殿面阔三间（图3-3-3），共13.6米，进深四间，共9.7米，是明间梁架为抬梁式、两山为穿斗式的悬山建筑（图3-3-4）。殿内存清康熙五十二年（1713年）所刻德政碑（图3-3-5）。碑高2.74米，宽1.2米，腹背刻字，上有石帽盖顶，旁扶石柱。此碑为宣慰使彭泓海歌功颂德而建，背面刻有三洲六长官及三十八洞所辖区域及首领姓名。祠堂内还供历代土司的牌位，有精美的木雕像，各具神态，栩栩如生，还收藏了历代土司制定的三纲五常法谱。

从祠堂大门直到正街有一条200多米长的官道，经过4个平台和五段石阶梯30余个石级，逐步高升显出一种威严的气派。祠堂门口有一对抱鼓石，雕刻十分精美（图3-3-6）。

彭氏宗祠是土家族文化与汉文化融合而成的产物，宗祠本是汉族家族常见的祭祀场所，在这里融入了土家族的建筑特色，如为适应地形而做出的悬挑外廊，建筑结构为土家族常用的"满瓜满枋"，建筑外围的"山"字形封火山墙，以及建筑内部用木板壁分割空间等。

图3-3-4 彭氏宗祠正面（来源：张天浩 摄）

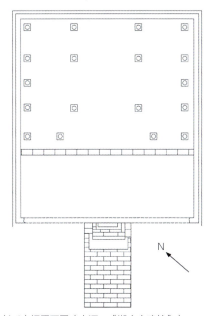

图3-3-3 彭氏宗祠平面图（来源：《湖南古建筑》）

图3-3-5 彭氏宗祠土司德政碑（来源：张天浩 摄）

2. 田氏宗祠

田氏宗祠坐落在凤凰县沱江镇沱江河北岸老营哨,坐北朝南,东望奇峰山,南饮沱江水,西倚喜鹊坡,北眺青龙山。始建于清道光十七年(1837年),清咸丰十年(1860年),贵州提督、钦差大臣田兴恕捐库银扩建成规模较大的建筑群。宗祠由大门、正殿、过厅、厢房、回廊、天井及戏台组成(图3-3-7),占地面积2000多平方米,山墙均为猫拱背式硬山顶。

大门口临老营哨街,先踏红沙条石级而上,两边封青砖墙,小院坪两端各摆青石龙岩石狮墩,再拾级而上便到大门,大门口为"八"字状,两边设圆窗,大门为三开间(中为过厅,两边为厢房)木结构建筑(图3-3-8)。由大门入内,踏上红沙条石台阶,便到中殿,台阶中有天池、天井、回廊,左右设"五福""六顺"两门,穿过两门为厢房。往右通往戏台,戏台为歇山顶六角飞檐式建筑,天花有方形藻井,檐下施如意斗栱,戏台凸出明间,前面高高翘起一对翼角,而后台则在门屋明间,观众可从戏台三面看戏,前台与明间三间设板壁,两边各开"出将""入相"两门。戏台台顶设九格藻井,彩绘"龙凤呈祥"图案,戏台两角斗栱层层

图3-3-6 彭氏宗祠抱鼓石(来源:张天浩 摄)

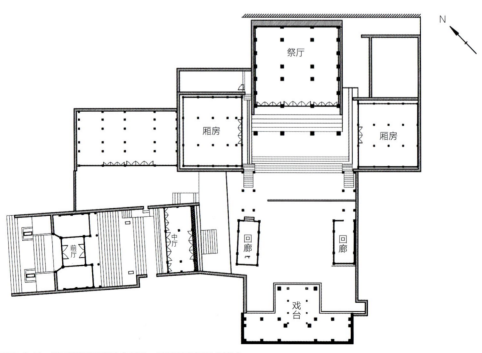

图3-3-7 田氏宗祠平面图(来源:凤凰县文物局 提供)

图3-3-8 田氏宗祠大门（来源：张艺婕 摄）

图3-3-9 田氏宗祠戏台（来源：张艺婕 摄）

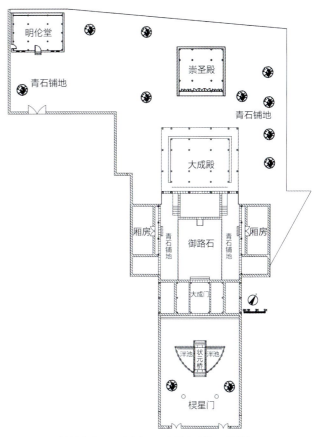

图3-3-10 乾州文庙平面图（来源：吉首市文物局 提供）

上挑，台下加撑方形木柱，以加固戏台（图3-3-9）。与戏台相对的是正殿，需上21级台阶，两边设回廊，正殿系抬梁式与穿斗式组合的一栋三间木结构建筑。雄伟高大，是整个建筑群的主体建筑，两边为厢房。

该祠整体建筑布局为"丁"字形，因地而建，占地较大，雄伟典雅，是凤凰古城历史最悠久，面积最大的宗祠建筑佳作。

（二）庙

庙，是古代供祀祖宗的地方。其规模建制有严格的等级限制。《礼记》中记载："天子七庙，卿五庙，大夫三庙，士一庙。"帝王的祖庙称为"太庙"，其他凡有官爵的人，也可按制建立"家庙"。汉代以后，庙逐渐与原始的神社（土地庙）混在一起，庙作为祭鬼神的场所，还常用来敕封、追谥文人武士，如文庙是为了祭拜孔子，武庙是为了祭拜关羽。

1. 乾州文庙

乾州文庙位于吉首市乾州古城的中部，南临万溶江，北接古城墙。始建于清雍正七年至十一年（1729～1733年），清乾隆六十年（1795年）焚于兵燹，唯崇圣祠留存，1801年重建，又经过1810年、1836年、1846年相继扩建和修葺，文庙楼阁日臻完善。

乾州文庙坐北朝南，占地面积约1600平方米，庙学合一的建筑，左为孔庙，右为学宫。南北中轴线上，纵向为三进，依次为照壁、棂星门、泮池、大成门、大成殿和崇圣祠，中轴线两侧为东西庑和钟鼓楼（图3-3-10）。一进由大成门及其左右两侧的名宦、乡贤两祠组成。二进正中为大成殿，东庑和西庑分布在殿堂前侧，院中置条石径直达月台，台前有五龙奉圣红石卸路，大成殿雕梁画栋，飞檐翘角，建筑的拱棚、藻井、撑拱、雀替、柱础石墩等装饰均十分考究。崇圣祠即为三进，照墙南向外为头门，中为大堂，左有文昌宫，中有明伦堂，右为教谕署。

大成门始建于清雍正七年（1729年），受到西洋建筑的影响，故大成门的风格与一般学庙的清式大成门完全不同，为三开间2层的门塾式建筑，中间为通廊，两侧为封闭房间，二层为连通的平面（图3-3-11）。

正殿大成殿，高约20米，为两层木质建筑，砖木抬梁式结构，重檐歇山顶，面阔三开间，四周绕以2.1米宽的回廊，殿堂下方以青色条石为基，上以鳞灰瓦盖顶。由数十根大红柱顶立，每根红柱下都有鼓石基（图3-3-12、图3-3-13）。

乾州文庙构思精巧，楼台、过厅、通道、花坛、天井各具特色，斗栱飞檐，凌空翘角的独特造型，充分展现湘西北地方建筑的特色。

2. 凤凰文庙

凤凰文庙在凤凰县沱江镇登瀛街3号，始建于清康熙四十九年（1710年），民国期间文庙建筑群尚保存完好，民国33年（1944年）在庙内改建成中学，拆除部分建筑，现仅存大成殿一座，1983年进行修葺。

大成殿殿前月台是祭孔的地方，长8.3米，宽13米，中嵌浮雕斜面龙石，左右七级石阶，东、西两庑回廊可拾级登临大成殿。大成殿占地面积720平方米，建筑面积273平方米（图3-3-14、图3-3-15）。坐西朝东，砖木结构，呈正方形，面阔三间24米，进深30米，屋顶为重檐歇山顶，穿斗式梁架结构，正脊有宝顶，正吻，鼓形柱础，方砖铺地。殿前为月台，御路，殿宇高16.5米，殿四周为廊轩，廊宽1.5米，眠砖封砌，基高1.7米，红砂石砌筑，中柱4根，高15米，柱径0.52米。廊柱12根，前檐柱浮雕蟠龙、雀替、镂雕龙云纹，明间为八合隔扇门。四周以黄琉璃瓦顶红墙，布

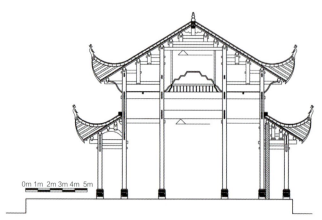

图3-3-11　大成殿剖面图（来源：吉首市文物局 提供）

图3-3-12　乾州文庙大成门（来源：党航 摄）

图3-3-13　乾州文庙大成殿（来源：党航 摄）

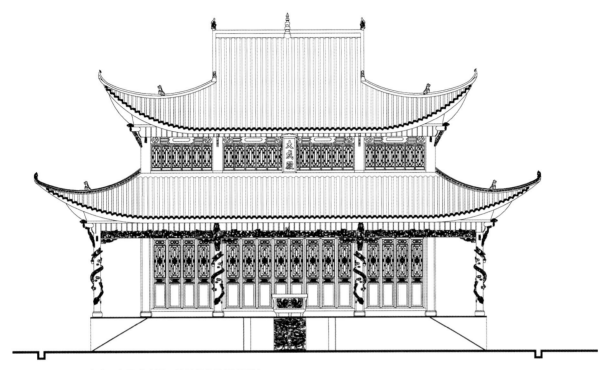

图3-3-14 凤凰文庙正立面（来源：凤凰县文物局 提供）

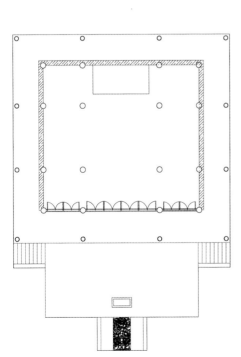

图3-3-15 凤凰文庙平面图（来源：凤凰县文物局 提供）

局严谨，错落有致，金碧辉煌，浑然天成（图3-3-16、图3-3-17）。飞檐翘角，角上饰鸟兽鳌头，殿内方形藻井彩绘龙凤图案，额枋上恭悬清朝历代御书匾额。

3. 祖师殿

祖师殿位于老司城太平南麓，是一组道教建筑群，占地面积582平方米，数百年来一直是永顺土司的重要宗教活动场所。该建筑始建于后晋大福二年（公元937年），重建于明代。建筑群坐东北朝西南，现存建筑主要为明代建筑，包括沿中轴线分布的祖师殿、皇经台和玉皇阁3座汉式传统木构建筑（图3-3-18、图3-3-19）。

正殿面阔五间，进深四间，重檐歇山顶，长17.5米，宽13米，高20米，全木材结构，正殿34根大柱采用优质金丝楠木为料，以一斗二升、一斗三升承顶，"品"字形横枋叠架，相接处无斧凿痕迹。柱础为双叠圆鼓式样式，殿脊殿檐是图案精致的陶砖陶瓦。殿中金柱前，砌有神龛一座，上供"祖师"神像。屋顶不做曲线，青瓦屋面。斗栱雄伟古朴，

图3-3-16 凤凰文庙大成殿（来源：何韶瑶 摄）

图3-3-17 凤凰文庙室外（来源：何韶瑶 摄）

图3-3-19 祖师殿全景图（来源：何韶瑶 摄）

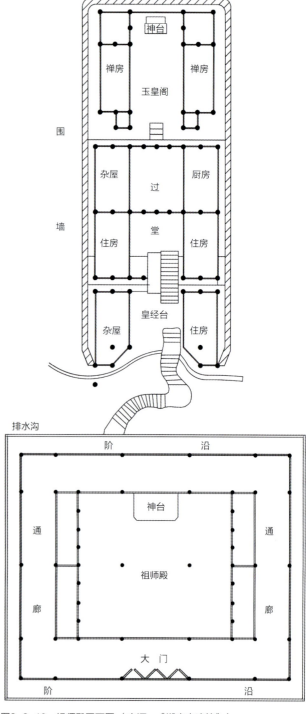

图3-3-18 祖师殿平面图（来源：《湖南古建筑》）

图3-3-20 玉皇阁正面（来源：何韶瑶 摄）

木构件不施彩绘，整体风格朴素，表现出明代建筑特征。此殿为土家族现存最早的道教建筑，是研究土家族宗教文化的宝贵实物资料。

正殿后岩陡峭的台阶进入后殿、玉皇阁（图3-3-20）。玉皇阁重檐歇山顶，外观为楼阁式建筑，实际只有一层。内部木结构轻巧，檐下做有湖南地方特色的如意斗栱，反映了汉文化对土家族地区建筑的影响。

（三）寺

1. 龙兴讲寺

龙兴讲寺坐落于湖南省沅陵县西虎溪山南麓，始建于唐贞观二年（公元628年），寺内保存有宋代至清代不同时期的建筑，是湖南省现存最古老的木构建筑群，也是湘西北地区现存最早、最完整的寺庙。在古代，龙兴寺设立讲堂讲经说法，故又称"龙兴讲寺"。佛寺内讲堂最初是仿照儒学讲经的方式，《后汉书·明帝纪》载："幸孔子宅，祠仲尼及七十二弟子，亲御讲堂，命皇太子诸王说经。"后来佛家传经说法的处所也称讲堂。

龙兴寺占地面积约两万平方米，现存有山门、大雄宝殿、观音阁等10余座建筑，气势恢宏壮观（图3-3-21~图3-3-23）。大雄宝殿是其主要建筑物，重檐歇山顶，下层左右为硬山式，上层歇山顶，形成歇山与硬山结合的特殊形

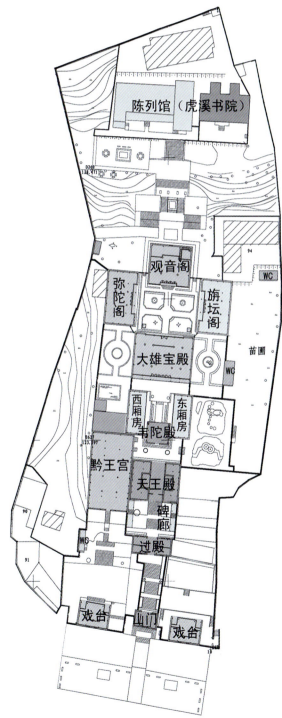

图3-3-21 龙兴讲寺平面图（来源：沅陵县文物局 提供）

图3-3-22 龙兴讲寺山门（来源：沅陵县文物局 提供）

图3-3-23 龙兴讲寺大雄宝殿（来源：沅陵县文物局 提供）

制（图3-3-23）。面阔五间，明间比两旁各开间宽很多，做法特别。该殿虽经明、清多次修葺，但其主体木构架柱、梁、枋等，皆系宋元时期遗存。殿立有八根直径达80多厘米的楠木内柱，柱身呈梭状，上下细中间粗。柱与柱础之间有鼓状柱础，这都是明代以前的古老做法，说明龙兴讲寺建筑有着很高的历史价值。柱础呈覆盆莲花状。殿后左右有弥陀阁，为3座楼阁式建筑，重建于清乾隆年间，面阔皆五间，为三层重檐歇山顶。

正中的观音阁为清光绪年间重修，面阔三间，为3层檐歇山式小青瓦屋面。三阁呈"品"字形布局，造型古朴，湖南地方建筑特色明显。龙兴寺群体建筑装饰艺术极为丰富多彩，所有的木门窗棂格的花心裙板及横披，皆雕刻而成并加

以彩绘，构图饱满，线条流畅，花样繁多，特别是大雄宝殿中的镂空石刻讲经莲花座，玲珑剔透，甚是精美，相传为明代所制，为国内罕见之物。

2. 普光禅寺

普光寺（又名"普光禅寺"），坐落在张家界永定区城东，前有天门山，后有福德山（即今子五台），是一座历史悠久，名声远播的寺庙。始建于明永乐十一年（1413年），雍正十一年（1733年）协镇史城重修。"寺有白羊石，雍简建寺时，见白羊满山，逐之入土，掘之见石，其下有窖金。遂发之，以金修寺，寺成入奏，赐名普光石。"又据《续修永定县志》载：雍简在白羊山"见白羊一群，逐之，一羊化白石，余入土中，掘之，获金数瓮，悉以修庙，朝，敕名'普光寺'，均系皇上赐（命）名。"

普光寺，原是一片由文庙、武庙、城隍庙、崧梁书院等组成的古建筑群，现仅存普光寺、武庙与文昌祠等建筑，其余建筑，或毁于战乱、火灾或因愚昧无知而被破坏。现存普光寺占地8618平方米，主要建筑包括大山门、二山门、大雄宝殿、罗汉殿、观音殿、玉皇阁、高贞观等（图3-3-24）。于不同年代相继建成，具有宋、元、明、清各个朝代的建筑风格。

普光寺整体格局为三门三殿，据考证，原来的"三门"有的已不存在，现在的"三门"指山门（图3-3-25）、天相门与天作门，"三殿"指大雄宝殿、罗汉殿与观音殿。

大雄宝殿是普光寺内最大的殿堂，也是这座寺庙的主体建筑。始建于明永乐年间，清康熙四十七年（1708年）重修，后来清雍正、乾隆、嘉庆、道光、咸丰、同治与光绪各个时期也修葺过。山门正上方有"普光禅寺"4个金色大字。罗汉殿紧靠水火二池，殿内供奉的是十八罗汉，形态各异，造型生动。该殿始建于明景泰七年（1456年），清乾隆四十一年（1776年）重修。殿内16根大木柱，取自然形态，弯曲歪斜，自古就有"柱曲梁歪屋不斜"的说法，为全国寺庙建筑所罕见。

其他建筑还包括玉皇阁，始建于明永乐年间，清嘉庆

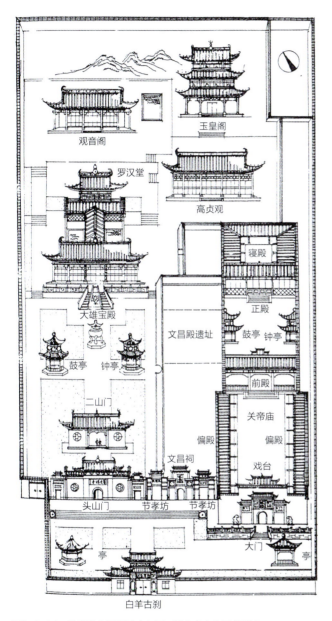

图3-3-24 普光禅寺平面图（来源：湖南省文物局 提供）

图3-3-25 普光禅寺大山门（来源：尹冰华 摄）

图3-3-26 普光禅寺高贞观（来源：尹冰华 摄）

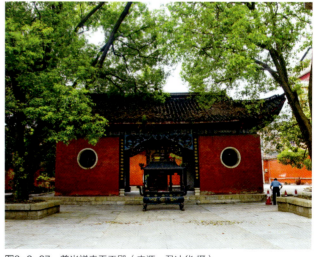

图3-3-27 普光禅寺天王殿（来源：尹冰华 摄）

十六年（1811年）重修。坐落在观音殿以东，居高贞观之上，是普光寺的制高点。站在玉皇阁三层远眺：巍巍天门山、崇山、阴山与澧水两岸的风光可以一览无余。高贞观系元末明初建筑物，建筑面积为243.96平方米，进深11.4米，宽21.4米，其建筑风格为单檐歇山式山顶，为普光寺其他各殿绝无仅有（图3-3-25～图3-3-28）。

图3-3-28 普光禅寺鸟瞰图（来源：尹冰华 摄）

（四）书院

1. 潕溪书院

潕溪书院是湘西地区文化教育的发源地之一，位于峒河北岸的鳌鱼峰之巅。其源可追溯至明代正德八年（1513年）明代大哲学家王阳明的弟子、苗族教育家吴鹤在此开设的蒙馆，迄今已有500余年历史。书院由门楼、大成殿、明伦堂、学署、文昌阁、吴鹤祠、鳌鱼池等组成（图3-3-29），院内古树参天，环境幽雅。

潕溪书院占地面积约1800平方米。坐东朝西，依山就势，砖墙围护。前由一条蜿蜒于绿荫中的陡峭石阶导入，

图3-3-29 潕溪书院航拍图（来源：王俊 摄）

中轴线上依次为山门（位置偏左）、讲堂、先师殿（藏书楼），先师殿面阔三间，砖木结构，穿斗式构架，小青瓦硬山顶（图3-3-30）。山门明间为大门，檐下悬黄永玉题"潕溪书院"四字匾，前檐柱联楷书："山水钟灵藏秀气；文章造化育英才"（图3-3-31，图3-3-32）。门联刻："读法书畏刑读兵书畏战读儒书刑战不畏；耕尧田忧水耕舜田忧旱耕砚田水旱无忧。"吴鹤撰，林时九书。台阶下左右石狮对踞，两侧砖墙呈"八"字形对称，上分别墨书"顶天立地""继往开来"等字样（图3-3-33）。拾级而上到达讲堂前地坪。地坪立孔子行教石像，高3.233米。讲堂明间开敞为过道，与后方二层先师殿构成宽大廊院。讲堂前地坪右圆洞门内为鹤公祠，院落小巧，简朴严谨。左院圆洞门内有鳌鱼池、斋舍和文昌阁，仿苏浙一带小型园林布置。院内有"藤翁"和14棵古桂花树。每届金秋，清香满庭。

图3-3-30 潕溪书院先师殿（来源：吉首市文物局 提供）

2. 三潭书院

三潭书院位于凤凰县东北部的吉信镇（古称得胜营）境内，距县城22公里。清同治十三年（1874年），贵州黔东兵备道吴自发（别号诚斋）用无人领受的平蛮阵亡竿军士兵抚恤银所建。

书院占地面积12000平方米，现存建筑面积600平方米，规模宏大（图3-3-34），正院为三层阁楼，为重檐六方翘角，穿斗式木结构，屋顶为方形藻顶，底层为三大间，正中为中堂，为教师授业之所，中间装有六合门，饰以木雕方格梅花图案（图3-3-35）。中层供童生住宿，东西两面配有回廊，回廊两端檐角高耸，檐流直下。顶层为藏书之阁。东西两斋为课堂，乃生童习作之室，每斋可容纳童生40余人。正院后有房舍三间，为教师卧室。两者间有坪约宽二丈，坪内铺以青石板，坪两端砌有围墙，墙中均开圆门（图3-3-36）。出正院中门，便下12级岩坎，是与正院平行的土坪。坪边沿筑白色围墙，坪内植满苍松翠柏（图3-3-37）。

三潭书院建筑，前后对称，布局严谨。院内，花木

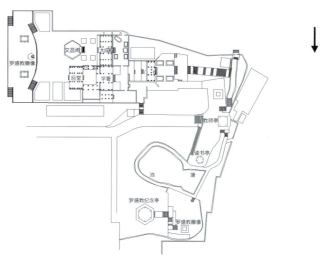

图3-3-31 潕溪书院平面图（来源：吉首市文物局 提供）

图3-3-32 潕溪书院山门（来源：吉首市文物局 提供）

图3-3-33 潕溪书院入口（来源：吉首市文物局 提供）

图3-3-34 三潭书院航拍图（来源：王俊 摄）

图3-3-35 三潭书院正面（来源：张艺婕 摄）

图3-3-36 三潭书院圆门（来源：张艺婕 摄）

图3-3-37 三潭书院侧面（来源：张艺婕 摄）

扶疏，幽静雅致；院外，古柏参天，金桂飘香。迄今已有一百三十八年历史。是中国苗族地区最大的书院，也是湖南省现存四大书院之一。

（五）其他

1. 摆手堂

摆手堂，又称神堂，土王庙。是土家族人民举行庆典和祭祀活动及文化娱乐的主要场所。

摆手堂构成要素主要有以下4个部分：主体建筑（神堂）

图3-3-38 双凤村摆手堂入口（来源：张艺婕 摄）

与敞廊；场院与围墙；入口门楼；中心标志（树或木杆）。这4个部分要素按一定秩序分布在村边山丘上，其布局简单明了。主体建筑神堂通常为三开间厅堂，亦有做成楼阁式样，内部供奉土家人的先祖彭公爵主、向老官人和田好汉3尊塑像，神堂正面有时设有面向场院的敞廊。场院通常为长方形，一面是神堂，其余三面由石墙围合。院墙前正中是石砌门楼。场院一侧一般另设小门方便出入。场院正中必有一株树木或立一个旗杆，形成中心，使得方形场院有了集聚的核心。村民通常就围绕着这棵"中心树"跳摆手舞（图3-3-38~图3-3-41）。

图3-3-39 双凤村土王祠与场院（来源：张艺婕 摄）

图3-3-40 捞车村摆手堂（来源：何韶瑶 摄）

图3-3-41 老司城村摆手堂（来源：何韶瑶 摄）

2. 风雨桥

风雨桥又称作廊桥，是建筑与桥梁结合在一起的构筑物。桥的建造形式，其一是为保护桥面木板，其二为行人遮风避雨之用。由于设计巧妙、形式多样，风雨桥也常常作为进出村镇的标志，为自然环境增添了景色（图3-3-42、图3-3-43）。

芭蕉坪接龙桥在距县城50公里的梁家潭乡芭蕉坪村，修建在村下两条小溪交汇处，下为石拱上为阁楼，俗称风雨桥。该桥于1909年建成，由村落时任族首张高清发起修建。该桥建筑纯用苗族古建筑工艺，集苗族石匠工艺和苗族木工工艺与一体，桥拱石块用糯米石灰浆粘合，桥上采用吊脚楼和走马楼方式木质建筑连接，中部设八角楼，屋顶均盖小青瓦，飞檐雕龙画凤。全桥除顶部椽皮用钉外，其余未用一根铁钉。风雨桥修建后将椰木界和雷公界两座大山与云长界连接在一起，堵住了水口，并形成木楼石拱与溪水水天一色美景，建桥时取名万善桥，2003年大修时，根据山水连接风景情况改名为接龙桥（图3-3-44）。

洗车河镇的风雨桥，始建于清乾隆四十五年（1780年），距今已有200多年历史，风雨桥长85米，宽4米，桥墩高9米，共两磴三跨属木构石平廊桥，桥头与两岸连接处是高侧的吊脚楼，桥中留有1米左右的通道外，两则均是一格格小摊位，白天桥上是一个热闹的集市。此桥于2014年进行修缮，在桥顶增加了4个角亭。这座风雨桥不仅是连接洗车河两岸的建筑物，更是土家族民俗与市井文化的聚集地（图3-3-45、图3-3-46）。

图3-3-42　老司城风雨桥（来源：张艺婕 摄）

图3-3-44　芭蕉冲接龙桥（来源：何韶瑶 摄）

图3-3-43　双凤村风雨桥（来源：张艺婕 摄）

图3-3-45　洗车河廊桥远景（来源：彭舟 摄）

图3-3-46 洗车河廊桥（来源：彭舟 摄）

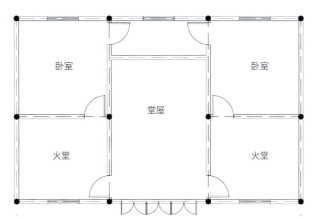

图3-3-47 双凤村"一"字形住宅平面图（来源：永顺县住建局 提供）

图3-3-48 双凤村"一"字形住宅正面（来源：张艺婕 摄）

二、民居

（一）土家族民居

1. 民居的基本形式

土家族民居主体由主屋和吊脚楼组成，再配以少量的附属建筑。面阔三间，进深两间，单檐悬山式屋顶是主屋的固定形式。一般单侧设置吊脚楼，与主屋成直角排列，平面成"L"形布局。有少数是两侧都配置吊脚楼，成"U"形平面；还有极个别的配置三栋吊脚楼，形成"山"字形平面布局。在与主屋和吊脚楼稍微分开的地方设置有厕所、猪、牛、山羊等家畜用的小棚屋。也有少数的民居是没有吊脚楼的，这种情况一般是因为受地形条件的限制，或者是受家庭经济条件的限制所造成的。

永顺县双凤村的某宅即为典型的"一"字形住宅，面阔三间，进深两间，单檐悬山顶，小青瓦屋面，建筑整体造型简洁、大方、实用（图3-3-47~图3-3-50）。

苗儿滩镇捞车村2组某住宅，即为典型的L形平面住宅。主屋面阔三间，进深两间，单檐悬山屋顶，西侧设置吊脚楼，整体建筑造型简洁舒朗，古朴大气（图3-3-51、图3-3-52）。

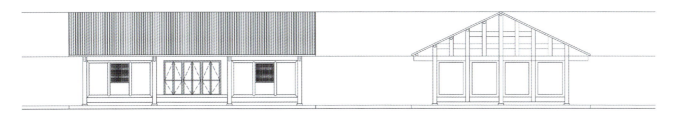

图3-3-49 双凤村"一"字形住宅正立面图（来源：永顺县住建局 提供）　　图3-3-50 双凤村"一"字形住宅侧立面图（来源：永顺县住建局 提供）

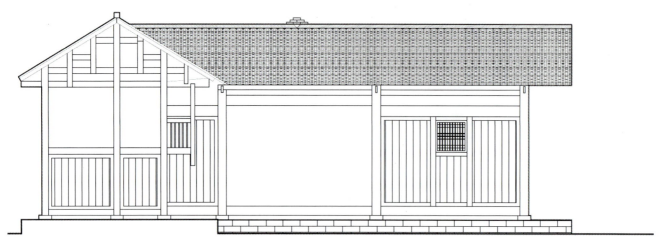

图3-3-51 捞车村住宅立面图（来源：李佳欣 绘）

图3-3-52 捞车村住宅立面（来源：张艺婕 摄）

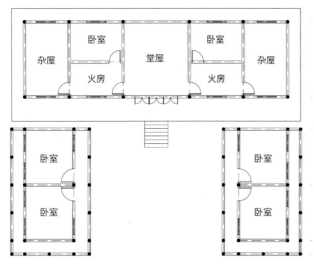

图3-3-53 双凤村某宅一层平面图（来源：永顺县住建局 提供）

"U"形平面，即在正屋两翼对称地伸出厢房，双凤村村部办公楼建筑为这种形式，建筑较好的结合地形高差修建，正屋地坪比两侧厢房高1.5米，两侧厢房外挑走廊，形成吊脚楼，走廊架设楼梯与正房地坪相连。高差处理十分巧妙，使得吊脚楼的屋顶低于主屋的屋顶，是为"偏不压正"，建筑整体比例非常的和谐，吊脚楼的飞檐翘角又为建筑增添几分灵动的美感（图3-3-53~图3-3-56）。

2. 主屋

土家族民居的主屋是非常标准化的做法，面阔三开间，中间的一间是堂屋，两边是卧房和厨房（图3-3-57）。堂屋大部分情况下是不做墙壁门窗的，直接朝外敞开。这种开敞的堂屋说明这里民风淳朴，民居不需要太多的防御性。也有一些做墙壁门窗的，这种情况下，大门的装饰是重点，常做出非常漂亮的木雕花格。

堂屋正面的墙上设有供奉祖先牌位的神龛，传统的神龛是从木板墙上凹进，再在周围做装饰，龛内壁书"天地君亲师位"，两边配以对联（图3-3-58）。

3. 吊脚楼

吊脚楼一般为两层，底层或作仓库、储藏室，或者架空

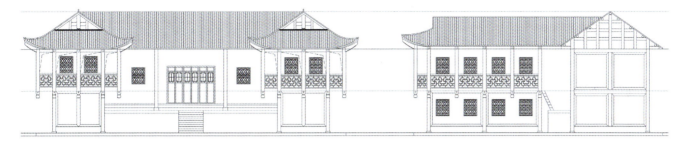

图3-3-54 双凤村某宅正立面、侧立面图（来源：永顺县住建局 提供）

图3-3-55 双凤村某宅正立面（来源：张艺婕 摄）

图3-3-57 土家族民居的主屋（来源：张艺婕 摄）

图3-3-56 双凤村某宅侧立面（来源：张艺婕 摄）

图3-3-58 土家族民居的神龛（来源：张艺婕 摄）

图3-3-59 土家族吊脚楼（来源：张艺婕 摄）

堆放柴草、圈养牛羊。二层上为住房，一般是家中未婚者，特别是未婚的女儿居住，相当于汉族传统民居中的闺房。

　　土家族民居的主屋与吊脚楼的关系十分耐人寻味。首先，主屋一层，吊脚楼两层，但是主屋的屋脊一定比吊脚楼的屋脊高。这是因为主屋的台基高，进深大，因而屋顶也较小，这些因素综合起来就使得一层的主屋比两层的吊脚楼要高。其次，主屋简朴，吊脚楼华美。土家族民居的主屋都是普通的悬山式屋顶，没有翘角，造型简朴。而吊脚楼一般都做成歇山式，飞檐翘角，二楼走廊悬挑，做花格栏杆和垂花柱，造型小巧秀美，原因是土家族人把吊脚楼看作是显示家庭富裕程度的象征，所以尽可能将其做得华丽显眼（图3-3-59、图3-3-60）。

图3-3-60 土家族吊脚楼（来源：张艺婕 摄）

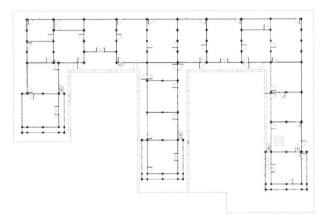

图3-3-61 石堰坪村某宅平面图（来源：石堰坪村村部 提供）

图3-3-62 石堰坪村某宅全景图（来源：张艺婕 摄）

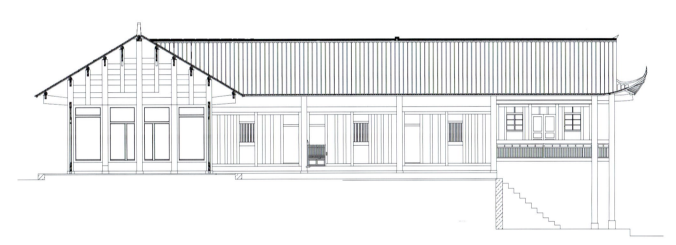

图3-3-63 石堰坪村某宅立面图（来源：石堰坪村村部 提供）

张家界石堰坪村吊脚楼某栋吊脚楼，整体成"山"字形平面，主屋共9间，向外悬挑出3栋吊脚楼，吊脚楼均是飞檐翘角的歇山式屋顶，整个建筑形制独特，造型美观，雕饰栏杆、穿枋，屋顶宝座都充满了浓郁的土家族特色（图3-3-61~图3-3-63）。

4. 冲天楼

苗儿滩镇树比村冲天楼修建于清康熙年间，到如今已传了15代，已有374年的历史，是土家建筑工艺的活化石。

冲天楼由正屋、石阶缘、岩平坝、排水沟4部分构成，占地1200平方米（图3-3-64）。楼内建筑结构复杂，按前堂后厅的规制建造。前屋为堂屋，五柱八棋；后屋为厅堂，

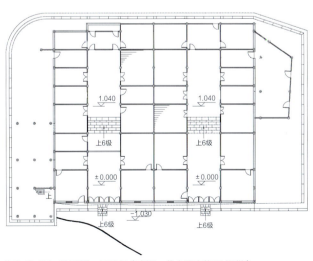

图3-3-64 冲天楼一层平面（来源：龙山县文物局 提供）

四柱八棋；正屋后为拖步，左右侧为偏厦；拖步与偏厦连接处为磨角，又叫龙眼；正屋左右配有转角楼；大小房间40余间。冲天楼面阔七柱六间，进深正屋四间，拖步两间；分左右两区，天厅平整；地基前低后高，前堂与后厅由青石台阶相连。前堂后厅设有神龛，上供家先牌位。神龛上挂匾额。后厅天厅为冲天楼子，高10余米，为三重檐飞檐翘角结构。冲天楼子为穿梁结构，每重低座由4根枕木结构为"口"形，成十字架梁，由四十八柱、枋、挑穿梁构架而成，其中柱（拱）、枋、挑各十六。冲天楼天厅内侧吞水面约400平方米，雨季排水靠冲天楼子和天井屋檐的椿槽排向左右偏房瓦面。排水系统采用了八卦构造，取阴阳轮转之势，绝妙工艺让人叹为观止。冲天楼子除了增添冲天楼的气势和壮观外，透光纳凉、吸气排浊是它的主要功能（图3-3-65、图3-3-66）。

（二）苗族民居

1. 民居的平面形式

苗族民居一般由主屋和吊脚楼两部分组成，吊脚楼多与主屋成直角设置，呈"L"或是"U"字形布置，但是"U"字形平面的数量较少。除此之外还有附属屋，附属屋主要是灶屋、牛栏和猪栏、厕所等，与主屋并列，沿等高线独立设置。正房背山而建，尽量争取日照。房前一般有庭院，作晒谷坪，是晾晒谷物和室外活动的场所。因此，苗族民居在条件允许的情况下经常做成场院的形式，院内是晒谷坪，有院外有低矮的围墙围合，前面设一座小型门楼，称为"朝门"，朝向好的方位，或不与堂屋正对（图3-3-67、图3-3-68）。

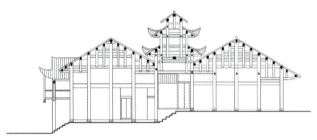

图3-3-65 冲天楼剖面图（来源：龙山县文物局 提供）

图3-3-67 苗族民居入口朝门（来源：张天浩 摄）

图3-3-66 冲天楼立面（来源：张天浩 摄）

图3-3-68 苗族民居入口朝门（来源：张艺婕 摄）

2. 主屋

苗族民居正房一般是面阔三开间，正中一间向内退进，在入口处形成凹口，称为"虎口"或叫"吞口"（图3-3-69、图3-3-70）。大门在吞口的正中，两侧各有一扇侧门。室内大部分的情况都不作分隔，因苗族节日祭祀与集会较多，很多祭祀活动是在室内进行，民居室内隔断少，形成较大的空间是为了祭祀活动所用。

由于室内无分隔，苗族民居表面看来无所谓堂屋、寝室、厨房之分，然而实际上功能区分是非常明确的。和一般情况相同，中间一开间是堂屋，作为日常起居、家内劳作、休息、接待客人等场所。堂屋右边开间后部摆放床铺，中部为火塘，前部一般用作杂物间。堂屋左边开间一般是作厨房，也有的后部摆放床铺，中部和前部用作厨房，设有灶台等相应的厨房设施。

凤凰县老家寨村吴氏老宅，由三开间的主屋和吊脚楼组成。建筑内部空间较为连贯，没有墙体进行空间分隔，但是功能划分十分明显，主要有客厅、火塘、厨房、卧室，室内卧室有床的部分局部架空，铺设木地板防潮，同时在床的四周悬挂黑色蚊帐，以保证一定的私密性和分隔空间。建筑主体为斜梁式木构件，底部用青石堆砌，上部为土坯砖建造，屋顶为硬山顶，铺设小青瓦，窗户为木构，用石灰粉刷防潮（图3-3-71、图3-3-72）。

早岗村某民居，南北朝向，建筑层数一层，二层局部铺设木板作储物之用。斜梁式结构，建筑材料为木材、石材、土坯砖、小青瓦。建筑内部空间较为连贯，没有明显的空间分隔，但是功能划分十分明显，主要有客厅、火塘、厨

图3-3-69 苗族民居吞口1（来源：张艺婕 摄）

图3-3-71 吴氏老宅主屋（来源：张艺婕 摄）

图3-3-70 苗族民居吞口2（来源：凤凰县住建局 提供）

图3-3-72 吴氏老宅吊脚楼（来源：张艺婕 摄）

房、卧室。建造方式为木材做斜梁式结构，墙体用青石板和土坯砖，屋顶为硬山顶，铺设小青瓦，窗户为木构，用石灰粉刷防潮，室内卧室有床的部分局部架空，铺设木地板防潮（图3-3-73、图3-3-74）。

3. 吊脚楼

吊脚楼多做成二层或三层，悬山或是歇山式坡屋顶上覆盖小青瓦。只是作为附属用房的吊脚楼虽是多层但其屋脊通常低于正房。二层一般用作未婚的家族成员的寝室或者客房。在一层柱子外侧全部或是一部分围护有砖石墙，形成封闭的空间作为储藏室或是饲养家畜之用。其他的附属用房，如牛栏、猪栏和厕所，采用木结构的棚屋，构造比较简单（图3-3-75、图3-3-76）。

图3-3-75　苗族民居吊脚楼（来源：湖南省住房和城乡建设厅 提供）

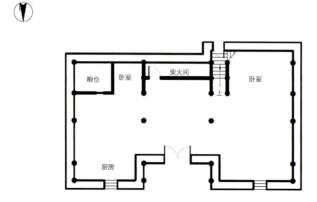

图3-3-73　早岗村某民居平面图（来源：黄乔楠 绘）

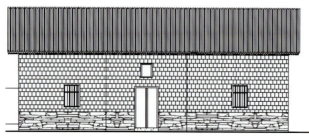

图3-3-74　早岗村某民居正立面图（来源：黄乔楠 绘）

图3-3-76　苗族民居吊脚楼（来源：湖南省住房和城乡建设厅 提供）

图3-3-77 苗族民居火塘（来源：何韶瑶 摄）

4. 火塘

苗族民居中都有火塘，一般设于堂屋一侧（图3-3-77）。火塘不只是用来取暖，更重要的是用来做饭，火塘通常用石材砌筑在地板中间，中有铁三角架，用来架锅。火塘上部有木架，一般用来熏制腊肉，并有木质或铁质的吊钩，用来挂烧水的壶或烧饭的炉锅。火塘做在地上，便于围合取暖，但是做饭却不是很方便，后来发展出现了火塘和灶台同时存在的布局。

火塘在日常生活起到核心作用外，更提供祭祖、重大节日活动中的精神依托和空间方向定位，某种程度上也起到父系传承的标签作用。湘西北苗族地区兄弟分灶、后辈另辟新屋会普遍存在将火塘方向与近习习惯一脉相传的情况。

饮食和寝卧的原始需求，决定了苗族火塘的基本物质属性，随着社会的发展，人们对物质生活水平要求的提高，火塘的功能正在逐步萎缩，但是由火塘定义的家庭空间秩序仍代代相传。

第四节 建筑材料及营造方式

一、建筑材料

（一）木材

湘西北地处武陵山区，交通不便，但是木材资源非常丰富，木材就成为当地居民建筑取材最简便的对象。民居中的结构框架，如柱、瓜、枋、檩等重要构件都是由木材制成。大多数土家族传统民居的墙体还是木板壁，在柱、瓜、枋的木构架中装明枋，再嵌入木板作为墙壁，最后刷桐油作为防护（图3-4-1、图3-4-2）。

（二）砖

1. 青砖

交通较为发达的城镇民居中，多用砖作为墙体材料。在建筑之间起防火作用的封火山墙就多为砖砌成的。如里耶古

图3-4-1 木结构民居（来源：全建国 摄）

图3-4-2 木构架搭设过程（来源：何韶瑶 摄）

图3-4-3 里耶古镇砖墙（来源：何韶瑶 摄）

镇（图3-4-3）、凤凰古城、王村等。

2. 土坯砖

土坯砖是用水田里的豁土压实晾干后制成的，因而比一般烧制的土砖更加防水也经久耐用。土坯的优点是施工简便、自建方便、材料可塑、形式多样、能源节约、造价低廉。不仅如此，它还可循环使用，一旦拆除，墙土便可转化为土壤。在凤凰县山江镇黄毛坪村，民居建筑的墙体多用板石和土坯砖垒砌，加上小青瓦坡屋顶，具有浓郁的地方色彩（图3-4-4、图3-4-5）。

（三）石材

高山上的村镇多就地取材，使用石材作为围护材料。料石作为房屋基础，上部多用片石、毛石、块石垒砌而成。

图3-4-4 土坯砖墙（来源：张艺婕 摄）

图3-4-7 石头墙壁（来源：何韶瑶 摄）

图3-4-5 土坯砖墙（来源：张艺婕 摄）

图3-4-8 青瓦屋面1（来源：张艺婕 摄）

这类房屋大多利用石材自身的重力以及摩擦力，不用薪合材料，直接将墙体垒砌至一定厚度，而墙体却能屹立不倒。例如，凤凰县都里乡拉毫村，整个村寨的全部建筑都是用石块砌筑而成，不仅墙壁用石头砌筑，连屋顶也是用石片覆盖（图3-4-6、图3-4-7）。

（四）瓦

湘西北地区的屋顶一般选用黏土烧制而成的小青瓦，吸热、散热都很快。瓦片规格一般为长200～250毫米，宽150～200毫米，不上釉，呈青灰色，使得屋面美观而素雅（图3-4-8、图3-4-9）。有的屋顶局部使用明瓦，即用

图3-4-6 石片屋顶（来源：何韶瑶 摄）

图3-4-9 青瓦屋面2（来源：张艺婕 摄）

三柱四瓜　　三柱六瓜　　五柱四瓜　　五柱八瓜

图3-4-10 土家族民居柱网组合规律（来源：根据《湘西民居》，张艺婕 改绘）

蚌、蛎之类的壳磨制成的薄片镶嵌于棚顶和窗户上，使得室内通透明亮，利于采光。

二、营造方式

结构形式

1. 穿斗式

穿斗式的构架是湘西北民居中最常见的结构形式，纵向木架承重，由落地柱及瓜柱直接承檩，柱间穿枋联系并挑枋承檐托廊，形成柱、瓜、枋这样的一个系统框架，根据房屋尺寸大小，常见的为五柱八瓜和三柱六瓜这两种组合方式，即五柱八瓜的在每两根柱之间设两个瓜柱，三柱六瓜的两柱之间只设一个瓜柱，但是也有三柱四瓜、五柱四瓜、七柱八瓜等组合（图3-4-10）。柱子直径大多为20厘米左右，柱间用于承接檩条的不落地的短柱即为瓜柱。穿枋穿过柱心，将两根柱子连接起来，同时承托瓜柱的力量，穿枋的截面大约成3∶1的高宽比。湘西北民居大多是三开间，开间大小受到结构限制较大，因而房屋大小一般由进深的大小决定，通常进深越大，房屋体量越大。

湘西北民居正房一般由四榀屋架承重，由于民居的规模并不大，通常都采用穿斗式屋架体系（图3-4-11）。屋架下面不设基础，只是在柱下设垫石块，起到防湿和整平的作用。

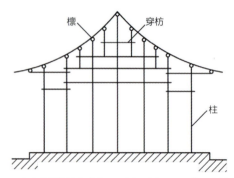

图3-4-11 穿斗式结构简图（来源：根据《湘西民居》，张艺婕 改绘）

图3-4-12 穿斗式结构房屋（来源：张艺婕 摄）

土家族民居的结构是南方地区穿斗结构中比较特殊的一种，被称为"满瓜满枋"。一般的穿斗式构架的每一根瓜柱并不一定都要延伸到底，同样，也不需要每一根枋都通贯两端。而土家族民居所谓"满瓜满枋"，则每一根瓜柱都延伸到最底下的一根枋上，每一根枋都贯穿两端。这是一种最规矩，甚至于有点死板的结构方式，完全没有一点灵活性。但是必须承认，土家族民居的这种构架是穿斗式构架中最严谨的，整体性最强的结构方式（图3-4-12、图3-4-13）。

图3-4-13 穿斗式结构房屋（来源：张艺婕 摄）

图3-4-15 斜梁式结构搭建（来源：张天浩 摄）

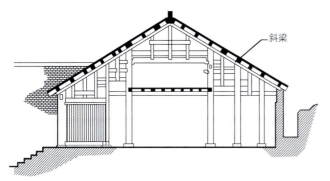

图3-4-14 斜梁式结构示意图（来源：根据《湘西民居》，张晓晗 改绘）

图3-4-16 斜梁式结构房屋（来源：何韶瑶 摄）

2. 斜梁式

所谓斜梁即在柱子和瓜柱的顶上，沿着屋架的方向，顺着屋顶坡度防置一根圆木，从屋脊一直延伸到檐口，这根圆木就是斜梁（图3-4-14）。和一般穿斗式构架不同的是，檩子放置在斜梁之上，而不是放在柱子或瓜柱之上。这样一来，斜梁之上的檩子和斜梁之下的柱子、瓜柱就不必一一对应，檩子可以根据需要而随意设置，整个屋架都有了较大的自由度。

斜梁式结构主要分布在湘西北苗族居住的村落中，如凤凰县腊尔山、禾库、麻冲等区，这些地区的苗族民居大多数都是斜梁结构（图3-4-15、图3-4-16）。苗族民居大多为砖木结构或石木结构，木柱木架构，砖或石砌墙壁。过去传统的使用土坯砖，现在的多用炉渣砖，墙壁很厚，一般都在40~50厘米的厚度，但不承重，这反映了中国传统木构建筑的共同特点——墙倒屋不塌，即承重结构和维护结构明确分离的原则。木结构支撑屋顶，墙壁只起维护作用。

第五节 传统建筑装饰与细节

一、封火山墙

封火山墙又称"马头墙"，传统建筑中屋面以中间横向正脊为界分前后两面坡，左右两面山墙或与屋面平齐，或高出屋面，高出的山墙称封火山墙，其主要作用是防止火灾发生时，火势顺房蔓延。封火山墙主要特点是两侧山墙高出屋面，高出屋脊部分的墙体一般做成阶梯形、人字形、弓形、云形等，并在其上镶嵌瓦檐，用青灰抹脊背，局部进行装饰。

封火山墙由于突出于屋顶上，是建筑造型和艺术装饰美感的重要位置。湘西北建筑的封火山墙，既有典型明清江南建筑的特征，又富有显著的湖湘特色（图3-5-1、图3-5-2）。高出屋顶并充满起伏跌落变化的马头墙能够为整个村镇建筑单调和平淡的格局增添灵动的色彩。湘西北的封火山墙依据其形态特征，将其分为以下几类：

（一）阶梯形封火山墙

阶梯形封火山墙是整个湘西北地区封火山墙中最常见的类型，墙体随屋面坡度层层跌落，以斜坡长度定为若干档，少则一跌、二跌，多则三跌、五跌，墙顶挑三线排檐砖，上覆小青瓦，并在每只垛头顶端安装博风板，上面再安装各种式样的座头，有"鹊尾式""印斗式""田"字纹等数种（图3-5-3、图3-5-4）。

此外，还有部分阶梯形马头墙，外墙为凹进去的曲面，整体造型反曲翘脚、更为轻盈上扬，形态非常优美，充分体现了湘西北地区的建筑特色（图3-5-5、图3-5-6）。

图3-5-1 里耶镇阶梯形封火山墙（来源：何韶瑶 摄）

图3-5-3 阶梯形封火山墙（来源：何韶瑶 摄）

图3-5-2 岩门村封火山墙（来源：何韶瑶 摄）

图3-5-4 凤凰古城三级封火山墙（来源：党航 摄）

图3-5-5 凤凰古城反曲翘脚的封火山墙（来源：张艺婕 摄）

图3-5-6 凤凰古城反曲翘脚的封火山墙（来源：张艺婕 摄）

图3-5-7 桑植县王氏宗祠弓形封火山墙（来源：张艺婕 摄）

图3-5-8 弓形封火山墙（来源：张艺婕 摄）

（二）弓形封火山墙

弓形封火山墙，俗称"猫拱背"，是湖南地区特有的封火山墙样式。墙面连续两道拱，形成弓状的形态，两端自然的曲线向翘角过渡，非常的优美。奇特的造型，透出"楚文化"浪漫主义的文化特质（图3-5-7、图3-5-8）。

（三）"人"字形封火山墙

"人"字形封火山墙，主要特征是墙体呈"人"字形状，山墙顶部直接就是屋顶，墙体与房屋内部连接在一起，房屋的前檐修建呈三角形的翘角。因简洁实用、建造成本较低，所以在湘西北地区的小型民居中经常使用。墙体多用物品或植物图案的样式装饰，以期满足民众"禳灾"、"纳吉"与"延寿"等的求好心理，起到了祈福保佑的作用（图3-5-9）。

湘西北传统建筑的封火山墙虽然形式多样，但是装饰较为简单、质朴。主要的装饰重点在垛头和脊饰上。民居上的垛头多以白色灰塑装饰为主，少施重彩（图3-5-10，图3-5-11）。灰塑的主要材质是用石灰或水泥为原材料做成的灰糕，不施色彩，由工匠在屋脊上进行创造或者描绘，形成一种比较朴实的浮雕装饰效果，高高翘起的脊饰，使建筑显得更为飘逸美观，也体现了湘西北地区巫楚文化浪漫飘逸、神秘莫测的文化内涵（图3-5-12、图3-5-13）。

图3-5-9 人字形封火山墙（来源：张艺婕 摄）

图3-5-10 宝瓶装饰墀头（来源：张艺婕 摄）

图3-5-11 鹿装饰墀头（来源：党航 摄）

图3-5-12 脊饰1（来源：张艺婕 摄）

图3-5-13 脊饰2（来源：张艺婕 摄）

二、木雕构件

（一）檐柱

檐柱主要支撑吊脚楼出檐造型的大部分重力，通过与挑枋连接，将力传递到挑枋上。有些吊脚楼的檐柱底部延伸到挑枋的下面，并将其雕刻成花朵等垂柱头形式，提高檐柱的装饰作用。檐柱主要在柱头与柱身上进行装饰，檐柱柱头的装饰素材主要为：抽象的几何图案、花形、瓜形（图3-5-14、图3-5-15）。

（二）枋

横向承载式构件主要为枋，包括穿枋、挑枋、地脚枋、斗枋等。枋的截面大多数为矩形，枋的高宽度比为2∶1~3∶1之间，具体视吊脚楼进深距离而定，架子越大，穿枋越多。

挑枋是穿枋的发展形式，承接着檐柱传递下来的作用力，其厚度一般为12厘米，建筑檐高和檐下廊道的宽度直接受挑枋出挑多少的，如土家族吊脚楼出挑深度在1.5米以上，有的甚至接近2米（图3-5-16）。挑枋大致

图3-5-14 檐柱1（来源：张艺婕 摄）

图3-5-16 挑枋（来源：张艺婕 摄）

图3-5-15 檐柱2（来源：张艺婕 摄）

图3-5-17 两重挑（来源：张艺婕 摄）

可以分为大刀挑、板凳挑两种。大刀挑又称"两重挑"（图3-5-17），穿枋横穿过柱心，至出檐变成挑枋，承托檐端，其一般做成两层，二挑较小，大挑较大，主要是因为檐口出挑较远，用来承受檐口的主要重量。板凳挑是在大挑下增加一个夹腰把两重挑转化为板凳挑，夹腰上立檐柱，檐柱顶起檩条，用来承担屋檐的重量，大挑也穿过这个短柱，将屋檐的重量通过檐柱传给夹腰，最后传给落地柱。湘西北地区的民居挑枋一般选用自然弯曲的树干，巧妙利用其弯曲有弧度的部分制成挑枋，承托重量，挑枋几乎是不进行装饰的，只有少部分规格较高的建筑中，结合整体造型将挑枋塑造成其他形象。

三、门窗

（一）门

湘西北地区建筑中门的处理有多种形式。不同形式门的选择与户主的经济条件、社会地位以及建筑本身的使用功能有很大的关系，常见的门有实拼门、框档门与隔扇门。

1. 实拼门：用木板板材拼成，后面加装龙骨，坚固耐久，有单扇、双扇两种形式。因其质地坚固，防御性强，一般用作院落的大门、后门、侧门等。在一些山区的住宅中，有的采用更为简单的实拼门做法，即仅将木材刨光拼装，作为大门，大门一般分为两扇，门洞宽1.2米左右，高2～2.1

米（图3-5-18）。

2. 框档门：与实拼门宽高一致，用木料做框，镶钉木板，两边为门档构造而成的。其表面一般都有较为简洁明快的菱形或方形雕饰（图3-5-19）。

3. 隔扇门：一般为四扇，也有六扇、八扇的情况，通常用于吊脚楼内部厅室和院内住宅大门，平时开两扇，喜庆之日全部敞开，每扇门宽约60厘米，高2.4米。按其规格形式和组合规律可将隔扇门分为以下三类：1）第一类是在四扇或六扇为一组的隔扇门中，各扇的格搭接方式完全一样，图案相同，没有突出的中心，给人一种均衡、平静的感觉（图3-5-20、图3-5-21）。2）第二类是在一组隔扇门中，中央两扇是分别由两扇大格图案共同组成一个完整的图形，以中央门缝左右对称，其余的各扇格图案基本一致；第三类是在一组隔扇门中，除中间两扇外，其余各扇自成图案，中间两扇也各自成相同的图案，在相同之间有所区别，但又不如两扇共同成一个图形的情况突出。

（二）窗

窗是建筑采光通风的功能构件，其形式与大小的选择，直接影响建筑的视觉审美。湘西北民居的窗主要有直棂窗、平开窗、花窗、隔扇窗几类。

1. 直棂窗：一般是用在山区砖石结构的平民住宅和城镇民居的次要房间中，通常以两根横料和六根木榜拼成，无任何装饰，由其上下两根横料固定于墙上，不可开启和拆卸，外形和构造均十分简单（图3-5-22）。

2. 平开窗：常用于吊脚楼的檐廊下，多为两扇，做法较细致，以两侧摇梗为轴转动（图3-5-23）。

3. 花窗：通常固定于墙上，不可开启，其形制变化自由的窗格与精致的雕花，组成了一组组丰富优美的图案，给人视觉美的感受，因此深受土家族人民的喜爱，在土家族民居中应用非常广泛（图3-5-24～图3-5-28）。

4. 隔扇窗：多用于正屋的正面，除去正屋大门外，其余开间由隔扇窗拉通，窗扇的尺寸及数目视开间大小而定，以双数为原则，两页可开启窗的两边是落地柱，下部是90厘

图3-5-18 实拼门（来源：党航 摄）

图3-5-19 框档门（来源：张艺婕 摄）

图3-5-20 隔扇门1（来源：张艺婕 摄）

图3-5-21 隔扇门2（来源：张艺婕 摄）

图3-5-22 直棂窗（来源：杨秋雁 摄）

图3-5-23 平开窗（来源：张艺婕 摄）

图3-5-24 花窗1（来源：张艺婕 摄）

图3-5-25 花窗2（来源：张艺婕 摄）

图3-5-26 花窗3（来源：张艺婕 摄）

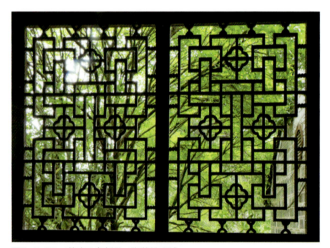

图3-5-27 花窗4（来源：张艺婕 摄）

图3-5-28 花窗5（来源：张艺婕 摄）

图3-5-29 隔扇窗（来源：何韶瑶 摄）

米高的墙体台度（砖石墙或木板墙），上部为槛。窗扇的图案丰富多样、精巧细致，但每扇均一样（图3-5-29）。

四、栏杆

栏杆以竖木为栏，横木为杆，是建筑必不可少的安全围护构件，湘西北地区民居中多用于吊脚楼、临水建筑、楼阁、走廊等处，根据形式的不同，可将其分为两大类：一是直栏杆，另一是花饰栏杆。

（一）直栏杆

直栏杆常用于室内楼和回廊等处。它本身包含方棱直条式和圆柱式两种形式。方棱直条式，无任何修饰，做法简单，仅仅满足最基本的安全需要（图3-5-30）；圆柱式

图3-5-30　直栏杆（来源：张艺婕 摄）

图3-5-32　石柱础1（来源：党航 摄）

图3-5-31　花式栏杆（来源：张艺婕 摄）

图3-5-33　石柱础2（来源：党航 摄）

或圆柱车花式，即木条成圆柱形，较为美观，两种都较为常用。

（二）花饰栏杆

在吊脚楼上，花饰栏杆用得极为广泛，一般装于走廊两挂柱之间，构图处理不尽相同，当两柱间距不大时，一般以两柱为边界组成整体图案，或平缓或突出中心，但以美观、安全为原则，其装饰的繁复程度也反映了家庭财力的情况（图3-5-31）。

五、石柱础

石柱础，即将石柱的一部分埋入地下，利用其顶部支撑落地柱，接受柱子传递的荷载，同时避免落地柱与地面直接接触而受潮腐烂。石柱础露出地面高度约150厘米左右，截面形状有鼓形、正方形、六边形、八边形等多种，截面要比落地柱的截面要大，并且常常做各种雕饰，以提高审美效果，有的石柱础甚至整体雕刻成宝瓶的形态，取平安吉祥的寓意（图3-5-32、图3-5-33）。

第六节　传统元素符号的总结与比较

一、传统元素符号的总结

湘西北是以为土家族、苗族等少数民族为主体的少数民族地区，其建筑受巫文化、楚文化、汉文化的综合影响，因此既有南方干阑式建筑的典型特征，又有极其强烈的地域性民族性特点。

（一）建筑特色

湘西北地区主要是山环水绕的山地环境，平坦耕地十分宝贵，所以民居建筑大多建在山坡上，非常讲究建筑与山水地势的融合。建筑"借天不借地、天平地不平"，依山就势，在起伏的地形上建造接触地面少的房子，减少对地形地貌的破坏。

湘西北地区最具有特色的民居建筑无疑就是吊脚楼，它是人类在复杂恶劣的生存条件下，顺应自然的智慧产物。湘西北传统民居建筑的空间组织一般是以堂屋院落为中心，成"一字形""一正两厢"和"一正三厢"的平面布局。主屋一般为三到五开间，吊脚楼通常位于主屋两侧，主屋一层，吊脚楼两层，虽然其底部架空，但是通常吊脚楼的屋脊一定不会超过主屋，这样在整体构图上主屋仍是中心。湘西北地区的吊脚楼以土家族的最为精美，飞檐翘角的歇山式屋顶、弯曲的封檐板、美丽精致的格扇门窗，都让吊脚楼充满建筑艺术的美感。

（二）建筑空间类型特征

1. 主屋

湘西北民居的建筑通常主屋面阔三间，中间一间为堂屋，堂屋为一个大进深，空间一般不做分割，联系左右两侧的卧室、厢房和厨房。苗族的堂屋会向内退进一定距离，在入口处形成凹口。堂屋不仅是日常活动的核心场所，而且也是家族祭祀活动的主要场地，一般堂屋正中墙面偏上方会设置"天地君亲师"的排位。单栋式民居建筑中，苗族堂屋后部一般不开门，土家族在一侧向外开门。院落式民居建筑中，堂屋前部一般向庭院敞开，形成厅，也有用隔扇门的，便于采光和通风。

2. 吊脚楼

湘西北民居中的吊脚楼从外观上看虽基本相同，但内部空间的组织却完全不同。土家族一般是在室外设楼梯上吊脚楼，

而苗族需进堂屋，转而至火塘间，再进吊脚楼。这种表现在楼梯位置上的差异，是对空间的不同态度所致。一个为外向布局，从外部直接上楼，与堂屋、火塘无甚联系；一个为内向收束，需入室内转折而至，与内部居住空间联系密切。

（三）装饰元素

装饰顾名思义就是运用艺术的手法来装饰建筑，湘西北民居中常对门窗、柱础、屋脊、马头墙上等进行装饰，装饰元素最主要的特点是它的直观性，多是通过对自然形象或动植物的直观描绘把视觉形象展现在人们面前。通常在其构件表面直接雕刻或绘画形态各异的动植物形象，或用木材直接雕刻成此类形象来装饰栏杆、门窗等。以龙、凤、鱼、虎、狮、麒麟、天马、卷草、荷叶等象征富贵、和谐、幸福、吉祥的图案为主，也有的采用几何形状的纹样，如方格子、王子格、古老泉（中间为圆形，四周有花纹）、书条嵌凌式、井字形、梭字格、平纹、斜纹、冰裂纹、整纹穿如意心、书条川万字式、鬼纹六角式等进行装饰，同样具有艺术的美感。

二、传统元素符号的比较

（一）与其他地区的比较

湘西北地区的建筑与其他受汉文化影响较深的地区相比，具有较强的地方特色，差别比较大。与湘西南地区建筑相似度较高，因受到相似的气候条件及人文文化影响，而在整体建筑风貌上有一定的相似性，从建筑空间布局、建筑营造方式、建筑选材、建筑装饰方面等方面研究还是具有较大的差异。由于湘西北地区主要少数民族为土家族和苗族，湘西南地区主要少数民族为侗族和瑶族，所以，接下来从类型学的角度对4个民族的传统吊脚楼民居进行归纳分析（表3-6-1）。

（二）与其他省份的比较

1. 平面布局

吊脚楼中国古人建筑智慧的结晶，主要分布在湘西、鄂

湘西北与湘西南少数民族民居比较　　　　　　　　　　　　　　　　　　　　　　　表3-6-1

	土家族	苗族	侗族	瑶族
空间组织	室外设楼梯，外向布局，空间组织散漫，开放散漫、开放	由堂屋转至火塘间再上吊脚楼，内向收敛，布局紧凑，底层空间以隔断适当划分	侧面绕廊进入2楼堂屋，底层用封闭的板壁维护	楼梯间、通路设在堂屋内部，布局灵活
结构形式	穿斗式结构，立柱与部分瓜柱相结合，满瓜满枋	斜梁式结构，檩子与斜梁下的柱子不必一一对应，自由度较大	穿斗式，架空层与居住层结合在一起建造，柱脚之间设置水平联结构件，使下部稳定	穿斗式结构
技术做法	木板壁、曲廊、板凳挑、将军柱	有古老的传统做法，翼角微有上翘	卵石基座，喜用挑廊，挑窗或吊楼，大量应用披檐木	土墙，土夯筑屋基，平地上人为造台地，门前架有晒楼
材料	木、泥、瓦	砖、石板、木、瓦、杉木、茅草	木、瓦	土、木
装饰风格	华丽，装饰丰富多彩，做到了功能结构和艺术高度统一	华丽，走廊栏杆装饰丰富，设置美人靠	朴素，外部无油饰彩绘，古朴自然，封檐板下缘刻作卷花，板面并刷白色，与灰色屋面对比强烈	朴素，造型简单古朴，无过多的装饰

西、渝东南、黔东南等地区，虽从外观上看近似相同，但实际空间布局及做法上还是有一定区别，这不仅是地理气候、建筑材料的差别等导致的，更深层次的是人文环境、生活习惯等综合导致的结果（表3-6-2）。

湘西北吊脚楼分连三间一字屋、一正两厢、一正三厢；渝东南土家族吊脚楼分一字形、曲尺形和凵字形，并延伸出口字形、山字形、皿字形等；鄂西吊脚楼分"一"形（也叫"单吊式"），"┐"形（也叫"钥匙头"），"冖"形（也叫"双吊式"、"撮箕口"、"三合院"或"三合水"），"口"形，（也叫"四合院"或"四合水"）。功能布置上院落式吊脚楼一般以堂屋为中心组织空间，堂屋两侧称"人间""偏房"；湘西吊脚楼火塘置于堂屋一侧，是家庭生活的中心；渝东南土家族厢房与正房相交处加建"磨角屋"设灶台，厢房设走廊称"转千子"，厢房称"龛子"用于女儿家对歌、刺绣；鄂西土家族吊脚楼堂屋两边"偏房"，分割成前后两个半间，前半间作"火屋"后半间作卧室。

湘西北与其他地区吊脚楼形制的比较　　　　　　　　　　　　　　　　　　　　　　表3-6-2

民族地域	平面布局	功能布置
湘西北	一字形、一正两厢、一正三厢	院落式堂屋为中心
渝东南	一字形，曲尺形，"冖"形	堂屋，偏房，磨角屋，龛子
鄂西	"一"形、"┐"形、"冖"形、"口"形	堂屋、偏房、火屋、厢房

2. 结构形式（表3-6-3）

湘西土家族吊脚楼为"满瓜满枋"的穿斗式结构，以五柱八瓜或三柱六瓜居多。苗族吊脚楼多为斜梁式结构，即在柱子和瓜柱的顶上，沿着屋架的方向，顺着屋顶坡度防置一根圆木，从屋脊一直延伸到檐口，这根圆木就是斜梁。檩子放置在斜梁之上，而不是放在柱子或瓜柱之上。这样一来，斜梁之上的檩子和斜梁之下的柱子、瓜柱就不必一一对应，整个屋架都有了较大的自由度。

黔东南苗族吊脚楼歇山式穿斗挑梁木架，按可增减的步架模数及每步可自由伸缩的比例，在诸如扩建、改建、补建中自由灵活地改变开间、进深、高度或平面空间划分以及房屋体形的变化，结构形式常为"五柱四瓜"，半干阑的构架呈一高一低之势，比其他吊脚楼发展更为成熟。

渝东南土家族吊脚楼穿斗架为柱柱落地，穿枋透穿各柱，层层而上，一传不省，形成屋顶三角形的格网架，坚固而密实，立柱与部分瓜柱相结合，扩大了下部空间，但穿枋仍然配置齐全，属"满枋满瓜型"；

鄂西土家族吊脚楼穿斗架有"三柱四骑"或"五柱四骑"等结构形式，出挑用曲栱，有的用到几层曲栱或板凳挑等。

湘西北与其他地区吊脚楼结构形式的比较　　表3-6-3

民族区域	结构形式
湘西土家族	"满瓜满枋"的穿斗式结构，以五柱八瓜或三柱六瓜居多
湘西苗族	斜梁式结构
黔东南	歇山式穿斗挑梁木架，结构形式常为"五柱四瓜"
鄂西	"三柱四骑"或"五柱四骑"的穿斗式结构，出挑用曲栱或板凳挑

第四章 雪峰·巍——湘西南地区传统建筑风格特征解析

　　湘西南地区包括怀化市、邵阳市的隆回县、武冈市、新宁县等部分地区。境内山川秀美，河流众多，这些自雪峰山脉发源的大小河流日夜流淌，灌溉滋润了山外肥沃的土地。人们择水而居的选址方式在这片古老的土地上创造了当地的文化，半山区半平原的地理构造及各种文化的渗透融合形成独特的雪峰文化，雪峰文化发源于中国西南山区的苗蛮文化，又融合了湖湘文化的精髓，是湖湘文化重要的一支，是湘西南地区的文化瑰宝，也是我国长江中上游文化长河里的一颗灿烂明珠。

　　本章节从湘西南地区的地理气候、历史文化及人文环境等方面探究该区域古城镇与传统村落的空间形态，以黔阳古城、洪江古商城为例。浅析其建筑形态及样式；从聚落布局、传统建筑类型、结构特点、材料运用以及传统建筑装饰细节方面探究传统村落。

第一节　地理气候与人文环境

一、地理气候

湘西南地处云贵高原之东，由西北向东南倾斜，形成大小不等的盆地、台地、高峰、沟谷和陡坡等地形，不同地形相互交错，山峦重叠，千姿百态。河床多被切割成峡谷，坡陡，水流湍急，梯级裂点多，水资源丰富。湘西南地区内部耕地分散，土层厚薄不一，山体上下气候变化明显，南北面降水差异大，地层发育齐全，构造复杂多样，矿产资源丰富，是湖南省东西两部不同自然景观及沅江、资水之间的分水岭。该地区雪峰山脉层峦叠嶂，绵延数百公里，气象万千，境内遍布狗爬岩、天龙山、马颈骨、白马山、太婆山、高登山、普子垴、凤凰山、云飞寨、鹅峰岭等20座雪峰山脉的主要山峰，并形成半江峡谷、硖江峡谷、平溪江隘、爆木隘、椒林隘、蓼溪隘等10大峡谷关隘；大小河流达130余条，其中平溪江、蓼水河、黄泥江、长塘河、古楼河等颇有名气。雪峰山南起湖南、广西边境，与南岭相接，北上洞庭湖，西南段山势陡峻，主峰苏宝顶海拔1934米。东北段降低到500～1000米，中间在烟溪附近海拔仅300～400米，资水下游在此成直角转折切过雪峰山，形成新化至烟溪间的峡谷。

湘西南地区以山地丘陵为主，地势起伏大，河流众多，属于亚热带季风性湿润气候，年平均气温13～17℃，年平均降雨量1100～1600毫米，无霜期285天，气候温和，资源丰富。其地理区位条件符合古代聚落形成的条件，加上发达的水陆交通，湘西南地区衍生出一批优秀的传统建筑。

二、历史文化背景

雪峰文化已有7000多年历史，石器时代雪峰山下已有人类繁衍栖息痕迹，春秋战国属楚国领地，秦为黔中郡，汉为武陵郡，唐后州府相继，自古为兵家必争之地。马援征南蛮，诸葛亮取益州，并在雪峰山下安营扎寨。"飞山蛮"酋长杨再思唐末招安，官诚州刺史。通道万佛山见证太平天国石达开的刀光剑影。毛泽东在这块土地上实现"通道转兵"。贺龙长征过雪峰山，一大批雪峰儿女跟随贺龙奔赴延安。1945年抗日战争的最后一仗雪峰山战役胜利结束，受降纪念坊立于芷江。新中国成立初解放军挥师湘西，肃清百年匪患。共产党人的光辉足迹，中国军人的英雄壮举，如今既是这块土地上的永恒记忆，更是雪峰文化的不朽篇章。而近代以来，雪峰儿女纷纷亮相。魏源、陈天华、蔡锷等人，或"开眼看世界"，或唤民觉醒，或举旗护国；共产党人向警予、粟裕等人，或远渡重洋，寻找真理；或投笔从戎，身经百战，雪峰山儿女进一步向世人诠释了雪峰文化。

三、人文环境

湘西南地区交通相对闭塞，一直属于湖南省经济的薄弱地区，虽然洪江古商城在历史上曾一度繁荣，但仅代表了局部区域。该地区以务农为主，经济发展缓慢。

雪峰山文化区为多民族聚居地，不同民族习惯衍生出不同的建筑形式。该区域传统民居数量多，建筑资源丰富，例如黔阳古城的格局在300多年前已经形成，古城内民居以380多栋明清窨子屋为典型，古窨子屋至今保存完好，部分仍在使用中，古城街巷密集交错，皆为石板铺地；洪江古商城拥有独特的商业气质，被誉为现代资本主义萌芽的活化石。除此之外，雪峰山文化区内的公共建筑数量众多，此外，民居建筑与宗教建筑、戏台、公共活动建筑等达到了有机结合，形成建筑文化的延续线。此外，雪峰山景区内还分布着少数民族乡，部分建筑保存完好，特点鲜明，如大屋、吊脚楼、开口屋、横仓楼民居等。

第二节 传统城镇与村落选址

一、传统城镇

(一)洪江古商城

1. 古商城概况

地处湘西南的洪江位于华南与西南交界的水路交通要道上,凭此优势,洪江在宋代以前就成为湘、滇、黔、桂、鄂5地物资交流的"五省通衢"的集散地。明清以来因商业经济的繁荣更成为"商贾骈集,货财辐辏,万屋鳞次,帆樯云聚"的西南重要商城,素有"小南京""湘西明珠""西南大都会""小重庆"之称。洪江古城历史悠久,文化底蕴丰富,被专家们盛誉为"中国资本主义萌芽时期的活化石",是一座集政治、经济、宗教、文化、军事史料大全的活性博物馆(图4-2-1)。

2. 聚落选址与城市布局形态

1)聚落选址

古商城的地理位置极为理想,背倚嵩云山,三面被沅水、巫水包绕,合乎"背有依托,左辅右弼",前有屏障围合的空间格局和"藏风聚气"、"负阴抱阳"的法则。整个古商城整体上依山面水,呈外凸弯曲的布局形态,建筑大都依山而建,逐层上升,使得建筑可以具备良好的通风采光条件,并形成参差错落、丰富多变的景观空间。

古商城建设因地制宜,尊重原有地形地貌,借岗、谷、脊、坎、坡壁等坡地条件,巧用地势、地貌特征,灵活布局,道路蜿蜒曲折,建筑屋顶层层跌落(图4-2-2),进而形成高低错落的多层次竖向环境空间。

2)城市布局形态

清代及民国初期,洪江古商城民居大都依山傍水,以犁头嘴为轴心,沿沅江、巫水的河岸两侧和老鸦坡山麓扩展延伸,逐渐形成"七冲、八巷、九条街"的格局(图4-2-

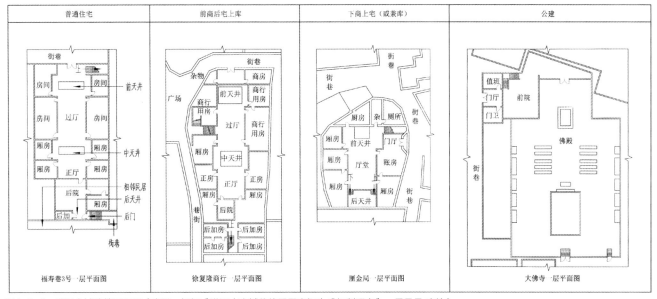

图4-2-1 洪江古城建筑平面图(来源:根据《洪江古商城传统民居空间生成机制研究》,吴晶晶 改绘)

图4-2-2 洪江古城鳞次栉比的屋檐（来源：熊申午 摄）

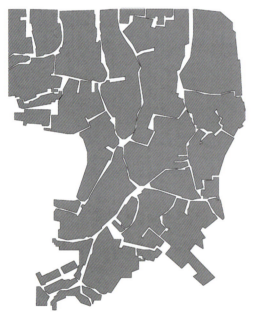

图4-2-3 洪江古城城市交通体系（来源：吴晶晶 绘）

3）。其中，平整、稍直且长的称之为"街""冲"沿山沟而建，与街之间因地势变化形成的走道又称之为"巷"，街巷依山就势而建，纵横交错，狭窄弯曲，形若迷宫。除正街外，这些街道最长约500米，一般为200~300米，宽1.6~4.0米，路面为石板铺设而成。城镇基本格局可概况为：主要街市和码头集中在沅水和巫水岸边，中部为会馆、商铺集中地，龙船冲、塘冲一带则为钱庄、官署所在地，在往后即为服务以及游乐建筑的集中地，民居、作坊等则散布在古商城的外围。

3. 窨子屋

1）窨子屋平面组合

窨子屋之间通常互不干扰，具有独立性和完整性，由于山地地形高差变化较大，平面组合很难方正规整的展开，并且古城作为商业用地土地资源紧张，当地人以"因地制宜"为营造理念，通过紧凑且灵活的平面组合的方式，使建筑能与周围环境相适应，并具有良好的使用功能。

窨子屋平面组合形式有3类：一是垂直等高线的纵向组合，空间上表现为随等高线层层递进（图4-2-4）；二是当垂直于等高线的平面尺度不足以开展平面组合时，转变为平行于等高线的延伸方向横向发展的组合形式（图4-2-5）；三是垂直、平行等高线两种形态的复合式组合，该方式最为灵活，能通过对地形的合理利用，最大限度地提高土地利用率（图4-2-6）。

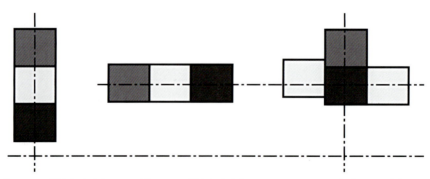

图4-2-4 纵向组合（来源：根据《洪江古商城窨子屋建筑特征的研究》，臧澄澄 改绘）

图4-2-5 横向组合（来源：根据《洪江古商城窨子屋建筑特征的研究》，臧澄澄 改绘）

图4-2-6 复合式组合（来源：根据《洪江古商城窨子屋建筑特征的研究》，臧澄澄 改绘）

2）元素解析

窨子屋是湘西南地区独特的建筑形式，其特点主要体现在以下几个方面：

（1）墙体

窨子屋墙体可分为砖墙、木板墙和垒石墙，分别应用在窨子屋的不同部位。

① 砖墙

窨子屋以砖墙为主，墙体外部经石灰砂浆抹刷，整体色彩清新，风格粗犷，并带有几分素雅，是窨子屋建筑形态的亮点所在。墙体高大挺拔，有的高达10余米（图4-2-7）。构图不拘泥于对称均衡原则，从侧面反映了当地居民浪漫自由的审美倾向。窨子屋广泛使用封火山墙，一般将墙体高出屋脊部分做成平行阶梯，也有梯形、鞍形、弓形等其他形式。造型轻巧，一般为三跌，也有一跌、二跌、四跌、五跌的形式。跌数的数量以及每跌的高度，由屋面坡度长度及大小决定。墙顶均有檩头，由砖出挑三步，抹以白灰，粉刷时加上一些花饰。有的墙体底层由砖或片石砌筑而成，中间用小青砖，上面为木架构和地板。

② 木板墙

木板墙是窨子屋内部常见的墙体类型，木板的拼接方向有竖向和横向两种，采用桐油饰面，保留了木质古朴柔和的自然色彩。为满足人们日常生活的需要，窨子屋内部空间根据实际需要变化，部分仓储或出租空间常用增减隔断的手法进行处理，因而木板墙一般非"固定"式，而是灵活多变的"拆装"式（图4-2-8）。

③ 垒石墙

垒石墙由不同材料的石材（如卵石、片石和块石）砌筑而成。墙体底部多采用天然或经一定加工的相对规则的料石

图4-2-7　高低错落的封火山墙（来源：熊申午 摄）

图4-2-8 古城木板墙体（来源：熊申午 摄）

图4-2-9 古城垒石墙（来源：熊申午 摄）

砌筑，有序且稳固。墙体上部则多采用不规则的毛石，通常为肌理效果丰富、自然的卵石，卵石砌筑时，常选用规则片石作为门窗边框，边框的有序与卵石的无序形成对比，将墙面的构成与材料的质感有机地结合起来，丰富了墙体的艺术表现力（图4-2-9）。

（2）八字形入口及门楣

窨子屋入口采用该地区传统民居中常见且独具特色的八字形，除少数民居入口与街巷外沿重合外，大部分入口基于街巷轮廓线内凹成八字形（图4-2-10）。八字入口打破了冗长而狭窄的街巷空间所带来的乏味感和局促感，又迎合了人的行为和心理需求，为路人提供了回旋避让的空间。其空间形象为以门为底面的广口容器，有聚财纳福之意，这与洪江地区多年经商所积累的商道文化有内在的联系。

窨子屋入口不占用街巷的公共空间，相反以牺牲自身的建筑面积为手段，体现当地居民对社会公德的崇高敬意。同时，入口上方均设置了供路人遮阳避雨的门楣（图4-2-11），其结构简单，在入口上方起到了空间限定的作用。除在入口大门设置门楣外，若大门后依然处于露天环境的话，也会有门楣进行遮蔽。木制门楣是窨子屋重要的装饰构件，增加了建筑立面韵律。

（3）天井

洪江地区商业发达，建筑布局很大程度上受到土地资源

图4-2-10 古商城八字开大门古商城（来源：党航 摄）

图4-2-11 门楣（来源：党航 摄）

紧缺的限制，建筑进深较大，窨子屋多采用天井这种灰空间形式以满足室内通风采光的需求。从空间顺序来看，天井大致可以分为入口天井、主天井、后天井3个部分，按天井上方是否有覆盖又可以分为干天井（图4-2-12）、半干半湿天井（图4-2-13）以及湿天井（图4-2-14）3种类型，干天井与半干半湿天井上部覆有屋面，一方面保持了院落通风采光的功能，另一方面又使居民围绕院落的日常生活因屋面的遮蔽而变得更加自由，上部顶盖与建筑轴线或平行或垂直，也有同一个建筑中同时存在平行与垂直的天井顶盖，纵横排列，使窨子屋屋顶格外丰富。

天井联系着建筑内的各个空间，在空间序列中起过渡作用，是介于室外与室内之间的灰空间。从空间形态上看，天井顶部是屋面向中心倾斜而成的方形开口，其四周无具象界面，光线穿过方形开口自上而下进入建筑内部。雨水从倾斜的屋面从四面流向天井形成四水归堂，在道家文化中，水能滋润万物，在传统观念中又有"纳水生财"的说法，这正符合当地人内心对于"道"和"财"的追求。

（4）天桥

天桥是窨子屋重要的组成部分，也是窨子屋区别于其他地区民居的建筑元素。天桥（图4-2-15）作为安全性与交流性的空间，普遍存在于洪江古城中，以木制居多，打破了街巷的束缚，将相邻窨子屋连接在一起从而给相邻窨子屋主人提供了

图4-2-12 古商城屋内的干天井（来源：党航 摄）

图4-2-13 古商城抱厅半干半湿天井外貌（来源：党航 摄）

图4-2-14 古商城湿天井（来源：党航 摄）

图4-2-15 古商城天桥（来源：党航 摄）

一个有明确物质界限的交往空间，人们可以通过天桥进行交流和沟通，促进邻里间的交往，也使得邻里关系更为和睦；与此同时，天桥作为建筑开口，还起到了通风采光的作用，促进了室内的空气流通，是窨子屋中不可或缺的元素。

（5）晒楼

窨子屋在屋顶一角或墙体之外建有晒楼，其空间围合形式随意，两面、三面或四面空壁的都有，顶上盖板或瓦。晒楼结构简单，柱子直接伸出屋面，与屋面交接处有的用砖砌成基脚，柱子由圆鼓状柱础落在基脚之上（图4-2-16）。晒楼主要用来晾晒物品，如衣服、货物等，夏季则作为避热乘凉之所；同时，晒楼位于建筑最高点，又有观察周围环

图4-2-16 古商城晒楼（来源：熊申午 摄）

境，预警敌情的作用。从审美上来看，晒楼是建筑立面上的突出点，增加了建筑立面轮廓的起伏变化，天桥表现出的轻巧灵动与封火山墙的沉稳厚重感相互影映，产生了强烈的虚实对比，从而形成窨子屋鲜明的建筑特征。

（二）黔阳古城

古城作为人类文明的缩影，在历史的长河中累积了丰富的物质与精神遗产，它们承载着世代居民的集体记忆，是人类赖以生存的精神依托和无价之宝。洪江市沅水之滨的黔阳古城（图4-2-17）是全国保存最为完好的明清古城之一，古城三面环水，是湘楚苗地边陲重镇，素有"滇黔门户"和"湘西第一古镇"之称，其建城时间比云南丽江古城早1400年，比凤凰古城早900年。

黔阳古城自汉立城以来距今已有千年历史，是汉侗、苗、瑶等多民族聚居之地，也是五溪文化发源地，各种文化在此交融共同创造了独具特色的民俗文化。

1. 聚落选址与城市布局形态

1）聚落选址

黔阳古城是山水之城，坐落于低山丘陵地带，地处溆水河畔，沅水之滨，以龙标山为中心修建，其境内山体众多，山势连绵起伏。原始自然要素在功能和形态上为古城发展提供了一个良好的可操作性强的"胚体"。与此同时，在军事防御方面，黔阳古城地处要塞，城址选择充分利用自然山水的形式，构成城市外围防御圈，易守难攻。同时，黔阳古城的选址合乎"背有依托、左辅右弼"的原则。这种龙砂环抱，水面围合的大自然景观，就是所谓"阴阳之交""藏风聚气"所在。

2）"一环、两轴、两心"的布局形态

黔阳古城历经增扩和建造，于清朝基本形成"一环、两轴、两心"的空间结构（图4-2-18）。"一环"指黔阳古城城墙，其形体不规则，蜿蜒曲折，东南段城墙内凹，东北段与西墙向北倾斜。"两轴"指黔阳古城内东西与北向两条十字相交的主街，两条主街形成十字轴线，严密的十字轴线象征着理智的城镇规划体系，也从侧面表明黔阳古城布局并非自发形成。"两心"指黔阳古城空间结构中心以及政权中心。中国传统城池中，二心会重合为一心，但黔阳古城并不完全符合中国传统城镇的筑城法则，再加上不断的扩建，使得黔阳古城两心分开。黔阳古城空间结构中心位于十字轴线相交处，四条主街在此相汇，为

图4-2-17 黔阳古城鸟瞰图（来源：湖南省住房和城乡建设厅 提供）

图4-2-18 黔阳古城平面图（来源：根据文物局提供资料，张晓晗 改绘）

重要的集散空间，县衙署是县的政治中心，该政权中心则位于黔阳古城西南部。

2. 古城景观特色

1）街巷空间

黔阳古城内街道尺寸不同（图4-2-19），所形成的景观也有所差异，如南正街的水泥路面平坦、笔直，方向感强，各个时代的房屋毗邻而建，整个街道形成黑白灰相间的主色调，对比鲜明又调和统一，形成强烈的节奏感；西正街和北正街为传统居住区，西正街为青石板铺地，在视觉感受上比北正街的土路显得轻松活泼，两街街面建筑保存较为完好，但保存程度不及南正街、中山街。

2）古城建筑

黔阳古城犹如湘西古建筑博物馆，建筑种类繁多，其建筑涵盖商业、居住、城防、宗教、文化、园林、工业、行政等各个方面，丰富的建筑向人们展示了黔阳古城旧时辉煌，也诉说着当年的热闹与繁华。

（1）居住建筑

① 商住一体建筑——街屋

街屋具有开间小，进深大的特点，其主要分布在南正街、中山街，多为清末所建一层半或两层的木质结构，一般为前店后宅或下店上宅。一层临街，长板木门旁放置柜台，

（a）道路宽度1.5米左右

（b）宽度为3米左右

图4-2-19　黔阳古城街巷空间（来源：吴晶晶 摄）

二层伸出饰檐，常为木结构，檐上开花窗。相邻两户常共用山墙来节约空间以及造价。街屋多马头墙，马头墙檐口多用卷檐式，造型独特线条优美。张家老屋（图4-2-20）是这类建筑的典型代表，老屋为两层三进的木结构建筑，首层为店铺，第二层以连廊相接，平常不住人，用来堆放杂物，并起到隔热的作用，后宅为中堂和厢房，中堂内部装饰华丽，上部悬挂了提名为"百忍堂"的牌匾，顶部有一天斗和斗窗。

② 带有商业属性的居住建筑——窨子屋

黔阳古城的窨子屋带有商业属性，其大小不一且风格各异，八字形开口更区别于其他建筑形式，庭院空间较大，平面形态体现出一定程度的不规则性，多采用并列二进式布局以增加建筑使用面积。平面布局上不完全追求对称，因此，其本身的理性精神与伦理色彩相对弱化，大门形式能方便货物进出，满足了经商习俗的需要，也有堵住财气使财不外流之意。黔阳古城土地资源有限，商业用地地价昂贵，为尽量争取使用面积和生活空间，建筑随地形蜿蜒曲折而建，如砖木结构的朱家窨子屋（图4-2-21），外墙为粉刷为白色，部分有脱落，两边均有厢房，顶部设天井，里端设阁楼；从防御考虑，外立面不开窗，厢房窗户开窗朝向内部通道，内部通道仅靠天井与亮瓦采光，室内光线较暗。

图4-2-20　张家老屋内部（来源：熊申午 摄）

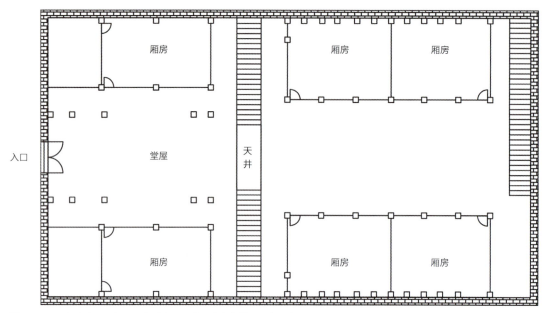

图4-2-21 朱家窨子屋坪平面图（来源：洪江市文物管理所 提供）

③ 纯居住建筑

黔阳古城纯居住建筑多位于西正街，多为晚清时期大户人家住处。受外来文化影响，这类民居建筑布局形式和汉族相似，讲究建筑中轴对称，正房、厢房都遵循严格的轴线对称以及尊卑秩序。传统合院建筑形式起源于中原地区，因地域气候不同，湘西南地区合院的尺度与其他地区差异较大。组成院落的各幢房屋分离是其重要特征，住屋之间以走廊相联或不发生关系，建筑之间屋檐相连，与天井屋檐形式相同，但空间大于天井建筑（图4-2-22）。

图4-2-22 古城纯居住民居内部院落（来源：熊申午 摄）

明代木屋为典型的纯居住建筑，为明代早期木质结构建筑，梁架构建雕刻精美（图4-2-23），上刻"福寿康宁"四个篆体大字，木屋坐北朝南，为两进院落布局，主体部分中轴对称，两侧为厢房，中间为堂屋，堂屋前为院落，由三围房屋、一堵围墙照壁组成，建筑结构完全采用抬梁式，保存价值高，是湘西乃至湖南民居中都少有的抬梁式结构建筑。

（2）宗教建筑

黔阳古城宗教建筑较多，包含寺庙、宗祠以及教堂，

图4-2-23 明代木屋内部木构件（来源：党航 摄）

反映了黔阳古城人民神明崇拜的精神需求。由于建筑年久失修，各类宗教建筑保存质量并不高，且多数已被改造，现状堪忧，尤其是寺庙和宗祠，现保存较为完好的有龙王庙（图4-2-24）、杨公庙、冯氏宗祠、孙氏宗祠等。黔阳古城古镇内还有2处教堂，一处是位于主街的天主教堂，另一处是位于南正街的基督教堂。黔阳古城多形态的宗教形式展现了黔阳古城人民俗信仰的自由。

（3）园林建筑

黔阳古城最著名的园林建筑为王昌龄宴送宾客之地的芙蓉楼古建筑群，王昌龄被贬为龙标县尉后于城西北建芙蓉楼（图4-2-25、图4-2-26），栽花植树，为饮酒赋诗之地。后知县叶梦麟于城东门外建芙蓉亭，纪念王昌龄。

芙蓉楼，主楼为二层楼阁，平面呈长方形。屋架为两柱五瓜，全部为木结构，布局合理。四角飞檐高昂，起翘高。飞檐均饰以用桐油捶石灰塑的鱼龙，形象逼真。檐下无斗栱，拱作卷檐。

龙标胜迹门，青砖结构的八字牌坊门，表面平整，石块之间无丝毫裂痕，门高12米，门宽7米，内拱整体向外倾斜，斜度为1：10，有4根岩柱镶金而立，柱上头为葫芦、宝塔状，门楣正上方指南针上南下北而建，正门旁边为矮墙壁，均雕花画兽，画兽由能工巧匠们运用桐油、石灰和具有粘合使用的糯米三者合一作为材料雕塑而成，这种技艺就是湘西人常用的古代"堆塑"工艺，经过"堆塑"造型出来的龙标胜迹门上的画面精美绝伦、栩栩如生。龙标胜迹门又被后人称为"沅湘第一胜迹门""楚南上游第一胜迹门""中国南方泥塑第一门"（图4-2-27、图4-2-28）。

芙蓉楼东边长廊为顺应地势而建的爬山廊，屋檐鳞次栉比，具有江南园林的风味，黔阳古城内部的钟鼓楼为三重檐方亭尖顶木结构，占地200平方米，高10米有旋梯可上，各层有矮栏，四面开敞。登高望远，蓉楼春色雁塔秋风，龙井景光，虎山夜月，柳溪烟雨，尽纳入疏棂短槛之中（图4-2-29）。

图4-2-24 黔阳古城龙王庙（来源：熊申午 摄）

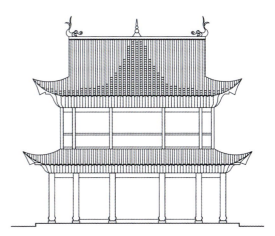

图4-2-25 芙蓉楼正立面图（来源：洪江市文物管理所 提供）

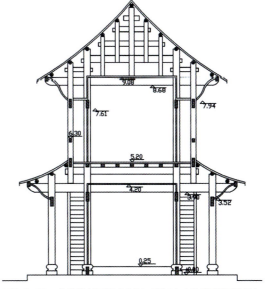

图4-2-26 芙蓉楼剖面图（来源：洪江市文物管理所 提供）

图4-2-27 龙标胜迹门（来源：吴晶晶 摄）

图4-2-28 龙标胜迹门立面图（来源：洪江市文物管理所 提供）

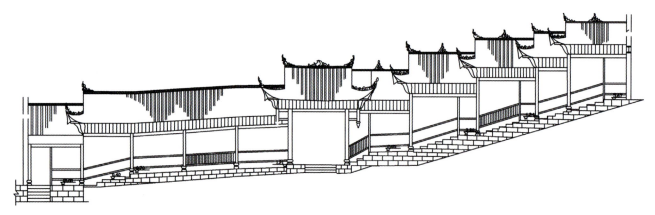

图4-2-29 芙蓉楼东边长廊正立面图（来源：洪江市文物管理所 提供）

二、传统聚落的选址与格局

（一）依山傍水的聚落选址

湘西南聚落大都紧密相连，衍生的村落大都依山傍水，这种紧密型的建筑布局，不仅可以满足生产生活的需求，也可满足防御的需要。此外，传统村落的选址也受传统理念影响，特别是岩口山村（图4-2-30）、五宝田村（图4-2-31）的山麓型聚落布局、以及坪坦村的平坝型村落，都是依山傍水，溪流从村寨间穿过或者从寨子前绕过，村民一般在后山种植古树，还有在村落周围修建桥梁，建造亭子，部分山脊型聚落模式的村寨择址在丘陵的脊部。

（二）聚落布局特征

村落的形态主要指村落给人直观上的外在形状，包括村落的水平方向的形状和村落在垂直方向上的空间层次，宏观上，雪峰山文化区各个村落的整体布局形态可以分成4种，一种是在河道两旁，呈带状延伸；二是群山环抱，成组团形式的布局；三是随山就势，自然衍生的形态；四则是多种形态并存的混合型。

图4-2-30 岩口山村村落样貌（来源：湖南省住房和城乡建设厅 提供）

图4-2-31 五宝田村村落样貌（来源：湖南省住房和城乡建设厅 提供）

1. 呈带状分布

雪峰山文化区的村落布局主要为带状式和组团式，比如通道的芋头侗寨，整个村落从山顶到山脚包括上寨、中寨和下寨3个组团，村落首先定居于芋头界地势较高点，然后逐渐向东南方向发展，整个村落顺着山体、峡谷逐步向山脚下延伸，中寨、下寨建于芋头溪两岸与山脚交接的台地上，上寨建于芋头溪北面的山脊上。从团寨形态来看，每个团寨呈组团式布局，均以鼓楼为中心，故而整体形态呈线性。

芋头寨（图4-2-32、图4-2-33）于明洪武年兴建，历经明朝、清朝两个朝代。后遭火宅，几经复建，形成现在的格局。芋头寨的村民最早定居在芋头的原因有两点，一方面是芋头村所在区域狭长，谷中平地只能作为耕地，并不能成为居住用地，因此，村民为了不占用耕地只能在山顶居住；另一方面是由于芋头山脊面朝东面，便于获得更多光照，但是随着人口的增长，山顶住宅密度增大，原先的定居点已不能容纳更多的居民，山顶的住户开始把住宅往山脚下搬迁，在半山和山坳形成第二个定居点，此后，寨中居民聚居点继续往山脚下发展至芋头溪边形成中寨和下寨，故整个芋头村形成以芋头溪为主轴，3个团寨依次从山顶沿着山谷向山脚线性发展的形态。

图4-2-32 芋头寨全景图（来源：湖南省住房和城乡建设厅 提供）

图4-2-33 芋头寨空间组合模式（来源：湖南省住房和城乡建设厅 提供）

2. 群山环抱、成组成团

群山环抱，成组成团型是湘西南村落格局的又一特色，其典型代表为坪坦乡的横岭村（图4-2-34）。整个村寨三面临水，一面靠山，坪坦河以半包围形式环绕着整个村寨，河流弯曲，一座建在坪坦河上，与对面高团村相连通。其村寨有鼓楼4座，庙宇3座，除此之外，还有一座鼓楼戏台和一栋鼓楼式样的中学。村内住宅呈团状，簇拥着鼓楼、庙宇等大型建筑。坪坦乡坪坦村（图4-2-35～图4-2-37）的渠水源头之一——坪坦河，与陇城河在上游汇合后再从西面流经寨子。寨子坐落于田坝之上，村子分为3个组团。一个以飞山宫为核心，一个以村寨内部中心鼓楼、城隍庙及戏台为中心的组团，最后一个则是位于高坪鼓楼以及萨坛附近的组团。成团成组型的村寨其寨内建筑物一般密集且排列有序。纵向有大道相通，横向则以小道相连，小组团由数栋房子组成，房子虽不算整齐划一，但却给人错落有致、浑然一体之感。

图4-2-34 横岭村总平面图（来源：臧澄澄 改绘）

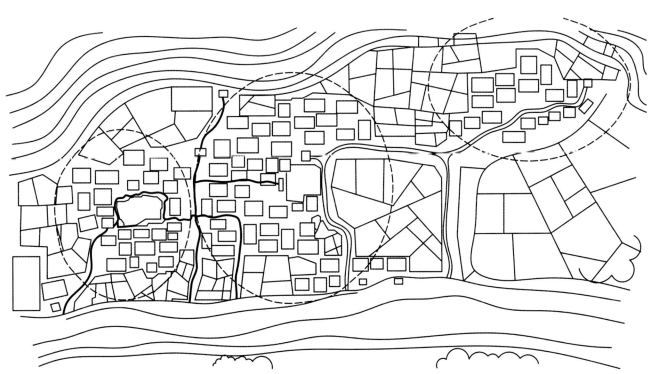

图4-2-35 坪坦村组团型平面示意图（来源：臧澄澄 改绘）

图4-2-36 坪坦村总平面图2(来源:湖南省住房和城乡建设厅 提供)

图4-2-37 坪坦村鸟瞰图(来源:湖南省住房和城乡建设厅 提供)

3. 随山就势、自然衍生

相比较而言，怀化南部村落总体格局主要为随山就势、自然衍生，这也是由村落所在区位特征所决定的，新晃县多山地，平地较少，村寨内住宅均沿着山体等高线布置，比如天堂乡地习村（图4-2-38～图4-2-40）。地习村传统村落格局和整体景观风貌可以概括为以自然山水为基底，以民居建筑为载体，以人文景观为内涵的"一村三寨梯田间，两溪四山怀中抱"的整体格局。该村沿山脊而建，组团与组团之间有峡谷相隔，溪流由上而下从峡谷汇集至山脚，梯田式种植水稻，居住位置险要。由于地形起伏大，寨内道路曲折蜿蜒、坎坷不平，不同建筑沿等高线分布，并随地形产生高低错落的层次变化，呈现出优美自然的风景。

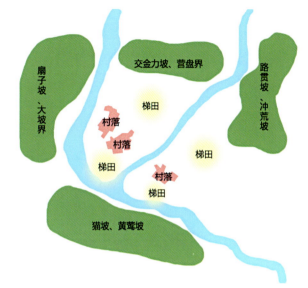

图4-2-38 地习村传统格局示意图（来源：臧澄澄 改绘）

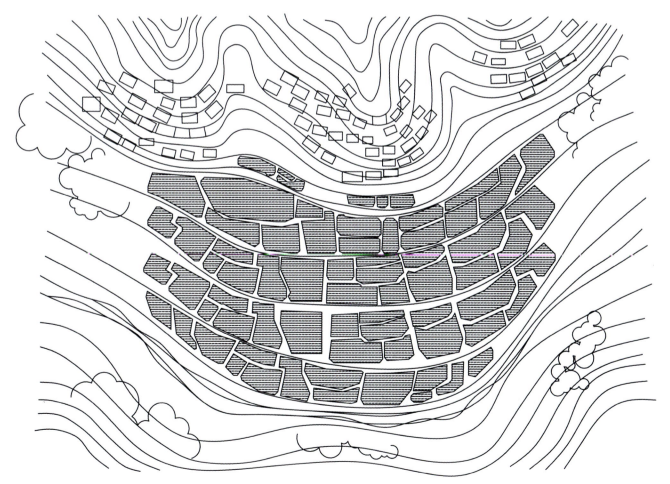

图4-2-39 地习村住宅布局图（来源：臧澄澄 改绘）

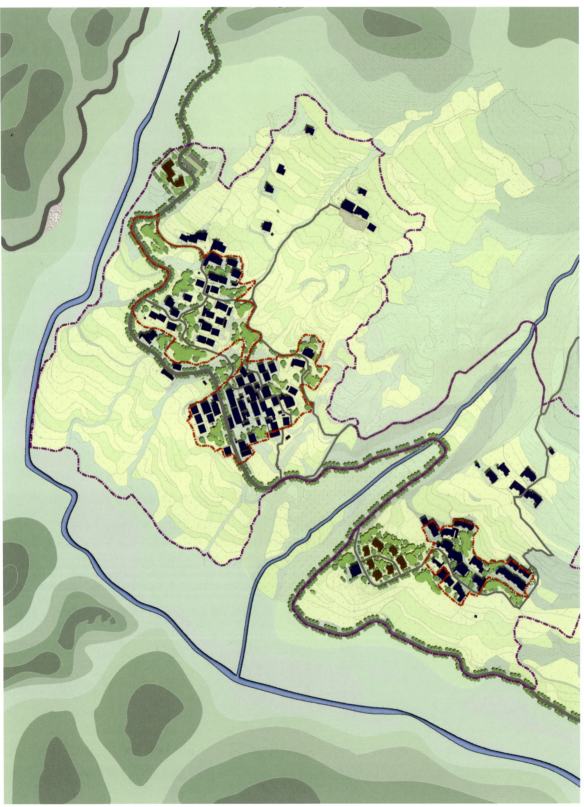

图4-2-40 地习村平面图（来源：湖南省住房和城乡建设厅 提供）

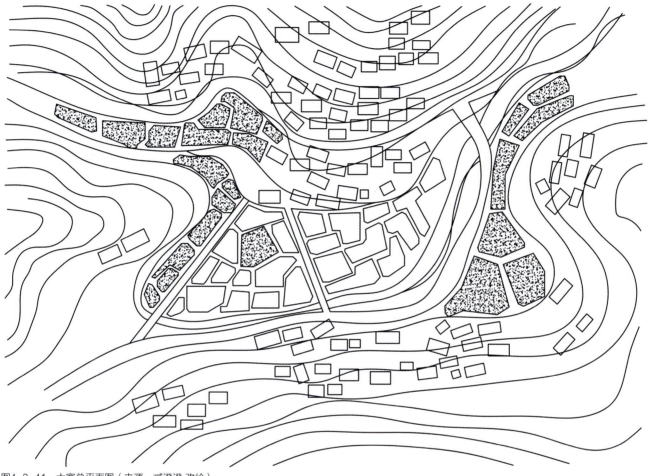

图4-2-41 大寨总平面图（来源：臧澄澄 改绘）

随山就势、自然衍生的村落布局方式又可以分为两种：一是坐落于山坳的村落沿等高线内凹处，如北侗中寨镇大寨（图4-2-41）；另外一种则是坐落于山脊处，村落沿等高线向外弯曲，如中寨镇计寨、中寨（图4-2-42），凉伞镇冲首村、天堂乡地习村等。外凸的村落布局形式给人以外扩的心理感受，通风条件良好；相比之下，内凹式村落布局给人收缩的心理感受，加上村落周边山体环绕，能给人安全感，如中寨镇中寨为加强向心感和内聚感，村民在田中西北处建造鼓楼。与此同时，不论内凹形或者是外凸形，村落建筑布局选址首先考虑村落是否位于日照充足、通风条件良好的向阳面。当从谷地向山顶延伸到一定的程度时，也会有一部分居民离开村落去对面的背向山坡形成新的定居点。这种

图4-2-42 中寨鸟瞰图（来源：湖南省住房和城乡建设厅 提供）

从阳坡分离到阴坡的聚落，容易形成"随山就势、自然衍生"的内凹形式村落格局，但一般背向山坡的聚居点规模较小，且出现时间晚于阳坡定居点。

4. 混合型

湘西南也存在多种形态混合的村落格局形式。例如双江镇芋头寨就是组团式与带状式相结合的混合型格局；例如天堂乡的地习村（图4-2-43），虽为依山而建、自然衍生格局，但远观又是由三个组团组成，各个组团内部住宅依山而建，是组团与随山就势两种格局复合形成的布局形式。又例如中寨镇中寨（图4-2-44），村落毗邻主街呈带状分布，当平地建筑密度过大时，寨内住户则逐渐在山坡上建房，故从沿街看，村落建筑规整排列，呈线性发展和延伸，从远处看，则可以看到山坡上散点布局的住宅，其平面布局呈现出多样化的形态。

第三节　传统建筑类型特征

一、公共建筑

（一）鼓楼

鼓楼是侗族重要的公共建筑，不同村落鼓楼的名称不尽相同。祭拜族中先人或议事是鼓楼的主要作用，平常人们多在此休闲、纳凉、交流。芋头侗寨木匠工艺流传历史悠久，工艺精湛，据村内老人介绍，周边县市很多木匠工艺早已失传，传统鼓楼及风雨桥制作繁杂，周边地区建造鼓楼与风雨桥则需招揽此处的工匠方可完成，因此，芋头侗寨的鼓楼在湖南地区以至于全国都有着较高的地位。鼓楼是侗族建筑文化的象征，是侗民族聚会、议事、休息和娱乐的场所，其建筑工艺是侗族文化的经典，桥体不需要钉铆而通过木栓连接，楼身结构精巧又不失牢固，造型美观。

芋头侗寨鼓楼数量多且各具特色，太和鼓楼（图4-3-1）简朴地立于田中；崖上鼓楼（图4-3-2）最为奇险，一半搭在山坡上，一半悬于山坡下，由17根梨木柱子支撑，最长的一根有9.1米高，是目前世界上最长的吊脚楼，建筑按照皇宫的建筑格式一层一层叠加，结构牢固，穿斗抬梁混合式，悬空下方有通道，也一样兼具门楼功能，距今210年的历史。

（二）书院

恭城书院位于通道侗族自治县北部的县溪镇罗蒙山下，占地面积2830平方米。它始建于宋（1105年），原称"罗蒙书院"，后被大火烧毁。清乾隆五十七年（1792年），"罗蒙书院"在原址重建，更名为"恭城书院"，是中国现存最完整的侗族古书院（图4-3-3）。

恭城书院由门楼、斋舍、讲堂、通廊4个部分组成，建筑群完整而有序，两层木楼建筑以一条中轴线排列在一起，

图4-2-43　地习村全景图（来源：湖南省住房和城乡建设厅 提供）

图4-2-44　中寨全景图（来源：湖南省住房和城乡建设厅 提供）

图4-3-1 太和鼓楼（来源：党航 摄）

图4-3-2 崖上鼓楼（来源：吴晶晶 摄）

图4-3-3 恭城书院鸟瞰图（来源：湖南省住房和城乡建设厅 提供）

中有通廊串联，四周青砖护墙，院外有桂花树两株。飞檐翘首的门楼雄伟壮观，布满青苔的石阶散发着古朴的气息，拾级而上，进入书院就是长长的走廊，两边对称地分布着6栋斋舍，上下两层，每栋斋舍有4间讲堂和1间宿舍。2002年5月被公布为湖南省级文物保护单位。

（三）寺庙

大兴禅寺（图4-3-4、图4-3-5）位于洪江市西嵩云山上。据《会同县志》载：大兴禅寺原为嵩云庵，简陋狭小，香火不旺。明正统年间无意和尚年老到峨眉、五台山等地云游，至常德过河落水溺死，其尸逆水而上，路人诧异，

图4-3-4 大兴禅寺（来源：湖南省住房和城乡建设厅 提供）

图4-3-5 大兴禅寺鸟瞰图（来源：湖南省住房和城乡建设厅 提供）

图4-3-6 曾八支祠堂（来源：唐成君 摄）

捞起，见身上有纸文"雄溪嵩山乃吾家"，遂护送至洪江，数日尸体不腐不臭，均奇，以为肉身成佛，于是多方集资，大兴土木，修建庙宇，供奉无意祖师。大兴禅寺由此而来。清道光十七年（1837年）和1956年两次修缮。"文化大革命"时期遭严重破坏。1987年捐资维修。寺庙坐西朝东，砖木结构，中轴线上依次有山门、韦驮殿、大雄宝殿、祖师殿，右侧偏殿为观音堂，左侧为斋堂，楼上为方丈室，占地约2500平方米。大雄宝殿面阔七间，进深四间，穿斗式梁架，重檐歇山顶，殿中供如来佛，周围有十八罗汉，二十四诸天菩萨。寺门上额题匾为"湘西第一山"。1987年被列为洪江市文物保护单位。

（四）祠堂

湖南省邵阳市洞口县素有"天下宗祠"的美称，遗存上百座明清古宗祠，被誉为"中国宗祠文化之都"。该县宗祠均依山傍水而建。宗祠采用石刻、木雕、泥塑、彩绘等各种形式，不拘一格，匠心独运。其中最著名的3个祠堂是曾八支祠、萧氏宗祠、王氏宗祠。

曾八支祠（图4-3-6）占地6426平方米，前后五进，面阔64米，通进深100余米，三路五进十六院，中轴线上依次为门楼阁楼、前厅、过廊、中（礼）堂、寝堂、宗圣阁，两侧有钟鼓楼、走马楼及东西厢房，现占地面积6426平方米，建筑面积4260平方米，不包括原曾有的后花园。曾八支祠是湖南省最大的宗祠，现在也是湖南省最大规模的民间综合性博物馆——中国孝文化博物馆和高沙文史博物馆，高沙曾氏宗祠宗祠的前、左、右三方按八卦方位布置三口水塘，祠堂不仅在牌楼立柱、大门、侧门外等均有石刻楹联，祠内还收藏了其他宗祠或名胜的石刻楹联多幅，相关人员将高沙镇内及其附近已被毁坏又无力复修的宗祠或名胜的石牌楼搬迁到曾氏宗祠之内，作为馆藏品，使之得到更好的保护与传承。

萧氏宗祠（图4-3-7）位于县城城区西南平溪江中的伏龙洲上，四面环水，风景迷人。萧氏宗祠为砖木结构四合院，坐北朝南，前后五进，中轴线上依次为大门、戏楼、中堂、寝堂、阁楼、聚义堂，两侧为厢房、钟鼓楼及其他附

图4-3-7 萧氏祠堂（来源：唐成君 摄）

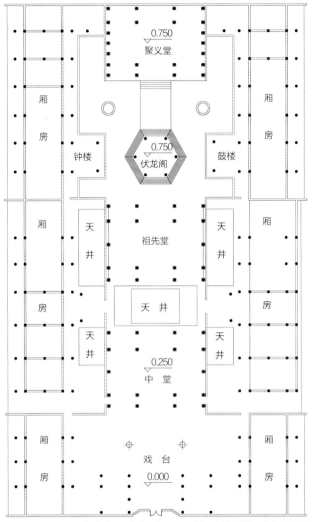

图4-3-8 曾氏祠堂（来源：根据《洞口县宗祠建筑形制研究》吴晶晶 改绘）

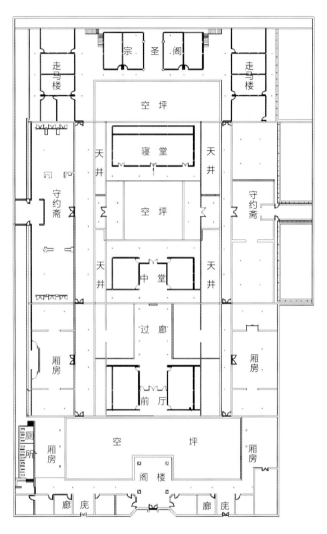

图4-3-9 萧氏祠堂（来源：根据欧阳彦红《洞口县宗祠建筑形制研究》吴晶晶 改绘）

属建筑。祠前并联三座砖石结构牌楼门，上面饰有龙凤、八仙、山水、花鸟等泥塑和彩绘。最有特色的中门为四柱五楼，门楣镂雕双凤和三龙戏水，门匾阴刻"萧氏宗祠"，上题隶书"兰陵会馆"，左右侧门为四柱三楼，各开半圆形顶门。明间筑戏楼，覆盆藻井，双重飞檐。祠内石雕、木刻内容丰富，工艺精湛，具有较高的历史、艺术、科学价值。

曾八支祠与萧氏宗祠均属于明三路式平面布局形式，宗祠平面明显分三路，中间一路为主轴线，左右两路为走马廊、厢房等，其明显特征一是中堂（礼堂、厅堂）、寝堂（祖先堂）与两侧厢房之间有天井隔开，通过走廊相连。二是钟鼓楼的位置在纵轴线上处于左右两路厢房与中轴线之间（图4-3-8、图4-3-9）。

（五）园林建筑

1. 桥梁

芷江县龙津桥（图4-3-10、图4-3-11）为侗族第一大风雨桥，也是当今世界上第一大风雨桥，龙津桥历经沧桑400余年，是历史古迹与建筑艺术的完美融合，桥长252米，宽12.2米，桥中人行道宽为5.8米，有桥、廊、亭三个部分组

图4-3-10 龙津桥外貌（来源：湖南省住房和城乡建设厅 提供）

图4-3-12 芋头侗寨廻龙桥（来源：湖南省住房和城乡建设厅 提供）

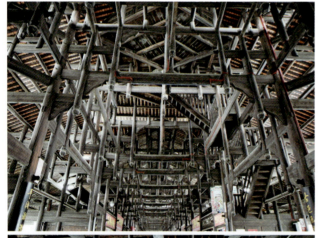

图4-3-11 龙津桥内部木结构（来源：党航 摄）

成，桥体两侧为经营的商店。整座廊桥工程浩大，但是却并没有使用过一钉一铆，结构复杂的廊柱、木刻悬挂、雕花栏杆，斜穿直套，纵横交织，全以木榫衔接，十分壮观。

芋头侗寨桥体较多，主要有廻龙桥、塘头桥以及塘坪桥。廻龙桥（图4-3-12）位于芋头溪下游的细望冲口，是芋头侗寨的总水口桥，横亘溪上，锁住水口，气势宏伟。迴龙桥始建于清乾隆四十一年（1779年），历史上因年久失修，后毁于洪水，现存"津梁有托"古石碑一通，该桥于2009年由台湾政治大学资助、通道县各界捐资得以重修，桥名"廻龙桥"由时任台湾亲民党主席宋楚瑜题写。

湖南武冈的木瓜桥又叫红军桥，位于武冈城西南15公里邓元泰镇木瓜村东，跨资水，东西走向，与同名村的小街西端相连，是连接木瓜村与沙洲坪的交通要道（图4-3-13）。桥两端砌青砖牌楼墙，门洞大敞着，门额上面是泥塑榜书 "木瓜桥"这3个斗大的名字。门联楷书"木叶落亭前，际资水秋深，夜雨横飞围树；瓜田连岸畔，看平原草绿，朝烟遥接板云。"木瓜桥全长44米，面宽4.7米，四墩五拱，墩上叠木，拱间架木，逐层往上出跳，木以上石板加重压固，构成12排木架长廊，桥两侧还建有供人歇息的坐板，工整而又闲适。

2. 塔

湖南省邵阳凌云塔位于武冈市城北东1.5公里的迎春亭附近，濒临赧水西岸，俗称东塔。建于清道光九年（1830年）。塔高36.2米，七级，内有两径直达塔顶。因塔壮丽挺拔，"绝似青云一枝笔"，故称凌云塔（图4-3-14）。

洞口文昌塔（图4-3-15），位于今洞口县城粮食局内，始建于清同治元年（1862年），现是湖南省级文化保护单位，文昌塔以青砖构成，七级八面，高42.66米，围长37.32米，脚深6米。造型雄伟壮丽，结构复杂严谨，内设螺旋式梯级行人走道，穹庐式圈顶，檐面和中心内壁均有彩画装饰。顶部盖似铁顶，飞檐翘角，四周八个斗角悬八只铜

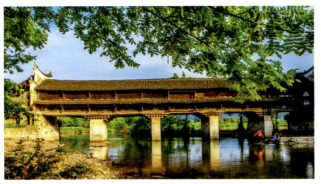

图4-3-13 木瓜桥（来源：湖南省住房和城乡建设厅 提供）

图4-3-14 凌云塔（来源：湖南省住房和城乡建设厅 提供）

图4-3-15 文昌塔（来源：湖南省住房和城乡建设厅 提供）

铃，清风徐起，铃声悦耳。塔顶有常青树数株，如冠似盖，把塔点缀得十分壮观。进门石柱上刻有一联："碧水环流地疑蓬岛；青云直上人在琼霄。"内壁有增生、显庆、松川等人的题诗。

二、民居

（一）汉族民居

1. 刘敦桢故居

刘敦桢故居位于邵阳新宁县城，由前后两进四合院组成，第一进有客厅与书塾和东侧仓楼等，因信奉"左青龙，右白虎，青龙高于白虎"的传统，在谷仓上加建并无实际需要的楼房五间，第二进北屋五间，东西屋各三间。为矩形庆典活动的需要将北屋堂屋前墙退后少许，宅内有大小院落8个，大院子辟了果园、菜园或晒场，小院子则种花养草，环境十分宜人（图4-3-16）。

2. 粟裕故居

粟裕故居，位于湘西南边陲，怀化市南端，会同县坪村镇枫木村，距会同县城约8公里，209国道仅0.5公里。1907年8月10日，粟裕出生在横仓楼的一间房子，并在此度过了青少年时代。粟裕故居1984年被列为县级文物保护单位，1996年被省人民政府列为省级文物保护单位。

粟裕故居（图4-3-17～图4-3-20）分为东、西2个大院，占地面积约1000平方米，大小房间有30余间。2个大院中间有一条村道和小溪通过。小溪右边的东院为正屋，是家人居住之地。小溪左边的西院是一排坐西朝东的房屋。北头为客厅，是接待宾朋、宴请客人和私塾讲学的地方；中间几间房屋是帮工们的住房；南头是牛栏、马圈等。故居现保存的房屋即为东院正屋，占地约416平方米，房屋坐东南朝西北，由3栋两层的木房组合构成，分为前厅、正屋和横仓楼。其中前厅是为"品"字形客厅，前厅与正屋之间有一"一"字形天井，两者成"一品"形状，寓意深厚（图4-3-21）。

粟裕故居为木结构承重，与传统木构建筑穿斗式的原理一致。整个房屋均为面阔三间的穿斗式梁架结构，房屋雕梁画栋，飞檐翘角，富有湘西民族特色。受汉族民居影响，粟裕故居也在屋脊处设置一排立瓦，与屋面长度一致，南方某些地方称其为"子孙瓦"，实际是一种建材储备。粟裕故居脊瓦两端做起翘，中间常用瓦片堆叠成铜钱形状，象征财富和新生。

粟裕故居装饰风格具有湘西地方特色，装饰材料大多来自当地盛产的天然材料，房屋中的主要装饰部位在檐口、窗格、栏杆等易于塑造的木质材料部位。除上述装饰部位之外，山墙和院墙上也被绘制了不同图案与彩画来祈求家宅平安（图4-3-22）。

3. 瑶族民居——隆回虎形山瑶族乡大托村建筑实例

1）选址与渊源

大托村位于隆回县虎形山瑶族乡东北端，距离县城116公里，平均海拔1100米，年平均气温13℃。村寨周边是高逾300米，宽约2000米的石瀑，石瀑呈70～80度的倾斜，远观如瀑布飞流直下，颇为壮美。大托瑶寨依托巨大的石瀑为背景，山高谷深，古木参天，怪石嶙峋，民风淳朴，最具瑶寨原始风貌（图4-3-23）。

2）建筑形制

大托村的民居，通常为两层木结构建筑，其造型上一个重要的特点是房屋正面的二层向前面挑出一个木构的阳台（图4-3-24、图4-3-25）。以前的瑶族传统民居中两边的阳台是不连通的，堂屋两边的阳台分属2个小家庭，但是现在这种情况已逐渐减少。

3）建筑实例

大托村某民居为二层木结构建筑，建筑面积206.2平方米，面阔三间，进深两间，正中为堂屋，两侧为厢房，一层为生活起居之所，二层为储物之用，房屋后方搭建抱厦间作为厨房，西侧搭建牲口棚及杂物间，房屋正面挑出木构阳台（图4-3-26、图4-3-27）。

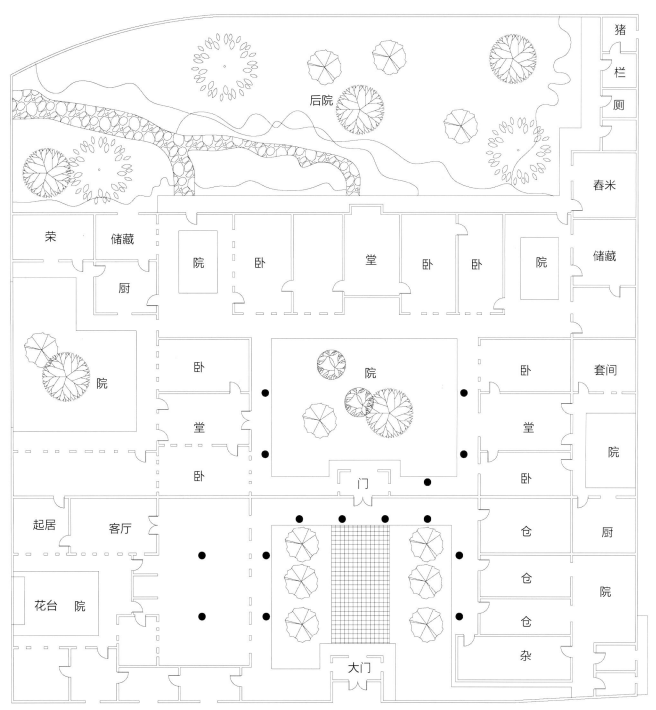

图4-3-16 刘敦桢故居（来源：根据《湖南传统民居》改绘）

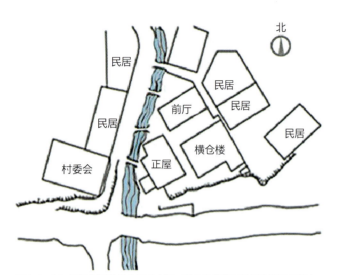

图4-3-17 粟裕故居总体布局（来源：湖南省住房和城乡建设厅 提供）

图4-3-18 故居入口1（来源：湖南省住房和城乡建设厅 提供）

图4-3-19 故居入口2（来源：湖南省住房和城乡建设厅 提供）

图4-3-20 内部院落（来源：湖南省住房和城乡建设厅 提供）

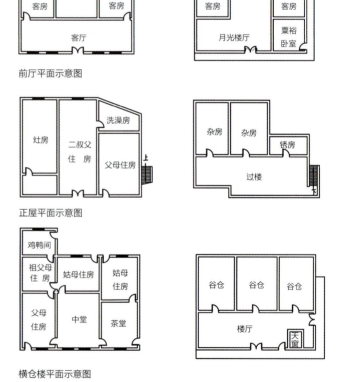

图4-3-21 平面布局（来源：湖南省住房和城乡建设厅 提供）

图4-3-22 粟裕故居飞檐翘角（来源：湖南省住房和城乡建设厅 提供）

图4-3-23 村落全景图（来源：湖南省住房和城乡建设厅 提供）

图4-3-24 建筑近景（来源：湖南省住房和城乡建设厅 提供）

图4-3-25 村落建筑（来源：湖南省住房和城乡建设厅 提供）

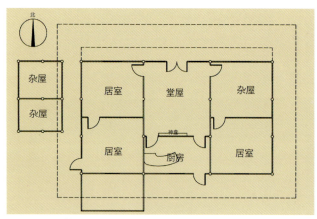

图4-3-26 某民居一层平面示意图（来源：刘艳莉 绘）

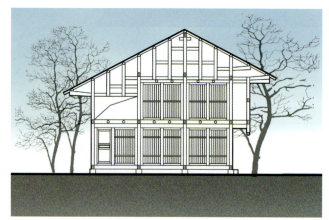

图4-3-28 大托村某民居剖面图（来源：刘艳莉 绘）

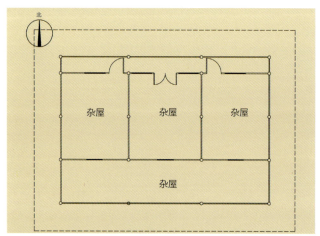

图4-3-27 某民居二层平面示意图（来源：刘艳莉 绘）

图4-3-29 挑廊（来源：湖南省住房和城乡建设厅 提供）

4）建造

大托村地处山区，植被资源丰富，故民居建筑多就地取材，多为全木结构或砖木结构房屋。测量的该栋住宅为穿斗式木结构房屋，悬山屋顶，上覆小青瓦，用木板壁做围护结构（图4-3-28）。整个建筑简单、古朴，极具瑶族特色。

5）装饰

由于瑶族多生活在边远山区，经济发展水平相对落后，故建筑装饰较为简单朴素，如该民居只有下垂的檐柱雕刻成瓜状，二层阳台也只是用直栏杆围护，并无过多的装饰，建筑整体简洁大方（图4-3-29）。

4. 侗族民居

南方山区炎热潮湿，"南侗"民居一般底层架空防潮，顶层空置防晒，生活功能用房集中在二层。民居主入口一般设在建筑的一侧，通过木质楼梯到达二层。二层入口处设廊，由于明间的廊多出一个进深，廊的形状呈"T"形，类似于汉字中"丁"字的形状，俗称"丁廊"。"丁廊"在民居中的作用类似于现代住宅中的起居室或客厅，属于家庭的半公共空间。平时在这聊天、休息、接待客人，还可以进行部分家庭劳作。火塘一般设置在与丁廊毗邻的房间内。火塘最初的作用是炊事和取暖，后来厨房开始使用灶台，火塘也就不再用于炊事。"南侗"民居中厨房一般较大，灶台、厨具集中放置在厨房，餐桌也放在厨房内，所以厨房也兼作餐厅的功能。卧室功能简单，床、衣柜是卧室内主要家具。上三层楼的楼梯位于住宅的另外一端，开间尺寸与一层入口楼梯相同。侗族民居有不掩门户的习惯，而三楼一般用作谷仓，存放着家庭的重要财产，因此，三层楼梯设置在于民居的另一侧端，这样人就必须要穿过"丁廊"才可以能进入三楼，从而也就起到了防盗作用。

"南侗"民居基本上都是三大间两小间五柱的平面布局，三个开间的尺寸基本相同，都在3.33米左右。在该平面基础上，经过局部变化后会产生其他几种形式，但基本的开间尺寸及功能构成的方式保持不变。并根据不同户主对住宅功能要求的不同，以上几种形式又会产生一些变化，如在基本的平面上增加侧楼和房间以满足家庭的实际需求（图4-3-30）。

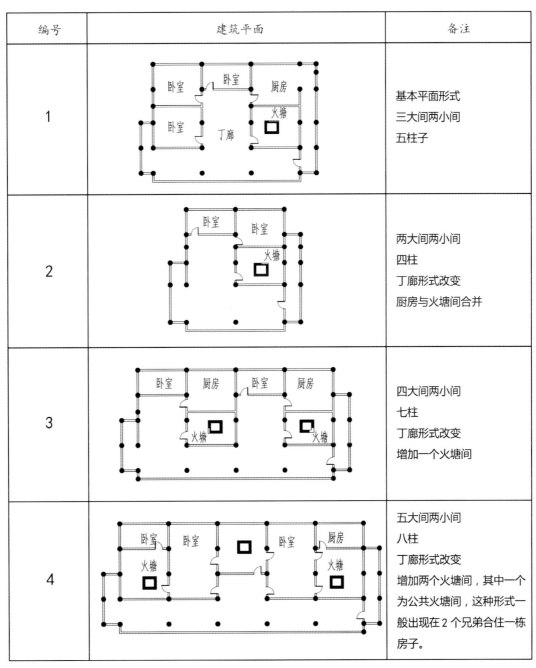

编号	建筑平面	备注
1		基本平面形式 三大间两小间 五柱子
2		两大间两小间 四柱 丁廊形式改变 厨房与火塘间合并
3		四大间两小间 七柱 丁廊形式改变 增加一个火塘间
4		五大间两小间 八柱 丁廊形式改变 增加两个火塘间，其中一个为公共火塘间，这种形式一般出现在2个兄弟合住一栋房子。

图4-3-30 民居平面示意图（来源：吴晶晶 改绘）

新晃县的侗族民居是"北侗"民居的典型代表。新晃侗族民居基本平面形式为：中央为堂屋，堂屋两侧作为寝室和储藏室，后部则是火铺屋、和厨房、杂物间等。

堂屋大门通常向内凹进形成"吞口"，有"招财进宝"的寓意。火铺屋一般设置在堂屋后方，少数民居则受地形限制，将火铺屋放置在民居主体的侧后方。由于新晃侗族每户人家必须有火铺，一个家庭一个火铺，一个火铺需占用一个房间，若多个家庭合住一幢房子时，民居内则会相应设置多个火铺屋。火铺屋的不同划分方式也决定了新晃侗族民居的平面布局形式：一种为前部房间与后部房间相对应，堂屋两侧的墙壁一直延伸到最后，为方便表述，称之为"A型平面"（图4-3-31）；另一种则是前部房间与后部房间不对应，后部的墙壁可自由设置，需要时还可划分为多个房间，称之为"B型平面"（图4-3-32）。一般一个家庭独居一幢房屋时，因为只需在民居后部划分出一个火铺屋，多采用"A型平面"，因为民居后部只需要划分出一个火铺屋；而当多个家庭合住一幢房屋时，因为需要在房屋内部划分出多个火铺屋，则多采用"B型平面"。

5. 苗族民居——高椅乡高椅村横仓楼民居

1）选址与渊源

横仓楼位于湖南省怀化市会同县高椅乡高椅村，位于距怀化市东南80公里、会同县东北48公里处，沅江上游雪峰山脉南麓，居古代"武陵蛮"之南部，西汉时属武陵郡，唐属巫州郡。横仓楼建筑类型为"窨子房"。

2）建筑形制

"横仓楼"选址较为讲究，与苗族干阑式建筑不同，苗族干阑式建筑是苗族人在多山地区充分适应地形，适用苗族生活生产的建筑形式。"横仓楼"选址多为平地，这与侗族人聚族而居的生活习性相吻合，横仓楼为单进院落，平面方正，为规整的长方形或近方形，犹如一颗印章，因此当地人称它为"窨子房"（图4-3-33、图4-3-34）。

由于院落不大，或只在住宅中有小天井。室内光线较暗，通风效果差。横仓房小天井设计优势如下：一是首层为仓房，放置农耕时农具、生活用品以及管理牲口。二是有利于生活生产，居民活动大多与田地接触，田间劳作辛苦，因此在首层设置较多房间避免上下楼梯，同时也提供了一个休息交流的空间。三是该地区夏季天气较为炎热，且持续时间长，每年6~9月最为明显。狭小的天井能够提供给居民一个凉爽之地。四是有利于防卫，建筑外墙为厚实的石、大块青砖，较为牢固。

3）建造方式

横仓楼坐东朝西，为一栋大三合院，正门在院子的西

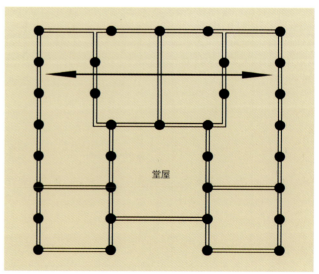

图4-3-31　A形平面（来源：吴晶晶 改绘）　　　　　图4-3-32　B形平面（来源：吴晶晶 改绘）

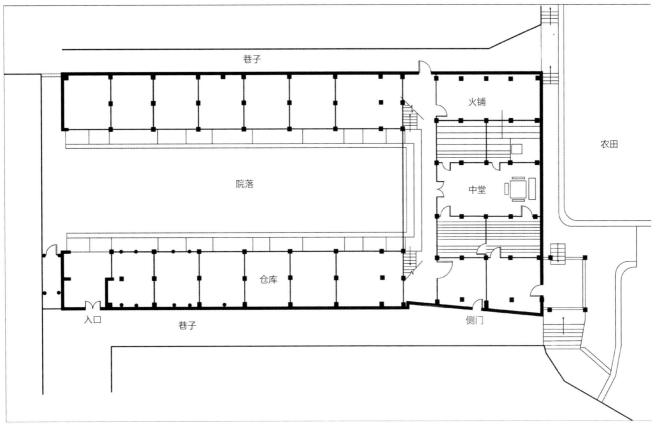

图4-3-33 横仓楼首层平面图（来源：臧澄澄 改绘）

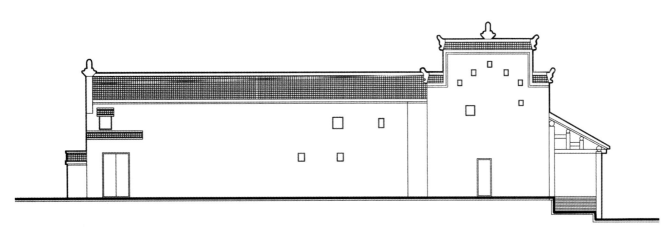

图4-3-34 横仓楼立面图（来源：臧澄澄 改绘）

南角。谷仓正房五开间，两层，上下层均有前廊，左右厢房各七开间，也为上下两层，有前廊（图4-3-35）。正房一层当心间为堂屋厅，中间供奉着牌位（图4-3-36）。左右次间为卧室，左稍间是厨房。后檐处又扩出一间厨房并建小门正对北侧的大田，秋收时十分便利。正房二屋三间通敞，当心间后墙开有大隔扇窗，传说旧时楼上供着观世音、五谷神、财神等各路神灵的像或牌位，是座佛堂。也有说是花厅，大窗则为观景使用。谷仓左右厢房各七间，两层，每间面宽仅2米，进深也只3米，底层均为牛栏、马房、猪圈，存放大车和各种农具、谷草仓，也有房子供长工和佣人居住。厢房二层均做粮仓，为粮食出入仓的便利，在每一间前檐上都有滑轮的装置，至今还保留着一些。目前这座横仓楼已严重损坏，右侧厢房已被拆毁，现存建筑部分因年久失修，构架糟朽，墙体倾斜，岌岌可危。

4）装饰

横仓楼建筑装饰艺术是传统建筑文化艺术与技术相结合的产物，是人们出于对美好生活的追求和向往而创造出来的一种特殊的艺术形式。横仓楼的建筑艺术装饰题材部分取自于现实生活中的实体之物，如花、鸟、鱼、虫、人物故事、亭台楼阁、飞禽走兽、牡丹月季、文人雅集等（图4-3-37、图4-3-38）。

图4-3-35 前廊（来源：湖南省住房和城乡建设厅 提供）

图4-3-37 以鱼为主题的装饰（来源：熊申午 摄）

图4-3-36 神灵牌位（来源：湖南省住房和城乡建设厅 提供）

图4-3-38 横仓楼石狮装饰（来源：湖南省住房和城乡建设厅 提供）

第四节 建筑材料与营造方式

一、建筑材料

湘西南气候湿热使得建筑必须要有很好的防潮性能，传统民居建造材料多就地取材，由于湘西南木材资源丰富，盛产杉木，且木建筑使用寿命比钢筋混凝土建筑要长，安全性要好，结构严谨，空间布局合理，并且符合了自然与人类的共生原理以及防潮性能要求，所以大部分的民居都是木结构房屋。山区多林木资源，而传统建筑建造材料多就地取材，因此传统建筑的材料多为木材、土材、石材，进而建筑多为纯木质结构、砖木结构、竹木结构、土木结构、石木结构。纯木质结构建筑全部采用榫、铆衔接，横穿竖插，建筑物无需钉铆，运用当地的木材、石材、砖、泥土以及砂浆等建筑材料修建的房屋价格低廉且稳定、耐久。

随着科学技术的发展，时代的变迁，具有新技术的木结构建筑日趋盛行。而对这种传统木建筑的制作原理、方法的研究，不仅是对古建筑的保护与传承，也对当今运用新技术的木结构建筑有一定的启发和借鉴意义。

（一）建筑材料类型

1. 木材

湘西南多丘陵盆地，雨量充足，气候湿润，利于树木的成长。木材（图4-4-1）取材极其方便，加工工艺成熟。建筑上木构件腐朽时可用新的木构件代替，并且废弃的木材又可用来生火取暖。于是，木材常常用作屋架、门窗等构件。审美上，木材源于植物，用在民居中能给人亲近感，因此，湘西南地区的传统建筑中木材是建造房屋的主要材料。

2. 石材

湘西南地区毗邻山脉，地质复杂，天然石材获取方便。同时，石材丰富也为湖南石构雕饰艺术发展提供了条件。石材有耐压、耐磨、不易损坏等优点，在民居中多用在对防腐、耐磨有特殊要求之处，如柱础、台阶及铺地等（图4-4-2）。

图4-4-1 木材在湘西南民居中的运用（来源：熊申午 摄）

图4-4-2 石材的运用（来源：熊申午 摄）

图4-4-3 砖、泥土、砂浆在湘西南地区建筑中的运用（来源：熊申午 摄）

3. 砖、泥土、砂浆

湘西南地区泥土肥沃，有制造土坯砖的基地条件，加之泥土又有保温、隔热性能好的优势，因此湘西南部分民居常用砂浆粘合墙体。传统砂浆由细砂、石灰和糯米浆组成，有很强的粘合性，使湘西南民居可以保存很久而不坍塌。如怀化豪侠坪村传统民居中，部分民居采用土坯砖进行搭砌，经过岁月的洗礼，墙壁斑驳但依然稳固，有着强烈的历史感（图4-4-3）。

（二）相关案例

怀化市麻阳县郭公坪乡溪口村传统建筑材料大多就地取材，多为木砖结构（图4-4-4、图4-4-5），以青石、土砖、杉木、泥巴为建筑材料，房屋系三间开、配两厢、设天井框架，装镂花木板壁、木条窗户，青石基脚，土砖鳌头式围墙，或以封火砖进行围墙，是麻阳境内苗族传统民居典型的建筑风貌。

怀化市麻阳县尧市乡小江村苗族传统民居的建筑群坐落于山中，小江村古苗寨呈"丰"字形散布于山上，自然和谐，大小巷通道网状交叉于村内（图4-4-6）。依山而建，北高南低，呈扇形分布。小江村建筑风貌整体的延续性较

图4-4-4 砖木结构建筑（来源：熊申午 摄）

图4-4-5 砖结构建筑（来源：熊申午 摄）

好，从清末、民初，一直到新中国成立初、20世纪七八十年代，传统建造工艺一直被沿用，传统建筑多以青石、土砖、椿木、泥巴为建筑材料，是凤凰县境内典型的苗族传统民居建筑。房屋的建造皆就地取材，建造工艺世代相传。古村内部道路以当地青石板铺筑，多伴有排水沟。古村房屋外墙犄角均采用青石条砌筑，上层则用青砖砌成。这样可以起到防潮、防蛀的作用。内墙采用纯木质榫卯结构，将古屋隔开成3个空间区域，分别是正厅和东西2个厢房。正厅前为天井和阁楼，天井起到采光、集雨的作用。窗户均采用镂空花式雕刻工艺，体现了清朝单栋民间房屋一个大厅两间厢房，以及群组建筑四栋建筑围合成一个天井的布局。

邵阳西村坊传统民居主要采用清水砖（图4-4-7）作为建筑外墙，充分显示出材料原生的本质之美，搭配小青瓦以及马头墙顶线附近的白灰，西村坊民居外观明快、简洁、素雅、和谐。加上民居的外墙上的门楣、雕窗装饰，无论是石雕、砖雕或者泥塑，做工都十分精细且恰到好处，给人的整体建筑印象都显得恰到好处（图4-4-8）。

二、营造方式

雪峰山地内建筑形式多种多样，不同建筑结构其营造方式也存在着差别，雪峰山文化区内建筑主要包括3种类型建筑，木结构建筑，砖结构建筑以及砖木混合结构建筑。

（一）木结构建筑

雪峰山地区民居多以木结构为主，木构架建筑是以木构柱梁为承重骨架，辅之以木材、土或其他材料为围护物的建筑体系，承重结构与围护结构分开的构架体系，木柱直接落地，柱上有梁、枋、檩、椽等构件并以榫卯为铰，互相穿插搭接成一个整体以承受楼板及屋顶的荷载。木构架建筑可分为抬梁式、穿斗式和井干式三种，雪峰山地内建筑结构均为穿斗式结构，其主要形制为开口屋、吊脚楼等。

穿斗式木结构是湘西南民居中常见的结构形式，纵向木架承重，由落地柱及瓜柱直接承檩，柱间穿枋联系并挑枋承

图4-4-6 小江村屋内的巷道（来源：唐成君 摄）

图4-4-7 清水砖外墙（来源：唐成君 摄）

图4-4-8 木构建筑（来源：党航 摄）

檐托廊，其中以五柱八瓜或三柱六瓜居多。柱多为直径20厘米左右的圆形木柱，瓜则为位于柱间不落地的短柱，其作用是承接檩条。柱、瓜之间以枋相连，枋是穿过柱心，连接两柱，并承托起瓜柱的木条，其截面高宽比约为3∶1。柱、瓜、枋组成一个系统框架。五柱八瓜是在每两根的相邻柱子之间设置两个瓜柱，三柱六瓜即相邻两柱之间仅设一个瓜柱。瓜柱子的多少根据房屋尺度大小灵活变化，也存在五柱六瓜、七柱八瓜、五柱五瓜等不同形式（图4-4-9）。

1. 何家田村——开口屋

开口屋是何家田村内典型的传统建筑形式（图4-4-10），又称平地楼，以平地作为房屋的场基。两层屋檐，穿斗式结构，多为四排扇。每扇五柱或七柱，一排屋柱称为一扇，两排屋柱构成一间房，四排屋柱构成三间房，称为"四扇三进"屋。有的在两边配上6~10尺的"偏厦"，作为安置楼梯或堆放杂物及圈养牲畜等用。房子为杉木构建的木楼，是从古越民族继承而来的干阑式木楼构建样式，这些干阑式民居不用钉铆，而通过柱、瓜、枋、扣串、檩条凿榫来连接。小青瓦屋顶，屋顶呈"人"字形，前后两边倒水。这种房屋，每进两间或三间，多为两层，由侧边"偏厦"架梯而上，楼上左右两边，一边装设客房，一边装设粮仓。楼前半部为廊，宽约丈许，敞明光亮，铺上厚厚的阶沿，为休息或手工劳动之所。前面中开间堂屋和大门，向内推进一根柱子，留出一个开放式的平台叫"槽门口"，进大门后是堂屋，为祭祖、迎客和摆席设宴的地方。整个堂屋板壁选用最好的杉木板材，以最精细的工艺装修，平整光滑，严丝合缝。堂屋左右有门进入房间，堂屋背后为室，室中有离地2尺多高的火铺，火铺上，放置板凳供人休憩。火铺上筑有火塘（又叫火炉坑），火塘中间置一铁质三脚"撑架"，终年烟火不息，顶上吊一方平面木格，阔宽约3尺，侗语称之为"昂"，汉语叫做"火炕"，专供烘烤谷物和腊肉。火铺面前靠壁设木碗架，摆放食物、碗筷。水缸（桶）、炊具之类。房子两边各一进建房间，前面叫"花装"，为卧室，后面叫"空间"，用来摆放物品和器具。

2. 吊脚楼民居

吊脚楼主要存在于侗族集中的区域，其中芋头侗寨（图4-4-11）是这类建筑形式的典型代表。芋头侗寨吊脚楼为三层建筑，依山而建，除屋顶盖瓦以外，上下全用杉木建造。屋柱用大杉木凿眼，柱与柱之间用大小不一的杉木斜穿直套连在一起，而不需要采用钉铆等也十分牢固。吊脚楼民居依山而建，选取当地所盛产的杉木作为建筑材料，利用杉木搭建三层的木构架结构，柱子则因坡就势、长短不一地立在山坡上。房屋下层不设置隔墙，作为畜棚或堆放农具、杂物之用；上层用于住人，分为客堂和卧室，吊脚楼四周向外而伸出挑廊，供主人在廊里工作以及休息。廊柱大多不落地，便于廊下通行无碍，楼板层挑出的若干横梁起支撑作

图4-4-9　穿斗木结构建筑（来源：党航 摄）

图4-4-10　何家田村传统建筑（来源：党航 摄）

图4-4-11 芋头侗寨吊脚楼（来源：吴晶晶 摄）

用，廊柱则辅助支撑，使挑廊能够稳固的悬吊在半空中，吊脚楼的优点明显，人住楼上通风防潮，又可防止野兽和毒蛇的侵害，这种住宅在芋头侗寨为主要的建筑形式。

（二）砖结构建筑

湘西南地区传统建筑主要为木结构建筑，而砖结构建筑主要集中在汉族聚居处，但是砖结构建筑内部结构很大一部分为木结构承重，砖墙作为外围护结构。

1. 大园村——窨子屋

大园村传统村落规模较大，其中的清朝时期古建筑规模大，古建筑群中的窨子屋（图4-4-12、图4-4-13）大多房龄在300年以上，房屋之间，既有封火墙相隔，又有巷道纵横交错，各家各户之间相对独立，又路路相通，如同八卦阵一般，是大园村古建筑群最具有科学价值的载体。大园村古苗寨窨子屋屋宇绵亘，鳞次栉比，错落有致，浑然一体，青砖黛瓦，沧桑古朴，五步一楼，十步一窨，檐牙高啄，鳌头雄奇。这些窨子屋大多为四合院，修有槽门，院落有相似之处，又各有特色。院内互相钩连的屋檐水沟全部用青石条砌成，有的窨子屋大院台阶的四角各有一个大石蟾蜍，每至雨季，屋内四周的雨水便通过石蟾蜍嘴流到天井里，形成四水归堂的格局。窨子屋内门饰和窗花精致，有的门窗和栏杆一律采用镂空、浮雕工艺，饰之以花鸟和吉祥动物象征福、禄、寿、喜。专家称

图4-4-12 大园村封火墙（来源：唐成君 摄）

图4-4-13 大园村建筑（来源：唐成君 摄）

大园古苗寨是一个古民居历史博物馆,是村级苗族历史文化发展的活化石,是湘西南苗族建筑中的一颗璀璨明珠。

2. 浪石村——窨子屋

浪石村由四大片组成,整体布局均依山而踞,依势而建,规划有序,布局合理。住宅建筑居中,厕所、畜圈、杂屋等则选择四周边隅设置,大院座落在一个小山包上,东、南、北三面为田垅,西隔担水塘与上头房、二房头紧邻,地势较平缓。主要保留着明末至清嘉庆年间的民居46座,均坐东朝西,住宅均为四排三间的小平房,东、此三面砌青砖封火墙,木构架破损严重。上、二房头连为一体,向后倚靠后龙山,地势略陡。住宅建筑则以四合院天井为中心向四周扩展。平面布局规整,有明显的中轴对称感,横向为12排,纵向则为5~6进,每排以青石板巷道隔断,每进皆有两门角牌楼的通廊连接,有着晴不暴日、雨不湿鞋以及冬暖夏凉的优点。民居群中仅有二房头正中一处的四合院天井能采光,其余则利用房屋之间50~80厘米的高差进行采光。平房四面为青砖砌筑的青水封火墙,南北两侧封火山墙一般高大突出,且多为双头或三头马头式山墙(图4-4-14、图4-4-15),飞檐翘角独具韵律。房前明沟石砌而成,明沟后则为走廊,南北南侧均砌有砖雕、泥塑或彩绘的门角牌楼。牌楼又由雕刻各类图案的石礅、石槛、石枋、石额及石飞檐挑角组成,进门两侧各有一正方形石礅,门枋皆由整方青石砌成,均阴刻对联,共四十余幅。平房梁架为木质穿斗式,面阔三间、进深二间。明间为堂屋,正中设神龛,神龛后为厨房。次间前为茶间,后为卧房。地面用桐油、石灰、黄土夯成,坚而不硬,平而不滑。大门均有高地袱,上为六抹隔扇门,大多雕有花格窗棂。刘家坳位于浪石村的北端,毗邻风光秀丽的三江口水库,现存较为完整的建筑三座,建筑式样及风格与上房头、二房头相似。

(三)砖木混合结构

1. 五宝田村砖木混合结构建筑

五宝田古村落建筑属于典型的砖木混合结构,村中保留有较好的院落式住宅(图4-4-16~图4-4-18),如耕读所,外墙为砖砌体,青瓦屋面,青砖堆砌的封火墙,建筑承重体系、地板均采用木材,门窗精雕细琢。村内建筑大多有高墙四面围合,院内为木质四合院楼房结构,结构紧密,分三开间正房和单间厢房。中间一般留有天井或由围墙围合出来的院落,民居中正房一般为堂屋和卧室,厢房一般为灶屋及客房。内院地面用青石板铺地,有的院中建有古井,属于典型的砖木混合结构。

2. 豪侠坪村砖木混合结构建筑

豪侠坪村现存古建筑群始建于清代乾隆庚寅年,至今保持着明清传统建筑的风貌。村中现存古民居建筑主要为砖木

图4-4-14 浪石村马头墙(来源:唐成君 摄)

图4-4-15 浪石村封火山墙(来源:唐成君 摄)

图4-4-16 五宝田村宅院内的天井（来源：党航 摄）

图4-4-18 五宝田村深宅大院（来源：湖南省住房和城乡建设厅 提供）

图4-4-17 五宝田村宅院的封火墙（来源：湖南省住房和城乡建设厅 提供）

图4-4-19 豪侠坪封火山墙（来源：熊申午 摄）

石混合结构建筑，小青瓦屋面，烽火鳌头（图4-4-19）；一般墙高三丈，采用封火青砖砌成几何等边，以斜角开墙为门，门窗木壁皆雕龙刻凤；大门一般都用长条石建成，门楣雕刻着诸如"敦厚周慎"、"伯高家风"、"伯高宗风"、"敦厚遗风"、"纳言家风"、"积厚流光"、"武陵世宗"、"吟沙世第"（图4-4-20）等文字，在门的上方两侧，一般都左雕着福字，右刻有寿字，也有不少人家把石雕的寿字嵌入墙体作为窗子。有的建筑虽遭不同程度的破坏但绝大部分保存较完整，原有的戏楼、贞节牌坊、麻阳民国小学现存一些痕迹。

图4-4-20 门楣（来源：熊申午 摄）

第五节 传统建筑装饰与细节

湘西南地区为汉族、侗族、苗族、瑶族等多民族融合地带，中国历来崇尚礼制，民族融合过程中，不同民族相互影响相互交融，由此体现在传统建筑元素中，不同民族建筑元素也有相似的部分。在湘西南地区大部分的传统民居中，以汉民族为主的村落汉民族民居特征强烈，民居样式主要以大屋形制为主，而在以少数民族为主的多民族聚居的传统村落中，汉民族的建筑特征被当地主要的少数民族所同化，其民居建筑表现出当地少数民族的特征。

一、门

湘西南地区汉族所在传统民居中由于其建筑以大屋形制为主，建筑大门一般开在中轴线位置，双开木门，实用性为主，装饰性为辅。

苗族所在区域如怀化五宝田村、豪侠坪村，传统民居大门的典型代表为闸子门，闸子门除显示出当时大户人家的非凡气派外，同时兼具防盗功能。大门的门框材质极为讲究，均用当地特产的玉竹石雕刻材料。主人一般会在大门正上方的门楣横梁标上颇有意义的题记，如"兰陵别墅""家栋国干""以农为荣"等（图4-5-1）。

而在民居建筑中，部分民居会设置双扇平开小门，白天堂屋大门敞开，将小门合上，有利于室内外空气流动，在民居室内的门一般相对简单，一般为木质的单开门，或者房间与房间交界处不设置门。而在公共空间中，五宝田的耕读所阁楼大门采用圆形门，从室内往外眺望是一幅绝美的山水画，这种圆形门也起到了框景的作用。豪侠坪礼制思想浓厚，在传统民居建筑大门一般呈八字开并与道路成一定倾斜度（图4-5-2），外门上一般有精美壁画以及石刻装饰，据当地老人

图4-5-1 五宝田村门楣石雕（来源：湖南省住房和城乡建设厅 提供）

图4-5-2 斜开门（来源：吴晶晶 摄）

介绍，八字斜开门，与此同时，豪侠坪村除建筑大门内一般还设置一个内门（图4-5-3），古代女子大门不出二门不迈里面也就是指此类型民居建筑，建筑整体上呈现出一种大气之感。

在湘西南传统民居中，大部分传统民居大门上面存在木雕刻装饰，门档的纹饰为卦符，并在门框上设有雀替，刻上雕花，心灵手巧的雪峰山人在门框上进行细部的雕琢，使得门具备了独特的艺术感，成为艺术的构建（图4-5-4）。门上装饰最为复杂的民族当属于侗族，如会同高椅村保存着精美的木刻门，经过新漆涂刷过的木质门焕然一新，门框上以雀替点缀，艺术感鲜明，据当地人介绍，现如今已经很难有能雕刻出如此精美木刻的工匠了（图4-5-5）。

另外，值得一提的是侗族的寨门，侗族寨门一般为"井干式"木构建筑，侗族称之为"现"。一般几十到百来户的侗寨，其寨门都修建得比较朴素，也不高大，大约宽1.6米左右，高3米左右。寨子规模越大修建的寨门越高大，装饰也越讲究。侗乡的寨门形式大同小异，风格有别。寨门分前、左、右三门或前、后、左、右四个寨门都取决于村寨大小及通道数量。在四面敞开的环境中，侗家的寨门实际上没有任何防御的功能。仪式功能是侗家的寨门更重要的功能，寨门对于侗家人来说，是一个很有文化性的特殊场域。村寨之间的大型交往实际上是从这里开始也在这里结束的，因此，寨门不仅只是界标，它更是一个仪式的场域，是名副其实的礼

图4-5-3 两道门（来源：吴晶晶 摄）

图4-5-4 石刻以及壁画装饰（来源：吴晶晶 摄）

图4-5-5 门上雕花以及门框雀替（来源：熊申午 摄）

图4-5-6　芋头侗寨寨门（来源：党航 摄）

仪之门。通道芋头侗寨寨门，寨门立在道路中央，为穿斗式木结构，上缀如意斗栱，十分精美（图4-5-6）。

二、窗花

在湘西南地区，窗花按照使用材质主要分为两类，一类是木质窗花，一类为砖制漏窗（图4-5-7），湘西南人民对于传统窗花的雕刻是非常讲究的，不仅要求材料结实、细腻，还要求与当地气候、外部环境适应。窗花一般用结构匀称、纹理漂亮且色泽柔和的木材进行雕刻。在雪峰山文化区域内，不同的民族在窗花式样上大同小异，如尽远古村中的门窗满嵌着龙凤狮虎梅兰竹菊；尧市乡小江村窗户均采用镂空花式雕刻工艺；李熙村的于家大院中，家家户户的窗户上都双面雕刻镂空窗花，家家户户窗花图案内容丰富又各不相同，阴阳雌雄双双对称，栩栩如生，整个图案精美绝伦，做工精细讲究，体现了浓厚的道家思想和精巧的本地民间文化内涵（图4-5-8）。

三、雕刻

（一）石雕

湘西南地区自古有雕凿石头的传统，而此地又盛产石头，仅从湘西南各地古村落所铺的青石板即可看出。在湘西南众多雕刻艺术品中，以芷江明山石雕最为著名。明山石雕以芷江的明山石为材质得名，明山石又是一种黏板石，种类甚多，色彩丰富且光彩照人、石质细润，具有抗压、抗酸碱度、易雕刻、易磨制、易抛光、易锯等优良的特性，十分适合制作工艺物件或文房用品，同时也可作为雕凿建筑物中大面积墙体、牌坊的材料等（图4-5-9、图4-5-10）。

（二）木雕

湘西南地区自古就有雕梁画栋的风俗，古人出于审美需

图4-5-7　砖制漏窗（来源：唐成君 摄）

图4-5-8 湘西南地区造型各异的窗花（来源：熊申午 摄）

图4-5-9 黔阳古城石雕艺术（来源：吴晶晶 摄）

图4-5-10 芷江天后宫明山石雕（来源：党航 摄）

要，在梁柱或门楣上进行雕刻，体量较大，又因建筑与传统文化的结合，雕刻的题材和工艺手法又不尽相同，一般而言，堂屋雕刻题材往往庄严正式、威武，而在侧屋、厢房等则选择工艺手法细腻的题材，彰显恬静优雅。高椅古村建筑木雕主要有以下几个特点：其一，木雕选用的材质上好，非常利于雕刻。其二，雕刻部位在建筑修建时便于施工。其三，雕刻物能给人极好的视觉冲击，具有较高的艺术的表现力和审美感。其四，中国传统文化对人们审美艺术的影响和传承。

传统建筑门窗往往是匠人雕刻的重要对象，明代前，门窗棂格常以佛家的"卍"字形进行组合，大多采用整块的上等木材抠凿而成，窗格雍容大气，展现了匠人高超的工艺水准，建筑门窗、棂格、门扉之上常修饰朱漆或其他颜料。北宋之前，窗棂上漆有严格的等级限制，非一般级别门上不得涂朱漆，南宋以后，等级逐渐放宽，其形式也就更为多样了。明代以后的窗棂门格为小方木条拼接制成，这种拼接方式省时省力，有轻巧质感。同时，在湘西南传统村落中不少物器为木材雕刻而成，浪石村雕刻艺术（图4-5-11）同样炉火纯青，主要体现在其门上的雕刻上，雕刻内容各种各样，人物、动物栩栩如生，传统村落中雕刻随处可见，日常生活用品或者文房之物等，都是湘西南地区古建筑装饰艺术的展现，这种以雕刻凸显出来的地域风格和民族风情也展现了该地区木雕艺术的独特魅力。

图4-5-11　浪石村木雕艺术（来源：唐成君 摄）

四、彩绘

高椅古村是湘西南地区较为典型的传统村落之一，在彩绘的运用上，高椅古村是湘西南传统村落中运用的典型代表。高椅古村落建筑的壁画不论是其饰绘年代，还是其题材内容及工艺表现手法都带有明显的地域特征和历史文化特征，其价值和意义不论是在湘西南地区还是在中国的壁画历史上都有着举足轻重的地位。其古建筑装饰壁画是将墨色和彩色颜料直接描绘在墙壁上，面画的题材内容丰富，少数情况下也在木板墙上涂绘（图4-5-12、图4-5-13），材料则以墨汁、植物颜料以及矿物质颜料为主。湘西南的高椅村壁画类型和表现手法灵活多样，壁画题材和内容广泛丰富，且并不过多限制色彩，因此高椅古村落建筑装饰艺术中壁画的表现形式和艺术手法丰富多彩，应有尽有。湘西南地区壁画的载体一般为居所、公建、佛寺道观、墓室等，但在祠堂、戏楼、鼓楼、风雨桥上也能找到部分精致壁画，其题材大多反映民间生活，雅俗共赏，独具魅力（图4-5-14、图4-5-15）。

图4-5-12　墙上的绘画（来源：党航 摄）

图4-5-13 墙体壁画（来源：党航 摄）

图4-5-14 王氏宗祠壁画（来源：唐成君 摄）

图4-5-15 谭氏宗祠壁画（来源：唐成君 摄）

第六节 传统元素符号的总结与比较

一、传统元素符号的总结

在独特的历史文化和环境因素的影响下,湘西南地区传统建筑逐渐形成独有的符号,如封火山墙、吊脚楼等,其建筑形式包括木结构、砖木结构以及砖结构,其中典型的建筑形式包括窨子屋、横仓楼民居、开口屋以及吊脚楼,这几类建筑形式都包含了一个共同的特点,即为穿斗式木结构,与此同时,湘西南地区还保存着明代时期的抬梁式木结构建筑,形态丰富,极具地域特色。

(一)功能性元素

1. 封火山墙

在封火墙出现之前,人们注意到火灾通常是自下而上地顺着房柱向上蔓延,因此封火墙的最初形态是在可燃的木质墙壁、构件上涂抹灰泥,以此来提高木质构件的防火性能,后来才出现了把木柱砌于砖墙之内的立贴式(即穿斗式)山墙——封火墙。在传统村落中,以家为单位、以围墙相连建造封火墙,能够十分有效地防范火患(图4-6-1、图4-6-2)。

湘西南民居建筑平面多为前后两个一明两暗的三间组成,中为内院,植以花木,房屋空间高,设有阁楼,建筑选型均衡;青瓦粉墙,墙内设有封火墙,背山面水,环境优美。湘西南传统民居主要分为两种,一是采用穿斗式或部分抬梁式木结构,以封火山墙作为建筑外围的建筑形式,多出现在城镇之中;其二为沿河干阑式吊脚楼形式,常出现在村寨之中。但不少村落外墙用砖石或土坯墙做成高高的封火山墙,能够有效地阻隔火灾的蔓延,较好地满足了防火要求,并具有了很好的防御功能。

图4-6-1 洪江古城封火山墙(来源:熊申午 摄)

图4-6-2 尽远古村封火山墙（来源：熊申午 摄）

图4-6-4 洪江古商城内门楣（来源：熊申午 摄）

图4-6-3 豪侠坪门楣（来源：熊申午 摄）

2. 门楣

湘西南地区门楣一般以精致的石雕（图4-6-3）、木雕（图4-6-4）或彩绘装饰点缀，从而组合成具艺术价值的建筑装饰，从空间感受来看，门楣的使用强调了入口空间的体量，凸出的门楣与凹入的入口空间相呼应形成空间差异，也反映了入口空间在传统建筑元素中的重要程度，与此同时，湘西南地区部分城镇村落大门一般呈八字倾斜于道路，称为八字门，区别于安徽地区凹入的八字门象征着身份与地位，只有官宦人家居所才能使用，湘西南地区八字开门在洪江古商城及怀化豪侠坪村较为常见，洪江古商城店铺或者一般人家几乎都是八字开门，与道路斜开呈一定角度，这主要因为斜开门能够形成一个良好的格局，并且八字内开，以牺牲自身建筑面积为手段，体现了当地居民对社会功德的崇高敬意，门的上方常设置门楣供路人遮风避雨，可见当时朴实和礼让的道德观已经在当地人心中根深蒂固。

（二）装饰性元素

湘西南地区主要以木雕、石雕、彩绘装饰等为主，雕刻和壁画题材丰富，如"封侯拜相""五福临门""松龄鹤寿""竹报平安""喜鹊衔梅""太极八卦"等，具有很高的艺术研究价值。

1. 木雕

湘西南地区传统民居中木结构占据很大的比重，柱、枋、梁、檩、椽等构件是其主要组成部分。这些建筑构件不仅仅是起到了结构的作用而且还兼具了重要的装饰功能。建筑的梁托、瓜柱、叉手、雀替、斗栱等构件都经过精雕细琢，并使用了精致的纹样、线脚等加以装饰。木雕也常用到装饰室内家具等，雕刻精致细腻。

在众多的木雕艺术品中，民居建筑的大门最具代表性，湘西南民居中大门通常经过了精雕细琢，上部分为木格窗，下半部分为采用木雕装饰，隔窗主要有方形、圆形、字形、花草等，常采用暗喻或谐音的手法来体现吉祥的寓意，如寿桃代表延年益寿之意，雕刻老鼠取"数一数二"寓意这户人家地位，

图4-6-6 芷江天后宫（来源：党航 摄）

图4-6-5 高椅古村门上木雕（来源：熊申午 摄）

雕刻仙鹤取"显赫"之意，蝙蝠通"福"之意等（图4-6-5）。

2. 石雕

石材质地坚硬耐磨，防水防潮，多用于建筑中易受潮或受力较大的部位，如：门框、门槛、柱基、栏杆、台阶等，湘西南民居内部常设水缸用于防火，一般为石材制作，四面雕刻不同式样的题材，值得一提是，湘西南地区一些牌坊或者门上也有精美的石雕艺术，如芷江天后宫、万寿宫等（图4-6-6、图4-6-7），天后宫石牌坊上雕刻有洛阳桥图。青石浮雕门枋有肩庑殿顶牌楼，两侧雄狮蹲踞，石鼓对峙，顶盖斗栱飞檐，12金鲤咬脊，葫芦攒尖。坊上有95幅浮雕，其中有"武汉镇"图和"洛阳桥"图，高0.55米，长0.98米。洛阳桥图雕刻福建泉州洛阳桥全景。桥横跨海上，桥上有栏杆、凉亭。桥长0.6米，桥墩11座，桥上有15

图4-6-7 黔阳古城万寿宫（来源：熊申午 摄）

个大人、小孩，一边看水，一边为桥下艄公鼓劲。桥的一端有几堆怪石，刻有"洛阳桥"三字，另一端有一处城池，城门上书"东门"，城门边立有旗杆，旗反书"泉州府"三字。芷江天后宫是福建泉州工匠参加修建天后宫留下的艺术奇葩。

3. 彩绘

古建筑装饰壁画是将墨色和彩色颜料直接用于描绘在墙壁上的画面，画的内容随意，以大量的人物故事、俊美风景、花鸟鱼虫等题材背景为内容，或者整面饰绘墙壁就是一幅画。壁画直接粉绘于墙壁之上，在少数情况下也绘于木板墙上，在封火山墙顶部或者门楣上也会应用彩绘进行装饰，其使用材料主要以墨汁、植物颜料、矿物质颜料为主（图4-6-8）。

图4-6-8 墙壁彩绘装饰（来源：党航 摄）

二、传统元素符号的比较

（一）与其他地区的比较

湖南地域广阔，历史悠久，不同的地形地貌、气候条件和民族文化造就了不同的村落格局与民居形式，湘西南地区属于多民族聚居地，不同的少数民族有着不同的民族文化、风俗习惯和生活方式，其建筑风格也有所差异。

具体来说，湘西南地区与其他的湘西北、湘东北、湘中、湘东南4个区域的差异主要体现在以下几个方面：第一，在村落格局上，湘西北与湘西南山地多，由此衍生的房屋在横向上多沿等高线排列，纵向依托山势层层叠叠，整体布局和单体形态均表现出不规则和多方位的空间组合特征，而在湘中、湘东北、湘东南的丘陵地带，村落多顺自然地形的高程沿等高线平行布置，房舍朝向基本一致，并通过纵横巷连接为一个整体；第二，湖南各地的汉族民居大体为天井院落式组合，湘东北地区由于地势平坦开阔，大型建筑往往向纵向发展，而且在湘中、湘东南、湘西北等地由于地形约束，大型建筑院落在沿主轴纵向发展的同时，也向两侧延伸展开。湘西北、湘西南的少数民族民居多为独栋式，无天井院落组合；第三，在建筑造型方面，汉族地区的民居建筑，不论是砖木结构还是土木结构，都以封火山墙为特色，其中，湘西南地区多用"人"字形山墙，湘中和湘东南、湘东北地区多用两头翘起的马头山墙式样。在湘西北地区，建筑造型最多的采用吊脚楼的形式，这种形式最适合于炎热潮湿的湘西南山区，底层架空，人居楼上，既防潮又凉爽；第四，在建筑用材上，湘中，湘西南，湘西北地区的村落民居多采用砖木结构，砖多为尺寸较大的青砖。湘东南、湘东北地区的民居多采用土木结构，三合土夯筑墙壁，与木结构相结合。湘西南、湘西北地区的少数民族则多采用全木结构的干阑式建筑。

（二）与相邻省份的比较

湖南传统民居在体现中国南方村落和民居共同特点的基础上，富于创造，极富变化，呈现出多样性、地域性和民族性特点。

1. 封火山墙——与徽派建筑的马头墙的比较

封火山墙、门楣、抱厅、天井等元素是湘西南地区传统建筑的一大特色，现如今所说的徽派建筑中的徽指的是古代的徽州，而非安徽。古代徽州包括歙县（今安徽黄山市）、黟县（今安徽黄山市）、祁门（今安徽黄山市）、休宁（今安徽黄山市）和绩溪（今安徽宣城市）、婺源（今属江西省），其建筑形态整体上趋于一致，"粉墙黛瓦马头墙"是对徽州地区建筑风格的高度概括（图4-6-9），但其也在一定程度上适用于其他区域，因为中国很多古建筑都有封火山墙，而徽州地区传统建筑的马头墙区别于其他地区封火山墙的地方在于其墙体上的印头以及鏊，马头墙的印头依房主身份、地位、财力、追求的不同而造型各异，大概分为"印斗式""坐吻式""鹊尾式""朝笏式"等数种，其中"印斗式"又被称为"金印式"或"斗式"，是为了表达屋主人"努力读书，进朝为官"的理想，而在湘西南地区的封火山墙并不存在徽派建筑的印头及鏊。雪峰山地区的封火山墙是本地区劳动人民智慧的结晶，有着本地区的区域特色、民族特色，并且一般会带有彩绘装饰，精致古朴，自成体系。

图4-6-9 古徽州马头墙（来源：湖南省住房和城乡建设厅）

2. 湘西南侗族建筑与广西东北部、贵州东部侗族建筑的比较

湘西南地区的侗族与周边接壤的贵州东部、广西东北部地区的侗族由于其所处的地理区位大致相同，这种相似的地理环境及相同的民族的影响下，其建筑形式及营造方式都趋向一致，不同省份的侗族民居形式大致相同，均为干阑式吊脚楼、风雨楼、钟鼓楼等，这些也是侗族常见的建筑形式，在调研过程中，通过走访湘西南通道县芋头侗寨的老人得知，芋头侗寨对于传统建筑的传承上相对于周边省份更具有优势，其传统的风雨桥、钟鼓楼的技艺流传至今，以至于周边区域的风雨桥、鼓楼等相对复杂的公共建筑的建造需要湘西南地区工匠的参与。

第五章　潇湘·梦——湘东南地区传统建筑风格特征解析

　　湘东南地区指的是包括湘江流域的长沙市东南部、湘潭市东部、株洲市、衡阳市、郴州市以及永州市在内的地区，与广东、江西的毗邻之地。具体包括长沙浏阳市、长沙县、望城县，株洲市全境，衡阳市衡东县、衡南县、祁东县、常宁市、耒阳市以及郴州永州市全境。该地区以丘陵地形为主，气候湿热，雨量充足，水网密布，植被丰富，具有独特的自然地理环境。同时该地区是多民族聚居之地，以汉族为主，兼容瑶族、苗族等少数民族，文化呈现多样性的交融，以湘楚文化为基础，吸收了源于北方中原地区的儒家文化、南方的客家文化和南粤文化的养分，形成独特的地域文化。

　　本章从湘东南区域自然地理、人文环境与历史文化背景切入，从传统聚落选址、布局以及传统建筑类型、结构特点以及材料运用等角度剖析了湘江文化区传统村落及传统建筑的特点，解析该地区的传统建筑在其文化历史背景影响下形成的特征。

第一节 自然环境与人文环境

一、自然环境

（一）地形地貌

湘东南地区位于南岭北麓，湘江上游，地理坐标为东经110°~114°，北纬24°~28°之间。该区域地势南高北低，南部以中、低山与丘陵为主，东北部以平原岗地为主。东、南两面山地环绕，南为南岭山脉，海拔在1000~1500米左右；东为湘赣交界诸山，如罗霄山、武功山；中部地势低平，多为丘陵、盆地及河流冲积平原，除衡山高达千米以外其他均为海拔500米以下。主要地形有江南丘陵、衡阳盆地、株洲盆地、长沙盆地、永兴茶陵盆地和攸县盆地等，海拔在200~500米之间。

（二）气候

从总体来看，湘东南地处亚热带地区，属于亚热带季风气候，具有气候温暖、四季分明、雨热同期的特点。但具体而言，各地区的气温和降水又存在一定差异。

湘东南的东北部地区位于我国中亚热带地区，气候温和，四季分明，冬寒期短，夏热期长，降水充沛。湘东南的南部地区属中亚热带季风性湿润气候，并表现出向南亚热带过渡的特征。春季温和湿润；夏季高温湿热；秋季干旱少雨；冬季低温干燥。境内年平均降水量1250~1750毫米，且阴雨较多，集中在4~7月梅雨季节；湿度较大，年相对湿度在80%左右。

（三）水文

由于该区域内雨量充沛，且地面坡度较大，因而水系发达。湘江自西南向东北流经永州、衡阳、株洲、湘潭、长沙等地，最终汇入洞庭湖。在湘东南地区，由于多山丘谷地，支流众多，如潇水、舂陵江、耒水、郴江、渌水、涟水、洣水、浏阳河和捞刀河等。永州零陵以上为湘江流域的上游河段，流经山区，谷窄、流短、水急，雨期多暴雨；零陵至衡阳为中游，沿岸丘陵起伏，红层盆地错落其间，河宽250~1000米；衡阳以下进入下游，河宽500~1000米；长沙以下为河口段，多汊道和湖泊。

二、人文环境

（一）历史沿革

历史上中原地区几经战乱，迫使中原汉人不断南迁。湘东南的南部地区作为中原通往华南沿海的要冲，山高林密，地广人稀，成为了接受南迁中原汉民最早也是最多的地区，且在移民浪潮中，最主要的则是江西移民。江西移民自五代以来迁入湘南等湖南地区，明代又有大规模的江西移民进入湖南，使得湖南人十之六七为江西移民，史有"江西填湖广"之称。

湘东南地区历史悠久，从旧石器时代开始，就有先民在此繁衍生息。如长沙作为国家首批公布的24个历史文化名城之一，有"楚汉名城"之称；其文物古迹众多，如岳麓山、岳麓书院（图5-1-1）、马王堆汉墓、开福寺等。株洲古称建宁，又名槠洲，远古时期，株洲就有先民居住于此，炎陵县鹿原陂安葬着中华始祖炎帝神农氏（图5-1-2）。衡阳人杰地灵，英才辈出，如蔡伦、王夫之等历史名人。

图5-1-1　岳麓书院（来源：党航 摄）

图5-1-2 株洲炎帝陵（来源：党航 摄）

（二）文化特征

湘东南地区社会文化特征的形成与发展受到了南、北方文化上的交叉影响，原来"蛮野"的南楚文化与"文雅"的中原文化相互交融，既富有北方现实主义的儒家礼教精神，又具备南方楚文化的浪漫主义人文情怀，形成湘东南独特的湖湘文化。具体而言，湘东南地区主要受以下文化的影响：

1. 儒家文化

儒家思想以伦理道德为核心，推崇礼义、礼教制度，宋代发展起来的理学，丰富了儒学的内涵，将儒家传统的教化思想推到更高的阶段，渗透到中国古代社会的各个领域。湘东南传统建筑深受以伦理道德为核心的儒家观念和儒家礼仪的影响。突出表现为传统建筑的形制化和程式化，不同的建筑类型、建筑布局、规模、细部装饰等都体现了强烈的等级形制。严密的等级制度使湘东南的传统建筑体系呈现规范化、程式化，同时一定程度上也束缚了建筑创新。

2. 宗法文化

宗族关系是基于宗族血缘关系而产生的家族性、地域性极强的社会关系。宗法是以家族为中心，按血统、嫡庶来组织、统治社会，并可凭借血缘关系对族人进行管辖和处置的法则。它宣扬"血浓于水""光宗耀祖"等思想观念，对湘东南的传统建筑的空间和平面布局产生着深远的影响。在古代，湘东南地区地处偏远，封闭程度高，一个村落往往聚族而居。宅院纵横单元式扩展的平面布局，以满足家庭成员的增加和多代同堂的诉求。祠堂作为宗族关系的载体，一般是村落的核心，其他建筑大多围绕祠堂而布局。

3. 道家思想

道家崇尚自然，提倡"天人合一""无为而治"等思想。在湘东南传统聚落的选址、建筑布局、建筑材料及装饰细部等方面有所体现：村落的选址，追求依山傍水、负阴抱阳的生态观；房屋布局一般坐北朝南，朝向以"纳气"为上；材料一般就地取材，以木、石等天然材料为主；装饰细部及环境设计体现道家"阴阳五行"的学说，如庭院与房屋之间，是内外空间的一虚一实，阴阳结合。

（三）经济民俗

鸦片战争以前，该地区的经济长期处于封建社会的自然经济状态。鸦片战争后，虽然湖南传统的自然经济和传统手工业逐渐解体，代之而起的是帝国主义、官僚资本经济及民族经济，但湘东南地区由于相对僻远，仍以耕织结合的小农经济为主。历来以种植水稻为主，经济作物为辅，人民自给自足。优美的环境、富足的生活环境吸引了更多的人在湘东南地区生活，民居数量、规模逐渐扩大也促进了民居建筑艺术的发展。

湘东南村民往往同族聚居，一村之中大多为单一姓氏如永州市涧岩头村周氏家族、郴州市桂阳县阳山村何氏家族、永兴县板梁村刘氏家族等。小聚落仅几户到十几户不等，大村则多达数百户。村落规模较大的建有祠堂，住房高度往往不会高过祠堂高度，后栋房屋高度也往往高于前栋房屋高度，故整个村落巷道阡陌交通。

湘东南的人民喜欢唱戏，地方戏曲主要有花鼓戏（图5-1-3）、祁剧（图5-1-4）、祁阳小调、杖头木偶戏等，的风俗；洗泥节、起春节、团圆节、盘王节则是瑶族特有的民族节日。

图5-1-3 "刘海砍樵"（来源：湖南省住房和城乡建设厅 提供）

图5-1-4 祁剧表演（来源：湖南省住房和城乡建设厅 提供）

这些戏曲念白、歌舞、声腔、伴奏等具有地方特色，极大地丰富了他们的精神生活。

该地区的传统习俗形式多样，其中赶圩是湘东南农村人民在传统农耕社会中为满足自身生活需要而形成的自发交易

第二节　传统城镇与聚落选址

一、传统城镇

湘东南地区以山地丘陵为主，水系发达，该地区大部分传统城镇都临水建城，不仅利用河流作为防御屏障，同时是古代交通运输的主要途径，人流、物流集散等都要依赖水运，沿河城镇大量码头在此兴建，并逐渐发育成为商业形城镇。

（一）靖港古镇

靖港古镇位于长沙望城区，它的形成、发展和演变与其地缘区位条件以及各个时期的社会政治、经济背景有着密切的联系，而其所处的自然地理环境和区位条件则是决定古镇生存发展的主导因素。

1. 古镇概况及演变

靖港，原名芦江，据说因为该地多洲滩，芦苇丛生而得名。靖港镇位于长沙市望城区西北方向，地处沩水入湘江口，东濒湘江，与铜官镇隔江相望，与新康乡以南岸堤为界，西与格塘乡接壤，北邻乔口镇。距离望城大约10公里，距长沙市大约25公里。境内交通方便，除湘江、沩水两大水系外，主要是公路沟通镇内与外界的联系。靖港镇的形成和演变既有湘东南传统小城镇发展的共性，同时也具有独特的地域色彩，在这里依据古镇在不同历史时期的特点将其发展演变划分为6个阶段（图5-2-1）。

图5-2-1 靖港古镇发展演变阶段（来源：石凯弟 绘）

2. 选址与空间格局

1）古镇选址

靖港古镇（图5-2-2）位于沩水河道一段弯曲处，占据了优良的地理位置，有利于城镇的发展和港口的兴盛。该古镇自东北向西南沿沩水不断伸展，甚至发展至沩水对岸，形成带状的古镇形态。其中主街位处沩水北岸，南岸堤在南岸，两岸隔沩水相望，以湘江大堤相连。全街沿河不仅能够满足生活用水，又能借由河流的便利，具有方便的水运交通，而且呈河水环抱之势能有效地避免河道冲刷，少受淹涝之灾。

2）空间格局

靖港古镇以沩水北岸临河的居民点为生长基点，空间以主街为长轴沿沩水呈带状延伸（图5-2-3），靖港古镇现保存"8街4巷7码头"的镇域空间结构形态（图5-2-4）。根据建筑、街道、河流三者的空间关系，该镇呈现"房一街一河"（图5-2-5）和"房一街一房一河"的两种空间布局模式。从大范围来看，靖港古镇的空间结构为"两水五堤，新老分置"，即湘江和沩水河两条水系，5座大堤则为沩水大堤、湘江大堤、南岸堤、横堤和兴农堤，新区和老区分置。

（二）乔口古镇

1. 古镇概况及演变

乔口镇（图5-2-6）地理位置独特。位于益阳、湘阴、宁乡三地四县交界处，是湘阴、益阳北向省会长沙的必经之路，也是承接三地四县人流物流资金流的桥头堡，毗邻湘江。水运发达时期，商贸业发达，是商人进行商贸活动的良港，故有"长沙十万户，乔口七千家""朝有千人作揖，夜有万盏明灯"之说。商贸业发展至今天，继承了其优良传统，乔口集镇仍是三地四县商品的集散地。尤其是到了节假日，更是车水马龙、人流如织。乔口集镇历经了上千年的发展，覆盖面积已发展至1.21平方公里，百货、南杂、建材等店铺林立，商品种类纷繁。

2. 空间格局

乔口镇镇域三面环水，镇区东部为湘江，北部为新河和柳林江，南部为毛家湖、下天井湖和青草湖，其自然山水风貌特色

图5-2-2 靖港古镇（来源：湖南省住房和城乡建设厅 提供）

图5-2-3 带状延伸（来源：湖南省住房和城乡建设厅 提供）

图5-2-4 靖港古镇街巷（来源：湖南省住房和城乡建设厅 提供）

图5-2-5 房—街—河（来源：湖南省住房和城乡建设厅 提供）

图5-2-6 乔口古镇（来源：湖南省住房和城乡建设厅 提供）

凸显一个"水"字。乔口古镇镇区的街巷肌理较为完整，仍保存有100多年前的老街格局，包括东西向的外街、古正街、中河街和上河街，以及南北向连接古正街与中河街、上河街的横街、衣辅街、雷家巷等。镇区街巷具有以下特点：街巷呈网状结构，对外联系方便，内部连接性好；街巷主次清晰、功能明确，街巷总体格局保存较好，古街巷及沿线建筑较好地体现古镇历史风貌；沿江观光路自然景观盼昈，曲径通幽，意境优美。

二、传统聚落选址与格局

（一）生态观念下的聚落选址

湘东南传统村落的布局选址，主要依据"依山面水，天人合一"的传统观念来选址建设。

湘东南地处山地丘陵地带，群山环抱，川谷崎岖，同时其选址受到传统观念的影响，因而村落的选址多利用天然地形，大都选择背山面水的地段，顺坡就势来建造村落，在选址上既表达了追求"依山面水，天人合一"这种理想境界的和谐环境观。由于自然地理条件，湘东南传统聚落的选址一般多选择在山脚下，以依山傍水、靠山面田、坐北朝南、前低后高布局形式择优而居。

湘东南永州市上甘棠村以自然山体和河流作为聚落的边界，选址充分遵循这种模式。其规划布局充分顺应自然，背倚秀逸巍峨的屏峰山脉，左以将军山为"青龙"，右以昂山为"白虎"，屏风聚气。其三面被山体包围的环境形成天然屏障有利于村落抵御外族的侵略。前以龟山为近案,以西山当远案,视野十分开阔。谢沐河在村前缓缓流过,如同一条玉带,蓄势涤污。整个村落沿河而筑,依山而居,坐东朝西,顺势而为,营造了一种"山环水抱必聚气"的境界(图5-2-7)。

(二)聚落格局特征

1. 聚落格局的形成与发展

湘东南传统聚落在与自然和外敌的斗争中逐渐形成的,它们的选址兼顾生存、安全和精神的需要。聚落的选址一旦确定,接下来就是聚落空间内部秩序化的问题。该地区一般以单个家庭为基本单位,多个家庭群组聚集在一起,形成原始的聚居单位,共同抵御自然界及其他外力的侵害并便于开展生产活动。据考证,其村落居民大多为一个父系大家庭的直系血缘后代或一个大姓氏的后代,其先民大多是从江浙一带及中原地区移民而来。如郴州市桂阳县太和镇地界村(图5-2-8)先民来自江苏一带,南宋时期迁居而来,与地界上梓木、下梓木同宗一脉。清乾隆年间由徐氏先祖徐开梓、徐开梁、徐开楫三兄弟,从下梓木村开派到此开基立宅,至今已有200多年历史。自迁徙以来,不断在此生息繁衍,逐步形成以徐氏血缘关系为主的聚落家族村庄。在聚落形成之际,对外往往表现得较封闭,聚落内部则以家庭为节点构成开放性网络体系,各个节点之间相互独立又彼此联系。聚落格局的形成与发展大都是内外两重体系的相辅相成,维持着整个聚落的生存与发展。

2. 影响聚落格局的因素

1)地形地貌

由于传统聚落对自然界的依赖,其聚落形态、结构深受不同地形地貌的影响。湘东南境内山峦起伏、水网密布、地形多变,据此形成的传统聚落由于地势的变化,聚落形态常呈现出高低错落且层次分明的星点型;平原和谷地由于地平宽广一般为团状和集中型聚落形态;靠近公路和河流的村镇则多呈带

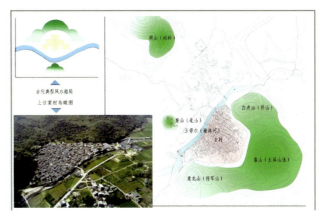

图5-2-7 上甘棠村格局(来源:黄力为 改绘)

图5-2-8 郴州市地界村(来源:湖南省住房和城乡建设厅 提供)

状型和放射型聚落形态。整体来看,因为湘东南地区平地较少,为了满足生产生活的需要,聚落布局一般尽可能多地留出耕田,其房屋布局尽可能地紧凑,有的甚至整个村落以廊道连通,房屋连成一片。这种紧密型的聚落格局,不仅可以使人们获得更多的耕地,也能够满足聚落对于防御的需要。甘溪镇夏浦村(图5-2-9)位于背山面水的平地,东靠金觉峰,紧靠洣水水系,建筑沿山在山脚下舒展开来,围绕水边有农田耕地。村落远远望去,檐廊衔接,起伏绵延。

2)宗族礼法

湘东南传统聚落大多以血缘为纽带,聚族而居。宗族礼法对聚落形态的影响,主要表现为同一宗族成员住宅以宗祠为核心的内向布局方式。聚落的格局和建筑的空间布局遵循儒家宗族礼制,以家族为中心,遵循内外有别、长幼有序,以及中为尊、东为贵、西次之、后为卑的传统礼制来营建聚

落。通常，该地区的聚落格局特征是以姓氏和宗族为单位，整个村落、建筑以祠堂或池塘等为中心来建设，由内而外扩展，沿左右两侧延伸，形成严谨有秩序的平面布局模式。依照传统礼制，各民居建筑依地势依次排列，形成丰富的序列空间。而民居建筑的规模和样式原则上不能够超越祠堂（图5-2-10）。

3）防御需求

自秦汉以来，战乱和垦荒造成大量北方和中原汉人的迁移，湘东南地区也因天时地利成为移民迁入最多的地区之一；又因湘东南处偏僻地域、民性彪悍，导致少数民族和汉族的斗争异常激烈。为了保卫家园，人们往往同族而居，共同抵御外来的侵略。因此聚落形态的格局紧凑，常常利用河岸、小桥、山峪口作为村落的入口，易守难攻。村落防御首先是以自然环境中的山水为屏障，设立村寨；其次，在村落的周围构筑围墙防护（图5-2-11）。为了御敌，聚落区中的巷道狭窄、曲折且连续，匪贼进入聚落后不容易找到方向，仿佛进入迷宫；有的聚落甚至在聚落内部或入口处设置巷门、箭楼、塔楼，并在楼上设瞭望、射击口。

3. 聚落的结构形态

聚落环境根据基地条件和聚落规模形成不同的空间结构形态。湘东南地区常见的聚落空间结构形态主要有集中型、组团型、带型以及瑶族的堡寨型4种。

1）集中型

聚落以一个或多个核心体为中心，集中布局而成的内向型群体空间。例如永州龙溪村李家大院，它是由因战乱与灾荒之难，从江西迁来湖南祁阳的李氏定居后经血缘关系逐渐发展形成的宗族聚落。整个聚落以正屋为一个"点"，与厢

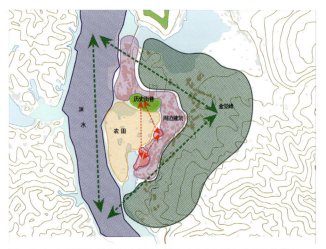

图5-2-9 夏浦村聚落格局（来源：湖南省住房和城乡建设厅 提供）

图5-2-10 中田村前月光塘（来源：湖南省住房和城乡建设厅 提供）

图5-2-11 上甘棠村城墙（来源：唐成君 摄）

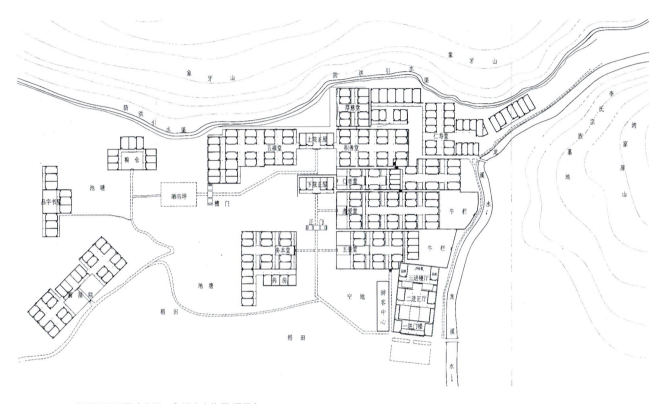

图5-2-12 龙溪村平面图（来源：永州市文物局 提供）

房围合，构成天井庭院，成为空间的核心（图5-2-12）。横屋依山就势而建，沿着两条南北轴线，纵横拓展，对称有序地排列。现存的李家大院分为上下两院，上院和下院各有一个正屋，且独立成栋布置在主轴线上，中间堂屋开敞并用游亭相连，形成一条贯穿中央的穿堂弄，外围则由高耸的封火山墙与外界隔绝。这种集中的聚落形态，无论从空间位置和大小布局上都体现了整个聚落的凝聚力。

2）组团型

聚落由多个宅区组团随地形变化或道路、水系相联系而成的空间形态。例如汝城县马桥镇外沙村（图5-2-13）。全村总面积12.3平方公里，其中耕地面积4200亩，山林面积7600亩。村民收入以种植生姜、水稻等农作物为主。同时，外沙村也是省级历史文化名村，明朝太子太保朱英、开国上将朱良才均出生于此，村内为纪念太子太保的国保单位太保第保存较完整，外沙村民多是明代太子太保朱英后裔，自明

图5-2-13 外沙村平面图（来源：湖南省住房和城乡建设厅 提供）

代迁徙以来，朱氏不断在此生息繁衍，逐步形成以朱氏血缘关系为主的聚落家族村庄。

3）带型

聚落主要随地势或流水方向延伸构成带型空间。对靠近河流的聚落而言，天然水系是一种明显的线性力。例如：衡东县夏浦村（图5-2-14）。夏浦村位于锡岩仙洞——

图5-2-14　衡东县夏浦村（来源：湖南省住房和城乡建设厅 提供）

洣水风景名胜区内洣水景区的北面洣水河畔，是一座有着近200户人家的古村落，也是洣水下游的一个重要水埠。该村依山傍水，背靠金觉峰，山峰秀丽、层峦叠嶂，村落建在山下面水平原上，紧邻洣水。作为沿河而建的聚落，其过境路、重要巷道一般都是平行于水流方向，其内部的房屋大都顺着或垂直河流的方向而建。聚落以萧家大屋为中心，面向河流而建。

4）堡寨型

寨堡，作为一种带有军事性目的和防御功能的建筑形式，在战乱匪祸的封建时代可躲避外来入侵，维护村寨的和平与安宁。它是地域的历史社会形势和民族文化发展相互作用的产物。由于少数民族作为外族容易受到侵略，心理缺乏安全感，故湘东南的偏远山区如永州江永县瑶族乡兰溪村、江华县宝镜村和蓝山县所城村等聚落的空间结构形态，具有明显的"寨堡"型防御特点。这种体系常在聚落的外围修筑坚固高耸的防御性城墙，并在聚落的内部因地制宜设置不同层级的防御结构，构成一种"住防合一"的聚落体系。

兰溪村是堡寨型聚落的典型代表（图5-2-15）。其外部形态以"堡寨"的形式聚族而居，一堡两村，边界清晰，体现出强烈的排他性。而内部形态则以一条Y形主干道串连上村、下村两个自然村，且两村均无明显的别界。

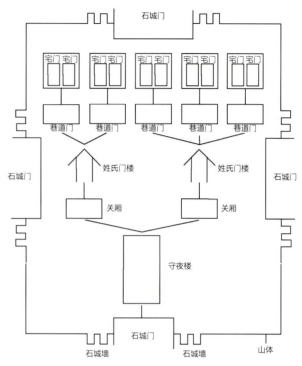

图5-2-15　兰溪村防御体系（来源：永州市文物局 提供）

就兰溪的防御体系而言，它主要由护寨墙、寨墙，守夜屋、关厢以及姓氏门楼3个部分组成。护寨墙和寨墙凭借与天然屏壁，如山体河流的有机结合为村寨提供最直接有力的保护。守夜屋、关厢以及门楼是堡寨聚落防御体系中具有监视和防卫功能的层层关卡，使聚落防御功能进一步强化。

4. 聚落空间结构层次

湘东南聚落空间结构层次由中心、方向、领域（几何元素中的点、线、面）3种要素构成，以几何形的坐标系统和几何结构方法构建空间体系。

1）中心

空间结构的最小层次是点。湘东南聚落常以祠庙或池塘为中心，呈同心圆或放射状以规则或者不规则的方式向外扩展。在聚落的构建中，"中心点"常相应于"穴"的概念，强调聚落环境整体结构的内向性，塑造凝聚、均衡、祥和的环境气氛。如黑砠岭的龙家大院，整个聚落以半月形池塘为中心，空间形态沿向外放射的宅间道路拓展，整体趋势向心围合（图5-2-16、图5-2-17）。

2）方向

因为湘东南地区水网密布，所以滨河的聚落多倚靠自然山水呈线性空间布局。道路的延伸控制聚落空间的生长方向，垂直或平行河流的大小街巷构建聚落内部空间的生长骨架，强调与自然环境的融合。典型代表是郴州的板梁村（图5-2-18）。该村采用平行河岸的若干条横向街道和垂直于河岸的纵向街巷组合成的道路骨架，控制村落的整体格局。村前缓缓流淌的河流，贯穿着整个村落，将板梁村上中下3个房系联系起来，串联起上村、中村、下村宗祠。把村口广场、家族祠堂再到池塘边休息的小场地有机地联系到了一起。

3）面域

"面"形态构建具有明显边界的封闭性空间。其边界界面按不同的功能需求大至山川、河流、树林，小至篱墙，构筑围合的封闭空间。如永州上甘棠村（图5-2-19）。村落以谢沐河和周围的山峦为天然屏障，并在与河流平行的一侧筑起城墙。每户的入户处设有门楼，周氏共有10族人，称为九家门楼10家厅，每一族沿次干道向后延伸布置住房。在主干道南北村口设置有栅门，全村共8扇

图5-2-16　龙家大院鸟瞰图（来源：永州市文物局 提供）

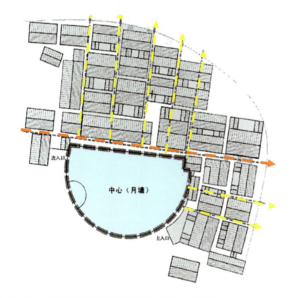

图5-2-17　龙家大院平面布局（来源：黄力为 改绘）

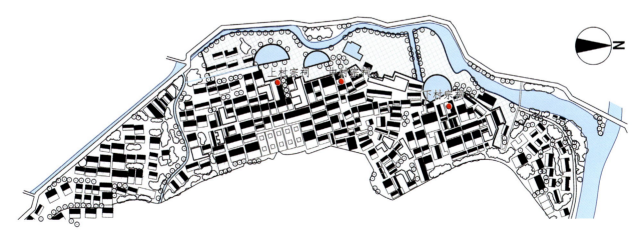

图5-2-18　板梁村平面布局（来源：黄力为 改绘）

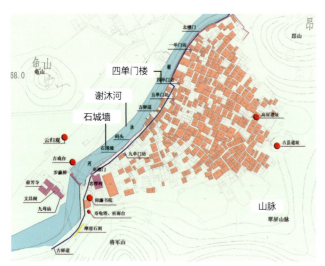

图5-2-19 上甘棠村空间布局（来源：黄力为 改绘）

图5-2-20 周家大院群组（来源：湖南省住房和城乡建设厅 提供）

栅门，栅门的墙上有瞭望窗口，均派专人看守。单元式的居住模式构成聚落中的面域，每一个单元彼此联系又保持相对独立。

4）群组

湘东南部分聚落以建筑、标志物、林木、山石等具有界面意义的物体构建的具有围合关系的空间形态。群组内部通常以轴线对称的结构方式组织建筑空间。如永州市干岩头村的周家大院。它是一个单姓宗族聚落，由宋代理学家周敦颐后裔于明中期迁移至此历经26代近600年生息繁衍。整个聚落由6个大型"中庭型"宅院组成（图5-2-20），从整体上看，6座院落有分有合，浑然一体，既各自独立成院，又相互和谐勾连。每个庭院式住宅对称布置，处在中轴线上的院落开间最大，往往是整个建筑组群的中心。

第三节 传统建筑类型特征

一、公共建筑

公共建筑，即提供人们进行各种公共活动的建筑，类型丰富多样。湘东南地区由于受到多元文化的影响，公共建筑呈现出不同的特点。本节从祠庙建筑、宗教建筑、文教建筑、牌坊、亭台楼阁、塔等方面进行阐述。

（一）祠庙建筑

祠庙建筑一般分为家族祠堂和名人祠堂两类。家族祠堂是族人举行祭祖活动和各种仪式的场所，也是处理家族内部事务的地方。名人祠庙是官方或民间为国家和地方名人建的纪念性建筑，其性质与宗祠不同。一般建在人物出生或去世的地方，或者他曾经活动或的地方。

湘东南祠堂建筑形式由于其特殊的自然地理条件，祠庙建筑的布局、形制、构造、装饰等具有明显的时代风格和地方特点。祠堂大多为四边形，围以高高的封火山墙，大门饰以最高标准建造的堆塑雕刻，简洁的清水墙面，通过对山墙、檐口、墀头、脊饰等处理，彰显出宗祠的形象和重要性。湘东南宗祠大致可分为单纯的宗祠、与住宅连在一起的混合群体和与戏台结合建筑群体。

1. 卢氏家庙

卢氏家庙又称叙伦堂（图5-3-1），位于汝城县土桥镇金山村汉下组，始建于1605年。该家庙坐西南朝东北，面阔三开间三进深二天井，面积367平方米（图5-3-2）。建筑布局仿文庙建筑，祠堂居村落建筑中心，左右为仿"礼门、义路"的笔直深邃巷道。门楼为歇山式青瓦屋顶，飞檐出挑深远，檐下置如意斗栱（图5-3-3），斗栱下额枋浮雕多种彩绘图案，鸿门梁镂雕双龙戏珠，额枋正中蓝底金字书写着"南楚名家"，充分体现了明代建筑的艺术特色，具有较高

图5-3-3 卢氏家庙如意斗栱（来源：熊申午 摄）

图5-3-1 卢氏家庙正立面（来源：湖南省住房和城乡建设厅 提供）

图5-3-4 柳子庙正门（来源：湖南省住房和城乡建设厅 提供）

的历史、艺术、科学价值。

2. 柳子庙

柳子庙位于湘南永州，始建于北宋至和三年（1056年）。南宋绍兴十四年（1144年）改建今址，后经多次修建，现存建筑为清光绪三年（1877年）重建。

柳子庙占地2805平方米，建筑面积1534平方米，砖木结构，三进三开。面向愚溪，背靠青山，依山就势而上。前有高大院墙，中辟正门，石额"柳子庙"（图5-3-4），左右侧门额"清莹""秀彻"。入门门厅三间硬山弓墙，上架重檐歇山八柱戏台（图5-3-5）。翼角高翘重叠，雕饰丰富华丽，颇具特色。台面向前殿宽大石阶十数级。前殿三间硬山，两侧并接各三间硬山，外廊通连，宏阔壮观。殿后紧接

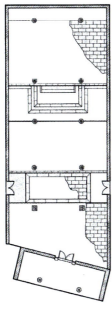

图5-3-2 卢氏家庙平面图（来源：湖南省文物局 提供）

图5-3-5 戏台（来源：湖南省住房和城乡建设厅 提供）

石阶十数级，上架歇山过亭采光，两侧耳房与后殿（正殿）相连，前后贯通。后殿三间硬山，阔14.1米，深14米，中置柳宗元塑像，上有天花藻井。

（二）宗教建筑

湘东南寺庙建筑平面一般采用纵向的中轴对称、院落天井组合的传统形式，空间布局均衡，由若干单体建筑围廊和围墙环绕组成不同大小庭院空间。建筑采用传统宫殿建筑形式，弓形封火山墙以及高大的牌楼式大门，成为庙宇的突出标志，体现出湘东南宗教建筑的特色。

1. 南岳大庙

南岳大庙集古代建筑之大成，有"江南第一庙""南国故宫"之称，它是我国南方及五岳之中规模布局最大、保存最完整的古建筑群。这座宫殿式古建筑群位于湖南衡山脚下，系全国五大岳庙之一。据《南岳志》记载，大庙最早建于唐开元十三年（公元725年），历经历朝历代6次大火和16次重修扩建，后于清光绪八年（1882年）重建，现存建筑为清代重建时格局。

全庙占地98500平方米，由四重院落，九进房屋，三路布局组成，建筑规模宏大。中路主体建筑9078平方米，东西两路建筑36048平方米，大庙南入口有"天下南岳"石坊，相传为宋真宗字迹。四周围以红墙，角楼高耸，寿涧山

泉，绕墙流注，颇似北京故宫风貌。南岳大庙总体布局由中轴线上的建筑及东西两侧的八观八寺组成，主体建筑为皇家建筑风格，由棂星门、奎星阁、正南门、御碑亭、嘉应门、御书楼、正殿、寝宫和北后门九进、四重院落组成（图5-3-6），八寺八观则为民间庙宇建筑风格，众星拱月，这种建筑格局堪称我国寺庙一绝。

南岳庙第一进为花岗岩砌成的棂星门（图5-3-7），拱门上嵌汉白玉横匾，三开间牌楼门，建筑样式原为木构，民国时期改建为砖石牌楼门式，高约25米，宽20米，厚1.1米。第二进为奎星阁（图5-3-8），阁方形，花岗岩台基高约2米，上建一方形戏台，三开间重檐歇山，下层台基留有十字通道。阁东西两侧为钟鼓亭，重檐歇山各一间。第三进

图5-3-6 南岳大庙鸟瞰图（来源：党航 摄）

图5-3-7 棂星门（来源：熊申午 摄）

图5-3-8 奎星阁（来源：熊申午 摄）

图5-3-9 正南门（来源：熊申午 摄）

图5-3-10 嘉应门（来源：熊申午 摄）

为正南门（图5-3-9），城门式大门，有雄伟的城楼，五开间重檐歇山顶，城楼基台上开了三个拱门，形似"川"字，故也称其为川门。第四进为御碑亭，八角重檐歇山顶，平面为正方形碑房外带八角形回廊，飞檐翘角，玲珑剔透。亭内

图5-3-11 圣帝殿（来源：熊申午 摄）

有康熙为重修南岳庙而赐的御碑。第五进为嘉应门（图5-3-10），明代建筑，七间单檐硬山顶，穿斗式构架，高18米，阔36.9米，深16米。第六进为御书楼，重檐歇山顶，面阔七间，保留了宋明两代的建筑构件。南檐下有"御书楼"横额。

第七进为圣帝殿（图5-3-11），是南岳大庙的正殿，规制最高，建于17级花岗岩台基之上，前有月台、丹墀御路，彰显其皇家建筑的身份。大殿重建于清光绪五年（1879年），面阔七间带回廊，重檐歇山顶，檐下施如意斗栱，门窗隔扇、雀替雕工精美。第八进为寝殿，相传为南岳圣帝父母寝宫，清同治四年（1865年）重建，为重檐歇山顶，覆黄色琉璃瓦。檐下有精美的斗栱，天花绘制精美。第九进为后山门，即北门，为单檐歇硬山顶，是南岳庙中轴线的终点，出北门即为登山道。

2. 麓山寺

麓山寺坐落在岳麓山腰的古树丛中，于西晋太始四年（公元268年），由敦煌菩萨笠法护的弟子笠法崇创建，是湖南最早的一座佛寺。寺庙四周筑以高墙，主体建筑依次为山门、弥勒殿、大雄宝殿、观音阁等，斋堂、僧舍布置在两旁。1944年，除山门和观音阁外，其他建筑被日军炸毁，于1982~1988年修复。

麓山寺山门为牌楼式（图5-3-12），正中之上镌"古麓山寺"四字，门楼两侧镌著名的楹联"汉魏最初名

图5-3-12 麓山寺（来源：石凯弟 摄）

图5-3-13 弥勒殿（来源：石凯弟 摄）

图5-3-14 大雄宝殿（来源：党航 摄）

图5-3-15 开福寺大雄宝殿（来源：湖南省住房和城乡建设厅 提供）

胜，湖湘第一道场"，准确地概括了麓山寺的历史地位。麓山寺共三进院落。第一进为弥勒殿（图5-3-13），三开间，单檐歇山顶，佛台上供弥勒佛像及四大天王像。殿左右分别为钟楼、鼓楼。第二进为大雄宝殿（图5-3-14），即正殿，是全院的中心建筑，面阔七间，进深六间，重檐歇山顶，为仿宋建筑风格。殿内佛台供奉释迦牟尼佛三身佛像，庄重至极，殿左是五观堂和客堂，殿右是讲经堂。后进为观音阁，又叫藏经阁，清代建筑原物，重檐硬山式阁楼。阁前坪有两株罗汉松，称"六朝松"。两树对立，虬枝交错，宛若关隘，称"松关"。阁右下方有一来自岳麓山的山泉井，名龙泉。

3. 开福寺

开福寺位于湖南省长沙市之城北新河，临湘江，主体建筑南北朝向，为佛教禅宗临济宗杨岐派的著名寺院。它始建于五代时期，后历经宋、元、明、清各朝，香火不绝，名僧辈出。现存中轴上主体建筑主要为清光绪年间重建，其他建筑毁于战火于20世纪90年代后新建。千余年来，开福寺历经兴衰，多次改建重修，规模宏大，红墙黄瓦。其占地面积4.8万平方米，建筑面积1.6万平方米。整个寺院以明、清宫殿式建筑风格为主体，轴线式规整布局。寺前有山门，中轴线上佛殿共分三进，主要建筑有弥勒殿、大雄宝殿（图5-3-15）、毗卢殿（图5-3-16）及两厢堂舍等。

图5-3-16 开福寺毗卢殿（来源：湖南省住房和城乡建设厅 提供）

图5-3-17 开福寺正立面（来源：黄力为 摄）

山门为三间四柱花岗岩石牌坊式建筑（图5-3-17）。上作三层短檐，盖黄色琉璃瓦，中置宝顶，鳌鱼鸱吻。门枋上分栏为浮雕彩绘，或为人物，或为树木花草，色彩斑斓。进入山门便是放生池，上架单拱花岗石桥一座（图5-3-18）。走过石桥便是三大殿，前殿为弥勒殿，又称三圣殿，面阔三间，花岗石柱，木架单檐歇山顶，中置陶宝顶，两端为鳌鱼鸱吻，檐角高翘。中殿为大雄宝殿，清代建筑，1923年重修，四周回廊，面阔三间，为重檐歇山式屋顶，覆黄色琉璃瓦。殿内檐柱、金柱均为石柱木架。出檐深远，翼角高翘，屋面陡峭，屋脊正中坐宝瓶宝轮。后殿为毗卢殿，单檐硬山小青瓦屋面，左右两壁塑有500小罗汉。三殿之间有庭院，之古树名画，并立有数座清代石碑，显得古朴典雅。

（三）文教建筑

1. 书院

书院作为古代中国的教育机构，与官学并行，相对独立，具有社会办学的性质。湘东南书院建筑具有深刻的湖湘文化内涵，它既不同于官学的华丽隆重，也不追求民间祠庙的喧闹花俏，反映出的是士文化精神，体现典雅朴实的格调。

1）岳麓书院

岳麓书院位于长沙市湘江西岸的岳麓山下，占地面积

图5-3-18 开福寺花岗石桥（来源：湖南省住房和城乡建设厅 提供）

图5-3-19 岳麓书院鸟瞰图（来源：熊申午 摄）

21000平方米，建筑面积7000多平方米，坐西朝东。现存建筑大部分为明清遗物，整体布局采用"左庙右学"的规制，左为文庙建筑群，右为书院建筑群（图5-3-19），以讲堂

为中心，四进四院落，主体建筑有赫曦台、大门、二门、讲堂、半学斋、教学斋、百泉轩、御书楼、湘水校经堂、文庙等，各部分互相连接，完整地展现了中国古代建筑气势恢宏的壮阔景象。岳麓书院古建筑群分为教学、藏书、祭祀、园林、纪念五大建筑格局。

赫曦台（图5-3-20）为湖南地方戏台典型形制，前部单檐歇山与后部三间单层弓形硬山结合，青瓦顶，空花琉璃脊，弓形封火山墙，挑檐卷棚，呈凸形平面，前后开敞，可登石级而上。与赫曦台正对的建筑为中门，三开间双面廊式，硬山屋顶，中间大门两侧有"惟楚有材，于斯为盛"的著名对联（图5-3-21）。

全院的中心建筑为讲堂（图5-3-22），面阔五间，进深三间，单檐歇山顶，前面做成轩廊形式，朝庭院一面全开敞。主题屋架结构采用抬梁式和穿斗式相结合的形式，外接卷棚屋顶。

后部的核心建筑为御书楼（图5-3-23），为岳麓书院的藏书楼。经过战争的洗礼，1987年重建书楼与原址，两侧增复廊与讲堂后廊相通，构成院落。恢复后的御书楼是一栋仿宋代风格的三层楼阁式建筑，五间凸形平面，前出门廊，后置山墙，重檐歇山顶，卷棚檐口，琉璃瓦当，脊端置坐狮和避雷铁剑，青吻为琉璃飞龙，气宇轩昂。

书院左侧为一座独立的文庙，此为国内书院中少有。按古代礼制凡办学必祭孔，但只有官办的学宫才有独立的文庙，而书院一般只有一座殿堂祭孔子，没有独立的文庙。岳麓书院有独立的文庙，说明其地位要高于一般的民办书院，类似于官学。文庙中轴线上依次为：照壁、大成门、大成

图5-3-20 赫曦台（来源：石凯弟 摄）

图5-3-22 岳麓书院讲堂（来源：石凯弟 摄）

图5-3-21 中门对联（来源：石凯弟 摄）

图5-3-23 岳麓书院御书楼（来源：石凯弟 摄）

殿、崇圣祠。照壁为一座是麻石砌筑的是牌楼，四柱三层，雕刻有龙等图纹，构成一进院落；大成门的石阶前，有一对石狮子，雕工精细，石狮活泼可爱，与有的凶猛的石狮形象截然不同。大成门与大成殿以及两侧厢房构成二进院落。大成殿面阔五间，重檐歇山顶，覆黄色琉璃瓦，殿前有月台，月台前为明代修建的丹墀（图5-3-24）。第三进院由崇圣祠、明伦堂、文昌阁组成，其中前两者抗日战争时期炸毁，于2004年仿明代建筑风格原地重建。

2）围山书院

围山书院（图5-3-25）位于浏阳大围山镇楚东村东门红军大桥东隅，创建于清光绪二十四年（1898年）、由浏阳名儒涂启先（谭嗣同的老师）为首主持修建的民办书院。书院坐东南朝西北，砖木石结构，封火墙，硬山顶，小青瓦，覆青砖地面，主体建筑三进五开间（图5-3-26），两侧各列附属建筑，占地面积3000平方米，是浏阳境内保存较为

图5-3-24 大成殿及丹墀（来源：石凯弟 摄）

图5-3-25 围山书院（来源：刘艳莉 摄）

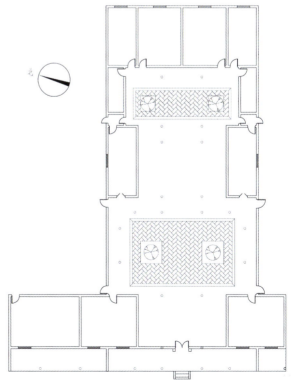

图5-3-26 围山书院平面图（来源：刘艳莉 绘）

完整的清代书院建筑之一。书院自创建以来，一直承担教书育人的重要功能。民国初年，书院更名"上东围山高等小学校"。新中国成立后，书院一直为该地区的中小学校使用，书院建筑保存较为完整，结构典型，是研究长沙地区书院历史及文化教育事业发展的重要实例证。

3）洣泉书院

洣泉书院（图5-3-27）位于炎陵县城新市街，始建于宋嘉定年间，先后名为黄龙书院、烈山书院，清嘉庆二年（1797年）增修斋舍，因洣水纵贯全境，取"山下出泉，泉为水源，学者诚能如泉水之涓涓不息，则百川学海无可不至"之意，易名为"洣泉书院"。

现存的书院建筑（图5-3-28）为清同治年间所建，坐北朝南，以南北为中轴线，东西两厢房对称，屋檐施石沟滴水，封火山墙，房檐四角起翘高挑，玲珑别致，属江南清初祠堂建筑形式。它是砖木结构，三进两厢式建筑，建筑面积1942平方米，三进依次为大门、讲堂、大成殿，依次增高寓意步步高升。入大门沿回廊，经讲堂两旁狭长的通廊可进入大成殿和东西斋舍，交通流线清晰，动静相宜。洣泉书院大成殿的后侧，原是书院老师的住室，左右两间、中间为天井，花池是整个书院的后花园，在书院的东侧斋舍，共有号舍20间，每间不足5平方米，是名副其实的斗室，两侧斋舍与此对称布局，形制大小及数量基本一致。

相比于其他书院，洣泉书院面积算是很小的，但青山绿水衬托出灰白色高大起伏的封火山墙，给人感觉古朴幽静。自宋代始建，虽然书院地址及建筑屡屡迁移，但书院始终是炎陵文脉之所在，延续千年。除此之外，洣泉书院还是革命遗址，毛主席曾宿此地。

图5-3-27 洣泉书院（来源：何韶瑶 摄）

图5-3-28 书院内建筑（来源：何韶瑶 摄）

2. 文庙

文庙是为祭祀孔子的庙堂，同时又是各地官学宫所在地。文庙建筑在长期发展中形成一定的规制，基本格局是左庙右学，反映以左为尊的特点。平面布局为中轴对称纵深发展的多进院落，建筑形式采用管式做法，红墙黄瓦，是除皇家建筑之外仅有的允许采取此用色的特殊建筑类型。

浏阳文庙属儒教庙宇，位于湖南省浏阳市城区圭斋路。该建筑群始建于宋，其间历经十次维修，清道光二十三年（1843年）进行大规模扩建和维修，改建成现格局。全庙坐北朝南，呈台阶式，中轴对称布局（图5-3-29），由南至北有（万仞宫墙、泮池、状元桥、棂星门已毁）大成门、大成殿、御碑亭、奎文阁。两侧有牌楼门、钟鼓亭、东西厢房及走廊。大成门三开间三通廊，屋顶为硬山顶，盖黄色琉璃瓦（图5-3-30）。在常规平面形制

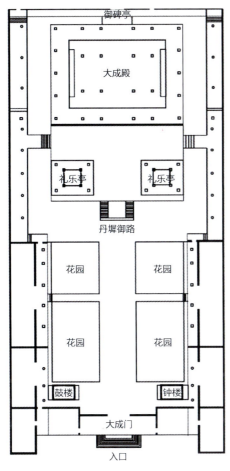

图5-3-29 浏阳文庙平面布局图（来源：黄力为 绘）

图5-3-31 浏阳文庙大成殿（来源：吴晶晶 摄）

与大成门门廊屋顶垂直相连。正对大成门的主体建筑为大成殿和月台（图5-3-31），大成殿为孔庙主体建筑面阔五间、深四件，居高临下，重檐歇山顶，覆盖琉璃瓦，青花瓷饰屋脊及剪边，中置葫芦宝顶。大殿由32根花岗岩石柱支撑，分3层排列。正面以雕花镂空的中堂门作屏，周围置石栏围廊。殿后御碑亭昔有康熙乾隆所题"斯文在兹""万世师表"等匾额。殿前月台高1.67米，花岗岩铺地，周护石栏。月台之东南、西南两隅耸立着四角重檐攒尖顶舞亭、乐亭，为旧时春、秋祭孔舞乐场所。纵观文庙，金碧辉煌，东西对称，回廊贯通，朱墙环抱，具有典型的清代江南建筑风格。

（四）牌坊

湘东南现存独立坊，多用花岗石或青石，亦有用汉白玉的。大部分为四柱三间牌楼，楼角起翘，脊饰高耸，表现出南方典型风格。也有的六柱三门两侧形成三角形结构，既增强了整体的稳定性，又丰富了造型的表现力，成为湘东南牌楼中的突出特色。

湘东南牌楼式门普遍运用，一般为四柱三间实体结构，有砖构、石构和木构，多与建筑结合，主要表现正面外观效果，成为重点装饰之处。砖构的门坊一般用堆塑装饰，如衡山祝圣寺的门坊（图5-3-32），石构的则以雕刻装饰，如汝城绣衣坊；木构门坊则突出楼盖和梁坊等处的装饰，或用

图5-3-30 大成门（来源：吴晶晶 摄）

下，结合富有湘东南地域特色的封火山墙，构成错落有致的空间序列。穿过大成门后两侧为钟亭和鼓亭，形成"东钟西鼓"的格局。钟鼓亭为方形平面，重檐歇山顶，屋顶

图5-3-32 祝圣寺门坊（来源：熊申午 摄）

图5-3-33 绣衣坊（来源：熊申午 摄）

图5-3-34 绣衣坊额枋（来源：熊申午 摄）

木雕，或施彩画，如汝城土桥乡李氏家族入口牌楼。

绣衣坊（图5-3-33）位于湖南省汝城县城郊乡益道村三拱门范家村口，始建于明正德十四年（1520年），坐东朝西，白石结构，三门四柱，通高6.86米，宽6.5米，中门门额正中阴刻"绣衣坊"，护柱石卷云鼓挟足，额坊、柱石等部位雕刻各种花鸟鱼虫精美图案图(5-3-34)。绣衣坊是为旌表监察御史范辂反对宁王朱宸濠和宦官勾结谋反的事迹而建。它造型雄伟，雕琢精美，是全国唯一一座专为旌表监察官员的牌坊，也是湖南省石牌坊建造时代最早的一座，被誉为"湖南第一坊"。

（五）亭台楼阁

亭台楼阁以其丰富的造型相浓厚的文化艺术特色，在传统建筑中占有重要地位，具有较高的观赏价值，它是风景名胜、园林建筑中的主要组成部分。湘东南地区有着优美的自然环境和悠久的文化历史，遍布全省各地的亭台楼阁是文化胜迹的重要代表，成为地方人文景观的突出标志。

1. 爱晚亭

爱晚亭位于长沙岳麓山清风峡中。于清乾隆五十七年（1792年）由岳麓山长罗典创建，始名"红叶亭"。后湖广总督毕沅游览清风峡，取杜牧"停车坐爱枫林晚，霜叶红于二月花"之诗境，改"红叶亭"为"爱晚亭"。清道光三年（1823年）重建，清同治四年（1865年）易以砖墙。清同治七年又改用石柱石栏。清宣统三年（1911年）重修刻石。1913~1923年间，毛泽东与蔡和森等寓居书院，常在此活动。该亭在抗战时期被损毁，现存建筑为1952年时任湖南大学校长的李达凑款重建并请毛泽东题匾。

爱晚亭（图5-3-35）为四角重檐攒尖顶。南面有山涧溪水流过，东边是两个依次跌落的池塘，视野开阔。亭为平面为正方形，长6.9米，高10.7米。内为四根朱漆圆木柱，外边是四根花岗岩石柱，琉璃碧瓦，亭角飞翘。亭内彩绘藻井，有一横匾，上刻毛泽东手迹《沁园春·长沙》。东面两根石柱上刻楹联："山径晚红舒，五百天桃新种得；峡云深翠滴，一双驯鹤待笼来"，是清宣统年间程颂万任岳麓书院学监时，将原山长罗典所题爱晚亭对联改了几个字而来，原联为："山径爱好舒，五百天桃新种得；峡云深翠点，一双驯鹿待笼来"。

2. 石鼓登亭

石鼓登亭（图5-3-36~图5-3-38）建于大宋年间，清道光八年重建（1828年），为三层十六柱木结构建筑，楼檐为三层飞檐翘角，宛如一顶高高的官帽。勾蓝瑶人建这一标志性建筑，希望能出一个大官以光照族人。16根大柱竖立在16个雕刻精致美观的石鼓之上，古时需要登石鼓而上高亭，故名"石鼓登亭"，在古时有重要的军事作用，可以眺望整个勾蓝瑶寨。

（六）塔

湘东南古代塔类型多样，主要有佛塔、风水塔、纪念塔等类型。佛塔的搭建伴随佛教进入湘东南，但不如中原

图5-3-35 爱晚亭（来源：石凯弟 摄）

图5-3-36 石鼓登亭（来源：唐成君 摄）

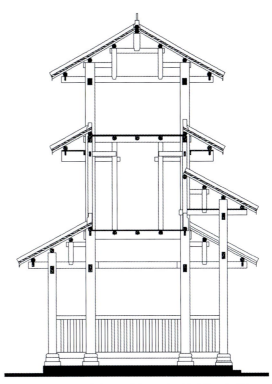

图5-3-37 石鼓登亭剖面图（来源：永州市文物局 提供）

图5-3-38 石鼓登亭正立面图（来源：永州市文物局 提供）

和金陵等地盛行。受禅宗的影响，南岳大庙除南岳寺及一些墓塔之外，其他佛塔建筑未见记载、遗构。风水塔兴盛于明清，在湘东南现存塔中占大多数，其主要作用是培育文风。此外，还有为纪念名人专门建造的塔。现存的塔建筑结构主要是砖砌楼阁式塔，有少量为密檐式塔，无喇嘛塔和金刚宝座塔。

迴龙塔

迴龙塔（图5-3-39），位于湖南省永州市零陵区城北迴龙塔路潇水东岸，立于天然石矶之上。迴龙塔坐北朝南，占地面积400平方米。塔通高38.06米。砖石结构，呈平面八角形，共分7层。迴龙塔底层用青石条建造，开间展度较大，面宽5.67米，最高4.44米，外墙厚3米，内墙厚2米，回廊宽0.8米。底层顶部围置石栏杆，由望柱、寻杖、栏板和地栿组成，栏板上雕刻花木禽兽图案。

塔之第二层以上大部以青砖平砌而成。塔的第二、四、六层上均设平座。第三、五层设腰檐（图5-3-40）。平座面用八方石板铺作，平座和腰檐下设斗栱，斗为砖制，栱为石作。从塔身上层层挑出，成为支承平座和腰檐全部重量的组合悬臂梁。檐部斗栱，第一跳头上为瓜子栱，每垛之间作鸳鸯携手，第二跳头上置檐头，檐角徐徐翘起（图5-3-41）。二层补施平间铺作四朵。三层、四层另加明檐，每隅角砌有斗栱，为五铺作重抄。三层檐部及腰檐平施补间铺作五朵。四层、六层平施补间铺作四朵。在斗栱或腰檐斗栱的顶部都有一定的空间平面，可由券门走出。顶檐及腰檐盖绿

图5-3-39　永州迴龙塔（来源：永州市文物局 提供）

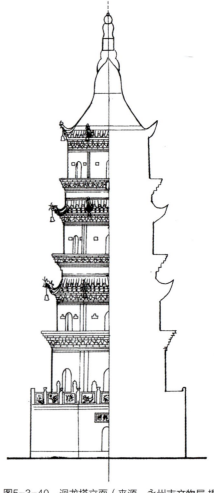

图5-3-40　迴龙塔立面（来源：永州市文物局 提供）

图5-3-41 迴龙塔剖面（来源：永州市文物局 提供）

色琉璃瓦，八方檐脊角上堆塑云龙，角下悬挂风铃。

二、民居

湘东南主要为汉族聚居，山区则有苗、瑶等少数民族。湘东南民居在特有的气候条件和自然环境下，逐渐发育，经历了数千年的劳动锤炼和生活选择，留存至今，无不反映其时代特征、地方特点和民族习俗等建筑文化特色。

（一）湘东南汉族民居形制

湘东南地区汉族民居形制主要分为5大类：天井院落形、独栋正堂形、"四方印"式大宅、"王"字形大宅、城镇商铺住宅。

图5-3-42 锦绶堂全景照（来源：湖南省住房和城乡建设厅 提供）

1. 天井院落式

由屋宇、围墙、走廊围合而成的内向性院落空间，营造出宁静、安全、洁净的生活环境。在易受自然灾害袭击和社会不安因素侵犯的社会里，这种封闭的院落是最适宜的布局形式之一。

天井院落式民居建筑占地较大，多为经济条件较好、人口较多的家庭拥有。长沙、株洲等地保留得较多，名人故居是其典型代表。这种形制适应地形、气候特点和环境要求，建筑一般坐北朝南，多在屋前开挖池塘蓄水，建筑布局灵活，对外大门多开向较好的朝向，故经常与建筑内厅堂不在同一轴线上。内部空间规整，以堂屋为中心，强调"中正"与均衡，通过天井（或院落）、廊道组织空间。

1）浏阳锦绶堂

湖南省苏维埃政府旧址——锦绶堂（图5-3-42），位于浏阳市大围山镇楚东村，始建于清光绪二十三年（1897年），坐北朝南，砖木两层结构，三进五开间，四周建有围墙围护，为典型的天井院落式民居建筑，占地面积达5000余平方米，建筑面积3800平方米，有大小房间120余间。整个建筑建造精美，气势恢宏，虽历经百年风霜而显斑驳，但其精美的工艺令人赞叹，蕴含着丰富的艺术价值（图5-3-43~图5-3-45）。

2）黄兴故居

黄兴故居为一所土木结构青瓦顶平房，悬山顶，土坯墙外粉白灰（图5-3-46），建于清同治初年（19世纪60年代初），主体建筑坐西北朝东南。故居占地约5000平方米，过

图5-3-43 锦绶堂正门（来源：赵亮 摄）

图5-3-44 锦绶堂内庭院（来源：赵亮 摄）

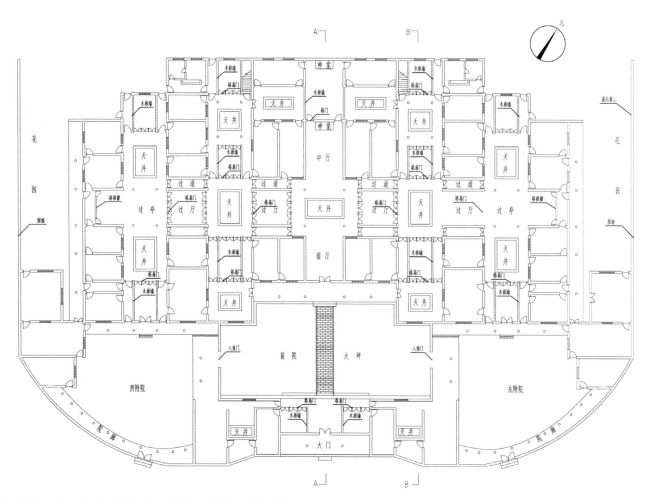
图5-3-45 锦绶堂平面图（来源：湖南省住房和城乡建设厅 提供）

图5-3-46 黄兴故居（来源：湖南省政协文史委 提供）

图5-3-47 黄兴故居内景（来源：湖南省政协文史委 提供）

去屋后有"护庄河"，屋前为稻田，并列有3口大塘，终年活水流淌，故居入口"八字槽门"位于东边的塘堤上。故居原为两进两横，左右厢房、杂屋共48间的四合大院，有上下堂屋和茶堂（图5-3-47）。正屋两边有多间横屋和杂屋，建筑面积约900平方米。上下堂屋之间辟有天井，正厅前有六扇方格木门为屏。两边横屋以天井与正屋相隔，通过房前外廊与正屋联系（图5-3-48）。

2. 独栋正堂式

独栋式正堂式民居建筑适应地形，灵活布局，有利于节约用地和通风散热，满足了农村的生产生活要求，是传统自给自足自然经济的体现。

独栋正堂式民居以土坯墙居多，少数建筑用青砖墙。木材

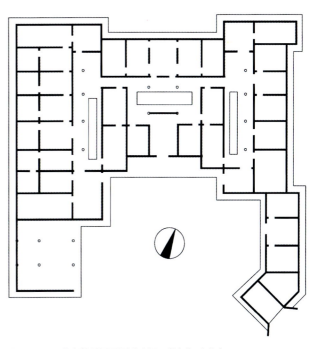

图5-3-48 黄兴故居平面图（来源：黄力为 改绘）

丰富和经济条件较好的房屋内部用穿斗式木构架，少数建筑内用抬梁式木构架。由于地区炎热多雨且经年潮湿时间较长，土坯墙下砖石墙基一般较高，室内多设阁楼储物和隔热。地面多用素土或碎砖石等夯实。外檐多用"七字"式挑檐枋，出檐深远。小青瓦屋面居多，以悬山为主，少数为硬山和歇山顶。后期建造的多为两层，且在二层出挑外廊，满足家庭晾晒和储物需求。代表建筑为毛泽东故居、刘少奇故居。

1）毛泽东故居

毛泽东故居（图5-3-49）位于韶山市，屋场坐落于茂林修竹、青翠欲滴的韶山冲中。其屋建于民国初年，主房屋系泥砖青瓦土木结构的"凹"字形建筑，是南方常见的普通农民住房。主屋坐南偏东，一明二次二梢间，左右辅以厢房，进深两间，后有天井、杂屋，共有13间房，其中瓦房10间、茅草房3间，建筑面积约有223平方米。室内陈设尽可能按照毛泽东当年在此居住时的原样布置。屋前有毛泽东少年时代劳动过的田地、禾场和游泳的池塘等。

2）刘少奇故居

刘少奇故居（图5-3-50）位于宁乡县花明楼炭子冲。

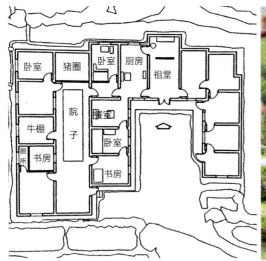

图5-3-49 毛泽东故居（来源：湖南省政协文史委 提供）

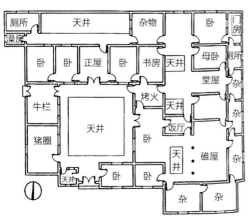

图5-3-50 刘少奇故居（来源：湖南省政协文史委 提供）

故居是一栋坐东朝西、土木结构的内套四合院式房子，前迎池塘，后依山峦。整栋建筑中间有3个天井，占地面积约800平方米，共有茅、瓦房30多间，建筑面积超过300平方米，属于刘少奇家的房子有20多间，其余为刘少奇伯父家的房子。在"文化大革命"中故居遭到破坏，1980年以前，按原貌进行了修葺，陈列了实物、照片等文物资料数百件。

3. "四方印"式大宅

"四方印"式庭院住宅以四合院为原型，"一正屋两横屋"式庭院为基本原型，通过前对称形成大的建筑群。一般为一正屋两横屋或一正屋三横屋的布局结构。建筑群轴线突出，居中的正屋为一组正厅、正堂屋，是主体建筑，统帅横屋，用于长辈住居和供奉家族祖先牌位。两侧横屋稍低，与正屋垂直，用于家族中各支房住居和供奉各支房祖先牌位。整体布局以院落、天井组织空间，对外封闭，向中呼应，通过外廊、巷道和游亭联系，有强烈的向心力。每栋横屋的内部布局为"四方三厢"式，即中间一间为"横堂屋"，左右各一间叫"子房"，用作卧室、书房和厨房等。湘东南"四方印"式庭院结构的传统民居主要有零陵区干岩头村、宁远县黄家大屋等。

永州市零陵区干岩头村周家大院周敦颐后裔所建。大院始建于明代宗景泰年间（1450-1457年），建成于清光绪三十年（1904年）。村落由6大院组成：老院子、红门楼、黑门楼、新院子、子岩府（即翰林府第、周崇傅故居）和4大家院。六个院落相隔50～100米，互不相通，自成一体。有各个时期的正、横屋180多栋，大小房间1300多间，游亭36座，天井136个，其间有回廊、巷道。

六座大院虽不是同时期建造，但布局相似，都为"四方印"式庭院结构，如子岩府。建筑群目前保留有明清及中华民国时期的建筑样式，属典型的明清时期湘南民居大院风格。多为"五担子"封火山墙，门框、挑檐、瓜柱、驼峰、梁枋、木柱、石墩、石鼓、石凳、隔扇门窗等构件雕刻或绘制了各类代表吉祥富贵的动植物图案，以及历史人物故事，工艺精湛。

周崇傅故居（图5-3-51）是目前保存最好的院落之一，位于整体布局北斗星座的"斗勺"位置上。现存建筑为四进正屋，西边是三排横屋三栋，东边是二排横屋三栋和菜园，东西外墙长120米，南北纵深100米。三排横屋之间用走廊和游亭连接（图5-3-52）。

4. "王"字形大宅

湘东南"王"字式院落空间是传统合院形式的变形，以中间的正堂屋空间串联各进建筑。正堂屋一般为三进三厅，两侧横屋一般也为三进三开间。各组建筑轴线突出，规矩方正。

"王"字形大宅民居适应了湘东南的山地丘陵环境和中亚热带季风性气候特点，随着家族的发展，新的"王"字形大宅建筑在原有建筑附近生长，逐渐形成大的院落群体。永州市祁阳县潘市镇龙溪村的李家大院，是目前发现的典型的"王"字形大宅民居村落之一（图5-3-53）。

图5-3-51　周崇傅故居大门（来源：唐成君 摄）

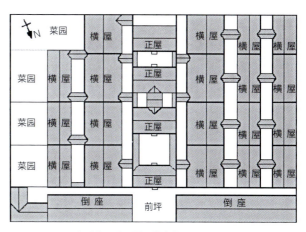

图5-3-52　周崇傅故居（来源：湖南省住房和城乡建设厅 提供）

图5-3-53　龙溪李家大院鸟瞰图（来源：永州市文物局 提供）

龙溪村李家大院始建于明弘治十一年（1498年），是典型的明清江南庄园式建筑（图5-3-54），历经350余年建成，大院由500多间房屋组成。整体布局呈"一村，两院——祠——溪"格局。正堂屋空间高大、空旷，是两侧横堂屋所不及的。正堂屋轴线上分布有多个游亭，联系两侧的天井（院落）。李家大院的祠堂位于村前，是全村的核心。村落按照"房份"的分支，分上下两院。最多的"王"字式院落空间为四进四厅，三个游亭。游亭两边为木板屋，称为"木心屋"。正屋是家族的公共活动空间，上下两院的祭祀及红白喜事分别在各自的正屋里举办（图5-3-55）。横堂屋没有祭祀供奉的功能，仅起到交通联系的作用，是与其他建筑的横堂屋功能的最大区别。横向的堂屋与纵向的天井院落空间构成三横一竖的"王"字形（图5-3-56），分别布置在正屋两侧。

5. 城镇商铺住宅

城镇作为封建社会统治的据点、贸易集散的市场，人口集中，而用地有限，因此形成密集的居住环境。随着商品经济的发展，城镇沿街商铺逐渐增多。沿街商铺多由原先的住宅改建或扩建，建筑空间多为"前店后宅"或"下店上宅"形式，实为"店宅台"的民居建筑。保留较好的历史城镇商铺住宅主要位于湘江沿岸地区和过去的交通干道上，如长沙望城靖港古镇、浏阳市白沙古镇、衡东县杨林村等。

杨林村位于湖南省衡东县东南32公里的杨林镇，村中传统建筑即杨林老街由东向西沿洣水河南岸一级台地分布。古时该地称杨林埠，系洣水河沿岸重要集镇之一杨林老街历经1000多年的发展，至民国时期已是一条地方特色鲜明的

图5-3-54　龙溪李家大院航拍图（来源：永州市文物局 提供）

图5-3-55　龙溪李家大院正屋（来源：永州市文物局 提供）

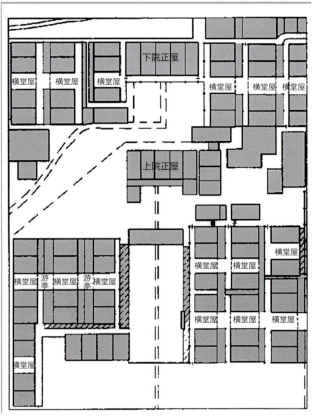

图5-3-56　"王"字形示意图（来源：湖南省住房和城乡建设厅 提供）

湘南古街，清一色的青砖青瓦土木结构建筑，颇有先朝遗风。从老街传统建筑类型来看：有商铺、会馆、茶楼、戏台、祠堂、码头等。另在老街西北部坐落一栋规模宏大的谭家宗祠，建筑主体保存完整，民居文化内涵丰富，属典型的湘东南地方建筑。目前村域内老街（图5-3-57）、祠堂、庙宇连片保存，规模约15万平方米。整个老街屋屋相连、共墙共垛，店面装饰简单朴素，店后居室空间低矮、光线暗淡（图5-3-58）。杨林老街商铺样式与周边湘东南集市基本相似，表现出湘东南地区因山多地少，可用空间严重受限，因此，所有店铺布局均紧凑小巧（图5-3-59）。

（二）瑶族民居形制

湘东南瑶族分布郴州、永州等地的山区，瑶族人民会根据当地地形、自身经济和对房屋的使用要求创造出许多既实用又美观的平面组合形式，但瑶族聚落中的民居大多以单体院和天井院为主，房屋以二、四、五开间的居多。因山地条件的限制，进深较前，房屋呈狭长举行，有的在一端或两端加建"攒屋"或"披梭子"做为杂屋；有的则利用坡地，部分架高成干阑式房屋。建筑平面形式可分为燕窝式、摆栏式、锁头式、吊楼式。燕窝式（图5-3-60）即前有凹廊，成凹字形平面，二楼悬挑瓜柱，无阳台，平地瑶族居民采用较为普遍；摆栏式（图5-3-61）则前有柱廊，便于晾晒，为高山瑶族所常用；锁头式（图5-3-62）为一层摆廊，上层左右隔成阳台；吊楼式（图5-3-63）则利用山坡地形，部分出挑，以柱子支撑，底层成半地下空间作为杂屋，外挑部分围以长廊或设置阳台。

图5-3-57 杨林村街道（来源：湖南省住房和城乡建设厅 提供）

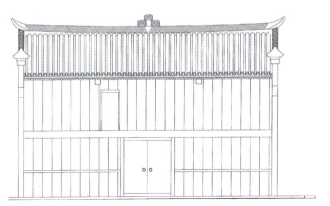

图5-3-58 杨林村下店上宅（来源：湖南省住房和城乡建设厅 提供）

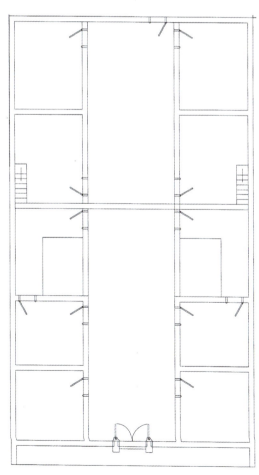

图5-3-59 杨林村商铺平面图（来源：湖南省住房和城乡建设厅 提供）

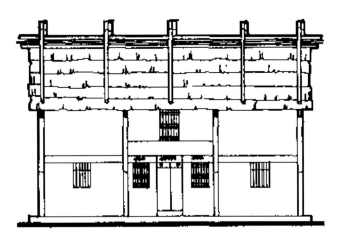

图5-3-60 燕窝式（来源：湖南省住房和城乡建设厅 提供）

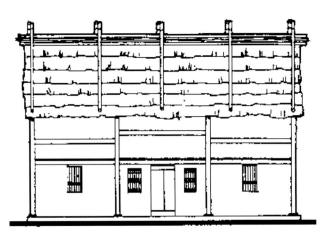

图5-3-61 摆栏式（来源：湖南省住房和城乡建设厅 提供）

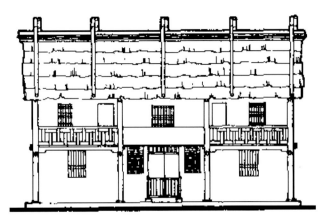

图5-3-62 锁头式（来源：湖南省住房和城乡建设厅 提供）

图5-3-63 吊楼式（来源：湖南省住房和城乡建设厅 提供）

第四节 建筑材料及营造方式

一、建筑材料

湘东南地区山林茂密、资源丰富，为建筑的建设提供了丰富的原材料。木、土、石是该地区传统建筑中最常用的材料。建筑材料的就地取材，既能够节约运输成本，又合理利用，有效地维持此地区的生态平衡。

（一）木材

湘东南地区树种多样，以松树、樟树、杉木、梓树为主，为建筑的建造提供了很好的木材原料。由于木材的取材、运输、加工都比较容易，且施工工期相对较短，所以在传统建筑中运用较多（图5-4-1、图5-4-2）。在以木架结构为主的湘东南传统民居建筑中，木质材料主要用于梁柱、屋顶结构、建筑装饰及室内家具等地方（表5-4-1）。

（二）砖材

1. 土坯砖

生土也是湘东南民居建筑中普遍采用的材料之一，生土不用烧结，夯实、晾干即可。土坯砖的制造简单，制作

表 5-4-1

木材类型	特性	用途
樟木	含有樟脑油防虫蛀且纤维密实、不易崩裂	适用于建筑装饰的雕刻加工（图5-4-1）
松木	树干分权少，柔韧且垂直抗压力强，干燥后易开裂，但耐水浸泡	常加工用作椽皮和营造过程中的脚手架
梓木和楠木	较为珍贵的木材	富贵人家和祠堂中用楠木、梓木作为屋脊大梁和室内家具
杉木	木材纹理通直，结构均匀，强度相差小，不翘不裂	作为建筑的结构构件

材料为田泥，将田泥捞出掺进杂草，并置于事先准备好的模具之内，待其晒干后，就可用于砌筑土坯墙。然而，湘东南潮湿多雨土坯砖墙的耐久性相对较差（图5-4-3），因此已不多见，现存的也少有人住（图5-4-4），如今一般用于堆放杂物。

2. 青砖

青砖主要用于外墙与部分内墙。由于湘东南气候湿热，青砖以其优良的性能为建造相对舒适的室内人居环境提供了保障。从明清时期保存下来的民居建筑中可以看出（图5-4-5），青砖是一种十分耐用的建筑材料，具有较好吸水性能和

图5-4-1 汝城范氏家庙鸿门梁（来源：熊申午 摄）

图5-4-3 浏阳楚东村土坯砖房（来源：赵亮 摄）

图5-4-2 塘基上村梁木（来源：湖南省住房和城乡建设厅 提供）

图5-4-4 浏阳楚东村土坯砖房群组（来源：易傲霜 摄）

图5-4-5 板梁村民居（来源：湖南省文物局 提供）

图5-4-6 巷道（来源：唐成君 摄）

图5-4-7 石狮、石墩（来源：唐成君 摄）

防水性能，又具有很好的防火灾的作用。

（三）石材

　　湘东南地区有大量石材，如白云石、大理石、花岗岩、石灰岩等，其中以花岗岩和石灰岩为主，俗称青石。从石材质地来看，表层的青石质地较为疏松，易风化，抗压能力差，不适用于石雕，多用作铺设路面（图5-4-6）和建筑辅料。深层的青石质地紧密，硬度较大，在抗压、防潮、耐腐蚀性能上好，多用在建筑物需防潮承重部位和各种深加工的装饰部位，如泰山石、石狮、柱础、石墩等部位（图5-4-7），祁阳龙溪村李氏宗祠门前的石雕精美生动。

（四）三合土

　　"三合土"是湘东南地区人们在建筑建造时探索出来的具有地域特色的建筑材料。它是将砂子、石灰、黄泥按照大约3：2：4的比例混合而成，三合土的搅拌过程中必须要将其保持半干的状态，搅拌得越细腻、越均匀越好，然后用拍子在地面分层夯筑拍打而成。用这种"三合土"夯打的墙基相当坚实，既可以承载巨大的压力，又可以防止洪水、山水的冲刷和浸泡，同时具有防水和防潮作用，如永州双牌县塘基上村三合泥地板（图5-4-8）。

（五）小青瓦

　　湘东南湿润多雨的气候要求传统建筑在避雨、防潮、防

图5-4-8 三合泥地板组图（来源：湖南省住房和城乡建设厅 提供）

图5-4-9 坦田村屋顶俯瞰图（来源：唐成君 摄）

虫害等方面采取必要的措施，小青瓦成为湘东南建筑屋顶防雨与围合空间的主要材料。该地区传统建筑屋面青瓦给人以素雅、沉稳、朴素、宁静的美感（图5-4-9）。同时，又可防止白天的太阳辐射热直接传至生活起居空间内，当瓦片交叠铺设于尖斜式屋顶时，也可形成一个隔热的空气间层，起到隔热的作用。

二、营造方式

（一）结构形式

传统湘东南建筑的结构有木构架结构体系和砖柱共同承重2种。承重结构为抬梁式和穿斗式。抬梁式结构是中国古代官式建筑的结构形式，主要用于北方，在南方一般用于公共建筑，其做法是在柱子上抬起大梁，梁上承载童柱，童柱上再抬起上一层大梁，梁上再承载童柱，如此层次叠起。穿斗式结构其做法是用较薄的枋穿过柱子，瓜柱（童柱）骑跨在穿枋上，由柱、瓜柱、穿枋构成屋架，檩子直接落在柱和瓜柱之上。

1. 木构架体系

在湘东南传统建筑中以穿斗式结构为主，但在宗祠寺庙会馆的大型殿堂常用抬梁式或抬梁和穿斗相结合的结构形式。

1）穿斗式木构架

穿斗式木构架立柱直接承檩，沿房屋进深方向立一排柱，每柱和瓜柱上架一檩，檩上布椽，屋面荷载直接由擦传至柱，不用梁。如浏阳楚东山的锦绥堂的内屋，骑马瓜柱落在穿枋上，檩落在柱和瓜柱上，柱、瓜柱、穿枋构成屋架（图5-4-10）。

2）抬梁式木构架

抬梁式木构架在湘东南的民间祠堂也较常使用，用材粗壮宏大，不仅建筑外观宏伟，而且内部空间宽敞，恢宏壮丽。为了彰显祠堂的地位，在梁的两端和柱子相结合的部位作重点装饰（图5-4-11）。如郴州汝城的叶氏家庙，抬梁式结构，主梁做工考究，具有古色古香。在梁与短柱之间雕有不同等级大小的木纹，最下面的柱子下方雕有一条活灵活现的鱼兽，如此精细的雕刻，凸显出此祠庙的地位（图5-4-12）。

3）穿斗式与抬梁式相结合结构

抬梁式的结构特点是用材粗壮，柱距较大，内部空间宽阔，建筑风格雄壮，缺点是耗材过多。穿斗式结构特点是用料较少，结构整体性墙，抗风抗震性能好，建筑风格轻巧，缺点是柱网较密，屋架中柱间跨度不大，内部空间受限。因此，2种结构相结合能够满足大型公共建筑的功能和使用需求。湘东南祠堂建筑构架处理更为灵活，明次间步架多用抬梁式，而山墙步架多用穿斗式，这种构架既能满足祠堂较大的活动空间要求，又能符合地区抗风的稳定性要求。如郴州庙下村的玺公祠，采用了穿斗式与抬梁式相结合的结构体系。在祠堂的第一厅戏台为穿斗式和抬梁式结合木构架（图5-4-13），建筑风格轻巧，祠堂的后厅柱距跨度大，梁柱粗壮，采用了抬梁式木构架（图5-4-14），建筑宏伟大气。

2. 砖木结构体系

砖木结构以木构架为主体，而其他的材料如土、石、砖等都是围护结构，形式比较灵活，便于形体设计。汝城卢氏家庙（图5-4-15），典型的砖木结构，其外墙通过砖来承重，内部架设梁柱承重，室内以木板墙分隔空间。

图5-4-10 屋内构架（来源：唐成君 摄）

图5-4-11 塘基上村抬梁式结构（来源：唐成君 摄）

图5-4-12 叶氏家庙抬梁式结构（来源：熊申午 摄）

图5-4-13 庙下村戏台木构架（来源：熊申午 摄）

图5-4-14 干岩头村木构架（来源：唐成君 摄）

（二）构造特点

1. 台基

台基主要承托建筑物，又具有防潮防腐隔湿的作用。台基就地取材，多为青石或者青砖，用夯土与石块层层叠砌，比自然地基更好地承重受力，有效防止建筑的不均匀承降，王家大屋（图5-4-16）台基抬高整个建筑群。同时，基身使房屋高于室外地坪，这样能起到阻隔地下湿气的上升和防止地面水进入室内，从而保持室内干爽的环境。

2. 柱础

湘东南地区多雨，湿气很容易顺着柱子的木纹向上蔓延，因而柱子的防潮湿十分重要，石柱础的运用既满足结构稳定与受力的需求，也保护柱子受潮。通过对柱础加以装饰，故柱础与柱一样，既是受力构件，又是装饰构件（图5-4-17），如圆形或八边形柱基（图5-4-18），以及方形柱基（5-4-19）。

3. 墙体

为了应对湘东南地区的气候，建筑一般层高较高，外墙较厚，山墙作为维护结构一般在一层不设窗户，在二层才设置各种形状的窗户，但窗户尺度不大，高处开有通风洞（图5-4-20）。室内则采用木板做隔断（图5-4-21），板壁上

图5-4-15 卢氏家庙砖木结构（来源：熊申午 摄）

图5-4-16　王家大屋（来源：唐成君 摄）

图5-4-17　中田村柱础（来源：湖南省住房和城乡建设厅 提供）

图5-4-18　坦田村柱础（来源：唐成君 摄）

图5-4-19　方形柱基（来源：何韶瑶 摄）

图5-4-20　板梁村（来源：熊申午 摄）

图5-4-21　隔断门（来源：唐成君 摄）

有开窗洞，为隔扇门、隔扇窗，利于通风采光。

此外，封火山墙是湘东南民居的一大特色。做法多种多样有鱼背式，猫弓背、人字形、鞍形、马头墙等（图5-4-22）。其中"人"字形是该地区普遍采用的山墙，马头墙的造型也与徽派建筑有所区别，其造型多向上倾斜。猫弓背则是湘东南地区较为独特的一种造型，轮廓是一条柔和的曲线，墙体高出屋面，主要在庙宇等重要的公共建筑中采用，如岳麓书院中的赫曦台（图5-4-23）。

4. 勒脚

湘东南外墙勒脚因经济差异采用的材料不同，通常为砖、石勒脚。如上甘棠村石勒脚（图5-4-24），与石板路的色彩统一，一般高约1～1.5米。又如郴州板梁村刘绍苏民居（图5-4-25），在墙角勒脚处布置石砌护角面，防止墙角损坏。

5. 地面

湘东南室内地面多采用素土地面，人流较多处如堂屋等重要的部位则用表面磨光的砖石或麻石铺就，素土可以吸附水分，而青砖是隔离地面水汽的有效材料（图5-4-26）。

图5-4-22　庙下村山墙（来源：熊申午 摄）

图5-4-23　赫曦台猫弓背（来源：党航 摄）

图5-4-24　上甘棠村勒脚（来源：唐成君 摄）

图5-4-25　刘绍苏故居（来源：熊申午 摄）

图5-4-26 青砖地面（来源：熊申午 摄）

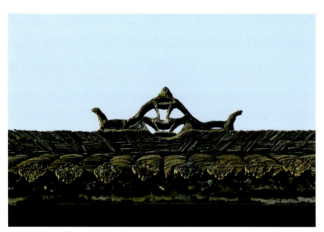
图5-4-27 锦绶堂脊饰（来源：赵亮 摄）

图5-4-28 板梁村脊饰（来源：熊申午 摄）

此外在永州等地常见三合土垫层。室外地面则在屋檐下、台基边的散水、庭院道路等部位为解决雨水冲刷、排水、防滑问题进行重点处理。有些民居还在堂屋正中的石板铺地上刻一些石雕，多为八卦图形，与天花相呼应，又装饰地面。

6. 屋顶

湘东南的民居屋面一般采用双坡或四坡木构屋架，常使用山墙搁檩的构造方式，覆盖小青瓦。其祠堂类的公共建筑立面造型则较为丰富，主要体现在屋顶上。通过屋顶的变化组合，创造了出丰富多样的建筑空间和形象。此外，位于屋脊正中间的脊饰在湘东南各个地区也不尽相同。如有的脊饰由小青瓦拼接堆砌而成（图5-4-27），有的则是通过泥塑构造不同的图案（图5-4-28），有的则置瓷器于正中。虽然各地做法不同，但大都蕴含着平安吉祥富贵之意，体现了湘东南地区的风土民俗和审美情趣。

7. 梁架

梁架作为木结构构造精巧，装饰细腻丰富，具有浓郁的地域特色。有的梁用料硕大，一般是横梁做成略微向上拱起的形状，好似一弯新月故又称月梁，两端往往雕刻花纹，立柱向上略有收分，使得梁架看起来雄壮而不笨拙。有的梁架用兽雕来做，兽雕刻精美华丽（图5-4-29），让人叹为观止。

图5-4-29 梁上兽雕（来源：唐成君 摄）

图5-4-30 零陵文庙大成殿挑檐额枋（来源：永州市文物局 提供）

图5-4-31 兰厅七字挑檐（来源：永州市文物局 提供）

8. 挑檐

湘东南通过出挑深远的屋檐以防晒防雨，永州零陵文庙大成殿挑檐（图5-4-30），既遮阳又精美。有些建筑屋檐甚至挑出两步形成七字挑檐，这种屋檐受力合理，又能起到装饰的效果。如濂溪故里兰宅后天井厢房（图5-4-31）。

第五节 建筑装饰与细节

湘东南传统建筑的细部特征，不仅传承了我国传统建筑艺术的精髓，又具有浓厚的地域特征。它汇集了如木雕、石雕、彩画、泥塑等多种建筑装饰艺术手段，使建筑意识形态与功能完美结合，体现了人民美好、富庶生活的向往与追求，表达了湘东南文化中的思想情感与审美观念。

一、木雕

木雕的材料以香樟木为主，题材内容多数来自民间为人们所喜爱和熟知的神话传说、寓言、历史故事等，采用夸张、变形等手法，将各种形象刻画的惟妙惟肖、栩栩如生。如蝙蝠谐音遍福，云与运谐音，蝙蝠与云的组合图案，则可表示洪福齐天（图5-5-1）；鹿鹤意味六合同春，祥云、林芝、仙桃都有象征长寿之意（图5-5-2）；喜鹊与梅花的组合则为喜上眉梢（图5-5-3）；以上种种所雕内容皆为吉祥美好之寓意，体现了居住者对美好生活的热切期盼，其中有些也是中国传统的吉祥图案，这也说明湘东南地区木雕集传统与地域的多元化。

木雕大体上分为大木作装饰和小木作装饰2类。湘东南民间装饰木雕形式多样，主要集中在建筑物的木构件上，结合实用功能在建筑构件上进行雕饰，增加了建筑的精巧与美观。其中大木作装饰是对建筑中主要的大构件进行艺术加工。小木作装饰是对门窗、栏杆、天花藻井、挂落、花牙子等进行雕刻处理。

1. 梁枋

湘东南木雕工艺大都体现在门楼的装饰、鸿门梁、梁柱雀替及神龛、隔扇等部位，其中以鸿门梁最为讲究。鸿门梁是指门楼明间额枋下方所设的木梁，此梁常采用巨木制作，常常是木雕的重点。如叶氏家庙的鸿门梁（图5-5-4），材质上乘，三层镂空雕饰使双龙戏珠尤为立体逼真，曲折蜿蜒犹如真龙；梁上的云水纹内外相通，与龙身翻腾缠绕，层次错落有致，节节相扣，线条纤巧而富有张力，让人赞叹不已。梁柱雀替上的木雕也是丰富多彩，有鳌鱼、花卉、云龙纹、回字纹等图案，皆采用镂空透雕，立体感极强。

2. 斗栱

汝城县和宜章县等地区，宗祠上方形式多样的斗栱引人注目，如汝城范式家庙（图5-5-5），其门楼檐下的斗栱采用了极具装饰性的如意斗栱，其特点是每攒斗栱除了纵横4个方向出挑翘、拱外，还在45°方向挑出斜拱，斗栱下方排列着八仙的木雕像，整座门楼翘拱各个构件相互簇拥交织成序列，极具韵律美，十分醒目。还有宁远的云龙坊（图5-5-6），坊为全木结构，四柱三楼木质牌坊，平面为八字形，面阔14.3米，进深3米，高14米。主楼为歇山顶，上覆小青瓦，檐下饰七层如意斗栱，有精美木雕花卉、人物、龙狮装饰，且每一个拱的木雕色彩纹样都各不相同，斗栱之精美令人惊叹。

图5-5-1 蝙蝠木雕（来源：黄力为 摄）

图5-5-2 鹿木雕（来源：湖南省住房和城乡建设厅 提供）

图5-5-3 梅花木雕（来源：黄力为 摄）

图5-5-4 叶氏家庙木雕（来源：熊申午 摄）

图5-5-5 范氏家庙（来源：熊申午 摄）

图5-5-6 宁远云龙坊（来源：永州文物局 提供）

3. 门窗

湘东南天井四周起采光作用的隔扇门窗，其窗棂、绦环板、裙板之上采用透雕、浮雕的形式雕有各种花卉、几何、人物、动物、宝瓶图案。如永州李家大院的民居，面向天井的窗户木雕以花鸟虫鱼为图案，雕刻精美（图5-5-7），其隔扇门采用冰裂梅花纹（图5-5-8）。

4. 门璋

湘东南民居有石门框与木门框，木门框上部常雕刻有一对精美的门璋，多雕有吞口神或是各种祈福的吉祥图案（图5-5-9）。

5. 天花、藻井

湘东南天花藻井的木雕多位于格框龙骨转折交错的位置，有的藻井层层上收，用斗栱、天宫阁楼做装饰；重要建筑中的藻井中心做龙凤等装饰，或做成高浮雕甚至圆雕并饰金绘彩，显得富丽堂皇，庙下村戏台的藻井，饰以彩绘（图5-5-10）；浏阳锦绶堂内藻井（图5-5-11），雕刻精美。

二、石雕

湘东南地区石材以石灰岩石和花岗岩石为主，俗称青石。

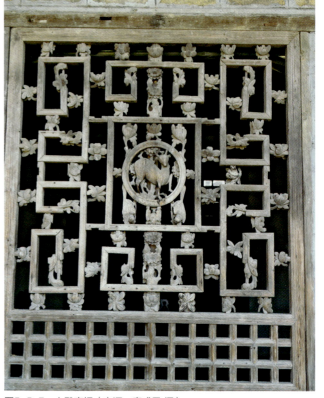

图5-5-7 木雕窗棂（来源：唐成君 摄）

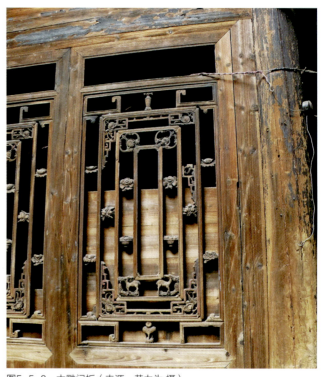

图5-5-8 木雕门板（来源：黄力为 摄）

图5-5-9 门璋木雕（来源：熊申午 摄）

图5-5-10 庙下村戏台藻井（来源：湖南省住房和城乡建设厅 提供）

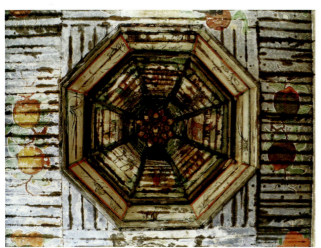

图5-5-11 浏阳锦绶堂藻井（来源：湖南省住房和城乡建设厅 提供）

青石质地细腻，色彩黛青，硬度适中，便于雕刻，故在湘东南建筑中最为常见。其表现题材内容大致与木雕相似，多以祥禽瑞兽、花鸟虫鱼、历史典故、神话传说、生活场景为题材，并且以谐音、引申、象征等手法赋予作品美好的寓意。

石雕的表现部位

湘东南传统建筑的石雕装饰常见于建筑的台基、踏步、门框、门槛、门墩、柱础、栏杆等部位，另外泰山石、石坊亦可见精美的石雕艺术，兼顾实用功效和审美情趣。

1. 石门槛、石墩

门下的横木称为"槛"，常以花草纹样进行装饰。由于湘东南气候潮湿，用于连接建筑连接室内外的门槛多为石材。石门槛随着门的等级而变化，级别最高的是大门的石门槛。该地区的人们认为门槛是社会地位的象征，并且可以守住运气，因而石门槛的高度较高。如永州濂溪故里周德奎宅的石门槛（图5-5-12），石雕简约细腻，左右的祥兽对称布置又略有不同。

大门两侧有石墩，一般分为3部分，上下部分较简洁常附以各种花纹、几何图案，中间部分空间较大是雕刻的重点，往往刻有精美的高浮雕（图5-5-13）。有的石墩上设有抱鼓石（图5-5-14），其主体造型如鼓，再在其左右鼓面加以雕刻，题材丰富，以吉祥图案为主，通常利用民间传说、谐音的方式寓意。鼓边刻有万字符号或卷草纹样，鼓上端有的还雕有狮子，鼓下端与一整块石融合到一起，形成"抱"势，其上雕有云朵等图案。

2. 柱础

柱础是建筑石雕的重点部位，在湘东南地区比较常见，有莲瓣、螭龙等各种纹样，工艺要求精细。石柱础的主要功能是作为木柱的基础，并且保护木柱起到防潮防蛀的作用。由于湘东南地区的湿气比较重，所以柱础普遍比北方要高，但较岭南地区的柱础要稍微矮一些。该地区柱础的形状有方形、圆形、八边形等。在一般情况下，石柱础分为上端的石鼓和下端的基座2个部分（图5-5-15）。在一些公共建筑当中还会把柱础延伸到柱的一部分，甚至全部为石柱，宁远文庙的石柱（图5-5-16），通体石雕，整根柱雕蟠龙。

3. 石兽

湘东南地区受儒家思想和理学思想，以及中原士族移民带来的耕读文化的影响，使石兽具有浓厚的生活情节和审美情趣。相比于北方石兽的威严霸气和西南兽的诡异神秘，湘东南地区的石雕兽像更加的精美。在传统建筑中，吉祥动

图5-5-12　石门槛（来源：永州市文物局 提供）

图5-5-13　李氏宗祠门墩（来源：唐成君 摄）

图5-5-14　王氏虚堂抱鼓石（来源：唐成君 摄）

图5-5-15　柱础（来源：永州市文物局 提供）

图5-5-17 李家祠堂前门墩（来源：何韶瑶 摄）

图5-5-16 零陵文庙汉白玉雕龙（来源：永州市文物局 提供）

物多以浮雕形式出现在建筑的构件中，如永州李家大院祠堂前的石兽以浮雕的形式出现在柱础上（图5-5-17）。在寺庙、祠堂、书院等一些公共建筑中，有单独的圆雕出现，如石狮子、石象（图5-5-18），如郴州市汝城县范式家庙前的一对五彩石狮子（图5-5-19），造型活泼可爱，笑容可掬，母狮子脚下依偎着一只小狮子。

4. 泰山石

泰山石是建筑外墙转角处用来防止转角磕碰脱落，加强房屋牢固程度的石构件，取"稳如泰山"之意（图5-5-20）。它一般成对出现，每个泰山石可以看到两个面。其四周雕有边框，较大的边框还饰有卷草纹样，石雕的内容题材丰富，以吉祥图案为主，如"鲤鱼跳龙门""摇钱树"等，也有历史故事。一般而言，泰山石的规模、雕刻的题材内

图5-5-18 零陵文庙石象（来源：永州文物局 提供）

容、雕刻手法由泰山石的等级及房屋主人的经济状况和社会地位所决定。

5. 石坊

湘东南地区有很多石牌坊，如长沙的西文庙坪牌坊、郴

图5-5-19 范式家庙石狮（来源：熊申午 摄）

图5-5-20 泰山石石雕（来源：唐成君 摄）

图5-5-21 西文庙坪牌坊（来源：熊申午 摄）

州汝城县的绣衣坊，嘉禾县的风宪牌坊、永州道县的恩荣进士坊等，石坊上的雕刻集湘东南石雕艺术之大成，采用了极其复杂的高浮雕和镂空雕手法，雕刻的龙、凤、狮子等形神俱备，纹饰图案精美细腻，让人叹为观止。西文庙坪牌坊采用麻石（图5-5-21），坊高约10米，宽约6米。正脊中间坐双龙戏珠脊饰，为了凸显皇家建筑的气势，在戗脊处以最高等级的鸱吻为脊饰。檐口下出叠涩，并仿木构斗栱出挑。下面横额书"道冠古今"四个字，其上的额枋采用透雕，工艺精美。使得朴实的麻石牌坊略显轻盈。下方四柱前后置厚实的抱鼓石，使牌坊显得稳重。

三、砖雕

因为湘东南地区盛产青石青砖，所以砖雕常见于砖木结构的建筑中。其装饰部位，多为建筑的正面，尤其以门额之上及左右两侧侧墙的装饰最为多见，门额上的砖雕与石雕、木雕组合搭配，把门额装饰得富丽堂皇以展示主人的身份地位。砖雕一般位于寺庙、祠堂等建筑檐口底下、门楣上，打破通体墙面的平面呆板，使屋檐下和墙面富有立体感；在民居建筑中砖雕主要是集中于门罩之上，较多见的砖雕样式为斗栱砖雕（图5-5-22）。此类门罩常用青砖叠涩外挑几层

图5-5-22 砖雕（来源：杨立果 摄）

图5-5-23 腊元村泥塑（来源：湖南省住房和城乡建设厅 提供）

图5-5-24 范式家庙泥塑（来源：熊申午 摄）

线脚，其上覆以瓦檐，在门梁之上还有书法字画，彰显着主人的文化意趣。

四、泥塑

湘东南传统建筑中的泥塑附着在建筑物之上，由泥土、稻草、草木灰等材料混合制成，并在上面绘各种颜色装饰建筑的屋脊、翘脚以及垂脊端头。歇山屋顶的垂脊端头一般放置坐兽，大型建筑一般用琉璃制品，小型的民间建筑也常用泥塑；有的地方甚至直接做成动物、人物形象，仿佛人直接站在屋顶上，如郴州腊元村的泥塑瓦猫（图5-5-23）。湘东南各地的屋脊泥塑样式虽多有不同，但多以抽象图案为主，左右对称分布，具有飞动感和升腾感，大多取材于太阳或者风火轮、葫芦等象征意象的图案，蕴含着特点的寓意。每一栋建筑都有自己的脊饰，独一无二。脊饰的作用在极大程度上弥补了建筑物上部空间造型的平淡，使得单调乏味的屋脊线富于变化，增强了屋脊轮廓线的流动美与韵律美。如郴州汝城范式家庙（图5-5-24），位于屋脊的正中间有一个宝塔立于其上，旁边有像太阳造型的装饰衬托着，寓意平安亨达。

湘东南地区尤喜欢在封火山墙做泥塑，如祠堂、会馆、大户人家的宅邸等的山墙端头、上部的墙面被泥塑装饰得琳琅满目。封火山墙上的翘角是墙体向外、向上延伸的重要部分，大多采用单独烧制的泥塑构件，造型夸张，做工讲究。有的如盘龙，有的似狮子，有的单纯起翘漂亮的弧度（图5-5-25）。为了弥补正面墙体的空白，墀头上以浅浮雕的方式多塑以花鸟虫鱼的图案，有的与彩绘相结合。

五、彩绘

湘东南的彩绘艺术附着在建筑物的上端，整体画风朴素、淡雅，用色不多，采用黑白灰三色，多见蓝绿等冷色调。题材内容有神仙传说，以示对神的敬佩；有花鸟鱼虫，表达对生活的热爱；有人物典故，教化后人；有戏曲故事，体现了湘东南精神生活的日益丰富。

湘东南的彩画主要有油彩画、水墨画、漆画。油彩画主要用于门楼、梁架、雀替、窗花的木雕构件上，不仅可以保护木质防腐，还能起到良好的装饰效果，如汝城朱氏祠堂（图5-5-26）。水墨画主要用于藻井、照壁、窗户及封火山墙、檐口处，与油彩画相比，显得更加清新淡雅，主要是希望在建筑立面效果上能更有层次感，增加建筑本身的美感。如板梁村"人"字形山墙（图5-5-27），山墙顶部的三角形区域一般是彩绘的着墨点。漆画一般见于祠堂的大门上。如郴州汝城县金山村的卢氏家庙，大门宽阔高大，黑漆为底，左右两扇大门绘制武臣武将作为门神。文神魁梧睿智，武将高大威猛（图5-5-28）。其轮廓用棉花、石灰拌桐油捻成细长的绳状物粘合而成，形成有力的线条，凸显出浮雕入木三分的效果。

六、壁画

壁画常见于祠堂、书院、戏台等公共建筑的内墙或外墙，一般是大幅的自然山水和人物故事绘画作品，起宣扬道义和教化的作用。相对于彩画而言，壁画的类型和形式要更灵活，可以是题壁书法，也可以是绘画，甚至与石雕画像交错。

壁画作为一种建筑的附属装饰，其表现部位一类是厅堂的内墙或入口大门两侧的八字墙面，另一类是建筑屋檐下的横向带状装饰物上，常以规则的图案花纹或若干小幅的画面横向排列组成一个装饰带。受儒家文化中庸、崇礼、忠义、思荣、及第等思想的影响，湘东南郴州、永州等地的部分祠堂墙体上时至今日，还保留着有以礼、义、廉、耻、仁、爱、忠、孝为内容的壁书（图5-5-29）。郴州汝城县周家祠堂的大门口，在白色的砂浆上书写着"忠孝廉节"四个黑色大字（图5-5-30）。在岳麓书院的大讲堂内也可以看到苍劲有力的这四个字。此外在郴州阳山村、板梁村等地传统

图5-5-25　庙下村泥塑翘角（来源：熊申午 摄）

图5-5-26　汝城朱氏祠堂（来源：熊申午 摄）

图5-5-27　"人"字形山墙（来源：唐成君 摄）

图5-5-30 周氏宗祠壁画（来源：熊申午 摄）

民居室外房檐下可见以山水、花鸟和戏文故事为题材的壁画。作为檐口的装饰，组成丰富多彩的书画长卷。

第六节 传统元素符号的总结与比较

一、传统元素符号的总结

湘东南传统建筑由于自然地理、人文环境及湘江文化圈的影响呈现出独树一帜的特点，是湖南传统建筑的重要组成部分。它主要在天井院落、屋檐、封火山墙等功能性元素上大放异彩。

（一）选址与格局

湘东南建筑受到道法自然，天人合一思想以及农耕文化的影响，传统建筑的选址格局既体现出背山面水，负阴抱阳的哲学思想，又具有理性务实的价值取向。在村落选址上，山峰环绕，地势后高而前低，呈围合环抱之势，水系绕村而过；在村落格局上，朝着集群、理性实用的方向发展，表现出较强的向心性，节约用地少占不占耕地。

（二）功能性元素

1. 天井院落

湘东南传统建筑一般为合院式、天井式平面布局，高

图5-5-28 卢氏家庙门神漆画（来源：熊申午 摄）

图5-5-29 汝城祠堂壁画（来源：熊申午 摄）

大的山墙围合着建筑形成对内开放、对外封闭的院落平面。建筑型制以"一明两暗"三开间为基础，前堂后寝，中轴对称，布局规整严谨，结合地形采取纵向进深展开形成更复杂的平面布局。由于湘东南地区夏季气候湿热，天井院落的运用有利于改善建筑室内的排水、采光及通风条件，以调节室内的局部小气候。同时又可以丰富室内空间的层次。

2. 挑檐

湘东南传统建筑大都是坡屋顶，屋顶形制以硬山和悬山为主，檐口出挑深远。这种挑檐的坡屋顶有利于隔热排水，伸出的挑檐既遮挡了部分墙面免受阳光直射，又增强了街巷的景观围合感。由建筑的挑檐形成街巷的虚体顶界面，具有强烈的透视效果，随着透视灭点向前伸展，起伏错落、变化丰富，形成具有节奏韵律的街道景观空间。

3. 屋脊

湘东南传统建筑很注重建筑轮廓线的变化，大都采用屋顶形式、屋脊样式和封火山墙的变化来取得变化的轮廓。不同于北方的清水屋脊，湘东南地区的屋脊是着重装饰的地方。该地区屋脊的装饰，主要为瓦砌和泥塑两种形式，也有用雕花砖砌筑的，其中以灰塑组成的漏花屋脊最普遍。

4. 山墙

湘东南传统建筑的山墙极具地域特色，其采用青砖砌成，墙显露原色，其形式随尾面的坡度而变化，有平行阶梯形、弓形、鞍形等。如平行阶梯形的山墙，根据屋面的坡度会做成一跌到五跌，其脊墙有的较为平缓，有的弯曲向上翘起，脊上饰以青灰，再嵌入竖立的小青瓦，脊角用瓦或砖垫高，内埋铁筋作"卷草"向上翘起。

（三）装饰性元素

湘东南传统建筑以青砖、灰瓦等材料的原色作为墙面、屋顶的颜色，呈现出青灰色的整体色调，展现出一种朴实无华的内在特质。与徽州建筑的"粉墙黛瓦"，黑白素雅的色调不同，彰显了该地区质朴的民俗民风。

湘东南的装饰艺术体现了其特有的历史文化内涵，表达了当时社会的价值观和审美情趣，是在湘楚文化的基础上，融合南粤、客家文化而形成的独特地域文化的物质载体。浪漫而神秘的湘楚文化赋予木雕、石雕、泥塑彩画等舞动的曲线、神秘的构图和艳丽的色彩；而受到南粤、客家文化的影响，其鸿梁、雀替等装饰细部又具有温婉细腻的特点。另外，还在题材内容上，图案繁杂程度体现了儒家文化的现实理性和秩序性。

二、传统元素符号的比较

将湘东南地区传统建筑的元素符号与湘东北、湘西等地区进行比较，进一步挖掘其在特殊的地理环境和特有的社会文化催生下的传统建筑特色。

（一）与其他地区的比较

1. 布局

湘东南地理位置特殊，受到多元文化的影响。湘东南人往往具有较强的防御意识，群体宗族的认同心理表现突出。聚族而居、耕战结合、集体互助成为必然选择，体现出集群实用的平面布局和层次鲜明的空间秩序。湘东北地区以天井为中心的围合式布局最具特色，平面布局以"丰"字形平面为代表，如张谷英大屋、冠军大屋等。但是湘东南和湘东北的天井院落式都属于内向型的空间布局，这与所受到的中原文化有影响。

2. 山墙

封火山墙是湘东南传统建筑最富表现力的建筑元素之一，是硬山屋顶在山墙项部的一种夸张处理。其中猫弓背式墙是湘东南地区所特有的一种封火山墙，在一些大型公共建筑中可见。湘东南地区的马头墙不同于徽派建筑的造型，与湘北地区水平走向的马头墙也有所不同。它的尽端通过砖叠砌挑出墙头，高高升起的马头墙支起屋顶最突出的轮廓，比传统的徽州民居翘起弧度更大，显得更加俏丽且具塑造出具有向上的动势。

3. 装饰

明清时候的建筑在现今保存较多，因此湘东南传统建筑整体青砖黛瓦，建筑装饰因为湘东南多产树木、石材，木雕石雕较多，雕刻内容以花鸟鱼兽居多，旨在表达人们的美好希冀。而湘西地区自古属楚地，楚乡民间，巫风极盛，因此湘西地区也形成独特的审美情趣。这种审美情趣充盈于传统建筑的雕饰中，尤其是本地的传统建筑木雕构件和纹饰中显得既神秘又浪漫。

（二）与相邻省份的比较

湘东南地区与广东、江西接壤，从地缘上来看，湘东南地区的传统建筑特点与周边地区既相互影响又有其独特性。

1. 所受文化影响

湘东南西北方向的传统建筑受到北方中原文化的影响，建筑风格端庄大方，体现儒家思想的中庸和孝悌；其东北方向的传统建筑与江浙一带传统建筑有着较深的渊源，有徽派建筑之韵，不慕华丽，质朴雅致；其东南方向的传统建筑由于与广东接壤，受客家、南粤文化的影响，装饰夸张，用色大胆，雕刻复杂。

2. 平面组合

湘东南传统建筑平面组合形式较为简单，是由基本的"间"或"院"组成。而岭南传统建筑则有多种建筑形式，如围龙屋、走马楼、四角楼等，根据不同的地形、气候，不同的防御条件，平面形式也有所不同。

3. 建筑风格

行列式建筑布局受江西传统建筑和广州传统建筑的影响更多，注重建筑单体之间的组合和排列。独栋式建筑布局受安徽、江西的徽派建筑影响更重，强调个体的表现，跌宕起伏的马头墙构成村落的首要意向。

4. 建筑装饰

湘东南主要承袭浪漫而神秘的湘楚文化，但因地缘受到广东南粤文化的影响，其建筑细部装饰在图案组合、木雕手法以及艺术特色上与广东传统建筑类似。如汝城祠堂的门楼，图案组合自由，不同题材画面常采用类似于北方彩画中的卡子和包袱边线来加以区分，与广东处理手法相同；在雕刻手法上，具有明显的岭南风格，如鸿门梁下花牙子采用通雕手法，线条简洁遒劲，轻灵剔透，与江南地区传统木构建筑使用的圆雕雀替不同；在装饰材料上，岭南传统建筑受外来文化的影响，它的细部装饰运用了一些如嵌瓷、玻璃等独特的材料。

第六章 洞庭·波——湘东北地区传统建筑风格特征解析

　　湘东北是湘、鄂与赣的毗邻之地，主要指洞庭湖周边区域，具体包括岳阳市全境、常德市全境、益阳市市区、南县、沅江市、桃江县等区域。洞庭湖区域历史文化悠久、人文环境独特，孕育出具有深厚底蕴的传统建筑文化。湘东北水资源丰富，河道纵横，有着便利的水上交通，洞庭湖素有鱼米之乡美称，加之其社会经济的繁荣活跃，成为南北往来的重要交通枢纽。湘东北地区兼容并包，吸收各地文化在此糅合、碰撞，形成具有地域特色的建筑文化。以湘东北地区现存史料和建筑来看，无论是古城、古寺，还是庙宇、民居都有洞庭湖文化的建筑印迹，传统建筑的风格、材料和建造技艺在此地区传统建筑上发挥得淋漓尽致。

第一节　地理气候与人文环境

湘东北地区文化底蕴深厚，为洞庭湖文化。洞庭湖作为我国古代文明的一处滥觞之地，中华文化中璀璨之珠——楚文化亦发祥于此。洞庭湖古称云梦、九江或重湖，是中国第二大淡水湖，其名字始于春秋战国时期，因湖中洞庭山（即今君山）而得名，并沿用至今。浩浩荡荡的洞庭湖汇集了湘、资、沅、澧四水，其吞吐长江之波，孕育了湖湘千年的历史和文明。洞庭湖流域自古是以农为主的地区，水域广阔的自然环境造就了其独特的生产和生活结构，形成以水稻、渔业为主的传统社会生产结构。

一、地理气候

湘东北地处长江中下游平原，地形相对平坦，多平原和台地，东高西低，呈阶梯状向洞庭湖倾斜。依托洞庭湖的丰富水资源，湘东北地区覆盖了沿洞庭湖东岸，往东可达汨水和新墙河中下游，往南伸展至湘江下游，往北延展到长江入湖口沿岸的区域。洞庭湖区域水系发达，具有河网平原、水流沼泽的地貌特征。拥有湘、资、沅、澧等数百条大小湖泊，各河流直接汇入洞庭湖和长江，有"北通巫峡，南极潇湘"之称。

湘东北地区属亚热带大陆性季风湿润气候，降水充沛，平均降水量可达1400毫升。四季分明，气候温和，冬寒期短，夏热期长是其显著特点。

二、历史文化背景

（一）历史

湘东北历史源远流长，岳阳古城是最具历史文化的古城之一。岳阳城被称为"湘北门户"，公元前505年建城，距今已有2500多年历史。从历史沿革看来，岳阳很早之前就有人类活动，岳阳境内发现的新石器时代文化遗址众多，包括了人工栽培的稻谷遗存、房屋遗址、原始陶器等。岳阳在夏商时为三苗国地；春秋战国时称"糜子国"，隶属楚国；秦朝属于长沙郡；东汉献帝十五年建汉昌郡，成为岳阳置郡之开端。隋唐称巴陵县；五代十国时称岳州，属楚国；元代实行行省制度称岳州路，属湖广行省；明朝时称岳州府，属湖广布政使司；1931年改称岳阳县，1961年设岳阳市。

湘东北地区还包含了常德市和益阳部分地区。常德古称"武陵"，别名"柳城"，历史上有"川黔咽喉，云贵门户"之称，是一座拥有2000年历史的文化名城。《中国古今地名大辞典》对常德历史记载：汉置临沅县，先后有临沅、监沅、武陵、嵩州、朗州、鼎州、常德等名称；历为县治及郡、州、府、路、行署驻所。始称常德在宋朝，由《老子》中"为天下溪，常德不离"和西汉毛氏《诗·常武》序"有常德以立武事，因以为戒焉"取名，表明"上行德政，下安本分"。据《武陵藏珍》记载，常德古城基本布局和规模于元代形成雏形。

益阳早在新石器时代晚期，就有人类繁衍生息。战国时期为楚国黔中郡属地，秦属长沙郡。因其位于南洞庭湖的资水旁，资水古称益水，得名为益阳，千百年一直没有改过名称。益阳是典型的内陆水运城市，在过去内陆航运发达的年代，由于其水资源丰富，湖泊众多，内交湘、资、沅、澧四水，外通长江，曾经是繁华的商业码头。

（二）文化

洞庭湖文化源于"水"。水是生命之源，它不仅繁衍了生命，而且创造并发展了文化。具有"洞庭天下水"之称的洞庭湖，接纳四水、吞吐长江，又被称为"长江之肾"（图6-1-1）。文化是洞庭湖区域的灵魂与生命，孕育着洞庭湖的子民，造就了自己独特的品格。洞庭湖区域以水为意象的文化，植根于水的灵性与变化。

忧国忧民是洞庭湖水文化的思想核心，其忧患意识来源于忧洞庭湖区的洪涝灾害，洞庭湖区域多发特大水灾，湖区人民由忧"水之泛滥"延伸到忧"国之兴亡"。一方面文人墨客将寄情于山水的情怀与思考人生融合，表达出"先天下之忧而忧，后天下之乐而乐""不以物喜，不以己悲"的人生哲理，弥漫了一种忘我的社会责任感和历史使命感。另一方面，洞庭湖区和江汉平原的各民族都曾受过排挤并被征

图6-1-1　洞庭湖（来源：何韶瑶 摄）

伐，具有强烈的求生存、求发展的忧患意识。

洞庭湖水文化具有开放性、兼容性和灵动多变性等特点。该区域地广人稀，自然资源丰厚，吸引了华夏、蛮夷和土著等诸多人民在此杂居。各民族文化长期相互影响、融合，加之人们丰富的想象力和创造力，发展了集各民族之长多姿多彩的水文化。洞庭水文化不仅是湖湘文化的重要物质载体之一，还是中国民族文化的重要组成部分，它寄情于自然山水、融合于民俗民风和道德伦理、表现于建筑特色，形成丰富多彩的文化类型。

（三）文化遗产

湘东北地区文化遗产丰富，包含了各个地区发展进程相关的物质文化遗产和非物质文化遗产。其中物质文化遗产具体有古遗址（如岳州窑、罗子国城遗址、城头山古遗址等），古城堡，古建筑（如岳阳楼、澧浦楼、石门文庙等），古民居（如张谷英大屋、黄泥湾大屋等），古书院（如金鹗书院、秀峰书院、天岳书院等），古寺观与教堂，古庙，古塔（如花瓦寺塔、慈氏塔、临湘塔等）（图6-1-2），古牌坊（如余家牌坊、坪田牌坊等），古墓葬（如屈原墓、平江杜甫墓、郭嵩焘墓等），古桥，古码头等，以及名人故居（如张岳龄故居、任弼时故居、毛简青故居）等文物古迹。

（四）移民

"江西填湖广"移民活动对湘东北地区传统建筑影响

图6-1-2　临湘塔（来源：陈宇 摄）

较大。自元末开始，两湖地区有3次大型移民即元末明初时期、明朝永乐年间到明朝后期和明末清初期。

元末明初时期，江西到湖广地区（主要指湖南、湖北）的移民，即"洪武大移民"。张谷英便是在这一时期来到岳阳，并在此生活，随着时间的推移形成现在的张谷英传统村落。明朝永乐年间到明朝后期，江西等省移民仍在源源不断地迁入两湖，虽然不似洪武年间猛烈，但持续时间较长。明末清初，社会动乱，战争不断，人们为不断寻求安定的居住地不断迁徙，使两湖地区的人员构成比较复杂。

在湘东北的岳阳、常德等地主要是江西籍移民聚居地。移民给当地的文化增加很多新的内容，导致习俗、民风以及建筑文化的良莠不齐。原住民与移民在长期的生产、生活过程中相互影响，一些旧俗、落后的建筑技术得到改造、革新，形成一些新的习俗、民风以及营造技术。

图6-1-3 洞庭湖景区（来源：陈宇 摄）

移民对当地文化有很大的影响，而承载了当地文化的传统建筑则更具有研究价值。移民者在湘东北地区落脚后，建立起聚落，然后繁衍生息形成庞大的家族，进而形成现今传统村落的雏形。

三、生态环境与社会经济

湘东北生态资源丰富，旅游环境良好，自然景观、人文景观交相辉映，名山、名楼，名胜古迹甚多，不乏官宦文人以洞庭湖为对象创作出名垂青史的作品。"昔闻洞庭水，今上岳阳楼"杜甫在此表达其壮游名山大川的行动，"袅袅兮秋风，洞庭波兮木叶下"屈原以此表达对洞庭湖的山水情意，唐代文学家温庭筠"还似洞庭春水色，晓云将入岳阳天"（图6-1-3）。文人墨客运用诗词歌赋尽情挥洒洞庭湖的波澜壮阔。

湘东北地区历史上以"自给自足"的自然经济为主，盛产水稻，河道纵横，水产丰富。家庭经济主要以作坊为主，如

图6-1-4 纺织机（来源：何韶瑶 摄）

纺织、碾坊等家庭手工业、农业（图6-1-4、图6-1-5）。岳阳、益阳两地的茶叶名闻遐迩，益阳安化黑茶作为中国六大茶系之一，产自唐代，如今热销于海内外。

图6-1-5　张谷英村晒谷（来源：党航 摄）

第二节　传统聚落的选址与格局

湘东北地区地势平坦，总体地势东高西低，地貌多样，丘岗与盆地相穿插、平原与湖泊交错，传统聚落格局主要有防卫型和聚族而居两种。

一、防卫型格局——以长乐古镇为例

"聚之有气，藏之有能"是防卫型聚落的主要特征，通常四面有群山庇护，是防守御敌的天然城池。湘东北地区防卫型聚落在空间结构上形成由街道、巷道、空间节点组成的线性街巷空间，构成山、河、街、道的空间格局。以一条主要街道为主要轴线，各个巷道向四周延伸，形成多条毛细小巷，寺庙祠堂均分布在主要街道周边。主要的街巷尽端均设石门一座，古代实行禁宵制，整体街巷空间围合内敛，独具防卫结构特色。

（一）选址

长乐古镇处于群山环抱之间，地势平坦，环境优美，安全防卫方面特征显著。

古镇选址摒弃了大多数古城镇"攻位于汭"的原则（即将建筑设于河流环抱的凸岸处），建于汨水的凹岸。其原因有三，首先长乐汨水河岸较高，分析其地质承载力，河水的冲蚀力不足以破坏河岸处的地基承载力，加上长乐是以水运交通贸易和商业为主的集镇，适合在汨水凹岸处兴建码头；其次汨水中间自然形成的环形小岛用地不足以满足城镇的发展需求；最后，位于汨水另一支流的凸岸是现今平江县所辖之地，该支流的水流量较小，不利于有水运需求的商业集镇的发展。因此，长乐的选址位于汨水凹岸。

（二）格局

长乐古镇空间格局的形成是人与自然相互作用下的结果。自然方面，长乐古镇的地势平坦，总体布局显示出较规范的形态。古镇格局的形成不仅考虑到适应冬冷夏热气候的影响，还考虑到建筑的通风与采光。人文经济方面，在古镇的形成初期，社会是以农业为主的单一生产模式，古镇的空间格局也呈现出一定的单一性。随着社会经济的发展，其文化结构逐渐多元性，宅居邻里的布局方式较以往的尺度有很大的突破。新中国成立后随着人们物质需求的日益增加和社会经济的快速发展，古镇的空间格局又发生了巨变（图6-2-1）。

1. 整体空间布局

古镇布局紧凑，是典型的"山—水—街—古驿道"空间格局（图6-2-2）。

唐朝时，古镇居民点以平行于古驿道并垂直汨水进行发展。明清时期，依靠古镇水陆交通的便利，长乐老街向北侧呈线性发展，祠堂寺庙等公共建筑分布在老街四周，由此初步奠定古镇基本的空间格局。新中国成立后，随着人们物质经济的发展，人口数量增多，居民点、公建的用地随之扩张。古镇形成以长乐街与十字街为双主轴，向四周放射状发展的空间模式（图6-2-3）。

2. 街巷空间格局

1）街巷结构：五主街八巷道

古镇原有普庆、同庆、吉庆、北庆、永庆五街，南北贯穿古镇，保留至今的只有2条，改称为上市街与下市街，成为古镇空间格局的主轴，也是交换物资的主要场所。十字街

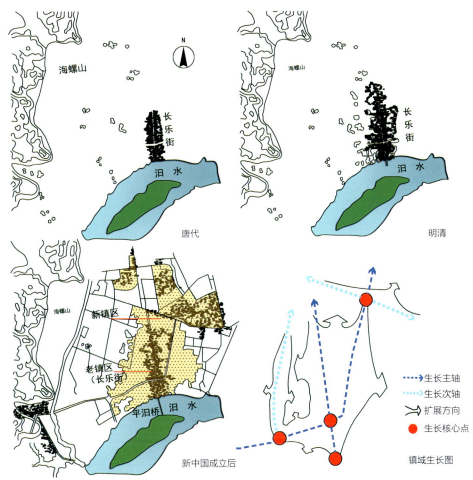

图6-2-1 空间格局演变图（来源：根据《外围内敛的湖南古城镇——汨罗长乐古镇》臧澄澄 改绘）

和下市街为旧时古驿道。古镇旧时有八条宅间巷道与主街垂直，形成类"丰"字形道路骨架，可惜随着镇区的发展，大部分巷道已被房屋占据。

长乐上市街下市相连成为镇内主街道，全长约400米，宽约4.5米，以麻石板铺地，主街形态曲直相兼。街道两边多为商铺，店宅一体化，开间较小多为一二开，商铺类型主要为药材铺、粮油铺、杂货铺。主街兼顾交通功能、商品贸易、公共活动等功能。巷道总长约35米，宽约2米，主要功能为分户、交通、防火以及防匪患。

2）街巷特色：围合防卫空间

古时，北门、正阳、青阳、启明、钟灵、毓秀、挹秀、迎秀等十门设于古镇街巷尽端处，实行宵禁制，夜间关闭，

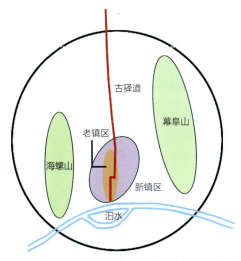

图6-2-2 长乐古镇整体布局（来源：根据《外围内敛的湖南古城镇——汨罗长乐古镇》，刘艳莉 改绘）

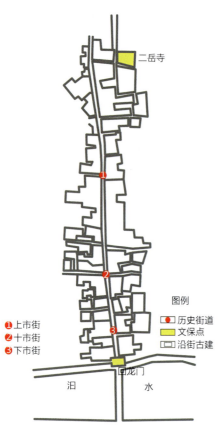

图6-2-3 长乐古镇空间格局图（来源：根据《外围内敛的湖南古城镇——汨罗长乐古镇》，刘艳莉 改绘）

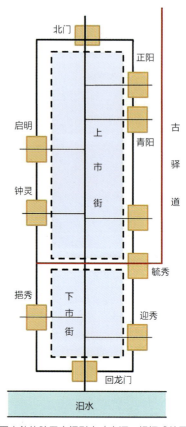

图6-2-4 外围内敛的防卫空间形态（来源：根据《外围内敛的湖南古城镇——汨罗长乐古镇》，刘艳莉 改绘）

用大木杠销紧。镇区传统建筑后墙处门洞均较小，所以街巷整体空间外围内敛，具有较强的防卫性（图6-2-4）。

3）街巷节点：一桥一祠一寺十门

一桥：平汨桥位于古镇南端回龙门外，为一座石桥。1993年新建，现今成为街接汨罗市与平江县的交通要道。

一祠：明嘉靖年间，在古镇长乐街之西莲花山建有城隍督总祠一座，据称建筑金碧辉煌，颇为壮观，遗憾于1955年拆除。现督总祠为下市街重修建筑。

一寺：唐朝代宗广德年间建有二岳寺，位于古镇上市街，内设大雄宝殿，原为湖广巴陵郡佛教圣地，现二岳古寺为重修建筑，依旧常年香火缭绕，是当地居民的一个主要聚会场所（图6-2-5）。

十门：古镇街巷尽端处原各建有一座石门，石门的设置是出于防卫的考虑，以防盗匪侵袭。十座石门在空间形态上也是

图6-2-5 二岳古寺（来源：刘艳莉 摄）

图6-2-6 回龙门（来源：刘艳莉 摄）

图6-2-7 张谷英村民居内堂屋（来源：党航 摄）

图6-2-8 张谷英村全貌（来源：湖南省住房和城乡建设厅 提供）

长乐街的界限标志。现仅存下市街回龙门，四角攒尖顶，小青瓦屋顶，两拱形门洞上雕刻"回龙门"三个大字，门身由青砖砌筑（图6-2-6）。屋顶下立四根柱子形成一个放哨的空间，对城外情况进行时时观察，具有强烈的防御危机感。

二、聚族而居

聚族而居是明清时期湘东北地区村落的基本特征，它以血缘关系为纽带，依靠宗法伦理意识、血缘观念以及建筑的形制维系着家族的稳定传承。建筑布局中传统聚落的方方面面，包括整体布局、建筑形式、空间形态、用材规格、装饰程度、甚至装饰的内容等，都充分体现出了"尊卑之礼、内外之分、长幼有序、男女有别"等伦理观念。如传统聚落总体布局中常见的以堂屋（图6-2-7）、宗祠等为中轴线的对称布局，强调的便是"居中为贵""王者必居天下之中，礼也"的思想。

（一）张谷英村

具有"天下第一村"的张谷英村位于湖南省岳阳县张谷英镇，坐落在距岳阳县城50公里的渭洞笔架山下。渭溪河贯穿全村，河的两岸分别是建筑群和青石路街，河上原有大小石桥58座。建村已有600余年历史，现今村落建筑群占地5万多平方米，整体上坐北朝南，砖木石混合结构，小青瓦屋面，先后建成房屋1732间，厅堂237个，天井206个，共有巷道62条。

1. 村落选址

村落选址于山体环绕的渭洞盆地中，地形以丘陵为主，北高南低。相传明代洪武年间，张姓由江西迁往岳阳的始祖张谷英从吴入楚，沿幕阜山脉西行至渭洞，见这里山明水秀，重峦叠嶂，自然环境优美，中间一块盆地，于是在此定居。张谷英经细致勘测后，将村落建筑群选址依盆地龙形山之走势（图6-2-8），沿渭溪河之流向，山明水秀，是理想的人居环境，逐步发展形成今天的张谷英村。

整个村庄处于大山谷底，呈群山环抱之势，形成了"枕山、环水、面屏"的山水格局。传统村落东南西北耸立旭峰山、笔架山、桃花山、大峰山四座山峰，形势如青龙、白虎、朱雀、玄武驻守四方，整体地势北高南低，四峰之间又形成四个山坳，桐木坳、芭蕉坳、大当坳和梓木坳，四坳中央便是渭洞盆地，盆地中央有一座由北向南的小山丘，即"龙形山"，渭溪河、玉带河顺龙形山曲折迂回穿过盆地交汇环抱，这既符合了传统理论的"负阴抱阳，山水相依"的基本选址原则（图6-2-9），又使村落与自然环境互相协调统一。选址时综合考虑地形地势、植被、水体等因素，渭洞盆地群山环绕、植被丰富、溪水潺潺，资源得天独厚，同时地形易守难攻，形成村落天然的屏障。

2. 建筑群建造

村落被美誉为"龙"形村落，建筑群依龙形山走势呈半月形分布在山脚（图6-2-10），长600多米，主体建筑群沿龙形山延伸，与山体一起构成龙形村落形态。主体建筑群由当大门、王家塅、上新屋三大建筑群组成，门前有溪，溪上有两座八字形的石桥，大屋前两侧都设计有烟火塘。渭溪河贯村而过，高差上，村落自南向北，自西向东，顺应地势形成一个坡度较缓的布局，在保证排水的同时能较好地避免山洪或者山体滑坡等地质灾害的出现。村落建筑群建造方面特色鲜明，具有较高的历史价值和稀缺性。

3. 布局

张谷英村空间布局特征明显，其空间形态特点大致可总结为两方面：其一为张谷英村将所在盆地进行合理的分区布置，建筑本身形式简单，沿山丘脚下的小盆地布置，民居围绕农田而建，形成多个小组团。其二为张谷英村三大片大屋，布局紧凑，团块状空间形态反映了家族的聚族而居（图6-2-11）。

1）合理分区

村落先期规划既合理利用了土地又满足了人们自给自足的生活。在大屋建筑群北侧，即盆地中央为龙行山，靠近龙行山一侧的山麓坡度较大，至龙行山脚陡然升高不适于用作

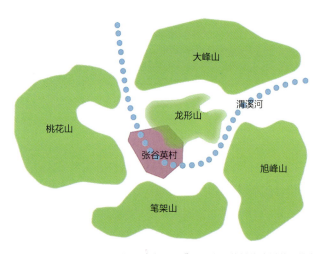

图6-2-9　张谷英村山水格局（来源：《岳阳张谷英村传统村落保护发展规划（2014-2030）》）

图6-2-10　山脚下张谷英村建筑群（来源：刘艳莉 摄）

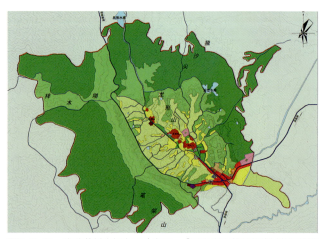

图6-2-11　张谷英村空间布局（来源：《岳阳张谷英村传统村落保护发展规划（2014-2030）》）

耕地，于是将其作为居住用地，使居住用地不与农田用地冲突，又利用这种坡度，从北至南，自东向西，组织整个村落的排水（图6-2-12）。渭洞盆地靠南一侧地势地平，适合耕种，大屋在先期规划时便在此处耕种稻谷和蔬菜等，而北边陡峭的山坡上，则栽种果树等经济林木。

村落建筑顺龙行山环绕渭溪河逐渐展开，渭溪河将当大门、王家塅、上新屋组合起来，还与各个大屋特别规划的烟火塘一起组成村落的水系，其空间布局有明显的方向感。

2）三大片大屋

大屋的三大部分，即当大门、王家塅、上新屋三大建筑群落，依照不同年代依次建立起来的：其中当大门是最早建立的，它位于整个大屋的最南端；其次是王家塅，位于整个村落的中部；最后建立起来的是位于大屋最北侧的上新屋建筑群。张谷英大屋占地广阔，各家各户都是以天井为中心，堂屋与天井前后布置，井然有序。从远处一眼望去，张谷英大屋呈现出无数个由"井"字形房屋构成的格局，屋宇连绵、虚实相间，非常壮阔。这种以天井为中心进行布置的各户民宅，既能保证每家每户的个人空间，又能形成强烈的家族凝聚力。三大片大屋共有天井206个，大的达22平方米，小的也有2平方米。大屋内各种功能房都以天井为中心布置，房屋围绕天井，天井对空间进行分隔。村内有巷道62条，总长1459米，最长的巷道74米，直通十个高堂。巷道一般设置在村内建筑的外侧，或者是厅堂及天井边，在改善室内环境方面能够起到夏季阻挡太阳辐射，冬季增加阳光的作用。同时，多雨季节还可以防雨（图6-2-13）。

（二）黄桥村

1. 选址

黄桥村位于湖南省平江县北部，幕阜山山脉北段，周围群山逶迤，地势起伏较大，村落格局与主要山脉走向方向基本一致。村落古称包家洞，后叶氏明朝洪武年间自湖北迁来，因此地山盘秀丽，森林茂密，清泉飞瀑；宜于耕种，水旱无忧，如世外桃源。叶氏聚族而居，繁衍生息，明清此地已称为叶家洞，相继建成传统建筑群，建筑呈明清特色，至今仍完整保留大量传统天井院落式建筑，形成别具特色的传统村寨景观。

黄桥村坐落在冬桃山下，对望张师山，三面群山环绕，形同盆地，坐东南朝西北，境内水源丰富，是汨罗江支流发

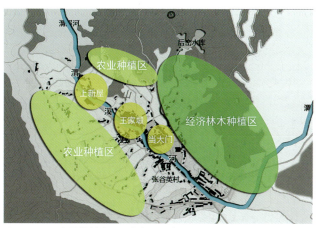

图6-2-12 张谷英村分区图（来源：《岳阳张谷英村传统村落保护发展规划（2014-2030）》）

图6-2-13 张谷英村巷道（来源：党航 摄）

源地之一（图6-2-14）。其选址符合中国传统村落的选址观，有山为依托，依山面水。靠山为玄武；左右护山分别为"青龙"、"白虎"；前方近处之山称作"朱雀"，远处山为朝、拱之山；中间的平地称作"明堂"，为村基所在；明堂之前有蜿蜒之流水或池塘。这种由山势围合形成的空间，利于藏风纳气，是一个有山、有水、有田、有土、有良好自然环境的独立生活空间。

2. 聚落格局

黄桥村传统村落现存传统建筑群看似错综复杂，布局却纵横有律，有优美而理想的空间组合（图6-2-15）。黄桥村是具有湘东北民族特色的村落，古时湘东北为了躲避外来侵略者，迁徙至山里，所以现在的黄桥村建筑为依山建房，聚族而居，一姓一族，或数姓一寨，联排串联。

村内传统建筑大多为木结构或砖木架构，至今保留有富头上屋、叶家新屋、叶氏祠堂（图6-2-16）、黄泥湾大屋等典型的传统民居，形成别具特色的院落式民居巧妙地适应了南方炎热潮湿的气候。规格不等而又相连的每栋门庭都由过厅、会面堂层、祖宗堂屋、后厅等"四进"及其与厢房、耳房等形成的天井组成。顺着屋脊望去，整个建筑就变成无数个"井"字，名副其实的大屋场（图6-2-17）。厅堂里廊枋比，天井棋布，工整严谨，青砖花岗石铺地，一般一层

图6-2-14 黄桥村区位（来源：《平江县上塔市镇黄桥村传统村落保护发展规划（2016-2030）》）

图6-2-16 叶氏祠堂古梁雕头（来源：《平江县上塔市镇黄桥村传统村落保护发展规划（2016-2030）》）

图6-2-15 黄桥村（来源：《平江县上塔市镇黄桥村传统村落保护发展规划（2016-2030）》）

图6-2-17 黄桥村大屋场（来源：《平江县上塔市镇黄桥村传统村落保护发展规划（2016-2030）》）

明间设神龛放置神主牌位，成为活动与待客的堂屋。聚落格局基本保存完好，具有典型性和代表性，是传统汉族聚落文化的集中体现。

现有建筑多为房屋主体加晒坝，院落为典型的堂厢式，由正屋和厢房组成，根据厢房的数量和布局分为一正一厢和一正两厢，厢房可做成辅助用房，一正一厢形成一个小禾场或小院子，一正两厢以三面围和建筑的三合院形式出现，平面呈"U"形，有开放式的前庭。

村落依山傍水，各建筑长条古桥相连，方便生产生活，防止自然灾害。民居也巧妙地借用大山的地形，适应潮湿的气候。黄桥村作为山区的传统民族聚落，其村寨选址与布局体现出典型的湘东北聚落的农耕文化特色。

第三节　传统建筑类型特征

一、公共建筑

（一）古城

1. 岳阳城

岳阳，古称"巴陵"，是南方最早的古城之一，自古以来就是军事要塞，具有十分重要的战略地位。襟带万里长江，怀抱浩瀚洞庭，濒倚幕阜余脉。城区正好位于洞庭湖与长江的交汇处，锁长江，扼湖口，为水陆交通的重要枢纽。

据考古记录，岳阳出现人类活动是在20万年前，6000多年前，洞庭湖两岸就出现了原始村落。夏商时期，岳阳隶属荆州之域，称为三苗之地。殷商时期形成岳阳城市的雏形——彭城，春秋战国时，城市有了一定的规划建设。东汉时，孙权派遣鲁肃于巴丘邸阁设大屯戍，城址依山面洞庭湖，地理位置优越，水陆交通便利（图6-3-1）。西晋，巴丘城扩建为县城；元朝设巴陵县城。东晋时，岳阳属荆州；南朝置巴陵郡。岳阳外临三江，有楚泽、会泉、碧湘三门。

明清时期，辖管巴陵、临湘、平江、华容四县，为岳州府，城内修葺城垣，以巴陵西路为界形成"北文南市，北官南商"的上、下城格局，其建筑和城廓体系逐渐完整。

现今的岳阳环城皆湖，四面低山丘陵，东西向楔入，形成以河湖泊水景为主，多个岗丘轮廓楔入的多组团山、水、城相间的总体空间布局。岳阳延续着明清时期古城格局，形成以洞庭路、巴陵西路为轴线的传统街区，保留下的古城墙反映了岳阳古城特有的历史风貌（图6-3-2）。现城市空间结构呈现"带状"功能用地组群，"大分散、小集中"的群组式空间结构，使新老城区逐渐连成一片，城市骨架不断延展。

2. 澧州古城

澧州古城，为古澧州州府所在地，今属湖南省澧县，位于洞庭西岸，澧水下游。北连荆襄，南接武陵，西通巴蜀，东濒云梦，乃九澧门户。澧州历史悠久，南朝梁敬帝绍泰元年（公元555年），始置澧州，唐、宋、元、明、清亦多称澧州（图6-3-3）。1912年废州为县，以澧水命名，相沿至今。

古城墙是澧州古代城防建筑，布局严谨，兼具城防和防洪两大功能。明洪武初年（1368年），澧州府治从新城（今新洲）迁移到现址，时任总督肖杰垒土为城，此后，多次毁于水患。直到明永乐二年（1405年），在原有土城墙两侧包筑砖石，建筑起高达4.9米的城墙，在加上女墙，周长长达4435米，在城墙外设壕。经过明清两代官府的多次修补加固，到清乾隆二十六年（1762年）重修，古澧州城墙已筑高到5.5米，周长已达5078米，城墙上有垛口3368个，在东南西北4个方向分别设置了绒绣、小南门、晏澧、澹江、金牛和清风六道拱券门，门上筑门楼。当时澧州古城的巍峨壮阔，以及偏于一隅，却为重镇的地位，由此可见一斑。

澧州古城风景秀丽，原有城内八景和城外八景，遗址均存，风韵不减当年。现今古城墙蜿蜒耸立，东、南段城墙保存较好，墙高5米，长约1800米，为明清时期砖石结构的古城墙（图6-3-4）。

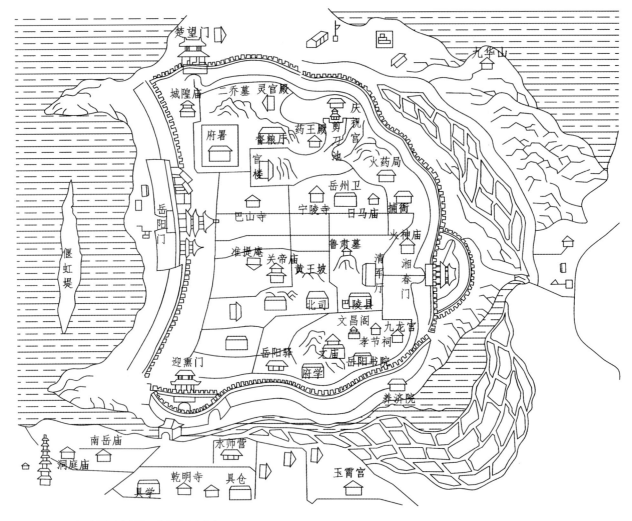

图6-3-1 岳阳古城图（来源：《岳州府志》）

图6-3-2 岳阳古城墙（来源：何韶瑶 摄）

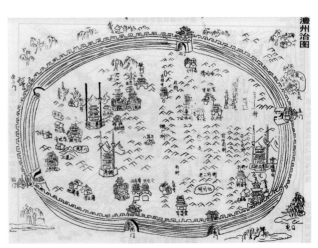

图6-3-3 澧州古城（来源：《直隶澧州志》）

图6-3-4 澧州古城墙（来源：刘艳莉 摄）

（二）单体建筑

1. 文庙

湘东北文庙建筑多是宋朝所建，也有明代增建的。文庙的基本形制是依照曲阜孔庙的形制，即"左庙右学"，以左为尊，平面布局中轴对称，多进院落纵深发展。院落包含庙堂和学馆两个部分，前者是祭祀孔子之处，后者为教育场所。湘东北地区文庙集结了地方特色，建筑群体分为前导部分、主体部分、后部及附属建筑3个部分。一般前导部分自头门到大成门，主体部分为大成门至大成殿。建筑形式采用官式做法，红墙黄瓦，具有一定的社会地位。

1）岳阳文庙。也叫孔庙，又称岳州学宫，坐北向南，始建于北宋庆历年间，至今保留了宋代建筑的风貌，是湖南现存最早的木结构建筑之一。文庙整体布局由中轴线展开（图6-3-5），地势从入口处开始逐步上升，大成殿建于中轴线台基上，东、西庑等左右对称布局，建筑与地形契合完美。文庙建筑面阔五间，进深三间带前廊，占地548平方米，高16米。庙中原有泮池（图6-3-6）、状元桥、回廊、棂星门、大成殿（图6-3-7），建筑规模宏大、祭祀设施齐全。岳阳文庙的建筑结合官式做法与地方建筑风格，重檐歇山顶，屋檐起翘。现存大成殿经历了数十次重建与修缮，部分保留宋代的官式建筑构件做法，殿内16根横木，在石墩和大柱之间，垫有一个约30厘米厚的鼓形横木，名叫木质，为古代建筑中所罕

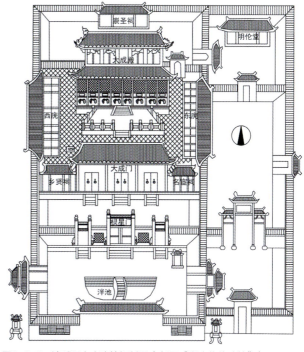

图6-3-5 清岳阳文庙建筑规制图（来源：《湖南传统建筑》）

图6-3-6 岳阳文庙泮池（来源：党航 摄）

图6-3-7 岳阳文庙大成殿（来源：党航 摄）

图6-3-8 石门文庙棂星门（来源：刘艳莉 摄）

见。天花板以上采用湘东北常见的穿斗结构，上檐斗栱的栱头部分造型、屋面脊饰等方面都有当地的特色。

2）石门文庙。位于石门县楚江镇文庙路，石门县博物馆并设院内，坐北朝南，始建于北宋皇佑四年（1052年），距今已近千年历史，庙址几经变迁，现存孔庙为明弘治十七年（1504年）建，建筑群以南北中轴线对称布局，现尚存两个四合院。走近单檐歇山顶头门，门前有一对清朝石狮把守。过头门，至文庙院里，有半月形泮池，周环石栏，状元桥拱形跨越泮池中间，跨度10米，桥砌石栏，阳雕文房四宝，暗八仙图案，泮池状元桥两侧有道贯古今楼。

第一进四合院由大成门、左边文官厅、名宦祠、东碑廊，右边武官厅、乡贤祠、西碑廊，加上棂星门构成。棂星门牌楼，四柱三门三楼，高8.7米，主楼明间七彩斗栱五攒，次楼七彩斗栱三攒，正间、次间大小额枋两面都有二龙戏珠，五龙捧圣，双龙朝阳镂空木雕（图6-3-8）。大成门，又称戟门，砖木结构，单檐硬山顶。山墙两端泥塑人物山水、飞兽走兽，正脊两端有鸱吻，中置宝瓶，盖黄色琉璃瓦。面阔三间。大成门进深12.4米，内顶饰草龙彩绘。

穿过大成门，来到第二进四合院。大成殿、大成殿前左为东庑、钟楼，右为西庑、鼓楼（图6-3-9），加上大成门后墙构成第二个四合院。大成殿是文庙主体建筑，重檐歇山顶，黄色琉璃瓦，飞檐高翘。面阔五间。大成殿前有石砌月台，安放高3.4米的孔子铜像（图6-3-10）。月台四周立石柱石栏，刻

图6-3-9 石门文庙鼓楼（来源：刘艳莉 摄）

图6-3-10 石门文庙大成殿（来源：刘艳莉 摄）

文房四宝、龙凤鸟。东角钟楼，西角鼓楼，相得益彰。

3）澧州文庙。又名澧县文庙，原名澧州学官，坐北朝南，今建筑群保存较为完整（图6-3-11）。总占地面积约8000平方米，建筑面积1699平方米，砖木结构，主体建筑布局在南北中轴线上，南北长180米，东西宽38米（图6-3-12）。文庙有泮池、状元桥、碑廊等，大成门三开间，左右分别是乡贤祠、名宦祠，东、西两庑各五开间，再进大成殿，两侧配有行廊，大成殿后为崇圣祠，两侧为节孝、忠义祠。其中大成殿为五开间，格扇门，重檐歇山琉璃瓦顶，上下檐只用柱头斗拱，形制较为特殊，其他建筑均为硬山马头墙，绿色琉璃瓦顶，卷棚檐口（图6-3-13）。该组群建筑均为木构梁架和山墙共同承重结构，梁架均为抬梁与穿斗混合式。文庙建筑装饰雕刻精细，颇具特色。

4）湘阴文庙。位于湘阴县城关镇东湖西岸，始建于北宋庆历八年（1048年），先后经历10余次维修、重建，至清咸丰元年（1851年），"规模宏丽，遂甲于湖以南"。文庙坐北朝南，前导部分"玉振金声"冲天坊由3座冲天坊组成，中间为六柱五门三楼式石牌坊，两侧为四柱三门二楼式石牌坊，然后是泮池和状元桥，"太和元气"坊为六柱式，石构庑殿顶，花岗石块镂空雕刻而成，建筑层次丰富，造型奇特。主体空间由大成门、乡贤祠、名宦祠、大成殿和两庑组成。整个文庙建筑群风格独特，技艺精湛，气势宏大，古朴雄伟。

大成殿为砖木结构，面阔五间21.5米，进深五间17米（图6-3-14），高18.3米，四周出廊，石栏杆环绕，栏板上透雕各种

图6-3-11　澧州文庙头门（来源：澧县文物局 提供）

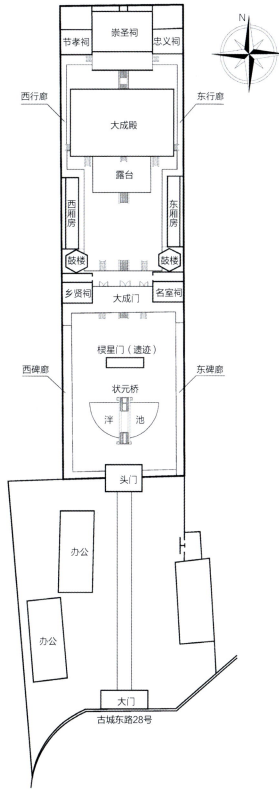

图6-3-12　澧州文庙平面图（来源：澧县文物局 提供）

花纹图案，殿宇有16根石金柱和20根石檐柱支撑，但中间四根金柱为木质。屋顶为重檐歇山顶，二层正面挑出抱厦，抱厦屋檐下嵌"大成殿"牌匾（图6-3-15）。二层设有腰檐平座，上檐饰如意斗栱、下檐置卷棚，覆黄色琉璃瓦，琉璃透雕屋脊，翘首饰立凤和鲤鱼，梁枋都有彩绘。整座殿宇装饰华丽，色彩鲜艳。

2. 宗祠

湘东北祠堂大都为廊院式，平面形式为四合院式，砖石木结构，面山而立，主文脉，代表着宗祠倡导儒学、崇礼重孝。祠堂一般为三进的形制，一进为门厅，二进为享堂，三进为寝堂。祠堂轴线方向设置正门楼，正门往往装饰富丽堂皇，石制拱门，墙面雕刻各式各样的浮雕（图6-3-16）。门厅后为第二进，多呈正方形大天井。明堂的地面铺砌石条，有甬道通往正厅。在天井的左右侧分别有数间石柱木梁构架的单檐廊庑（图6-3-17）。第三进为寝堂，是安放先人灵牌的神殿。

1）左文襄公祠。左文襄公祠又名左公祠，是为纪念清末爱国将领左宗棠而修建的地方性祠庙建筑（图6-3-18）。左公祠为砖木结构，晚清小型殿宇式建筑风格，构造简洁明快，用材合度。整个平面基本呈方形，单层、单檐，祠堂坐北朝南，由照壁、中栋和后殿及东西庑房组成。东西为马头墙，屋面小青瓦，中栋和后栋中设天井。主体建筑为长方形，南北向，内"一"字形影壁墙、门院、前厅、丹墀、东

图6-3-13 澧州文庙大成殿（来源：党航 摄）

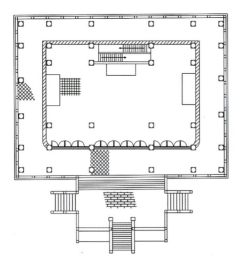

图6-3-14 湘阴文庙大成殿一层平面图（来源：湖南省文物局 提供）

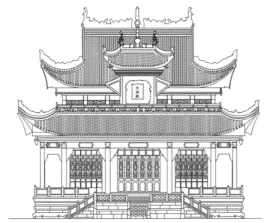

图6-3-15 湘阴文庙大成殿正立面图（来源：湖南省文物局 提供）

图6-3-16 屈子祠正门浮雕（来源：陈宇 摄）

西庑廊、后寝组成祠庙主体。东西庑房为附属建筑，包括前、后厢房和天井，与主体建筑一起共同组成左文襄公祠建筑组群（图6-3-19）。后殿正中设木龛，立左宗棠牌位。祠堂主体建筑颇具规模，前方有宽阔的坪地，形成祠前广场，扩大了祠堂门前的空间规模。

2）余氏家庙。位于平江县木金乡木瓜村南山组，距离县城70公里。始建于清乾隆年间，现存建筑为清同治十年（1871年）重修。家庙占地面积2300平方米，建筑面积2072平方米，砖木建筑，山墙搁檩与插梁架结构。平面形制为典型"田"字形布局（图6-3-20），集厅、堂、亭、池于一体，立面为三段式对称布局，中间为三开间凹形入口，两侧为封火墙，且均为封火墙侧面做建筑正立面，封火墙上

图6-3-17　屈子祠廊庑（来源：何韶瑶 摄）

图6-3-18　左公祠（来源：陈宇 摄）

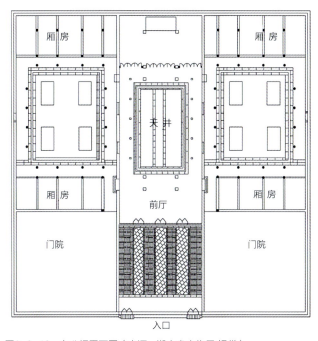

图6-3-19　左公祠平面图（来源：湖南省文物局 提供）

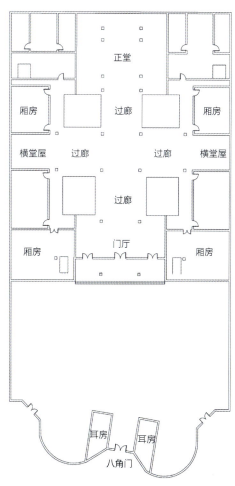

图6-3-20　余氏家庙平面图（来源：根据《平江县古祠堂建筑特点研究》刘艳莉 改绘）

对称各开一石窗。家庙门楼部分墙体未与建筑主体墙体相互平行,而是带有约15°倾斜角度,转动过后,是祠堂门楼城乡坐北朝南的方向(图6-3-21)。余氏家庙大门由"八字大门""入第耳门""出孝耳门"三个门组成,"出孝"与"入第"为两个侧门,门楼部分八字大门为祠堂正门,三个入口均采用八字门的形式。八字大门内两侧建门房,作看守用。余氏家庙青砖柱柱础部分为花岗石,门框则采用红砂石的石质材料。八字门屋面檐口部分采用卷棚式的造型形式,再加涂料粉饰,以追求木卷棚的视觉错觉。其屋面覆盖绿色小号琉璃瓦,脊饰已毁。八字门两侧采用近乎半圆形的青砖围墙,连接"入第耳门"与"出孝耳门",形制特别。

3)覃氏祖祠。覃氏祖祠建于清乾隆三十四年(1769年),由覃氏后裔所建,具有浓郁的土家民俗风格,质朴自然,属于民间公共建筑,小青瓦屋面砖木结构的四合院(图6-3-22)。整个建筑依山势而建,坐北朝南。祠堂台基为长方形,建筑面积537.6平方米。台基四周墙脚及阶檐以长条形青台铺垫。覃氏祖祠整个建筑共三进。大门正面为四柱三层门楼,每一层雕饰丰富精细,具有很高的艺术价值(图6-3-23)。祠堂大门用青石制作,其抱鼓石分别饰以动物、花卉、图案,石雕技艺极为精巧,所体现的是汉文化与土家族文化相结合的产物,具有浓郁的地方特色。祠堂建筑共分为三进,第一进为厅堂,两侧设厢房,中间置一月塔,从厢房两侧登木楼梯到第二层为阁楼,其棚栏为"卍"字几何图案,横梁局部饰以彩绘。第二进为中堂,是决议宗族重大事务的重要场所。中堂内为穿斗抬梁式混合构架,约30根大柱撑起覃氏祖祠。中堂前供奉百花堂,但现今大部分建筑已毁,仅存基础石及部分梁架,后为天井,材质为大青石。第三进为拜堂,左右两侧设耳房,现如今只剩一个。覃氏祖祠石构件、木构件朴素端庄,典雅大方,具有浓郁的本土文化色彩。

3. 书院

书院主要用于讲学、藏书和供祭。根据书院的特点,讲堂、祭殿、藏书楼等主体建筑一般位于中轴线上,形成二进或三进院落。书院造型特点多用高大坚实的火山墙,内部庭院重叠,天

图6-3-21 余氏家庙大门(来源:平江县文物局 提供)

图6-3-22 覃氏祖祠(来源:石门县文物局 提供)

图6-3-23 覃氏祖祠门檐(来源:石门县文物局 提供)

井穿插,形成丰富多样的空间形式。装饰简洁,极少彩绘,将结构和材料的本质显露出来,表现其清新、淡雅、自然的格调。

1)金鹗书院。

位于岳阳市金鹗公园内,座落在金鹗山南麓,始建于清光绪十年(1884年),原为清代大学士吴獬的书斋。书院五

开间，其中门廊三开间，左右各设一个辅助用房。建筑屋基高于地基，设石台阶进入书院大门，凹入式大门正中间挂匾"金鹗书院"，硬山屋顶，安置鸱吻，房梁四周突起二担子型封火山墙，细部造型精美（图6-3-24）。书院依山傍水，满目灵秀，中轴对称形制，由门坊、讲堂、藏书楼、稻香楼、奎星阁、先圣祠、报功祠、知味轩、文昌亭（始建乾隆年间，道光十三年重修文昌阁）（图6-3-25）、斋舍组成。

2）秀峰书院。

又名忠烈祠，天门书院之前身，始建于清乾隆元年（1736年），位于湖南省常德市石门县湘北职业中专校园内。1972年8月，原三进的圆门，院落等诸建筑及西侧的藏书楼，系六面迭檐阁楼，被拆毁。现存秀峰书院系砖木结构的清式民间建筑（图6-3-26），台基为长方形，总面阔17.2米，总进深16.3米，建筑面积280.36平方米，台基四周墙脚及阶檐以长条形青石铺垫。第一进过大门为厅堂，面阔二间，进深二间。头门正面为高大结实的封火山墙，距地平面高11.3米，单檐瓦顶，略往北挑。顶有石质望柱，望柱为方形，蘑菇顶，两高两低，中间两望柱间隔3.4米，望柱用弧形镂空石材相连，高低两望柱间隔1.2米，望柱之间用石材砌成菱形几何图案，材质规整，镂刻精细。整个头门高大宏伟，气势恢宏。头门正中为方形石门（图6-3-27），厅堂次间为左右耳房，面阔5.75米，进深4.8米，耳房前为2个天

图6-3-24 金鹗书院（来源：陈宇 摄）

图6-3-26 秀峰书院（来源：石门县文物局 提供）

图6-3-25 金鹗书院文昌阁（来源：陈宇 摄）

图6-3-27 秀峰书院石门（来源：刘艳莉 摄）

井，材质为大青石，规矩端庄，封闭清静。第二进为讲堂，面阔二间，进深二间，单檐、小青瓦硬山顶、尖山式封火墙一层翘角，背顶正中置葫芦宝瓶一个，脊背两侧分别绘以花卉，形态逼真，栩栩如生。讲堂左右为厢房，面阔5.8米，进深8.3米。书院整体石构件、木构件朴素端庄，典雅大方。

3）天岳书院。

又名平江起义旧址，始建于清代同治六年（1867年），因书院门对小天岳山而定名。书院坐东朝西，占地面积5948平方米，建筑面积3907平方米，砖木结构，歇山式屋顶，设封火山墙。中轴线上有大门、讲堂、大成殿，两侧为斋舍、罗孝子祠和藏书楼。书院大门为凹入式，上嵌石额"天岳书院"，有门廊三间，由两根四方麻石檐柱撑起，门枕石上一左一右有抱鼓圆石（图6-3-28）。大门内设门厅，木屏风隔开。沿花园正上方垂带式三级石阶踏上大厅，便是书院讲堂，分为前、中、后厅。前厅8个青砖四方立柱，排成四横排，横柱之间饰有木质隔扇。中厅两边各有耳房一间，原为山长住室。后厅正面曾有供奉的孔子牌位，书院东边曾建有屈子祠和宋九君子祠。整个书院布局层次分明，青砖黛瓦（图6-3-29）。

4. 楼阁

1）岳阳楼

岳阳楼久负盛名，屹立于湖南省岳阳市西北的巴丘山下，下瞰洞庭，前望君山。始建于公元220年前后，是以东汉末年的"鲁肃阅军楼"为基础，一代代沿袭发展而来。唐朝以前，其主要功能是军事防御，西晋南北朝时称"巴陵城楼"，南宋时岳阳楼毁于火。今天的岳阳楼是一个园林建筑群，位于岳阳市古城西门城墙之上，园林以古城墙为基础，岳阳楼为中心，主体建筑岳阳楼是清同治六年（1866年）修缮后的。由城墙平台中部向南北各设七楼四柱三间不出头式石牌楼一座。城墙平台内檐墙各有登城的台阶，台阶口有三楼式石牌坊门（图6-3-30）。牌楼和牌坊均以岳阳楼为中心，排列于南北两侧。岳阳楼前的仙梅亭（图6-3-31）和三醉亭，及楼后东北侧的小乔墓，东南侧的鲁肃坟，与岳阳楼组成前后两片"品"字形格局。

（1）建筑风格

岳阳楼建筑独具匠心。主体建筑坐东朝西，三层，高20.35米，进深17.56米，宽17.24米，接近正方形平面。在建筑风格上，前人将其归纳为木制、四柱、斗拱、飞檐、盔顶（图6-3-32）。①"木制"——岳阳楼是纯木结构，整

图6-3-28　天岳书院正门（来源：陈宇 摄）

图6-3-29　天岳书院鸟瞰图（来源：陈宇 摄）

图6-3-30　岳阳楼石牌坊（来源：党航 摄）

座建筑没用一钉一铆，仅靠木制构件的彼此勾连。建筑工艺精湛，上百年来既承载了无数游人的重量，又经受住岁月的剥蚀而昂然耸立。②"四柱"指岳阳楼的基本构架，四根"通天柱"由楠木制作从地面直通楼顶，承载着全楼主力负荷。除此之外，其余的柱子数都是四的倍数。内圈廊柱十二根，支撑二楼；檐柱三十二根。梁柱、枋、檩彼此咬合连接，构架十分扎实，技术高超。③"斗栱"——三楼采用如意斗栱承担屋顶，榫卯契合，坚固耐久。④"飞檐"——岳阳楼三层建筑均有飞檐，陡而复翘，如鸟之双翼，欲展翅高飞。飞檐用黄色琉璃瓦覆盖，每层的翼角装饰琉璃构件，一层为茶花凤凰，二层是海藻游龙，三层是彩云如意（图6-3-33）。⑤"盔顶"是岳阳楼最具特色地方。据考证，岳阳楼是我国目前仅存的盔顶结构的古建筑。三层的飞檐与穿斗式结构的楼顶结为一体，形成岳阳楼的盔顶结构。用椽子上垫以小木方形成弧形状。其外型酷似古代的将军头盔，刚柔并济，雄伟壮观，也隐喻了岳阳楼是三国鲁肃阅军楼的历史重要性。

（2）美学特征

岳阳楼的建筑材料从根本上影响其结构，结构形成形式上的变化。石制台基，三楼采用如意斗栱，全楼为纯木制材料。岳阳楼建筑是典型的"梁柱式"构架，其木构架建筑精巧细致。岳阳楼第一层有三大间，有檐廊而无廊柱，挑檐宽大，到檐角部分向上挑与柱脊平齐；第二层也为三大间，有回廊并安设栏杆，檐角仍然向上挑承与屋檐子挑角相仿；第三层则为三小间，相当于一、二层的1.5倍，檐下使用斗栱，做盔顶，檐角部仍然向上挑起与下两层相仿，脊部有弧线、曲线，正脊中心还安设了脊刹。盔顶与楼顶的琉璃瓦和檐部彩画交相辉映，融为一体。岳阳楼建筑空间内部划分非常灵活，其外观矜持内部富含多种玲珑秀丽的木构件，用精致的

图6-3-31 仙梅亭（来源：党航 摄）

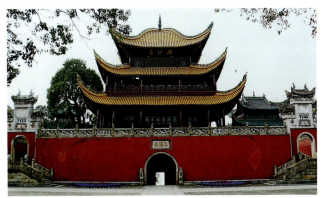

图6-3-32 岳阳楼（来源：党航 摄）

图6-3-33 岳阳楼飞檐（来源：党航 摄）

雕饰装饰在必要的结构处，组合成复杂的群体，使建筑无论是结构还是艺术上达到精美复杂，并髹漆于木构件外赋予建筑华丽的气质。

2）澧浦楼

澧浦楼又名遇仙楼、八方楼（图6-3-34），位于澧县县城东南隅城垣上（今澧县城关中学北校区内），建于南宋乾道年间。

澧浦楼平面呈八方形，纯木结构，内有旋状木梯，可上二、三楼。建筑三重檐八角攒尖顶，上置黄色葫芦宝顶，高20米，楼底直径14.17米，覆绿色琉璃瓦，黄色卷草纹脊，角悬风铃，顶端置葫芦瓶宝顶，每层檐转折处翼角高翘（图6-3-35）。楼体结构巧妙，整座楼共有柱头32根，二层八根檐柱落在一层与三层落地檐柱之间的横枋上，实际上只有24根柱子落地。这既给一层留下空间，又节约了木材。楼内设旋转旋梯，可上二、三层。底层四周设花格门（图6-3-36），有回廊一周，梁枋刻有龙、凤、花草图案。二、三层四周设花格窗。

主楼左右两侧民间集资修建2栋各150平方米硬山式、封火山墙、外檐卷棚的仿古式建筑，名叫奎星阁和吕祖阁。两房之间有地下通道（20米）相连，内含四方古井"四相井"一口，深20余米。主楼四周平台筑高4.2米、面积500平方米，平台周围的100米石栏杆上均饰以八仙图案。

5. 牌坊

牌坊，又名牌楼，为汉族文化特有的建筑，是封建社会为表彰功德、贞节、科举、德政以及忠孝节义所立的建

图6-3-34 澧浦楼（来源：刘艳莉 摄）

图6-3-35 澧浦楼风铃（来源：刘艳莉 摄）

图6-3-36 澧浦楼花格门（来源：刘艳莉 摄）

筑物。明清时期，受程朱理学的影响，湘东北地区树碑立坊很多，成为一种纪念性建筑。牌坊刻写有字，柱上梁上、正面背面，内容为表述坊名、建立缘由等。清代湘东北地区的牌坊多为石牌坊，在雕刻上，饰立体浮雕，讲究整体典雅，图案题材丰富。湘东北牌坊主要有两种形式："一"字形和">-<"字形。一字形有双柱式、四柱式、六柱式，所有柱子一字排开，例月岳州文庙棂星门（图6-3-37）、湘妃祠"遐迩德聲"牌坊（图6-3-38）。">-<"字形一般为六柱三间式，全部为石牌坊，一般为五楼、七楼或九楼。余家牌坊是典型的六柱三间九楼式牌坊，整个牌坊结构严谨稳重，牌坊四面均作"八"字形。所有柱、坊及博风板上遍饰立体浮雕，有龙、凤、花鸟、人物等图案。全坊为镂空雕刻，造型生动、工艺精湛（图6-3-39）。坪田"乐善好施"牌坊，全层以六根方形石柱为主架，分石坊四层。第一层有一中门和左右两个侧门，门前后立花岗岩石雕镇门兽八具，四狮四象，均为蹲伏状，两目注前，四爪着地，倾耳静候，神灵活现。上部三层，每层三格，格中均嵌大理石一块，刻有记事铭文。在铭文四周和坊额各部位，镌有各种浮雕，线条明快，栩栩如生（图6-3-40）。

图6-3-37 岳州文庙棂星门（来源：陈宇 摄）

图6-3-38 湘妃祠"遐迩德聲"牌坊（来源：陈宇 摄）

图6-3-39 余家牌坊（来源：澧县文物局 提供）

图6-3-40 坪田牌坊（来源：何韶瑶 摄）

图6-3-41 张谷英村家族堂屋（来源：党航 摄）

二、民居

湘东北地区传统民居形制主要可分为4大类：大屋式、天井院落式、独栋正堂式、城镇商铺式。

（一）大屋式

大屋式建筑群组主要是合院制的平面形制，以堂屋作为单体平面中的核心空间，堂屋（图6-3-41）所在纵轴线作为整个建筑的主"干"，横轴线上的侧堂屋为"支"。这种布置方式强调建筑"中和"布局形式，体现了家族的向心性和以家族为中心的制度。天井和院落也是建筑的重要组成部分，将室内外空间融为一体，巷道作为过渡空间，连接主"干"与"支"。清代中叶以后的大屋民居主轴线上的房间两端多用马头墙，外观上明显突出了主体建筑的地位。张谷英大屋、冠军大屋和黄泥湾大屋是湘东北大屋式民居的典型代表。

1. 张谷英大屋

张谷英村三大片大屋，当大门、王家塅、上新屋，分别建于明、清不同时期，其建筑形式和风格保持一致，各片都呈"丰"字形平面布局。大屋天井相连，规模壮观，它既能保证每家每户的个人空间，又形成强烈的家族凝聚力。三大片大屋现存各组群沿中轴线多为三到五进堂屋，房屋宽大，左右两边分布狭小的正房与厢房（图6-3-42）。主轴线两侧对称地伸出多个附属横向分支，即横堂。这些房屋也是中部为堂屋，两侧为正房与偏房。横向轴线上的堂屋均面向纵向轴线上的堂屋。纵横交织形成"丰"字形建筑群向四处铺开，井然有序，有条不紊。各组建筑之间用连廊、巷道分隔，同时，房屋围绕天井，天井对建筑空间进行分隔。建筑运用"虚实相生"组合空间。

1）当大门

当大门是张谷英大屋中面积最大的建筑群体，其名字取意于大门两侧的门当，门当越大也就表示家族越旺、家势越大。门上方的横梁叫"户"，当大门的门户上刻有太极图形与门当彼此呼应，二者合起来就叫做"门当户对"。该屋建于明万历初年，建筑面积9200平方米，共有住房420间，大小堂屋和天井各24个，整体犹如一把打开的折扇，主轴线为五井五进形制（图6-3-43、图6-3-44）。大屋入口大门为八字形"屋宇式"槽门，由花岗石凿制而成，门头两侧各有房屋两间，供家丁居住守卫之用，门顶上太极图装饰寓意驱邪避凶。入口大门后是一个庭院，庭院中间有甬道连接龙须，通向大屋（图6-3-45）。庭院内左右各有一个水池，称"烟火塘"，具有防火和景观观赏功能。第二道大门上方悬挂"文魁"金匾，金匾高1.5米，宽2米，是当年先祖中举时朝廷赏赐（图6-3-46）。进入第二道大门后，房屋呈主轴线向左右排开，堂屋正堂位于第五进，是供奉先祖之处，亦是整个大屋的核心，祭祀活动和集会议事都在此进行。主堂屋两侧有多个分支堂屋，这种主堂屋派生分支堂屋的建筑设计形成张谷英村各个屋顶间紧密相连的特色。

图6-3-42 张谷英大屋（来源：湖南省住房和城乡建设厅 提供）

图6-3-43 张谷英村当大门（来源：湖南省住房和城乡建设厅 提供）

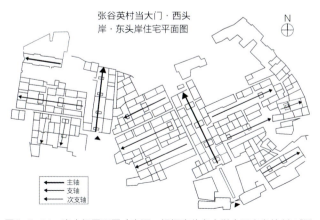

图6-3-44 当大门平面图（来源：根据鹿儿岛大学士田充义绘制 臧澄澄 改绘）

图6-3-45 张谷英村当大门（来源：党航 摄）

图6-3-46 当大门"文魁"金匾（来源：党航 摄）

2）王家塅

王家塅建于清嘉庆七年（1802年），由十六世祖张续栋建造，位于整个村落的中部，龙形山侧面，保存较完整。大屋建筑面积9474平方米，共有468间房屋及24个天井，布局规范，建筑群总体布局顺应地形呈干支式结构展开，即"丰"字形（图6-3-47）。由大门进入（图6-3-48），为一个大广场，两旁对称设置两个烟火塘，砌有石栏。主轴线整体布局为三井四进，建筑内部用花岗岩石条砌成地基，火砖砌成屋内墙体，脊梁部分则用木架结构。大屋内部有两条主巷道，俗称"双龙出洞"，由大门经中轴堂屋可直达屋后龙形山。其他十字形巷道纵横交织，包绕房屋，通向多个附属横向轴线上房屋，高墙屹立，家族融洽，颇具古园林自然雅致之风。主堂屋和横堂屋皆以天井为中心，由主堂和横堂形成的主次轴线将所有家庭住宅联系成片。

3）上新屋

上新屋建于清嘉庆十三年（1808年），位于龙形山尾，是张谷英村最后建造的清代建筑群。建筑面积7560平方米，共有172间房屋，飞檐翘角，典型的明清古庄园建筑风格（图6-3-49）。古建筑群外观结构严谨，其整体结构似"T"形（图6-3-50）。整间房屋有六进七井八横堂，采用的是以主堂屋旁的两根竖向巷道为竖轴，两根横堂巷道为横轴的"井"字形布局，整体以木结构为主，另外用花岗石、

图6-3-49 上新屋（来源：党航 摄）

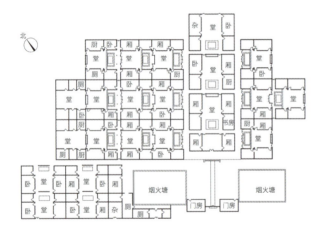

图6-3-47 王家塅平面（来源：根据《湖南传统建筑》刘艳莉 改绘）

图6-3-48 王家塅入口大门（来源：党航 摄）

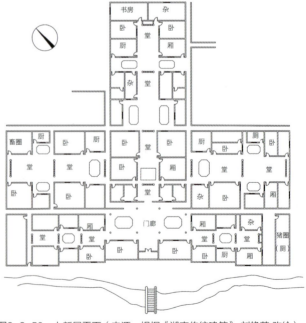

图6-3-50 上新屋平面（来源：根据《湖南传统建筑》刘艳莉 改绘）

青砖进行修饰。二进大门修建有过厅，柱头上含有四条大鱼，造型别具一格，屋内雕刻各式各样窗户。天井回廊分布在堂屋两侧，天井多为方形，还出现了双井并列的景观。

大屋聚族而居，顺应山形进行布局，减少了人工耗费，保护自然山水的原貌。房屋高密度紧凑布局，节约用地，注重人与自然的和谐关系，达到乡土民居"天人合一"的民俗文化。同时强烈的同姓家族聚族而居的意识和家族伦理观念是张谷英大屋建筑群的特色之一。房屋布局多依地势朝东西横向发展，总体布局纵横轴线交织合"中"。一般主要房屋朝向以南为主略偏西，如此使厢房多朝南，既可以朝阳，又能通风透气。

2. 冠军大屋

冠军大屋位于岳阳市平江县虹桥镇平安村，北连本镇枧源村，南临仙姑殿，西靠半山岭，北倚天井山，自然环境幽静，民俗风情厚重，具有独特的乡土和淳朴的农村气息，是平江县建筑年代久远、规模较大、建筑工艺较精美、至今仍基本保存完好的古老大屋之一（图6-3-51）。

冠军大屋占地面积达3000平方米，建于乾隆三十六年（1774年），距今已有200多年的历史，是八世祖公当时的国学生李冠军所建。屋内四进大厅四横厅两学堂三私厅，通道网布，紧连各厅各房，共有房间98间（80间正房，18间茶堂），天井二十九口（图6-3-52）。大屋中堂屋、厢房、厨房等处均有天井。天井使民居拥有单家独户的采光和通风条件，并在排水方面作用重大，下雨时呈现四水归堂的场景。堂屋与横堂轴线上的天井多以打磨光滑的麻石砌成，以麻石板铺底，设有麻石井台，井壁四周雕刻以精美图案。

老屋砖木结构，青砖扣栋，小瓦盖顶。木梁木柱雕龙刻凤，可见往日辉煌；木窗石窗刻镂鱼虫，独具艺术特色。天井纵横，具有通风、透光、排水、纳凉等功能。

大屋前有敞坪及形如半月形的水塘，有"风自前塘出，门向水中开"的雅称，夏荷盛开，清香满屋。屋后更有山峦围绕，占尽风水风光。

3. 黄泥湾大屋

黄泥湾大屋位于湖南省平江县上塔市镇黄桥村，建成于清代嘉庆年间，为典型清代庄园式江南风格民居建筑群，有房间108间，大厅9个，天井16口，总面积达6820平方米（图6-3-53）。黄泥湾大屋平面形制既纵向递进、也横向延伸，进深54米，宽却达68米，呈"平面"摊开、纵横交错，名副其实的"大屋场"（图6-3-54）。房屋青砖碧瓦，木梁、木柱、窗棂都有精美的雕花，还悬挂了不少牌匾，四进四出，左右对称，错落有致。

整栋房屋布局合理，防水火、防盗窃、防病灾。新中国成立前，黄泥湾大屋内设有南杂店，药铺，纺织、印染、鞭炮、榨油作坊等商铺，商业繁荣，兴盛一时。

图6-3-51 冠军大屋（来源：平江县文物局 提供）

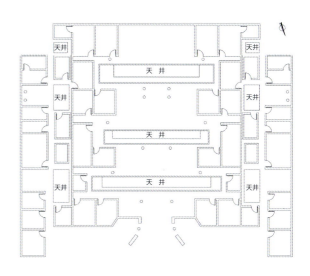

图6-3-52 冠军大屋平面（来源：平江县文物局 提供）

图6-3-53 黄泥湾大屋平面（来源：根据《平江县上塔市镇黄桥村传统村落保护发展规划（2016-2030）》刘艳莉 改绘）

图6-3-54 黄泥湾大屋（来源：《平江县上塔市镇黄桥村传统村落保护发展规划（2016-2030）》）

湘东北地区大屋式民居的形成与地形、气候和传统民族文化有关。湘东北地区整体上为丘陵地貌，气候夏热冬冷。民居建筑整体布局紧凑，节约用地。"丰"字形大宅中的天井与院落形式的布局有利于形成室内良好的气候环境。此地居民多为明清时期的江西移民，他们带来了江南和中原地区的文化和营造技术。明清时期此地战乱频繁，大屋聚族而居适应了地区社会形势的发展。

（二）天井院落式

天井院落式民居的特点主要是有内向封闭的院落空间，由屋宇、围墙、走廊围合形成。建筑布局灵活，多在屋前设置池塘蓄水，营造静谧舒适的生活环境。建筑对外大门多开向风水较好的朝向，故经常与建筑内厅堂不在同一轴线上。建筑内部空间规整，以堂屋为中心，通过天井（或院落）、廊道组织空间，体现了中国古代传统的哲学及家族宗法礼制等文化思想。湘东北地区天井院落式民居布局形式大致有3种：

1. "一"字形平面

"一"字形院落对场地的要求较高，多建于地形较平整的场地。建筑主体平面为长条形，内部通过天井（院落）与廊道分成前后两进。

张岳龄故居是典型的"一"字形平面，位于湖南省平江县瓮江镇英集村，始建于清同治九年（1870年），建筑面积1500平方米，砖木结构，坐北朝南。整个建筑呈一字排开，二层砖木结构，青砖外墙，至今保存完整。故居面阔五间，进深三间，东西两厢并辅屋，由横厅相连，长坊走廊对称排布（图6-3-55）。主体建筑有藏经楼、慎思堂、听雨楼、澹园等。各建筑以回廊连接，由东向西横向排开。

2. "口"字形平面

"口"字形平面建筑，将公共与私密空间分开布置，兼具四合院与独栋式的特点。建筑大多由二正屋二横屋围合，中间院落较小，正屋与横屋内空间由天井和廊道组织。

胡筠烈士故居，位于平江大坪桂林村（图6-3-56）。故居坐西朝东，二进三横厅，砖木结构，中间为由正屋、横、天井廊道围合成的天井院落，利于采光通风（图6-3-57）。

桃源县王家大院，又称筒子屋，位于桃源县龙潭镇掩门山村。清代古民居建筑群，依山伴溪而建，整个建筑为正方形青瓦四合院封闭式院落，占地面积3136平方米，建筑面积1464平方米，砖木结构（图6-3-58）。由前后两进厅与东西厢房组成。前厅是设有回廊的二层楼，木质楼梯通往二层，底层正中有石雕大门，两侧有石雕耳门，后厅东西两侧有石耳门。四周用青砖围墙封闭，封火墙上有彩绘，木雕与石雕精美。是一处规模宏大、保存完整且具有湘东北地方风格的民居建筑。

3. 其他形式平面

翦伯赞故居，位于常德市桃源县枫树乡翦家岗（今枫树维吾尔族回族乡回维村），始建于清咸丰年间（图5-3-59）。故居坐北朝南，纯木结构，建筑面积822平方米，整个故居占地18亩，故居分为南北两个院落，整体呈"吕"字形。建有小院墙，南院正门上有"翦伯赞故居"牌匾。大小房间18间，其中南院9间为翦伯赞故居复原，北院9间为翦伯赞生平陈列。

任弼时故居，位于汨罗市城南唐家桥新屋里。故居背

图6-3-55 张岳龄故居（来源：湖南省住房和城乡建设厅 提供）

图6-3-57 胡筠烈士故居天井（来源：湖南省政协文史委 提供）

图6-3-56 胡筠烈士故居立面（来源：湖南省政协文史委 提供）

图6-3-58 王家大院（来源：湖南省桃源县文物局 提供）

倚山丘，门临池塘，建于清末，属典型的清代江南院落民居（图6-3-60）。建筑砖木结构，面向西偏北，三间三进两偏屋，占地面积1204平方米，9个天井，共有大小房屋31间，全部房屋为青瓦覆盖，青砖落地。前进两端为青砖的马头山墙，西、南两侧与民房紧连，北、西两侧有土坯围墙，围墙内，大门前有半圆形池塘。故居为青瓦顶三合土地面，墙壁下部用青砖，上部为土坯。中、上进四间正房和偏屋窗户采用回纹窗格和透雕人物、花鸟图案。

（三）独栋正堂式

独栋正堂式民居一般依地形独立成户，建筑堂屋和厢房灵活布局，平面形式丰富适应不同人们的生产生活需求。民居多为一家一栋，房屋正中为堂屋，堂屋两侧为正房，正房一般分为前后两部分，前半部分设火房，供冬天全家烤火，屋前有外廊。堂屋两侧各有一间正房的叫"三大间"，各有两间正房的叫"五大间"，也有"七大间"甚至"九大间"的。建筑的装饰文化和建造技术（如"七字"式挑檐）具有显著的地域特色。主要有以下几种平面形式：

1. "一"字形平面

此形式是独栋正堂式民居中最简单的形式，正屋呈一字，多利用房屋两端山墙在前面出耳，形成前廊，但四周屋檐出挑较多，以遮阳和防雨，例如钟期光故居（图6-3-61）。

2. "L"形平面

此类型在农村很普遍，平面组合方式为一正一横，单体建筑一侧有厢房。建筑构造简单，便于有利于进一步发展。这种布置方式使功能划分明确，正屋供主人待客和休息，杂屋即辅助用房放置杂物，例毛简青故居。

毛简青故居（又名中共平江县委旧址）位于平江县三阳乡大众村成家塝，距县城1.2公里。建于公元1919年，为L形形式，砖木结构，二层楼房，小青瓦双坡顶屋面，占地面积5000余平方米（图6-3-62）。原有上、下、东、西及附屋计五栋33开间，二楼由外连廊将四栋主楼连接。1926年夏，大水冲毁旧址东栋及附屋。1932年，国民党反动派强行拆除了旧址前栋及西栋，至此，旧址仅剩后栋7间及偏房3间，中堂西边两间分别为当时县委办公室及会议室（图6-3-63）。

图6-3-59 翦伯赞故居（来源：刘艳莉 摄）

图6-3-60 任弼时故居（来源：何韶瑶 摄）

图6-3-61 钟期光故居（来源：湖南省政协文史委 提供）

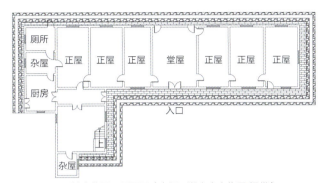

图6-3-62 毛简青故居一层平面（来源：湖南省文物局 提供）

图6-3-64 杨裕兴住宅（来源：刘艳莉 摄）

图6-3-63 毛简青故居（来源：湖南省文物局 提供）

（四）城镇商铺式

湘东北地区以汉族为主，城镇作为封建社会统治的据点、贸易集散的市场，人口集中。随着商品经济的发展，城镇沿街商铺逐渐增多，而用地有限，沿街商铺多由已有的住宅改建或扩建，建筑空间多为"宅店合一"形式，"前店后宅"或"下店上宅"。商业街道两侧的建筑基本为联排式，商业门面多是一家一户为一单元，店宅入口基本合一。

聂市古镇沿街住宅是典型的城镇商铺型，杨裕兴住宅大门，正对聂市河，正立面上层漏窗，入口商铺为可拆卸的木板门，日卸夜装（图6-3-64）。金广杂货铺有两层，下店上宅，大门由青石雕成，垂帘柱门罩，装饰精美（图6-3-65），内部以天井过渡，满足采光要求（图6-3-66）。

图6-3-65 金广杂货铺大门（来源：刘艳莉 摄）

图6-3-66　金广杂货铺内天井（来源：刘艳莉 摄）

第四节　建筑材料与营造方式

湘东北地区属典型的丘陵地带，山、石、木等建筑材料丰富，加之传统的烧砖技术较高，所以民居中多以砖、石、木为主要的建筑材料，结合当地传统的建造技术、构造方式以及当地的气候条件、历史传统、生活习俗和审美观念等，其建筑材料与营造方式特色鲜明。

一、建筑材料

（一）生土

生土可就地取材，既适应了当地的水文地质和降水条件，又利于环境保护和生态平衡。生土砖热惰性好，作为建筑墙体具有保温隔热作用，但其强度不高，尤其在潮湿的地区，需要解决防水防潮的问题。

三合土是由石灰、黏土和细纱组成，在湘东北地区大屋民居内主要运用于地面，即屋基的面层材料。屋基可以说是传统民居建筑底部的板式基础，它高出周围地面，一般用碎砖石、三合土等夯筑而成。一般民居房屋内的地面以生土地面为多，只在堂屋、卧室等主要房间用三合土。

（二）石材

湘东北地区雨水充沛，林木茂盛，同时又是典型的丘陵地带，山体岩石较多，周围环境有足够的石材供人们采集加工。传统建筑随处可见石头砌筑的建筑构件，因石材抗压、耐磨又防潮，且高出地面，可免柱脚腐蚀或碰损。民居的巷道路面多使用长条状的麻石（图6-4-1）。堂屋、天井（图6-4-2）还有重要建筑部分的门梁、大梁、柱子、柱础（图6-4-3）、抱鼓石（图6-4-4）等处都使用了石材。

（三）木材

木材通风效果和导热性能好使其成为湘东北地区传统建筑的主要建筑材料，主要用于承重和装饰构件，例如窗、门、栏杆、楼梯（图6-4-5）等。

图6-4-1　张谷英村内院麻石甬道（来源：党航 摄）

图6-4-2　冠军大屋天井（来源：湖南省平江县文物局 提供）

图6-4-3 张岳龄故居石柱础（来源：湖南省平江县文物局 提供）

图6-4-4 黄泥湾大屋抱鼓石（来源：湖南省平江县文物局 提供）

图6-4-5 张谷英大屋木楼梯（来源：党航 摄）

图6-4-6 张谷英大屋青砖墙面（来源：党航 摄）

（四）砖材

砖材主要以黏土作为原料，具有较好的普遍适用性。湘东北地区民居建筑的外墙较多使用土坯砖，也有采用夯筑的，甚至全用木质墙，称木心屋，富裕的家庭也有以清水砖为材料的。传统民居中，主体建筑多为清水砖墙，成为一个特色。张谷英大屋的青砖尺寸为300毫米×200毫米×100毫米。内墙多用土坯砖或木板（图6-4-6）。黏土制造的青砖具有良好的防潮吸湿性能，对建筑的外墙能起到防水作用，常用于室内的天井处。

二、营造方式

（一）结构特点

湘东北地区传统建筑多为砖木结构，以抬梁式和穿斗式木结构为基本的结构体系，故传统建筑较高大，空间布局灵活，通透性强，采光通风良好。湘东北地区建筑结构类型有如下几种：

1. 砖木结构

湘东北大部分民居建筑砖木结构多由土砖墙、木柱、木楼板、小青瓦屋面构成，采用木结构的屋架，砖砌山墙为承重墙的结构体系（图6-4-7）。若房屋跨度较大时，常在跨度中间或内部采用隔墙，或用木柱作为承重结构，外墙面多

图6-4-7　张谷英村砖木结构（来源：党航 摄）

起围护作用，不需要承担屋顶的荷载。墙脚取材于当地的条石，墙身用土砖。

2. 穿斗式和抬梁式木结构

湘东北地区民居建筑多为穿斗式结构或砖木结构，岳阳楼是特例，运用穿斗式与抬梁式混合的梁柱式结构（图6-4-8）。穿斗式建筑用料小、柱密、梁跨度小、形成空间小。张谷英村廊道顶采用的是穿斗式屋架形式（图6-4-9），溪边房屋的内部屋架上伸出一架大梁，搭靠在高约4米的立柱上，其上再搭其他梁架结构。公共建筑等大跨度空间多用抬梁式木结构，柱间距大，用料大。

3. "七字"式挑檐

"七字"式挑檐是湘东北建筑屋檐的一种出挑形式，它将梁、枋直接升出不同的长度来做成"七字"式，反映了湖南地区传统建筑形式的特征。当屋檐下无柱子时，通过在开间的墙体内预埋木板来作为檐枋，其上下枋的长度不一致，下枋约为上枋的一半，下枋的端部通过立短柱的方式来支撑屋檐外部的第一根檩条，而第二根檩条就可以通过上枋穿过下枋上的立柱这种形式来进行承接，由于其外部形态像"七"，被称作"七字"式挑檐（图6-4-10、6-4-11）。

（二）生态适应性

1. 采光

湘东北传统建筑利用建筑的侧窗、天窗、隔扇窗和天井采光。"井"字形建筑中天井可进行自然采光，内天井使房

图6-4-8 岳阳楼混合木结构（来源：党航 摄）

图6-4-9 张谷英大屋穿斗式木结构（来源：党航 摄）

图6-4-10 湘阴某故居"七字"式挑檐（来源：刘艳莉 绘）

图6-4-11 翦伯赞故居"七字"式挑檐（来源：刘艳莉 摄）

图6-4-12 张谷英大屋天井采光（来源：党航 摄）

屋四面采光。通过天井边的隔扇门窗，室内表现出更为生动的光线效果（图6-4-12）。建筑的阁楼也是采用部分明瓦或者天窗获取自然采光。

2. 通风

湘东北地区夏季潮湿闷热，通风散热是建筑需要解决的首要问题，湘东北传统建筑的开间较小，进深大，这种建筑尺度有利于穿堂风的形成，实现室内热交换传统建筑最常用的通风方式是开天井和巷道。其中主要应用了热压通风和风

图6-4-13 翦伯赞故居天井通风（来源：刘艳莉 摄）

压通风的基本原理。

1）堂屋通风。堂屋是辅助天井来达到通风效果。自然风通过天井进入室内，然后到达堂屋，与天井的空气进行交换。

2）天井通风。传统建筑大部分利用天井烟囱效应原理进行通风。天井既是引风口又是出风口，对室内外空气进行流通（图6-4-13）。天井将风引入堂屋，进入建筑内部，经过一个循环后再次经天井回归自然。天气炎热时，若室内外温差大，天井内空气上升，周边巷道与门窗则不断补充冷空气，形成热压通风，将凉风纳入室内（图6-4-14）。

3）巷道通风。受夏季东南风的影响，湘东北民居多为南北向布置，巷道也顺应夏季主导风向，加之巷道很少受到阳光直射，气温相对较低，"冷巷"便会形成"风廊"，两者共同作用，有利于改善室内热环境的作用。狭窄的巷道若与本地夏季的主导风向一致，还易形成对流风。同时，当外界的风速很大时，巷道还可以起到缓冲的作用。

3. 遮阳

1）设置挑檐和走廊。湘东北夏季的太阳高度角很大，挑檐能对建筑产生良好的遮阳效果。在建筑群落的外侧和天井中通常利用挑檐形成宽约为1～2米的廊。檐口出檐深远，既有利于阻挡夏季入射角度高的阳光对房屋进行直射，又可以防止冬季入射角低的阳光进入建筑内部（图6-4-15）。走廊可以视为建筑的气候缓冲区，避免阳光直接射入室内。

2）门窗遮阳。主要指位于建筑外墙上的门窗，室内外空气经门窗进行交换，传统建筑的门窗大多采用空透栅格构件。门窗的设立也是建筑的开口方式，适应当地气候特点。建筑的入口大门常为石制门框。窗台的高度、形式及开窗的面积都影响通过窗户射入屋内的光线强度、范围和时间长短。高窗台减少夏天太阳角度高的光线进入室内，缩短光线射入的时间，冬天入射角度底的光线可以最大限度的射入到建筑的内部。大面积的花扇窗格在一定程度上也可起到遮阳效果。

3）天井挑檐。湘东北地区传统民居多数都有天井，天井既对室内提供阳光，同时还兼顾遮阳的作用。湘东北地区南向阳光入射角度高，所以天井中南向挑檐伸出较短，为1米左右；东西向阳光入射角较低，所以东西向挑檐伸向天井约为2米。南向檐口与其他方向相比，高度是最高的，由此不仅遮挡了夏季高入射角的阳光，而且使冬季的低入射角太阳光到达室内（图6-4-16）。

图6-4-14 张谷英大屋天井通风示意图（来源：刘艳莉 绘）

图6-4-15 张谷英大屋挑檐（来源：党航 摄）

图6-4-17 张谷英村封火山墙（来源：党航 摄）

是大屋式建筑排水的主要途径，雨水到达天井四周的屋面上顺势流入到地面的天井内，利用天井通过地下管道，形成一条完善的水循环系统。这套地下排水系统采用类似科学上的"排水交绕"方法，水通过天井的排水小孔进入地下，通过迂回的暗道，穿过数个天井逐步下行。雨水顺着大屋建筑群的地势，从北向南排到建筑外河流，最后通过河流将雨水排出村外。这条水流设计极其巧妙，融汇了古人们的智慧与才华，藏而不露的方式在中国传统建筑群中非常罕见。

5．防潮与防火

传统建筑墙身用青砖、麻石或红石砌筑高度约1米左右的墙基防潮，亦存在墙基高出一层高度的。土砖墙体以灰浆抹面，木柱以石柱础防潮。屋基高出周边地面约0.5米，一般用三合土、碎砖石等夯筑进行防潮。

湘东北传统建筑大多运用土木结构，防火尤为重要。湘东北地区传统建筑的防火有多种类型：1）设封火山墙。张谷英村山墙高达10余米，用青砖砌筑到顶（图6-4-17）。2）利用巷道。大屋式建筑以巷道划分聚居单位，巷道两面一般为防火墙，青砖垒墙直通屋顶，高达10余米，墙高且厚，宜于防火。火灾时将巷道上的瓦掀开，火苗上窜，即将火路很快截断，防止出现一家失火四邻遭殃的局面。3）在园内和屋前设烟火塘。民居大多临近水源，如张谷英大屋有渭洞河贯穿全村，大屋内专门设置了烟火塘，冠军大屋、任弼时故居

图6-4-16 翦伯赞故居天井挑檐（来源：刘艳莉 摄）

4．排水

湘东北地区雨热同期，雨季集中，且雨量很大。该地区大屋式建筑居多，其体量规模大，这对于排水是一个很大的考验。张谷英大屋建筑入口部位的屋顶，其屋面排水坡度设置为30°左右，以便能迅速排水，防止积水。天井

前有大水池,要是有火灾,可以就近取水。单体建筑两端的山墙不开窗也可以起到防火的作用。

第五节 传统建筑装饰与细节

湘东北地区传统建筑装饰包含了雕刻和绘画两大类。前者一般用于建筑的门窗、栏杆、柱础、建筑前的石狮、栏杆等,后者是指对屋顶、梁枋、柱础、栏杆等建筑构件的装饰部分和油漆彩画。该地区的雕饰根据其所用材料不同,可分为石雕、木雕、油漆彩画三类。

一、石雕

在湘东北地区建筑中,明清风味的石狮、石柱、石鼓、石桥、石井、石门框,比比皆是,石狮生动活泼,石柱、石鼓雕刻线条精美,百般花样。

(一)石柱础

柱础地位重要,备受关注。艺术家喜欢在柱础上施展身手,在雕饰和形制方面,留给匠师最大的发挥空间,成为建筑物最具趣味的一部分。岳阳楼木柱下有四个覆盆式石制柱础,其上铺类似"剔地起突"的莲瓣。宋代遗迹中留有12个八边形柱础,其上饰类似"减地平饭"如意纹。廊檐柱下置20个鼓形柱础,其上不加花纹磨平称素平(图6-5-1)。以上形制柱础皆高0.2米,柱础图案质朴简约。

(二)石门框

湘东北地区传统建筑的入口大门一般用石门框(图6-5-2),上置条石,用门簪固定,下设门槛和门枕石。古代的鼓象征着祥瑞,门枕石遂演化为抱鼓石,既增加了门框稳定性又装饰了门框。抱鼓石一般有三部分,上部为雕刻的鼓石,图案精美如"松鹤长春""麒麟游宫献瑞""龙凤戏珠""花开富贵"等;中部为方形的鼓座,图案有花卉、草木、云纹等;下部为基座,做法似须弥座的圭脚,雕饰简单,高度同门槛高度(图6-5-3)。基座和鼓座的正面常装饰以如意云纹。例覃氏祖祠大门正面为四柱三楼牌坊式石门罩,高大宏伟,气势恢宏(图6-5-4)。大门最上一层为双凤争"日"浅浮雕,飘逸潇洒,第二、三层石雕分别饰以彩绘,均采用浅浮雕手法,构图精准到位。

传统建筑门槛的高低代表了屋主贫富贵贱的等级,湘东北地区民居一般都有高高的石门槛。张谷英村当大门门槛层层递进,进门门槛最低,到祖先堂门槛最高。石门框的门头被称之为户对,对应下面抱鼓石称为门当。石门当的雕饰造型主要集中在门头。石制门框坚硬,门框上条石起到了门过梁作用,进而加强了门框的稳定性。

张谷英村建筑群中有39副石门框,64座大小石桥。当大

图6-5-1 岳阳楼柱础(来源:党航 摄)

图6-5-2 张谷英村当大门石门框（来源：党航 摄）

图6-5-3 澧浦楼抱鼓石（来源：刘艳莉 摄）

图6-5-4 覃氏祖祠大门门罩（来源：石门县文物局 提供）

图6-5-5 张谷英村当大门"阴阳太极图"（来源：党航 摄）

门石门框顶中雕有一个"阴阳太极图"，不仅是压邪气保吉祥之物，而且蕴含着古代哲学思想（图6-5-5）。这些雕刻经历几百年的风雨侵袭，不翘不弯不裂，完好如初。足见其工艺之高明，选材之精当。

（三）石栏杆

石栏杆同木栏杆，结构相似，起防护作用。岳阳楼城墙平台上设花岗石栏杆，东面栏杆总长约167米，西面栏杆总长约143米。望柱头饰花卉、人物、麒麟、狮、象等各类雕饰。栏杆尽端，一般将石头凿成鼓形，称抱鼓石。其上铺莲花。栏杆栏版饰以透雕，内容有"暗八仙"即指八仙手中所持之物等（图6-5-6）。

图6-5-6　澧浦楼石栏杆（来源：刘艳莉 摄）

图6-5-7　岳阳楼斗栱（来源：党航 摄）

二、木雕

木雕主要用来装饰建筑的木构架、门窗、楼梯和栏杆，在建筑雕饰中使用最多。

（一）木构架

梁、枋是建筑中的重要承重构件，通常也是重点装饰的部位。湘东北地区建筑中梁、脊檩、枋及斗栱的装饰尤为明显。

1. 斗栱

斗栱在横梁和立柱之间挑出以承重，起一定的装饰作用，多用于等级较高的建筑上。斗栱是对屋檐有支撑和减震的作用，主要由方形的斗和弓形的栱经多重交叉组合而成。在立柱和横梁交接处，柱头上加上一层逐渐挑出的弓形短木，在两层之间垫起用斗形方木块。斗栱的目的是使伸出房檐的重量逐渐集中下来直到柱的上面。岳阳楼三楼檐下置鸳鸯交手状如意斗栱，斗栱总高0.85米，分四层（图6-5-7）。除转角斗栱外，东西两面各五攒，南北两面各三攒。外檐部分斗口上均有插昂，昂头雕饰各层不同，从下至上分别为靴头、龙头、凤头、云头。

2. 穿枋

民居屋架中的穿枋一般不作装饰，但天井边的柱枋和檐枋作重点装饰，穿枋的形状多为打开的卷轴，雕刻的内容以反映传统文化的琴棋书画、福禄寿喜为主，对称设置，生动有趣。

3. 脊檩

脊檩俗称大梁，是民居构架中重点装饰的部位，一般由两根木料上下叠加，位于下端木料称之为"太极柁"。在一般民居中，将八卦图和阴阳太极图绘在太极柁中间，或只在两端或者中间系上红绿布带象征吉祥，其他不多加装饰。大屋民居厅堂的太极柁上装饰丰富，在中间雕饰或绘画八卦图和阴阳太极图，两侧雕绘花卉、动物图案，也有仅在两侧绘制"乾坤"两字的（图6-5-8）。

4. 月梁

抬梁式木结构中的梁多选用有自然曲线的大木，梁向上微拱形成月梁，而且，房屋中所有外露的柱间联系梁及墙间联系梁都选用这种有自然曲线的木料。

张谷英村内的月梁似"八字"，谐音"发"，便于传力。大梁都选用这种月梁，其雕刻形式多样，图案有卷草、花卉、龙、凤、天马、麒麟等。

5. 短柱

湘东北地区民居中抬梁式屋架上梁中的短柱多为经过雕刻的大木板，图案为象征祥和、喜气的动植物。

（二）门窗

传统建筑的门窗雕饰如同人脸的眼睛和嘴巴，是极其重要的装饰部位。湘东北地区传统建筑门、窗装饰丰富多样。

1. 门

湘东北地区传统建筑的门类型多样，有入口大门、门罩、厅堂前的隔扇门以及卧室厢房的小房门等，装饰方式多种多样，有如下特点：

传统建筑大门一般都为双扇厚木拼版门，门边设叩手门环。有的大门上置金属兽面门钹，门环衔在兽面的口中，门钹是进入宅门时最先触到的建筑装饰。隔扇门窗下部为镶板，高度1米左右，隔扇门中槛边置门环，上部为镂空的雕花格板，雕花的形式五花八门。湘东北地区大屋民居的隔扇门窗上部通常设置横木，横木上部或镶走马板或为镂空的横披，质朴典雅。

例如岳阳楼一楼正面及南北侧外金柱间装有五抹雕花隔扇门，共26扇，每扇高2.68米，宽0.75米。其中正面格扇门14扇，南北面各6扇。木雕主要分布在隔扇门，其不同部位装饰以不同的雕饰（图6-5-9）。浅浮雕装饰裙板，正面绘有珍禽奇兽、花草树木，南北面饰花鸟虫鱼和宝瓶兵书。中绦环板采用深浮雕形式，正面装饰有二妃泪竹、刘海戏金蟾、三国演义、龙女牧羊、庄王擂鼓等14个民间传说故事，南北面绘以花卉。上绦环板则用透雕进行装饰，正面饰有嫦娥奔月、八仙过海等传说，南北面为蝙蝠等图案。东面裙板和中绦环板装饰简单，上绦环板透雕复杂，饰有花鸟、人物、兽类等。

图6-5-8 张谷英村脊檩（来源：党航 摄）

图6-5-9 岳阳楼隔扇门（来源：党航 摄）

2. 窗

湘东北地区建筑的窗格多为花窗，其图案一般都有视觉中心，多是井字形、"卍"字形、平纹和斜纹。窗棂材料用杂木，雕刻花草虫鱼、人物走兽等。

光线从室外射进来，经过窗户在室内形成斑驳的图案及闪烁的光影，使视野多样化，增加视觉效果。岳阳楼二楼外金柱间装汉文花槛窗33扇，其中西面10扇，东面与北面各8扇，南面7扇。每扇窗隔心上部涤环板饰以透雕，内容有牛郎织女、鹊桥会、白蛇传、吕仙醉酒、打渔杀家等古代戏剧故事。岳阳楼景区三醉亭一楼外金柱间格扇门正面裙板饰花卉鸟禽，有凤缠牡丹、喜鹊闹梅、金鸡啄菊等，南北侧为宝瓶花卉中涤环板为对称花鸟纹饰上涤环板为蝙蝠透雕纹饰（图6-5-10）。

（三）楼梯、栏杆

栏杆是台、楼、廊、梯、或其他居高临下处的建筑物边沿上防止人物下坠的构件，高度约为人身之半。栏杆结构较单薄，玲珑巧致，以镂空雕饰。栏杆分为3部分：望柱、栏版、地栿，望柱由柱头、柱身组成，栏版由扶手、云拱瘦项清式（荷叶净瓶）、华版构成。

岳阳楼的楼梯与栏杆结构类似。楼梯透雕54件，分布在一、二楼雕屏前栏杆、二楼明廊檐柱外侧栏杆以及二楼明间与暗间隔栏，三楼栏杆扶手。全楼设楼梯四架，扶手与华版间共40件透雕，分别位于一楼至二楼楼梯、二楼东面南侧及南面西侧登回廊楼梯、二楼至三楼楼梯，四架楼梯。全楼栏杆、楼梯扶手下共94件透雕作品，内容不乏花卉、动物、山水景色（图6-5-11）。

楼梯和栏杆雕饰除透雕外，望柱头还饰有圆雕。二楼明廊栏杆四角望柱装饰象，中间为麒麟。楼梯望柱头上为兔，下为狮子。其中雕屏前围栏两侧裙板饰有花鸟浅浮雕，比一楼裙板上的更为复杂多样。

三、油漆彩画

湘东北地区中公建装饰较多用油漆，而民居则多用堆塑和彩绘。

公建的木料部分需要油漆保护，油漆颜色工料讲究，做成丹青彩画，为传统建筑上一种重要装饰。柱的部分多是红色，间或用黑色。檐下主要青绿色，做红、黄墙或绿色琉璃瓦为一个间断。青绿彩画的位置和幽冷的色调均符合檐下阴影部分，共同表现房檐的伸出。

岳阳楼及其周边亭台木料一概髹漆，岳阳楼一楼四角老角梁出檐部分的圆形枋头用青绿采花装饰博古图案，门窗、栏杆及其木构架的雕饰部分皆铂金，其余木结构部分髹朱红漆，整个色彩端庄华丽。

堆塑和彩画在湘东北地区民居中体现得非常突出。多运用在硬山的墀头、封火山墙的墙头（图6-5-12）、天井边的照墙、窗楣等处。图案以象征祥和瑞气、驱邪避恶的人和动物为主，艺术精湛、形象逼真。通常一组堆塑或彩画就是

图6-5-10 张谷英大屋窗（来源：党航 摄）

一个主题或一个故事。彩画为苏式彩画，绘山水、人物、故事，并配以书法诗词，反映了民间的工艺技术和审美观念。

第六节 传统元素符号的总结与比较

一、传统元素符号的总结

湘东北地区传统建筑类型主要有公共建筑和民居建筑两大类。其中公共建筑以岳阳城、岳阳楼等为代表，各个单体建筑主要有宗祠建筑、文庙建筑、书院建筑、牌坊和塔等。从传统建筑的平面布局、空间类型特征、结构特点、装饰与细节几大方面解析传统建筑中元素符号，了解湘东北地区传统建筑遗产的建筑艺术价值。

（一）建筑总体布局

湘东北由于地处洞庭湖平原，地势平坦开阔，建筑布局多为中轴对称，且大户人家的院落往往向正屋的纵深发展，讲究几进几深。

"大屋场"是最具有特色的传统民居建筑，此类建筑由大屋毗连扩展形成规模庞大的建筑群体，同姓家族聚族而居。在空间组织上，通常以家庭为单位，堂屋为中心，通过天井（或院落）构成建筑群组（图6-6-1）。堂屋进深较大，一般位于整个"大屋场"建筑群的主次轴线上，用天井进行分隔。大屋总体布局上，有主次轴之分，除分布在主轴

图6-5-11 岳阳楼楼梯（来源：党航 摄）

图6-5-12 封火山墙彩画（来源：党航 摄）

图6-6-1 冠军大屋（来源：湖南省住房和城乡建设厅 提供）

建筑外，两侧建筑均按照次轴线左右铺开，形成适应地形的"干支式"结构。主体建筑堂屋和横堂皆以天井为中心，分自成单元，合则融为一体。

（二）建筑空间类型特征

1. 槽门

所有大屋的前面都设"屋宇式"槽门，入口大门开在槽门的正中间，槽门外墙做成向外撇开的八字，或为前廊式，视前廊的长短，对阶檐进行设柱（图6-6-2）。如张谷英大屋八字形的王家塅槽门入口不设柱，而冠军大屋（图6-6-3）、黄泥湾大屋前廊开间较多，阶檐在大门的两侧有柱子支撑。一般庭院式民居还有设门墙式大门。

2. 院落天井

湘东北地区民居一般以庭院、天井、回廊和楼梯来组织室内外和楼层间的空间关系。大屋建筑密度大，院落和天井是建筑空间组织的中心，用于通风换气、采光、排放或收集雨污水等，并通过设置水池及绿化调节小气候。天井多方正，也有长条形的。天井面积不大，一般为5平方米左右，大屋民居中也有20多平方米的（图6-6-4）。湘东北地区民居中的天井多是经细致切削和打磨过的条石和片状麻石花岗岩砌筑，中间以青砖或青石板铺地，摆放盆景和种植花卉。天井中的装饰集中在檐下、横披、隔扇、门头及二楼沿天井四周的回廊等处。湘东北民居多对外封闭，天井院落是民居中不可缺少的组成部分。

3. 堂屋

堂屋是湘东北民居主体建筑的核心，通常位于主轴线上。它是联系家支房的枢纽，宽且高，进深较大，一般不分隔空间，联系左右两边较窄小的正房、厢房、厨房等。单体民居中，堂屋后方不开门，少量往一侧开门。院落型民居中，堂屋前部向庭院开敞，形成厅堂，或用隔扇门便于采光和通风。多进式院落和大屋民居中轴线上多个堂屋一侧或两侧有门廊、过厅。主轴堂屋比次轴堂屋更为高大、威武庄严，为家族德高望重之人使用（图6-6-5）。如张谷英大屋当大门中轴线上的主堂屋高达7.8米，侧轴线上的次堂屋高度约6.4米。单体民居中

图6-6-2 王家塅槽门（来源：党航 摄）

图6-6-3 冠军大屋槽门（来源：平江县文物局 提供）

图6-6-4 上新屋天井（来源：党航 摄）

图6-6-5 上新屋堂屋（来源：党航 摄）

堂屋高一层，不设楼层，只在入口门墙的内侧上方设联系左右房间的通道，并在前面的左侧对外设门。

（三）装饰与细节

湘东北地区常采用木雕、石雕、砖雕、彩绘等多种艺术手法装饰建筑，精妙灵活，做工讲究。装饰集中在门窗、柱础、梁枋、脊檩、天花、藻井、家具、陈设及墙头等处。在结合当地的气候特点和民俗传统的基础上，运用当地的建筑材料，将雕刻与绘画等民间工艺相结合，图文并茂，表现了民族的哲理、伦理思想和审美意识，体现了中国传统建筑装饰的审美和文化内涵（图6-6-6）。

图6-6-6 张谷英大屋木雕（来源：党航 摄）

二、传统元素符号的比较

（一）与其他地区的比较

将湘东北地区传统建筑的元素符号与湘中地区、湘西北地区、湘东南地区和湘西南地区进行比较分析，进一步挖掘土地资源与乡土建筑营造智慧点（表6-6-1）。

湖南各地区传统建筑特点　　表6-6-1

分布范围	建筑类型名称	建筑形式	平面形式	体量、规模	主要特点
湘东北地区	大屋民居	庭院组群式	干支形和庭院形平面	群落规模较大，建筑一般一层，局部两层	用天井和院落划分空间；内部交通组织合理

续表

分布范围	建筑类型名称	建筑形式	平面形式	体量、规模	主要特点
湘东北地区	商铺形式	厅井式	正屋重叠式平面	一般两层平面，开间小、进深大	若干进正屋纵向的重叠排列；没有横屋；适用街巷两侧纵深较大的基地；前店后宅
湘东南、湘中、湘东北地区	南方典型民居形式	木梁架式	"一""H""凹"字形平面、混合型	一般是三、五开间，也有混合庭院空间的	堂屋为中心、正屋为主体，厢房杂屋均衡扩张
湘西南、湘西北地区	吊脚楼	干阑式	"一""丁""凹"字形平面、院落式平面	占地面积不大，独栋式为主，建筑一般三层	适应山体布局、有全部悬空与半悬空两种形式；每层的功能分布明确；有悬空的走廊和阳台，建筑体态自由
湘西北地区	石板住居	木梁架式	"一""H""凹"字形平面、院落式平面	规模不大，一般为一层，三五开间，局部有阁楼	有全石板以及建筑墙裙采用石板两种形式；内部空间没有明确的隔墙进行分割
湘西南地区	回廊式民居	干阑式	"凹"、矩形平面	规模不大，建筑两层或三层	民居周边有回廊；部分三层建筑，二层通往一层的楼梯处于建筑的不同位置
湘西南地区	窨子屋	厅井式	正屋重叠式平面图	占地面积不大，大部分两层两进，屋顶设有晒台	外部高石墙围护，内部采用木质房舍；天井采光，明瓦挡雨；无明确的轴线和方位；前店后宅

1. 平面布局

湘东北民居是湖南汉族传统民居的重要组成部分，多中轴对称，以正屋为主体，堂屋的中心线为住宅的对称轴，两侧的厢房和杂屋均衡发展，并且与天井和院落组合成为基本格局。住宅的平面类型主要有干支形平面、"一"字形平面、"口"字形平面、"L"形平面等。多种平面类型使湘东北民居的空间构成多样，建筑组合关系灵活。

湘东南民居主要建筑空间有正屋、横屋、厢房以及院子天井。天井繁多，但天井大小较湘东北略小。湘东南土地资源受限，常采用加建二层扩大建筑空间，一层为生活起居，二层为储存空间。天井内常种植花木，营造优美的环境。天井两侧的房屋常用作卧室、厨房或牲畜栏。湘东南地域偏南，常年阳光充足，民居对外开窗较少，开窗也只有约瓶形的无框窗口。民居的山墙形式丰富，不仅具有防火的功能，还有一定的审美价值。有些山墙上落水形式为一坡落水，屋顶部分采用水平檐墙减少烈日和雨水对建筑的影响。湘东南传统民居多为多户共同居住，连廊连接，每户设独立出入口，较少共用一个堂屋的情况。

湘西南与湘西北地区地处山区，其传统民居的特色主要为依山就势。传统建筑布局顺应地形，或建在山上，或建在坡地，最大限度地减少建筑对山体的破坏，防止山体滑坡。传统建筑聚落有序排列，或沿山体等高线横向展开，整体背山面阳。湘西的传统建筑多临水或者近水而建，层层排列的建筑沿水展开，水体给湘西人民提供生活用水和便捷的交通。

2. 建筑造型

汉族地区的民居建筑，不论是砖木结构还是土木结构，都以封火山墙为特色，湘中、湘东南和湘东北地区多用两头翘起的马头山墙式样（图6-6-7）。湘西南、湘西北地区为山区，多用"人"字形山墙，建筑造型最多的采用吊脚楼的形式，底层架空，人居楼上，既防潮又凉爽（图6-6-8）。

3. 建筑结构

湘东北地区、湘东南、湘中的民居多采用砖木结构，青砖墙壁，与木结构相结合（图6-6-9）。湘西南、湘西北地区的村落民居多木结构的干阑式建筑，但在少数区域，有少量运用土坯砖的砖木结构建筑，例如苗族老家寨（图6-6-10）。

图6-6-7　湘东北封火山墙（来源：党航 摄）

图6-6-8　湘西北建筑底层架空（来源：刘艳莉 摄）

图6-6-9　湘东北传统建筑（来源：党航 摄）

图6-6-10 苗族老家寨传统建筑（来源：张艺婕 摄）

（二）与相邻省份的比较

聚落方面，湘东北和鄂西南地区以血缘型和业缘型聚落为主要的聚落形态，现将湘东北和鄂西南地区在传统建筑的各个方面进行比较分析。

1. 平面布局

在建筑层面，从类型学入手，在空间意向中提炼湘东北和鄂东南民居的特征，按照入口空间、室外核心空间、室内核心空间的顺序，分解为槽门、庭院、天井、厅堂、挑檐等空间的对比。并在此基础上总结出两地民居的不同之处（表6-6-2）。

1）民居聚落平面上的"分散"与"聚合"

湘东北地区传统建筑多依照平坦地形纵横双向展开，形成大屋场聚落形式。湘东北村落规模较鄂东南的小，但大多以祠堂为中心，祠堂位于出入口的主轴线，通过巷道和廊道与内部房屋相连，具有强烈的凝聚性和向心性。而鄂东南地区聚落的特征多为大聚居下的小散居模式，即一村中虽有明显的中心地带和核心节点建筑——祠堂，但民居的排布依然相对自由，栋与栋之间间隔因用地大小的原因可疏可密。

2）传统建筑平面组合上的一大一小

湘东北民居多采用"五"或"七"开间形制，平面组织上存在横堂、横屋，空间轴线进行十字交叉，组合丰富多样，建筑面积规模宏大，民居户户相连，存在万余平方米的聚落，干支形平面空间布局。这种多天井与院落叠合的庭院天井形民居仅在湘、赣、闽、粤几省有发现，但叫法各异，泉州民居中被称之为"九十九间"，粤北的始兴民居称之为"九栋十八厅"，而在湘东北地区则形象的称之为"大屋"。鄂东南地区现存古民居规模通常不大，一般采用"五开间"形制，平面多为"五间三天井"的横向或者纵向组合，房屋紧凑，注意次间的利用并设置阁楼，布局合理，利用率高，因而面积一般较小。

由此湘东北地区的民居多为大规模的家族聚居，独户平面相对较大。而湖北地区则以小规模聚居为常见，独户平面展现出小型化趋势。

2. 建筑造型

湘鄂民居造型特征大同小异，但湘东北和鄂东南传统建筑在细节特点上仍有不同。

在屋顶形式上，鄂东南地区多为硬山顶小青瓦屋面，屋面被形形色色的马头墙隔断，远望层层黛瓦间一道道的白色马头墙间隔其中，独具韵味。而湘东北地区则多悬山顶小青瓦屋面，伸出的挑檐长度可达1米有余，层层屋面相互遮盖，远看气势别具一格，同时形成丰富的檐下空间，大型民居可达到"雨天不湿鞋"的程度。鄂东南地区很重视墙檐处勾出的白边，甚至在其上点缀墨绘画，创造出富有地方特色的屋檐画。类似的装饰手法在湘东北地区则被用在一进庭院中的围墙之上，更是增加了灰塑、砖雕这样的装饰手法。

3. 装饰程度

在装饰程度上，鄂东南较湘东北地区更精致。鄂东南地区民居平面不大，但对于正堂等重要空间部位运用镂雕、透雕等繁琐的装饰技术则司空见惯；而湘东北地区更注重"大气势"，平面展开相对较大，房屋高耸，堂屋开阔，但装饰相对简单。

4. 结构方式

湘东北和鄂东南地区民居结构方式是一脉相承的。分为两大类承重体系，一是砖木、土木进行混合承重，二是山墙承重。两种方式都运用墙体承重，放弃了榫卯技术。在潮湿的两湖地区，这种结构形式加强了民居的耐久性。而承重墙的材料上因地制宜、就地选材，选用土砖、青砖及黏土烧结砖等多种材料。

湘东北与鄂东南地区民居类型比较　　　　表6-6-2

要素			特征		湘东北	鄂东南
平面			天井为平面组织中心，纵向或横向展开几进的模式，天井尺度浅，开口一般较小		●	●
			庭院为平面组织中心，房屋环绕，一边敞开或设置围墙围合		●	○
			天井为主的组合方式形成大型民居群，并列或排列出很多类似"井"字形的布局方式，其厅堂朝向一致		—	●
			庭院为主、天井为活跃空间的大型民居组成形式，空间变化更加丰富，厅堂轴线多有扭转，但仍体现了十足的向心性		●	○
空间	槽门		独立院门形式，仅仅作为出入大门的标志，结构形式简单，仅存在院门的功能		●	○
			房形式，功能类似四合院中的倒座，基本形制一般为面阔三到五开间，其中明间作大门出入用，有的用八字墙形式强调入口空间		●	—
			门罩式，突出于墙面的装饰物，有石作和木作两种	木作	●	●
				石作	—	—
	庭院		庭院天井式民居建筑的第一进的一个尺度较大、功能上也比较独立的庭院		●	○
	天井	屋面围合而成的天井		四向房屋围合式	●	●
				单向或双向敞厅式	●	○
				房屋和隔墙围合式天井	●	●
		屋面和墙身围合而成的天井		单面墙围合式	●	●
				双面墙围合式	○	—
	抱厅		建造在天井中的有屋盖的四向开敞空间，常见形式有双坡顶和歇山顶	双坡顶	●	●
				歇山顶	●	—
	厅堂		组合厅堂的井字形布局模式		●	●
			组合厅堂的鱼骨型布局模式		●	—

续表

要素		特征	湘东北	鄂东南
构造	柱	木柱	●	●
		石柱	●	—
		0.6～1米左右高的石柱础上承木柱的"一柱两料"做法	—	●
	梁枋	看梁，在堂屋外的檐柱上，入户大门的上方	○	●
		过梁，入户门后上方，无任何装饰	●	○
		连机，檩下增加一道木枋的做法，形成叠檩	●	●
	墙体	砖墙	●	●
		土墙	●	○
装饰	石刻	凤凰、麒麟、仙鹤等吉祥图案，集中于柱础等部位	●	●
	木刻	主要以透雕、浮雕为主，集中于雀替、看梁、月梁、撑拱、吊顶等几个地方	●	●
	灰塑	用石灰在山墙顶端、门额窗框、屋檐瓦脊、亭台牌坊等建筑物上雕塑造型	○	●
	绘画	彩绘	○	—
		墨绘	●	●

（注：●表示常见；○表示少见；—表示无。）

第七章　梅山居——湘中地区传统建筑风格特征解析

　　湘中指的是湖南省中部。近现代的湖南省，行政区划多次更迭。今天，我们只能把历史的、地理的、行政的、区域经济的因素综合起来界定湘中地区——以今天的娄底市为中心，及其周边的邵阳、益阳。而湘中地区是以新化、安化等地域为核心的区域名，其形成的主要原因主要是文化原因，梅山文化作为以蚩尤为始祖的祖源文化，是长江流域荆楚文化中的重要分支。可以追溯到5000年之前的五帝时代。因此作为中华文化发源地之一的湘中地区，在中国历史上占有重要的地位。

第一节 地理气候与人文环境

一、地理气候

湖南省地处东经108°47′~114°15′，北纬24°39′~30°08′之间。雄踞湘中的雪峰山是湖南自然地理的分界线，而湘中地区则是雪峰山东面余脉与南岳衡山余脉共同作用下的丘陵盆地，是湘东河谷平原向西部云贵高原过渡的地段，地势较为复杂、地貌类型多样。地貌特征为低矮山岭与山间盆地、沿河阶地、冲积平原互相交错。整个湘中地区，海拔一般在500米以下，地势由南向北递减。盆地的土壤环境和气候条件良好，适合植物的生长和繁殖。湘中地区森林茂密，木材丰富，为民居建筑提供了很好的地域性建材。

处于亚热带季风区的中心的湘中地区属于典型的亚热带季风湿润气候，光温丰富，雨水充沛、空气湿润，加之境内山丘众多、河湖交错，造就了其气候的多样性。但是湘中地区整体上四季分明，气候较为温暖。湘中地区降雨量一般会超过全年降水量的60%，而且因为夏季降雨较为集中，所以湘中地区易发生洪涝灾害。而且由于在春夏季节为梅雨季节，湘中地区的相对湿度也会超过80%。但是总体上，湘中地区的气候热量充足，光照雨水也较为充足。

二、历史沿革

湘中地区作为中华文化的发祥地之一，远古时代，这里耕地稀少，人们以狩猎为生。其经济文化发展在秦汉统一的封建帝国建立之后也获得了新的发展机遇。湘中在三国时代地属东吴。唐代时期随着手工业的发展，出现了精美的装饰艺术。在宋朝时期，湘中地区经历历史性的转折，其发展速度也大大提升。宋开宝年间，潭州太守朱洞创建岳麓书院。朱张之序在这里缘起，也奠定了书院文化的基础。元末明初，湘中地区的居民结构随着大量江西、福建的居民迁入湖南地区，发生了巨大改变，人口随之剧增，这就是"江西

图7-1-1 梅山文化节（来源：湖南省住房和城乡建设厅 提供）

填湖广"运动。鸦片战争前后，外敌入侵，湖南人才崛起。曾国藩、左宗棠、魏源等对中国历史都产生着深远的影响。中国历史上赫赫有名的"湘军"崛起于此，是湘中地区的骄傲。梅山文化，是一支在文化史上曾被长时间隔离，后来又大部分被汉文化所同化，带有明显的区域特征的地方性文化。它的存在，对整个古梅山及其周围地区人们的社会生活曾产生过巨大的影响。与古梅山那种原始封闭，艰苦险峻的生态环境相适应，它以一种独特的方式规范着人们的生活乃至社会的意识形态。"梅山文化"的内容集中地表现在3个方面，即：一是风情民俗；二是宗教信仰；三是反映梅山人民的劳动、生活和表达思想的文化形式（或文化载体）——民间歌谣（图7-1-1）。

三、文化背景

梅山文化是现今还在湘中地区保存的一种原始土著文化，其具有深远的影响。从梅山文化产生的时间和空间角度分析，其具有以下3个特点：1.原创性：梅山文化是远古梅山先民结合当时自然、社会各个方面的条件自发创造的文化，受外界文化影响甚少。2.祖源性：梅山文化的时间背景可以追溯到人类幼年时期的远古，具有鲜明的原始特征。3.地域性：梅山文化对应的自然地理条件是古梅山这一相对封闭的特殊地域，决定了梅山文化的山地文化特质。

第二节 传统聚落的选址与格局

一、宗教信仰与聚落选址

梅山人认为世界万物充满了力量和能量，要促进部族的生存发展、繁衍兴盛就要与周围环境保持良好的关系，使自然与人融合为一体，最终达到天人合一。这种观念映射到当地传统民居的建构上，表现为湘中地区的传统聚落选址和布局力求将建筑与环境合为一体，将环境的生命力引入建筑，使建筑在与环境的互动中成为人类的庇护所。

（一）迎合自然

古时湘中地区聚落的选址，主要是依靠传统观念的指导，其中心思想是趋利避害，强调聚落与周边自然、山川河流间的关系，达到人与自然的和谐统一——即"天人合一"。基地位置综合日照、风向、水源、地质等问题加以考虑，民居建筑多建在背风向阳，地势较高，无洪水威胁、地质条件稳定的地段。

（二）家族观念与乡土情结

湘中地区人们对于自己生长的土地有着崇敬和依恋之情，"树叶对根的情意"确切地表达了这种感情。这种乡土情结来源于以农耕经济为基础的社会，这种情结也决定了人们的择业定居。到明清朝，地权转移更加助长了人们对土地的情结。也是由于这种情结才延续了家族长期聚居的生活模式，才会繁衍出一个个大家庭，组成以血缘关系和地缘关系为纽带的邻里社会。

（三）交通因素

湘中地区现存完整的传统民居，传统聚落的选址也受到交通条件的影响，其大部分都沿水而建。临近街区的民居沿街道布局，朝街道开口，方便生活。临水的民居平行水系布局，通过水运出行。如涟源的杨市镇，晚清遗留的传统民居，湘军将领的宅院，地主商人的老宅。沿水聚居的人们，一开始建造码头，将船只作为交通工具。之后，随着集市的繁荣，货运已然成为一个聚落的经济支柱。

二、聚落布局特征

根据长期对自然的细致观察及实际生活的体验，在中国古代就已产生了有关村镇、城市等居住环境的基址选择及规划设计的学说，晋代陶渊明在《桃花源记》中描绘了一种理想的居住环境："林近水源，便得一山，山有小口，仿佛若有光，便舍船从路口入，处极狭，方通人，复行数十步，豁然开朗，土地平旷，屋舍俨然……"这里描绘的居住环境是由群山围合的要塞形。他们将自然生态环境、人为环境以及景观的视觉环境作统一考虑，形成中国古代一种环境设计理论和初级的环境科学。在聚落的选址以及布局上湘中地区也将该理论运用在上面。主要体现在："负阴抱阳，背山面水"。负阴抱阳指的是在聚落的后方有主峰来龙山，左右有次峰或岗阜的左辅右弼山，或称为青龙、白虎砂山，山上要保持丰茂植被；前面有月牙形的池塘或弯曲的水流；水的对面还有一个案山；轴线方向最好是坐北朝南。但只要符合这套格局，轴线是其他方向有时也是可以的。根据在湘中地区实地调查，湘中地区的村落住宅布局有以下几种：

1. 沿山脚散点或线性，前面有水系，如黄沙坪老街（图7-2-1、图7-2-2）。黄沙坪老街传统村落位于安化县东坪镇黄沙坪社区，从村落南边经过，距离县城约3公里。黄沙坪传统村落三面青山环抱，一面滨临资水，位于江岸"凹"处，临岸水深较大。江中有一长条形岛——鲇鱼洲，因其导流江水的作用，使得靠黄沙坪一侧水流平缓，形成天然的优良河港。黄沙坪传统村落沿资江河岸发展，建筑排布与主要街巷随山体蜿蜒平行于河道，南北向道路连通各大小码头。村落西北硚口地域为溪流谷地，耕地面积大，且正好通向产茶区，为其发展提供了便利基础。

2. 沿山脚散点或线性分布，前面有水田或梯田，如崇木凼村（图7-2-3）。崇木凼村所处的山形地段对于居住耕

图7-2-1 黄沙坪老街（来源：陆薇 摄）

图7-2-3 崇木凼村格局（来源：何韶瑶 摄）

图7-2-2 黄沙坪村（来源：陆薇 摄）

图7-2-4 樟水凼村格局（来源：何韶瑶 摄）

作的有利条件，是人文精神与自然环境完美融合的聚落文化景观。其中，古树林作为两个主要聚居区域之间的中心点，一片"同蔸生异树，树腹中长竹"的古树奇观；并有清光绪九年（1883年）的禁伐碑。既为瑶乡独特的景观，又凝结了花瑶民族对古树崇拜的风俗习性和特殊社会属性，也是一处湖南省省级文物保护单位。

村落选址特点主要是其所依托的自然生态和现有的人文聚落。自然生态主要以崇木凼村周边的山体、水体为代表的"一环""一带"以及古树林、对歌岗等自然景观为主。"一环"主要指聚落所依附的周围山体；"一带"则是村落内星罗棋布的水体所组成的带状水系。人文聚落主要体现在村落传统格局和传统风貌，聚落形态可概括为"一带、两区、三片"。"一带"指南北贯穿整个村落的村级道路；"两区"是指规划地块西北面和东北面两大聚居区；"三片"是指现有村落中的古树林、对歌岗和表演台。

3. 在山坡上向上分层递进分布，如樟水凼村（图7-2-4）。樟水凼传统村落位于安化县古楼乡新潭村，由水潭溪和肖公坳组成。肖公坳组分布在水潭溪源头肖公坳山的山腰上，依山而建的两层木质穿斗结构房屋，房屋一致坐南朝北。屋基都是在山坡上开挖而成，屋前都用圆木搭台凭空挑出一个屋场坪，屋顶用厚约50厘米的杉树皮覆盖。屋与屋之间横向由山坡上平整出的土路相连，上下用木桩和木档做成阶梯，屋两端多有厢房和猪圈，呈"凹"形状，屋周围是各家各户的庄稼，远处是茂密的森林，森林中的泉水在山脚下汇成一条小溪自西向东流淌，整个聚落原始古朴，静静地

图7-2-5 梅山村格局（来源：何韶瑶 摄）

图7-2-6 正龙村地貌（来源：何韶瑶 摄）

悬挂在半山腰。

樟水凼传统建筑特点：民居依山而居，上下错落有致；房屋结构多为穿斗式，上盖杉木树皮，因海拔较高，多山雨、风大，屋顶采用人字架加固杉树皮层面，受地势影响，多采用吊脚作为基础或扩充晒场。

4．在山谷中，从山口向里延伸分布，以梅山村为例（图7-2-5）。梅山村落依山随势而建，错落有致，背靠青山，溪水环绕。河谷处田地肥沃，耕作方便。以上几种布局方式基本上都遵循了负阴抱阳，背山面水的原则，背山可以屏挡冬日北来寒流；面水可以迎接夏日南来凉风；朝阳可以争取良好的日照，近水可以取得方便的水运交通及生活灌溉用水，且可适于水中养殖。

三、案例分析：娄底市新化县正龙村

古称为大湾里的正龙村，位于新化县水车镇的西部，坐落在奉家山系所围成的山坳之中。有大约150多栋的古民居建筑藏于海拔八百米的正龙村内。以袁、奉、罗、杨等姓氏为主，清一色的"干阑式"板屋。紫鹊界梯田，绵延于新化县奉家山体系。正龙村所处的"正龙梯田"，属于紫鹊界梯田的核心景区之一。此地也是古梅山文化的中心地带，梅山文化源远流长，起源于上古五帝时代。这样的文化辐射不可避免地在紫鹊界民居上留下了深深的痕迹。正龙村属山地地貌，村内群山逶迤，地势起伏较大，山上植被丰富（图7-2-6）。

（一）村落格局

乡村的村落功能空间按照村民的使用功能和对乡村景观的体验需求，把空间分为生产空间、生活空间、交通空间。生产空间指用于农业生产的农田、菜地、鱼塘等；生活空间指村民生活居住空间和公共活动空间；交通空间主要指村落的道路。传统乡村建筑环境由这些功能空间按照点、线、面的空间组织方式交叉综合构成（图7-2-7）。

正龙村坐落于奉系山脉间的两山山坳间（图7-2-8），

图7-2-7　正龙村村落点、线、面的空间形态（来源：刘艳莉 改绘）

图7-2-8　正龙村村落选址分析图（来源：刘姿 改绘）

村中的民居建筑多为"一"字形，也有"L"形和三面围合形。主体建筑往往在一侧增建"耳房"，作为贮藏等附属空间或者交通空间。其中村落的中心多为"一字形"建筑，而村落周边则较多"L"形和三面围合形的形体。因为正龙村处于山地地形，外围是一圈又一圈的"正龙"梯田。房屋的走势依据等高线而来，没有固定的朝向。

正龙村朝向的不规律性由土地非常珍贵的客观原因所造成。"L"形的平面布局形式一般出现在限制条件较少的村落周边，而较为自由方向性的"一"字形因为与山地地形更为切合，所以在正龙村中更为常见。民居建筑的布局形式有些是单独一栋在水田之中，有些是几栋民居建筑形成组群形式。组群形式主要表现在几栋建筑二层挑出形成廊下空间并且在空间的顺势下进行纵向相接，同时几栋建筑的山墙面也是相接来进行组群。有些建筑会在木构架外部的一步柱间搭上一根木枋，这样的话就为村民的休息、遮风避雨以及聚集闲聊提供了一个场所。

（二）建筑风貌

正龙村的民居结构形式是属于穿斗式的，并在山墙面清晰的体现了出来。民居一层空间由于受到华夏文化的影响，并没有像典型的干阑式建筑一样架空，而是将这层空间封闭起来作为居住用途。在二层和三层空间上反而是采用空间开敞的形式（图7-2-9）。

正龙村的多数透气窗洞采用直棂窗的形式，二层阳台一般采用的是出挑的形式，并用云纹样构件承接，檐下的挑梁微微上翘，为补足梁厚度的不足，与其上的梁的承接部位也常采用云纹形构件。云拱形纹样和直棂窗都是较为古老的作法。封檐板的端头位置装饰也颇有古意。白色的竹编夹泥墙也是正龙村建筑风貌的重要组成部分（图7-2-10）。

（三）建筑单体

正龙村的水田较多，空气湿度较大。为了防潮大部分的民居建筑都会有比较高的毛石台基。同时建筑前面的空间会十分的开阔，其建筑会背靠梯田，屋顶采用两面坡的形式，挑檐较为深远，其空间开敞一面尤其深，由于在廊下有两梁挑出，也就形成一个走道形式的阳台，通过与二层空间的结合为储存和晾晒也提供了一定的空间（图7-2-11、图7-2-12）。村民们对于山墙面通常会使用两种及以上的材料进行空间围合，一种是竹编夹泥墙，而另一种是比较常见的木板墙面。同时在山墙的屋顶三角形的部会使用竹编夹泥墙对其进行围合处理，同时在竹编夹泥墙上进行白色抹灰处理，原木色的穿斗式的结构会在山墙面显现出来。一层

图7-2-9 正龙村民居建筑风貌（来源：何韶瑶 摄）

图7-2-10 白色的竹编夹泥墙的民居建筑（来源：何韶瑶 摄）

图7-2-11 正龙村民居（来源：黄逸帆 摄）

图7-2-12 正龙村民居（来源：黄逸帆 摄）

图7-2-13 正龙村民居山墙（来源：何韶瑶 摄）

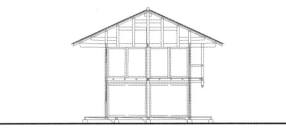

正龙村某民居剖面图

图7-2-14 正龙村民居剖面图（来源：黄逸帆 绘）

和二层的墙面一般都是使用木板墙进行围合，墙面的上部分会留空装窗棂或者进行内嵌竹编夹泥墙的处理（图7-2-13）。新的建筑不同于较老的建筑，新的建筑一般采用的是玻璃而老建筑还是使用木制窗棂进行装饰。很多建筑会在一层涂上颜色然后二层使用原色，也有些是在二层涂上颜色，

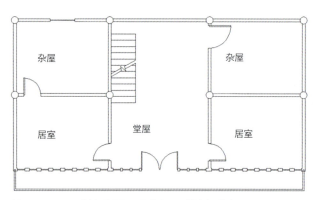

图7-2-15 正龙村民居平面图（来源：黄逸帆 绘）

而在一层使用原色。其建筑的山墙面就会呈现三段式的形象（图7-2-14、图7-2-15）。

第三节 传统建筑类型特征

一、公共建筑

梅山地区乡村的公共建筑有古城、古镇、宗祠、寺庙、风水塔、古茶亭、风雨桥、戏台、牌坊等，这些公共建筑的物质形态和空间特征各不相同，其营建之初被赋予的原始功能也大相径庭，但村民在使用过程中产生出许多次功能空间，这些次功能空间灵活多变并且能够适应多种不同的用途，满足村民进行各种文化活动的需求，成为乡村生活极具活力的场所。

（一）湘乡古城

湘乡古时称为龙城，建县至今已2000多年，历史悠久，在湘乡牛形山发现的2座战国中期楚墓，出土了大量精美文物，为当时上层贵族墓葬。境内有新石器晚期遗址，龙山文化和商周文化遗址。东邻湘潭，西接娄底，南毗双峰，北界韶山、宁乡，和名山南岳一脉相继，湘江支流涟水河横贯其中。古城传统建筑代表：东山书院。

湘乡古城公共建筑以东山书院为代表。湘乡市东山书院位于湘乡市对河东台山下，始建于清光绪二十一年（1895年），初建时曰东山精舍，1900年改称东山书院，1905年改为"东山高等小学堂"，今为东山学校校址（图7-3-1）。

东山书院在建筑上体现了"礼乐相成"的儒家思想，外圆内方、中轴对称、多重院落、前后连串、层层深入，包括正厅三进，东西各五斋，合计60余间，环以便河，绕以围墙，饰以照壁，架以石桥，配以过亭，设以天井（图7-3-2）。山、水、建筑浑然一体，体现"天人合一"哲学思想，具有较高的建筑价值和审美价值。

东山学院的整体布局，模仿外圆环水的"辟雍"形制。建院时，设计者独具匠心地将三口池塘挖通，连成环形河，河中间横跨一座石桥。过桥的坪地上绿茸茸的草皮像一块大地毯，中间镶嵌着一条鹅卵石走道，连着大门。同时，融入了文庙建筑中的布局，将照壁放在了建筑群中轴线的最前端，辟雍之外。与照壁同一圆周上，有一面阔三件的门房，位于书院东北方，来到唯一一条建筑的途径——中轴线上的汉白玉桥后（图7-3-3），便踏上了以片郁郁葱葱的草地，穿越其间的小径，到达书院正门，正门面阔五间，正上方是汉白玉的疏远门额，其上的"东门书院"4个字为当朝书法家黄自元所书。大门上首，镌刻着清代书法家黄自元题写的"东山书院"4个大字（图7-3-4）。正厅木结构，面阔五间，正厅屋脊大梁上印有彩画及倡修。两侧为学习斋，称为

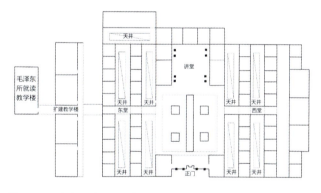

图7-3-2 东山学院平面图（来源：根据《湘中地区城镇古建筑形态及其文化成因》，刘姿 改绘）

图7-3-1 东山学校（来源：何韶瑶 摄）

图7-3-3 东山学院汉白玉桥（来源：何韶瑶 摄）

东斋、西斋，各有五斋（图7-3-5）。后东山高等小学堂扩大规模，将东五斋拆除，沿东向西依次建有2栋与原主体建筑风格类似但夹杂西洋大玻璃窗的教学楼，具有典型的本地祠堂建筑风格，为宫墙式书院。

整个建筑环境幽雅，"主讲有堂，游憩有所，斋房疱福，网不具备。枕山面面野，环以大溪，缭以长垣"（图7-3-6）。

（二）杨家滩古镇

杨家滩镇是湘中一座具有文化底蕴的古镇（图7-3-7、图7-3-8）。在远古时期，属荆楚之地。早在2000年以前，这里就是汉代连道县古城所在地。清代至民国时期属湘乡县辖地，1951年以后划归涟源县管辖。古镇始建于明朝，在明太祖洪武年间，相传曾有杨姓大户在此建房定居，始称"杨家垱子"，至今已有600多年的历史。古镇在清朝得以发展，从康熙至道光年间，杨市古镇建设不断扩大，主体工程于清朝中期完成，古镇的建设历经200多年。明清时期是杨家滩的兴旺时期，也是境内文明开化的始盛时期。境内众姓的宗祠、民居堂屋、园林小苑、石路茶亭、桥梁渡口、寺庙观堂、碑塔牌坊、乡间小镇，棋布星罗，气势恢宏，构成了杨家滩地区庞大的古建筑群体（图7-3-9、图7-3-10）。这些建筑富有明清的古雅特色，是杨家滩一道壮丽的人文景观，令人怡情惬意。

（三）单体建筑

1. 宗祠

湘中地区的宗祠通常设置学堂、书院和戏台，有的设置会在宗祠内部，有的会设置在宗祠一侧或者前后。作为学堂、书院，宗祠兼具启蒙教化思想的意义；作为戏台，宗祠兼具传承民间文艺习俗活动的功能。因此，宗祠不仅是村落家族世代繁衍的精神纽带，承载传统宗族文化的内涵，而且兼具社交、游艺和启蒙教育的功能，是传承教育文化和民间游艺文化等非物质文化内容的核心场所。

①李氏宗祠。

李氏宗祠位于冷水江市中连乡福元村，系明清古建筑，娄底市文物保护单位。祠建于清光绪二十六年（1900年），二进式砖木结构，建筑设计精美，飞檐流角，雕梁画栋。整座祠宇高墙雄立，从选基到用料、结构布局，都非常考究，有"湘中第一祠"之美誉（图7-3-11）。

我国许多地方祠堂大都坐北朝南修建，而李氏宗祠却是坐西朝东修建，依山而建，主体建筑坐落在凤凰山下，平面呈四合院，前为牌楼，中为天井，后为正堂，两边是厢房。主楼三层，建筑面积800平方米，是冷水江市现存最大和唯一搭有戏台的古祠，同时也是娄底市迄今为止保存最为完整的古祠。

图7-3-4　东山书院（来源：何韶瑶 摄）

图7-3-5　东山书院教室（来源：何韶瑶 摄）

图7-3-6 东山书院内部环境（来源：何韶瑶 摄）

图7-3-7 杨家滩古镇（来源：刘姿 摄）

图7-3-8 杨家滩胜梅桥（来源：刘姿 摄）

图7-3-9 杨家滩古镇古建筑（来源：刘姿 摄）

祠堂基石皆为青石，砖为青砖，木材是当地的古木，从粗直的梁柱可看出当时工程之浩大而且艰巨。祠堂四周建有高高的风火墙，马头形墙头很是讲究，一些墙头和屋瓦已长了很深的草木。祠堂正门为一丈多高的全青石拱形门（图7-3-12）一块半圆形和二块长条形巨石镶嵌而成，正门入口上方建有戏台子（图7-3-13）台天花板呈"阴阳八卦太极图"一层一层往上逐渐缩小。天井南北对称分布有客厢房十八间。祠堂建筑由上等巨木支撑，横梁连接。木梁上精雕细琢着祥云图案（图7-3-14）盖青瓦，瓦檐由灰泥砣垫起，看上去气派非凡。正厅堂安置有神龛（图7-3-15）

图7-3-10 杨家滩老刘家内部（来源：刘姿 摄）

图7-3-12 李氏宗祠全青石拱形门（来源：杨正强 摄）

图7-3-11 李氏宗祠（来源：杨正强 摄）

图7-3-13 李氏宗祠戏台（来源：杨正强 摄）

面上从高向低摆排着六世祖介冰公等列祖列宗的神位，正堂上方悬着"尊祖敬宗""昭兹来许""穆乃在位"等木制巨匾，四周粗大梁柱挂有李氏历代族人所书楹联，正厅两边墙上仍遗有"忠孝廉节"4个一人高的大字。正殿神龛下面是"囚禁室"，主要用来囚禁违反族规的族中子弟。

牌楼正门上方有唐太宗、秦叔宝、尉迟敬德、魏征丞相、八路神仙、太上老君等人物和龙狮、麒麟、凤鸟、鲤鱼等动物浮雕和众多红色小灯笼。所有建筑的砖雕、石刻、木雕、壁画、彩绘都是民间传说、神话故事、历史典故、鱼虫鸟兽和花卉草木等图案，动植物栩栩如生，人物惟妙惟肖。祠堂配有排水、采光、防火等设施，功能俱全。正方形天井中央同时可站立二百余人，井面由无数几何图案青石板拼砌而成，既通风又消水融雪，天井周围有青石条砌成的排水道，百年来从不淤塞，雨水全部从"五孔铜钱"图案的石刻排水口流出，排水通畅（图7-3-16）。

②贺家祠堂

位于湖南省安化县江南镇洞市老街，是在清光绪年由安化洞市的贺姓人家集资建起来的家族宗祠，现在已经有280多年的历史了。贺家祠堂坐西朝东，总面积为850平方米。建筑的东向就是洞市老街的入口处，建筑的主体是由前后以及两正两侧的天井所组成的，宗祠里面的正屋是祭祖、嘉奖贤人、聚会议事的场所，同时正屋也供奉木雕神像以及贺家的祖宗牌位。贺家宗祠是由2个方形的天井组成的"四合院"，内部空间设计的工整巧妙。屋顶硬山小青瓦，内檐出廊，砖木结构，屋柱高大挺直。宗祠内的天井使用的材料是洞市六马溪的石料，整栋祠堂的色彩、造型都匠心独具，与古洞市的自然环境相辅相成。同时贺家宗祠也是安化保存最完整的民居建筑（图7-3-17）。

③葛氏宗祠

葛氏宗祠坐落于长塘村。始建于清嘉庆十年（1805年）。宗祠为砖木结构，典型的明清建筑风格，是娄底市境内现存的规模较大、保护较好的宗祠之一，宗祠总占地15亩。宗祠分东西两个祠门，祠堂前是宽阔的坪地。两侧各有一处小门，分别谓"义路""礼门"。宗祠建筑外观宏伟，

图7-3-14　李氏宗祠木雕（来源：杨正强 摄）

图7-3-15　宗祠正厅堂（来源：杨正强 摄）

图7-3-16　李氏宗祠排水（来源：杨正强 摄）

图7-3-17 洞市老街贺家祠堂（来源：何韶瑶 摄）

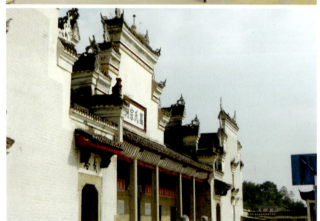

图7-3-18 葛氏宗祠（来源：何韶瑶 摄）

内部布局合理。过大门为过厅，过厅楼上为戏台。神龛上安置着葛洪、鲍姑始祖神像和迁湘始祖葛琳等七尊神像雕塑。祭厅两门各有一个椭圆形门，连接左右两厢的教学用房。椭圆形门上分别书有"忠孝""廉节"4个大字，既是族规，又为校训（图7-3-18）。

④朱氏宗祠

朱氏宗祠在清乾隆年间始建于大塘鳌鱼山下。清道光二十九年（1849年）遭火灾被毁。清咸丰七年（1857年），晚清大儒、大塘朱氏第十五世孙朱尧阶发动族众择地捐资在今址重建，于清咸丰九年（1859年）建成。宗祠至今已150余年，虽历经战乱以及近代各项政治变革，但由于客观条件所致，尤以本族子孙后裔合力保护，其基础构架仍然保存完好，面貌依旧。

朱氏宗祠原有建筑面积3000多平方米，由槽门、围墙及三进四横的主体建筑构成。整个建筑群为砖木结构，飞檐翘角，雕梁画栋，体现了晚清建筑风格。2005年10月，朱氏宗祠被确定为"峰县文物保护单位"（图7-3-19）。

2. 寺庙

湘中地区的寺庙叫做村庙，通常每个村落都有自己相应的村庙，也有和邻村公用的村庙，如：娘娘庙、药王庙、水府庙等（图7-3-20）村庙是村民开展各种文化活动的场所。例如宗教文化活动中的宗教舞蹈以及文化娱乐活动的武术、戏曲、弹词等活动均在此进行，因此许多传统村庙都设置戏楼或戏台。村庙的戏楼是民间文化活动的重要演出场所和传承空间（图7-3-21）且表演形式通常结合庙会一起举行。

图7-3-21 寺庙戏楼傩戏表演（来源：何韶瑶 摄）

图7-3-19 朱氏宗祠（来源：何韶瑶 摄）

图7-3-20 新化县中峒梅山寺（来源：何韶瑶 摄）

图7-3-22 湘乡云门寺（来源：何韶瑶 摄）

①湘乡云门寺

湘乡云门寺位于湖南省湘乡市，云门寺经宋、明、清历代修葺，现存建筑为清道光年间重修（图7-3-22）。由前殿、大雄殿、观音阁等3部分组成，自南而北排列在一条中轴线上。前殿为山门，山门右侧立龙王庙，左侧立土地祠。云门寺，其主要建筑有前殿、中殿、大雄宝殿和观音阁。其中观音阁最为壮观。殿阁进深35.4米，通面宽17.5米，高约15米。三面以砖墙承荷，重檐歇山屋顶，屋角起翘。

重檐之中，设一天窗，观赏者可站立前坪，通过天窗瞻仰佛面。

云门寺佛龛上悬曾国荃清同治六年（1857年）书就的"南海长春"横匾（图7-3-23）阁中有青铜圆形扁腹香炉，直径0.55米，高0.23米，炉腹外部铸怪兽头像一对，造型极为精美。阁内观音佛像，为泥塑木雕混合结构，全身贴金，高11.4米，为江南最高大的观音佛像（图7-3-24）直立于莲花宝座上，面颊丰满，双目微俯，形态端庄慈祥；衣带似在飘拂，冠饰似在颤动；两鬓发丝，根根可数；额上佛痣，清晰可见；两耳垂肩，饰坠晃动；鼻尖微翘，双唇略张，似在喃喃念佛。佛顶有宝冠24面，各面塑有活佛；上身千手，每手掌心内各有秀目一只。其中4双大手，或高捧佛祖，或合掌天书，或挥臂执戟，或屈指掐算，大小合适，位置得当；整个造型比例匀称，雕塑精湛，奇特美观。

②安化文武庙建筑群

安化文武庙建筑群座落在安化县梅城镇城西的安化一中校园内。由文庙、武庙、培英堂和安化简易师范旧址组成，占地7000多平方米（图7-3-25）。

安化文庙始建于北宋熙宁壬子年，位于洢水东岸启安，文庙采用宫殿建筑形式，分为内外两庑，外院为泮池、棂星门（已毁），内院为大成门、大成殿、亚圣殿、左右厢房，建筑面积1324平方米。布局规整紧凑，木雕、石刻十分丰富且精美。大殿宏伟空旷，屋架为穿枋梁架结构，歇山顶，盖金黄色琉璃瓦，木柱最大直径60厘米。现有建筑面积1238平方米。大门两侧置精雕细刻，石鼓上立石狮，拾级而入，左右两厢花窗雕刻，古色古香，大殿高9.3米，屋架为穿枋梁架结构，歇山顶，殿顶盖碧蓝色琉璃瓦，与文庙金碧交辉。

图7-3-23　云门寺横匾（来源：何韶瑶 摄）

图7-3-24　云门寺观音佛像（来源：何韶瑶 摄）

图7-3-25 文武庙建筑群（来源：何韶瑶 摄）

培英堂始建于1888年，是清代末年废除科举后安化创建的第一所新学堂，由大门、南北厢房、大殿组成，建筑面积1116平方米。安化简易师范旧址建于1937年，建筑面积1100平方米，两层砖木结构，木柱穿层支架，小青瓦屋顶，青石台阶，四面走道环绕，双木楼梯，上下两层各辟五间教室。

3. 古塔

古塔是在梅山地区特定自然环境、特殊地域文化影响下形成的独特建筑形式。梅山地区的古塔数量众多，历史文化底蕴深厚。梅山地区多山川江河，水患严重，因此梅山古塔最初原始功能就是镇妖驱邪、抑制水患、观景、补地势。例如安化梅城的南北双塔、新化的北塔（图7-3-26）要作用为防洪护堤。梅山乡村另有用于祭祀、敬拜的宗教古塔，用于旺文启智、利学业的文昌塔，例如安化县小淹镇的文澜塔、大福镇的木孔土塔。文澜塔为清朝两江总督陶澍回乡所建，主要为彰显梅山地区悠久的历史、崇文尚武的传统；表明南方蛮荒之地，同样文脉兴盛、源远流长；其次向世人昭示，读书可修身齐家治国平天下，可以显赫门庭和光宗耀祖（图7-3-27）孔土塔彰显清朝年间大福地区的文风昌盛，文人雅士都视书稿为神圣之物，即使废弃之书也应该在固定的场所进行销毁，由此修建全土筑结构的塔专做焚烧书稿之用（图7-3-28）。

新化县北塔

塔位于新化县城北资水西岸，始建于清道光年间，坐北

图7-3-26 新化县北塔（来源：何韶瑶 摄）

图7-3-27 新化县小淹文澜塔（来源：何韶瑶 摄）

图7-3-28 新化县大福木孔土塔（来源：何韶瑶 摄）

朝南，七层八角，为青砖料石结构。通高42米，边长6米，塔基尽铺巨石，外围置石栏杆。塔每层由青砖砌筑，层层出短檐，角上嵌石肪，造型为龙头、鱼尾，每层均洞开小窗，坡顶以石板相铁隼铺就而成，葫芦塔刹以铸铁制作（图7-3-29）。塔的南面正门左右上方为鱼龙形门雕装饰，造型讲究。正门两侧由石块砌成，上拱下方，大门木制。正门两侧雕刻有当时县令林联桂书写苍劲俊逸的石刻对联，右联为"正欲凭栏舒远目"，左联为"直须循级上高楼"，横额为

图7-3-29 新化北塔（来源：何韶瑶 摄）

"北门锁钥"（图7-3-30）每层由对应的砖梯螺旋而上，一到七层顶部，层层内收（图7-3-31）每层设有神龛（图7-3-32）奉各类诸神，顶部和塔壁四周及每层外檐下方有彩绘装饰（图7-3-33）层以上设坐凳、供人小憩，二层内有修碑记和捐碑数块，详细记载了北塔的修建过程和捐银情况（图7-3-34）是目前湖南省保存较为完好的珍贵历史文化遗产，1996年被列为省级文物保护单位。

4. 风雨桥

山区盛产木材，梅山风雨桥以木构廊屋的建筑形式遍布村野，静卧在村庄市井之间，与青山绿水相映成趣，构成乡村环境中一道亮丽而独特的风景线。梅山风雨桥除了作为"桥"的交通功能，为路人提供遮风避雨、歇息小憩的场所以外，还积极发挥了"廊道"功能。风雨桥内部的廊道空间是非常具有亲和力的场所，为村民提供各种交流活动的重要场地。例如祭祀、集会、商品贸易、表演、教化等，这些活动的进行使风雨桥表现出与其他桥不一样的特性，蕴含更多的非物质文化内容。风雨桥在古梅山时期是马帮文化的重要物质载体（图7-3-35、图7-3-36），它是马队歇息停留的重要场所。许多至今遗存的古风雨桥中都有安放马匹的廊道、系马的马栓和喂食马匹的马槽。

典型案例：新化龙潭风雨桥（图7-3-37）

桥长50余米，宽5米，共4墩24扇，为石墩悬臂式木廊风雨桥，2002年公布为湖南省省级文物保护单位。桥廊两侧立柱一字儿排开，整齐划一，十分抢眼；中间桥面由约二寸余厚的木板铺就；立柱上置坐凳宽尺余，盛夏若在此小憩，清风徐来，暑意顿消（图7-3-38）。桥身外侧是悬臂式瓦檐，水平宽2尺有余，形同双翼，斜面的小青瓦檐与桥顶瓦檐高低错落，每当大雨滂沱时，50多米长的水帘，顺瓦缝直泻桥下，击水生花，蔚为壮观。每扇桥的顶部中央处均有梁枋，各镶刻有太极中的两仪、龙凤呈祥、江山永固等铭文和图腾，可谓梁必饰图，图必寓意，意必吉祥，各具形态，惟妙惟肖。

图7-3-30 新化县北塔横匾（来源：何韶瑶 摄）

图7-3-31 塔内螺旋楼梯（来源：何韶瑶 摄）

图7-3-32 塔内神龛（来源：何韶瑶 摄）

图7-3-33 塔内彩绘装饰（来源：何韶瑶 摄）

图7-3-34 捐碑（来源：何韶瑶 摄）

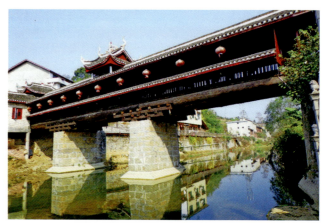
图7-3-35 风雨桥远观图（来源：何韶瑶 摄）

图7-3-36 风雨桥（来源：何韶瑶 摄）

图7-3-37 龙潭风雨桥（来源：何韶瑶 摄）

图7-3-38 风雨桥内部（来源：何韶瑶 摄）

二、民居

湘中民居的平面类型很多，由于城乡、贫富、地区和家庭人口等的差别，因此，各种各样的平面与空间布置形式也应功能要求而产生。但是湘中地区的建筑主要是以汉族为主，苗族、瑶族等多个民族共同沿袭具有独特优势的建筑风格而形成的。汉族民居形式的特点主要是坐北朝南，注重内采光；以木梁承重，以砖、石、土砌护墙；以堂屋为中心，以雕梁画栋和装饰屋顶、檐口见长。瑶民居住房屋的样式，大致可分为4种类型：一是砖瓦式的，二是泥瓦式的，三是干阑式的，四是围篱式的。屋顶均为"人"字形。而苗族的民居形式基本相同，正屋大体上是三开间一栋，如果相对富裕的话会建成五开间。大门开在中间一间的两个柱子中间，成"凹"字形的形式。大门之内就是堂屋，左右两间又各自隔成两间。

湘中地区传统民居

（一）轴线布局

湘中地区主要是以汉族为主，所以湘中民居在平面布局上几乎都以堂屋为中心，大宅在中轴线上布局祖屋，突出其最高的地位。卧室和书房的布置也反映了家族的辈分、尊卑关系。民居的对称布局，也满足了当时伦理秩序的要求。湘中民居的平面布局主要分为两种：单轴线布局与多轴线布局。

1. 单轴线布局

民居建筑的单轴线布局指的是：在平面布局上所有的房间都会沿着一根主要的中心轴线进行对称布局，这根轴线上的房间都占据了重要位置同时也是家人活动的公共空间。大宅民居沿着中心轴线贯穿朝门—门厅—中堂—祖屋，其余的房屋，像主序列空间中的正房、天井，后院，次序列空间等，均按此轴线对称布置。整个平面结构严谨，布局规范。而小的住宅一般都是以中线轴线上的堂屋为中心（图7-3-39）。

2. 多轴线布局

民居在平面上有着2条以上的轴线，总体平面布局看起

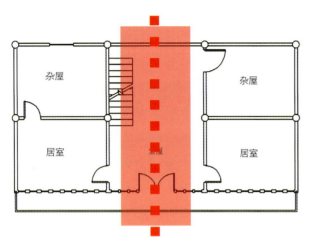

图7-3-39 湘中地区民居单轴线布局(来源:刘姿 绘)

来不规则,但分开的各部分都沿着各自的轴线对称。这种形式的住宅布置具有一定的灵活性。而大宅民居多轴线平面布局在平面组合上则是沿着多条主要的轴线,对分开的各部分而言是沿着轴线对称布置的,但从整个大宅平面布局上来看则是不规则的。如杨家滩镇的老刘家:老刘家坐落于杨市古镇东端集祥社区内,是杨家滩刘氏的祖居之地。始建于清康熙四十七年(1708年),分区分期建筑,断续近百年,至清乾隆五十六年(竣工,占地30余亩)。清朝中期,杨市刘姓兄弟数人先后晋升为朝廷显贵,有湘军将领刘腾鸿、刘腾鹤、刘连捷,云贵总督刘昭岳,朝议大夫刘岳肠,中宪大夫刘岳崎等,刘氏家族显赫一时,因此,清同治帝赐"大夫第",巨幅门匾悬挂正门上方,尽显刘家辉煌。

老刘家在平面布局上大体可以分成中、西、东北3个部分。中间部分较单轴线平面布局中的主序列空间规模小,但按对称轴线布局的基本模式一致。西面部分沿着东西向另起一根轴线,以次祖堂为中心,呈局部对称布置。东北向则主要以横屋为主要构成要素,由4列横屋组成的次序列空间,大体以中间列的天井院中线为轴线对称布置。对于3个部分之间的连接建筑,则主要是以这3条轴线方向为主,正、横屋交错布置,较灵活,没有一定的对称性(图7-3-40、图7-3-41)。

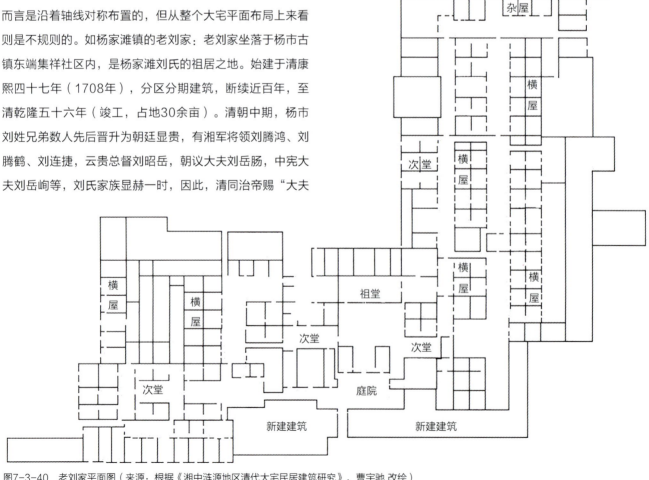

图7-3-40 老刘家平面图(来源:根据《湘中涟源地区清代大宅民居建筑研究》,曹宇驰 改绘)

图7-3-41 老刘家（来源：何韶瑶 摄）

（二）平面构成

湘中传统民居的平面布局虽然各种各样，但民居的构成元素都大致相同，每一个元素有着不同的功能。人们根据自己的功能需要、当地的地形，利用这些元素组合成平面。

1. 正屋

正屋作为住宅建筑的主体包括了堂屋和住室。处于中心轴线上的正屋是属于全家人公共活动的空间，直接通向住宅的入口。家庭中的重要活动一般都是在堂屋进行，同时堂屋是处于正房的中间位置，开间较大为家庭活动提供了场所，可以说堂屋是整个住宅中心的中心。堂屋相当于现代建筑中客厅，是民居建筑中基本的构成部分。湘中地区较大的宅院由外而内通常有"三堂"，第一个由大宅院进入内部主体空间的堂屋就相当于门厅；第二个前后衔接门厅和第三个堂屋的堂屋空间称之为"中堂"；第三个供祭拜祖先类似于宗祠的堂屋称之为"祖屋"，祖屋是整个宅院的精神核心所在。祖屋一般是用木制构件搭建而成，设置在堂屋后墙处。堂屋的两边是正房，而耳房又在正房的边上。完整的正房和耳房一般都是有后间的，后间就是指在正房和耳房中有南北两个房间，传统建筑中的"一进"就是指堂屋、正房和耳房及其后间。

典型案例：师善堂

师善堂位于杨市镇新建村，是一座清同治年间建造的四进四横院落。为晚清湘军名将刘连捷的一处宅院，坐北朝南（图7-3-42）。大屋前有大片池塘，其南边为涟水河。师善堂内部装饰古朴精美，木质门窗上的雕刻极为精致，整个建筑风格也体现了浓郁的地方特色（图7-3-43）。

2. 横屋

横屋在湘中地区的民居建筑中的布局一般是与正屋垂直布局，由于横屋的出现，建筑的平面布局形式也变得更为丰富。横屋一般都没有进间或是开间，一般也不设后房。横屋一般会布置在比较次要的房间位置上，在以前大户人家的宅院中，他们会将横屋设为一个小的居住空间。横屋的布置相对没有正屋严谨，所以在规划的时候有时候是与整体规划一起同时建成，或者是由于家中人口数量的增加在旁边增设横屋。可以说，横屋的出现方便了民居建筑在适应功能需求的时候进一步扩大。同时横屋与正屋的衔接也构成一个半开放的空间，既是进入内部空间的缓冲区域也是建筑的外部环境。

3. 院

在湘中地区的传统民居建筑中，院子一般都为前院，可以说院落空间是其中最有味道和时代感的一个组成部分。院

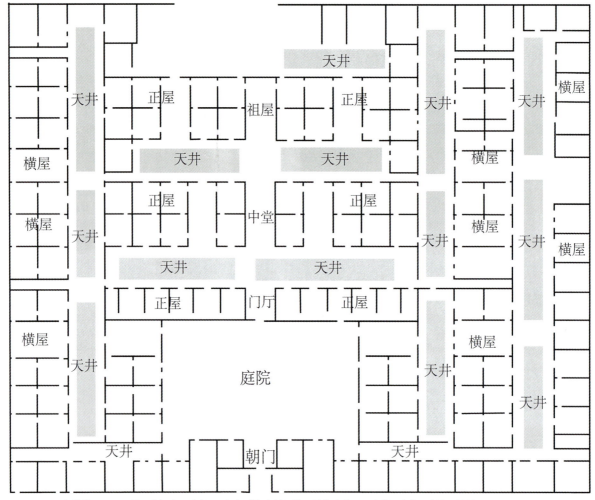

图7-3-42 师善堂正屋平面图及空间布局（来源：根据《湘中涟源地区清代大宅民居建筑研究》，刘姿 改绘）

图7-3-43 师善堂内部装饰（来源：何韶瑶 摄）

子在排水功能以及采光通风功能上对于传统民居起了比较关键的作用，其为家人的室外活动提供了一个动空间。在农村地区的民居建筑中的前院不仅是村民进行日常活动的场所，到了谷物的收获季节还可以用作晒谷的场所，所以前院的空间会比较大。在湘中地区院子由于其功能以及位置的不同，也有了天井、院子的不同。

而在湘中的大宅民居建筑中，其庭院空间有别于其他天井院民居，它是由朝门所在的一进房屋、"门厅"所在的一进正屋和东西向的两列横屋或者过廊围合而成的院子。其面积比较大，像位于杨市镇的云桂堂，它内部的庭院横向就有50多米，这在一般住户内是看不到的。庭院的形状大部分为矩形，也有特别的"凸"字形等形状（图7-3-44）。

典型案例：云桂堂

云桂堂位于杨市镇泅水村，于清同治年间转卖给当地财主彭胜安，在原基础上扩建而成为现在的四进院落，是保存较完整的花瓦屋（图7-3-45）。在平坦的梅林田垄上，彭家大院气势恢宏，正面就是广阔的田野，百余米长的青砖外墙至今犹存（图7-3-46）。

4. 厅

湘中传统民居建筑中的"厅"一般布置在正房的中央。为了适应夏季炎热潮湿的气候，厅的空间一般较为开敞同时还装有可以拆卸的隔扇。在大型的住宅建筑中，厅通风采光的优势也成为家庭成员日常生活的主要空间。由于厅的空间布局比较宽敞，夏季更有利于通风，而冬季也能够接受更多的日照（图7-3-47）。

5. 廊道

廊道一般设置在湘中民居建筑的前后，廊道的设计也增加了整个建筑的趣味性和功能性。主要表现在：遮阳方面，由于湘中地区的夏季阳光强烈，所以采用深廊的形式来遮挡日晒；生活方面，由于廊道的设置，也为家庭人员提供了一个半

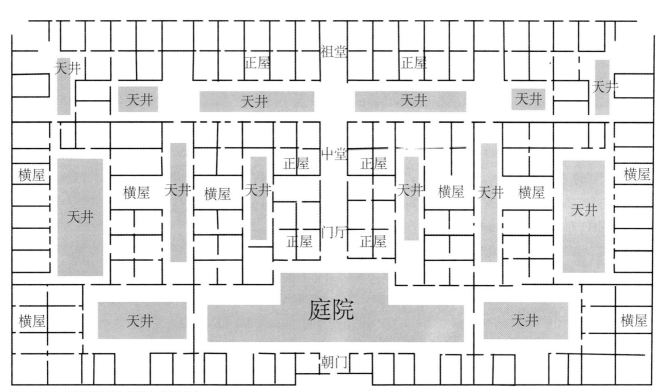

图7-3-44 云桂堂平面图（来源：刘姿 绘）

图7-3-45 云桂堂正门（来源：刘姿 摄）

图7-3-47 厅堂（来源：何韶瑶 摄）

图7-3-46 云桂堂内部空间（来源：刘姿 摄）

图7-3-48 廊道（来源：何韶瑶 摄）

开敞可作为交通联系的生活空间；防雨方面，湘中地区的降水量丰富，而廊道的设计可以有效地防止雨水对于墙面的损害。廊道是湘中民居的一个重要特色，它不仅仅让建筑平面变得丰富有趣，而且成为室内外空间相互过渡，相互融合的场所（图7-3-48）。

6. 阁楼

由于湘中冬冷夏热的季节气候特征，阁楼在这方面起到了保温隔热的功能。湘中地区降雨量丰富，所以整体的空气湿度也会较大，造成建筑的地面以及墙面的返潮。而阁楼就为那些要注意防潮物品的储存提供了防潮干燥空间。阁楼在湘中地区很常见，也是湘中大宅的基本做法（图7-3-49）。

7. 外庭院内天井

湘中传统民居建筑最具地域性的特点就是采用了外庭院内天井的建筑布局形式。这种建筑布局形式可以说是南北文化交流所形成的产物，它不仅仅有南方民居重要组成部分——天井，同时也包括了北方民居建筑中的院落部分。在功能性上，庭院与天井的作用相辅相成。庭院是民居建筑的内部环境与外部环境的过渡场所。同时庭院的绿

图7-3-49 阁楼（来源：何韶瑶 摄）

化，也是湘中传统民居主要的外部景观布置，同时因为居民提供了一个休息活动的空间，满足了个体与整体环境的交流需求。由于外庭院内天井建筑的内部空间组织联络，不仅仅满足了个体活动的私密性同时也丰富了这个建筑的内部空间环境。

在湘中大宅也会多采用外庭院内天井的格局。在大宅内部则是通过天井院来联系各个房间，天井是丰富大宅内部空间的主要建筑要素，是正屋与正屋、横屋与横屋之间的过渡空间。天井主要是用来收集、排泄雨水，并组织大宅内部通风和采光的，人很少在里面活动，但有些天井尺度较大，内部会留有一块方坪进行日常活动。

与北方庭院的宽敞和南方天井的紧凑空间不同，湘中地区这种外庭院内天井的布局形式实现了2种元素的碰撞。将南方天井的内敛含蓄同北方庭院的开敞大方在湘中外庭院内天井建筑形式中进行了巧妙的结合（图7-3-50）。

（三）案例分析：曾国藩故居

1. 地理位置及简介

曾国藩生于1811年，卒于1872年。24岁入岳麓书院中举人，曾创办湘军，对抗太平天国，后任两江总督，是洋务运动的倡导者。在1995年全国首届曾国藩学术研讨会上，作

图7-3-50 民居外庭院内天井（来源：何韶瑶 摄）

为清末名臣、湘军统帅的曾国藩即被学者定位为：中国近代文化的发轫者、湖湘文化的典型代表人物、中国传统文化集大成者和中国封建社会最后一代大儒。

曾国藩故居位于湖南省双峰县荷叶镇富村，属于湘潭、湘乡、衡山、衡阳4个县交界处。富厚堂作为湘中地区保存完整的乡间侯府具有丰富的研究价格。其四周环境怡人周边茂林修竹，农田村舍同涓水蜿蜒布置在其周边。富厚堂的入口分布在南北两侧，通道贯穿于南北，正门前的半圆形状的台坪是用花岗岩铺就成的，富厚堂周边用高大的围墙环绕。在正门前方设了一片开阔的荷塘，夏日让人置身在"接天莲

叶无穷碧"的景象中甚是沁心透凉。虽然是侯府规模，但是装饰却是朴厚大方，基本体现了曾国藩对建宅"屋宇不消华美，却须多种竹柏，多留菜园，即占去四亩，亦自无妨"的意旨（图7-3-51）。

2. 造型美

地处于湘中地区的富厚堂是宋明回廊式古建筑群风格，规格恢宏而结构紧凑，具有其独特的建筑特色（图7-3-52）。"湘中民居平面形态规矩，全宅以堂屋为中心，正屋为主题。中轴对称，厢房、杂屋均衡扩展。堂屋设在平面主中轴线终端，为全宅精神内核。"富厚堂的整体布局清晰明了（图7-3-53）。从正门入口进入首先映入眼帘的是宽敞的草坪（图7-3-54）。其中有一条石道通向八本堂，处于轴心位置的八本堂是富厚堂的正宅，周边建筑由此以八本堂为中心向两端延伸对称布局。位于最外端左侧的是求阙斋，是属于曾国藩的书楼，所以它的面积相对于其他的书斋要大，又称为"公记藏书楼"。偏于一隅四周有天井隔开，院落相对独立。与此遥遥相对的是位于内坪右侧的曾纪鸿书斋"艺芳馆"。通过一条小径就可以前往后面的鳌鱼山，咸丰七年曾国藩亲手在家营建的思云馆及存朴亭、绿杉亭、鸟鹤楼等就坐落在此地。富厚堂是严格的按照儒家礼法传统（即中为尊，东为贵，西次之，后为卑）建成的，从而形成具有

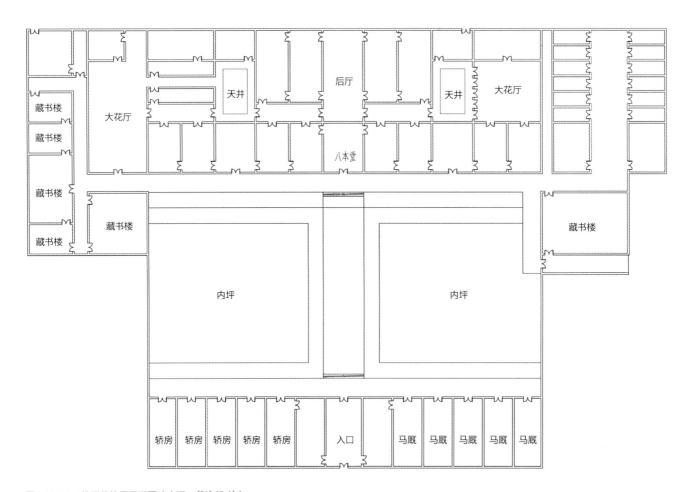

图7-3-51 曾国藩故居平面图（来源：黄逸帆 绘）

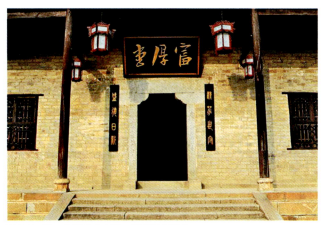

图7-3-52 富厚堂（来源：杨正强 提供）

图7-3-53 曾国藩故居（来源：杨正强 提供）

严格等级规制的建筑布局形式。富厚堂在空间结构处理上采用"外庭院内天井"的布局形式。在主体建筑的前方所形成的开阔院落空间称为外庭院，而堂屋与大门之间的空间则称之为内天井。富厚堂的内部空间因为狭长的天井规整的排列划分出了数个独立空间，他们是一种并联式的联系，即院中有院，院中套院，以亭廊相连，辅以廊房、轿厅、花厅、书楼、花园等。

虽然是侯府规模，但是曾国藩故居的整体形象却是偏朴实。富厚堂外墙结构形式使用的是石砖土木的结构形式，青砖黑瓦，建筑外墙用的是青砖，内墙则为土砖。这样在视觉上也形成一个对比；廊柱、走廊、门框、窗户采用的材料都是木材，窗户采用的具有一定通透性的漏窗形式，这样使曾国藩故居有一种通透灵秀之美，而且漏窗形式也减轻了砖石的厚重感。富厚堂的雕刻装饰主要是集中于屋脊上、门窗还有梁枋及挑檐枋等。

3. 环境美

湘中地区是属于丘陵地区，而且春夏季节降水量大，且常年都受到了南方潮湿气候的影响。为了适应地理气候特征，富厚堂充分考虑了地理气候的因素进行相关设计。比如：为了让空气在建筑内的流通，将潮湿空气通风排出，在正门前设置一大片由花岗石铺设的半圆形台坪来保证建筑内外空气的对流。而在形式上，半圆形的台坪不仅仅做到了空气流通的功能，同时还与前方半月形的荷塘相辅相成（图7-3-55）。而建筑内部的内院天井不仅仅是乘凉休息和收集雨水的小庭院，还起到了划分建筑空间的作用，也是富厚堂重要的一个采光和通风空间。

曾国藩故居背靠半月形的鳌鱼山，三面群山环抱，前临弯曲含情的涓水河，远处看来，就像一把硕大无比的太师椅。由于湘中地赴丘陵地带，地势复杂多变。在选址上尤为看重依山面水、藏风聚气的地形，并不惜为地形忽视朝向。鳌鱼山坐西面东，因此富厚堂在建筑朝向上并不追求传统的坐北朝南，而是采取坐西朝东式。这种为适应地形而牺牲朝向的做法，某种程度上恰恰体现了对地理环境的看重。富厚堂的选址、朝向、建筑模式等都反映出人与自然和谐共处的良好生存模式，体现着中国传统民居适应环境，融入环境。契合于环境的建筑特征及建筑理念。

不仅外部如此，建筑内部也同样强调与四周环境的协调：内坪遍植草木，艺芳馆外坪曾修筑荷花池，池中有凝芳榭亭，亭子为八角形3层结构。与藏书楼等高。独立结构的思云馆样式简洁大方，门前种植奇特的无皮树。富厚堂后山古木参天，有冬青、松柏以及树龄400多年的大樟树，常年绿树苍翠。人与建筑，建筑与环境的关系密切和睦，表现出共生共荣的理想居住理念（图7-3-56）。

图7-3-54 内部空间（来源：杨正强 提供）

图7-3-55 周边环境（来源：杨正强 提供）

行雕刻装饰,其建筑内部种植的植物也大多为"出淤泥而不染"的荷花、灵秀高洁为人称道的修竹和代表那坚贞不屈骨气的松柏。将富厚堂的整个环境烘托的清幽典雅。

整个建筑群的色调没有大红大黄的浮华,主色调采用的是青灰色,展示了一种质朴的建筑美。富厚堂的整体感觉就像是一位谦谦君子,在有着光明磊落胸襟的同时,并不以奇巧示人,而以气韵无限的空间感发人深思。虽高伟浑厚,却不拒人于千里之外,历史与宇宙的深邃在此交汇,能扣动最深处的灵魂碰撞、融合。

富厚堂内处处可见曾公手书的对联、训诫。正宅八本堂内悬挂的着"八本堂"匾,上书曾国藩制定的"八本家训":读书以训诂为本,作诗文已声调为本,事亲以得欢心为本,养生以少烦恼为本,立身以不妄语为本,居家以不晏起为本,居官以不要钱为本,行军以不扰民为本(图7-3-57)。意蕴无穷的诗词意境与富厚堂的审美意境相互交融,在品咂词句的同时,富厚堂的内涵、意境也得到了升华。

(四)案例分析:千年古屋——荫家堂

荫家堂是封建社会晚期由商家大户所建造的深宅大院,它见证了该地区富商的荣耀浮沉,反映了时代的沧桑变幻,是历史留下的动人画卷,它深刻体现出了中国传统思想、地域美学和湘商文化,是湘西南地区宝贵优秀的建筑财富。

1)地理位置及其选址

荫家堂位于湖南邵东县杨桥乡清水村,始建于清道光三年(1823年)。它规模庞大,共计108间正屋,又被当地人称之为"一百零八间",荫家堂属于封建社会典型的深宅大院,极具特色,历经百年其整体结构仍保存完整,古风依旧。邵东商业发达,荫家堂非官僚府邸,而是商人豪宅,体现出湘西南地区民营经济的发达(图7-3-58)。

荫家堂背枕燕王山,左右为凤凰山、黄土山,二山呈马蹄形包裹着荫家堂;前有塘,蒸水河蜿蜒曲折形成玉带环抱之势,其正门中轴线正对着1公里外的佘湖山(南岳衡

图7-3-56 建筑内部庭院(来源:杨正强 提供)

图7-3-57 "八本堂"匾(来源:何韶瑶 摄)

4. 意境美

传统建筑注重意境的营造,而富厚堂又是仿周代诸侯泮宫风格建造的"侯府园林",为了营造人文气息和诗情画意,建筑的内部雕刻装饰一般都是采用的植物的形象来进

图7-3-58 荫家堂全貌（来源：何韶瑶 摄）

山七十二峰之一），并将其作为"对家山"，更有始建于唐朝的云霖祠与其遥相呼应，荫家堂所在区域为绝佳之所（图7-3-59）。

等级观念自古以来就影响着传统民居的空间形式，商贾之家家族庞大更加注重长幼尊卑有序，因此荫家堂的建筑布局遵循了这种礼制观念，形成当地民居在平面布局、院落高低等方面的特色。

荫家堂老屋坐北朝南，二层砖木结构，采用"外庭院内天井"的格局。正前方为开阔院落，建筑内部北高南低、天井院落为纵横轴线布局，天井之间为并联排列，从而构成纵四进、横连十一排的平面布局形式。四进的纵向堂屋为荫家堂主干，中轴线对称，两侧各有四排住房和一排杂屋。四条风雨廊横贯其中，廊约长200米，平面上严整对称，阴阳有序，且主次明确，规模庞大。堂屋位于中轴线上并和院落串联成为主轴，为家族祭祀先祖以及举行家族性活动之所。主轴线从南向北依次设正门、戏台以及四进院落式堂屋。最北端的堂屋为老屋精神核心，现仍为申氏家族公用的祠堂，终端放置花板神台用来供奉祖先和神灵，神台上方悬挂提有"荫家堂"3个字的巨匾纪念先祖。中轴线上的堂屋最为高大，庄严肃穆，荫家堂立面的封火山墙极富韵律和节奏感，烘托了中轴线的制高地位（图7-3-60）。

2）有序的天井院落组群

荫家堂中轴线堂屋的左右两侧各自延伸四纵列、两层高的厢房以及一个纵列的杂屋，每一个纵列的厢房与堂屋一致，分为四进，由此，三条连贯东西厢房以及中轴堂屋的走廊得以形成，即建筑内横向交通流线（图7-3-61）。厢房

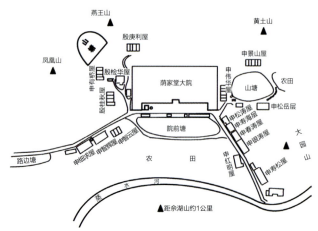

图7-3-59 荫家堂周边环境示意图（来源：邵东县文物局 提供）

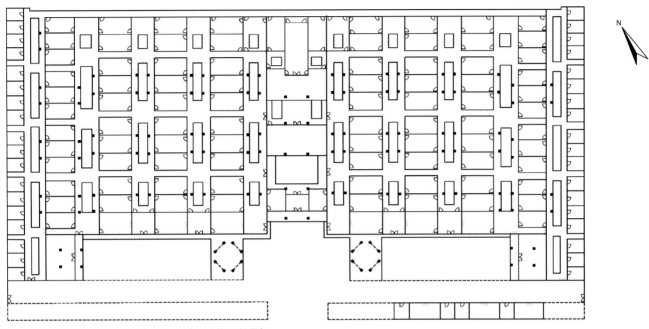

图7-3-60 荫家堂平面示意图（来源：邵东县文物局 提供）

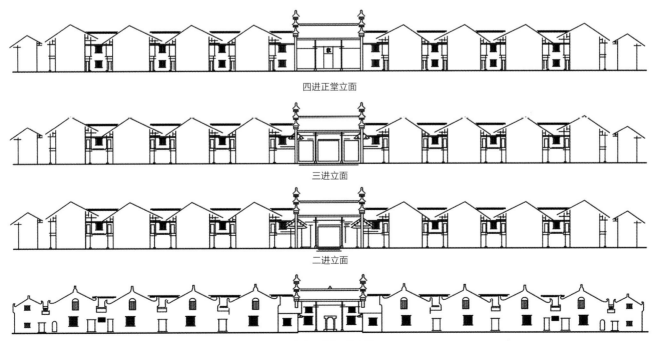

四进正堂立面

三进立面

二进立面

全院一进十一横立面

图7-3-61 荫家堂立面图（来源：邵东县文物局 提供）

布局对称规整。家族以辈分高低为标准,按中为贵、北为尊原则进行房屋分配。内部108间房屋通过走廊相互连接,形成建筑内部连贯的交通系统。厢房纵列之间则形成一纵四进的天井院,每一纵天井院的地面高度由北向南而逐渐降低,最南端则各设一个南门通向宅外,对外交通同样便捷(图7-3-62)。

天井不仅是公共交流场所,同样也是重要的采光源和通风口。南方素有"四水归堂"的观念,天井还担负了建筑内部的排水功能。萌家堂南北外墙均高出屋面,雨水则通过屋檐流入到天井,再由天井排到室外水渠。全宅天井共有44个,呈纵横轴整齐排列,从而形成老屋内部庞大壮观的天井院落群。每纵列院落里又分布了3~4个大小不一的天井,井底以排水孔相连,均为北高南低走向,排水顺畅。由于老屋具备了良好的朝向,严整的天井群以及畅通的交通系统,建筑内部有着天然风道和自然光源,因此,湿热地带的老屋气候上常年温度适宜,具有良好室内居住环境。

3)装饰艺术

萌家堂内部装饰反映出封建社会的富商的审美情趣、艺术追求以及价值取向,老屋内部装饰集中在梁枋、墙头、门窗、门槛、柱础、天井条石等处,木制浮雕精雕细琢形成丰富精湛的内部装饰式样(图7-3-63)。由于老屋规模庞大,且内部人口众多,因此在中轴线设置一个主入口以及6个次入口,7个入口从南外墙依次展开,主入口具有向外敞开具有内凹性,门前地面铺装石板,强调老屋的轴线感。大门精雕细琢以强化主入口,而在两翼厢房人字屋顶中凸显,以突出门户。

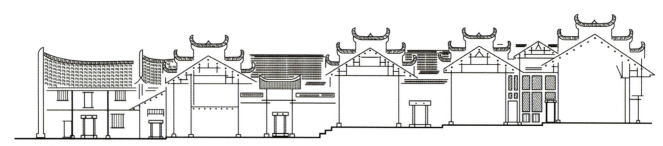

图7-3-62 萌家堂剖面图(来源:邵东县文物局 提供)

图7-3-63 萌家堂封火山墙(来源:何韶瑶 摄)

轴线上的堂屋为老屋装饰的重点所在，院内戏台雕刻精致美观，封火山墙翘角高昂，并以彩画进行装饰，极具南方民居特色。堂屋几处梁柱交界处还现存了少量木雕龙狮装饰。更富趣味的是，飞檐翘角的屋顶上竟然用石刻加彩画塑造出了2个英式的座钟，这种西洋化装饰，也彰显了修建者对外探索的深远目光，也寓意着商业需对外开放和交流。

第四节　建筑材料及营造方式

一、建筑材料

受当地多山区、多林木资源的影响，梅山地区传统建筑的材料多为木材、土材、石材，因而建筑多为纯木质结构、砖木结构、竹木结构、土木结构、石木结构。随着经济的发展，乡村建筑环境需要更新建设，在保证建筑结构安全性的基础上，可以对传统建造技术和建筑材料进行改进，以适应村民居住和使用的多方面需求。

（一）木材

湘中是丘陵盆地区，而且其气候湿润，四季的降水量也较为充足，所以有利于湘中地区树木的生长。湘中地区由于木材资源丰富所以木材的取材也很方便，同时湘中地区对于木材的加工工艺也比较成熟。在建筑的木结构构件开始损坏腐烂时，会使用新的木构件进行替换，同时废弃的旧的木材也可以用于生火和取暖等。所以在湘中地区，木材常用于屋架、门窗等构件上。同时在审美上，由于木材资源是源于大自然，用于民居建筑上给人一种自然感（图7-4-1）。

（二）石材

湘中地区山脉众多，其石材资源也较为丰富，天然石材的取得也很方便。湘乡的大理石、邵阳的青石等石料，都被广泛用于建筑，并为湖南传统石构雕饰艺术的发展提供

图7-4-1　木材在建筑中的运用（来源：刘姿 摄）

了条件。石材耐压、耐磨、不易损坏，在民居中使用在对防腐、耐磨有特殊要求的地方，比如柱础、台阶、铺地（图7-4-2）。

（三）砖和泥土

湘中地区泥土肥沃，是制造土坯砖的原料。泥土取之自然，同时它的蓄热性好，因此，泥土和砖在建筑上的使用，利于保温隔热，同时还会给人一种温暖感（图7-4-3）。梁思成曾经说过："天然的材料经人的聪明建造，再受时间的洗礼，呈美术和历史地理之和，使它不能不引起鉴赏者一种特殊的灵性的融合、神志的感触。"

图7-4-2　石材在建筑中的运用（来源：刘姿 摄）

图7-4-3　砖和泥土在建筑中的运用（来源：何韶瑶 摄）

（四）灰浆

湘中地区的民居建筑一般都是用灰浆来对墙体进行粘合。传统的灰浆是由细沙、糯米浆以及石灰组成，其具有很强的粘合性，这也是湘中地区的传统民居建筑可以保存很久也不会坍塌的原因之一。

二、营造方式

（一）构架体系

湘中多雨，因此对于木结构所用的木材要求较高，松木易生白蚁，使用较少。湖南盛产杉木，因此一般民居均使用杉木作为房屋的木构架体系的材料。湘中地区多见的是抬梁式和穿斗式，更多的是抬梁穿斗式的混合使用。

关于结构类型特征的区分，概括为两大柱式：截柱式和通柱式。实际上截柱式和通柱式的本质差异，仍在分层与分架的区别，即截柱以分层，通柱以分架。截柱式承重体系，其瓜柱较长，有利于建筑的分层，并且对建筑高度的竖向生长没有限制。而通柱式结构体系所用长柱较多，建筑高度受到木材制约较大，但分架有利于建筑体量的水平生长，为高密度的空间提供了便捷可行的办法。湘中地区，其构架体系主要是以"山墙搁檩"为主。山墙除了其承重作用外，同时也起到一定的分隔作用。其所用的屋架结构是穿斗结构，截柱式和通柱式都有运用这种结构。

（二）防护构造

湘中地处中亚热带大陆性季风气候区，热量丰富，四季分明，冬季少严寒，夏季多酷热，雨水偏多，湿度大。为了适应这种气候条件，大宅通过一系列技术措施调节宅院自身的通风、隔热和防潮等效果。

1. 通风防护构造

在调节气候温度以及通风散热方面天井起到了重要的作用，湘中地区的建筑大多是南北向建造，同时建筑的进深也较深。而天井的设置可以让建筑实现更好的通风（图7-4-4）。湘中地区的建筑在组织通风的平面布局形式上主要采用的是厅堂、通廊以及天井的组合方式来进行。因为天井和廊道内日照强度的差异，导致空间内的空气存在一定的温差，所以当风从受日照较长的露天的天井流入，然后进入到温度相对较低廊道的狭小空间时，就形成了建筑内部的通风组织。

图7-4-4　天井（来源：何韶瑶 摄）

2. 隔热防护构造

隔热层主要应用的原理就是阻止热空气进去建筑内部。湘中地区传统民居建筑的隔热层就是它的阁楼，其主要的运作原理就是通过漏窗所组织的过堂风将建筑内部的热空气带走，从而减轻建筑内部的闷热感。为了隔热，湘中建筑的材料也会采用隔热性比较好的青砖、土坯砖等材料。由于青砖尺寸较大，所以在砌筑时采用眠砌法，这样整个建筑的墙身较厚，可以有效阻止热空气的进入，起到一个很好的隔热功能。另外通过减少日间的日晒，通过设置像天井、庭院四周的挑廊（图7-4-5），为大宅减少更多的热量。

图7-4-5　挑廊（来源：何韶瑶 摄）

3. 防潮防护构造

湘中地区降雨量丰富，所以整个空气的湿气相对也会较重，这样使得建筑的防潮必不可少。由于湘中建筑的墙体材料一般使用的是隔热性较好但是防潮性比较差的土坯砖、青砖等。所以会在墙体的下部用石材来进行防潮处理。为了保护墙体转角部位，墙体会做条石的防潮处理。门槛石的设计，也能够有效地阻止地面上的返潮对于木门的损坏。柱础受力构件，也是防潮构件，所以会在柱础底部进行石块的铺垫，这样既能能防碰撞也能够防潮，而且加强了柱子的稳定性。另外顺畅的排水系统也是防潮的重要因素。湘中地区民居的屋面一般设计的比较平直，少有曲折，这样就能够保证

图7-4-6 门槛石（来源：何韶瑶 摄）

图7-4-7 防潮柱础（来源：何韶瑶 摄）

排水的顺畅。雨水到了地面通过天井收集，并通过排水沟组织排水，保持了整体的干燥（图7-4-6、图7-4-7）。

4. 排水防护构造

在乡村地区，湘中传统民居建筑的排水起到枢纽作用的是天井和庭院——雨水通过坡屋顶汇集到天井和庭院，然后经过天井和庭院排出。同时生活用水也可以从天井汇集的雨水采集。而且在天井周边也设有相应的连接排水沟的排水孔进行排水，其排水系统自成体系。

（三）承重构造

在湘中地区，"山墙搁檩"是民居主要的建构方式，同时以木构架辅助承重。当一户的开间过长时，必须辅以木构架来辅助承重。承重的屋架很高，其优点主要是可以就地取材，造价低廉，构造简单，且防寒、隔热效果也比木构架的房屋好，因而在湘中地区被广泛的采用。中国古代建筑以木构架为主，长期发展自成体系。民居的屋架承重体系，由于主要使用的是木材，所以也就产生了截柱与通柱两种形式。

第五节 传统建筑装饰与细节

一、门窗

门、窗是湘中传统民居装饰的重点表现部分。由于湘中民居的窗是整体砌筑而成，所以在构造和形式上不受限制，有着广阔的发挥空间，形式丰富。雕刻的窗是镂空的，它的分隔比例美观自然，构图采用各种不同的纹样组合，是湘中地区装饰艺术的承载者。

传统民居建筑的门窗很重视对于门窗中心的处理，所以它们的分布一般都是呈对称分布。有的是不作处理以空白为主，有的是通过特殊的纹样来进行装饰。湘中民居建筑的雕刻装饰比较规整平淡，没有一定的形式规定。没有其他民居的复杂细腻，但是却有一种活力从中显现出来。

一栋民居建筑独特的表现力以及在不同的环境下其具有的地域性有一部分原因要归功于对于门窗的细部雕刻装饰，建筑的某些装饰特性通过这些细部装饰来实现。而这些装饰的细部雕刻也对中国古代的建筑文化有一定的作用，正是因为有它们的出现，建筑的文化才如此的多姿多彩。湘中传统民居建筑门窗的雕刻装饰不仅仅具有一定的美感，同时还具

图7-5-1 湘中地区门窗装饰细节（来源：何韶瑶 摄）

图7-5-2 七字挑的吊瓜柱（来源：何韶瑶 摄）

有一定的功能性。门窗的雕刻装饰极大地增加了门窗的通透性，尤其是天井四周的门窗，便于通风透气，渗透阳光（图7-5-1）。

二、梁坊及构架

普通民居的梁架一般不施装饰，但装饰部分往往出现在梁的端部和七字挑这种展现在人的视线所能及的地方。七字挑有些对斜撑精细雕花，还有些将下部进行装饰，形成丰富多样的形式。

梁架对于湘中传统民居建构有着重要意义，梁架的装饰和雕刻主要集中在檐廊梁坊的主要木构件上。而七字挑作为主要木构件，是人们装饰的最多的部位（图7-5-2）。有的七字挑变形，结合木板拼成各种形状。这种木构件的雕饰题材丰富、工艺精湛，是湘中民居装饰艺术的又一大特色。

三、天花、藻井

和现代民居建筑中的吊顶一样，吊顶其实就是天花。除了吊顶具有一定的装饰性之外，同时也具有保暖、防水和隔热的功能。而藻井是属于天花的一部分，它处于天花的中心位置，同时是向上升起，两者结合使用增加了空间

图7-5-3 中空外实的藻井（来源：何韶瑶 摄）

图7-5-4 九格藻井（来源：何韶瑶 摄）

图7-5-5 以植物为主要纹饰的藻井（来源：何韶瑶 摄）

的艺术性和美观性。湘中地区的民居建筑中的藻井样式较为丰富，有方形、圆形、八角形，图案各异（图7-5-3～图7-5-5）。

四、柱础

湘中传统民居建筑中的柱子不仅仅是承重结构，同时也是一种装饰元素。由于木柱容易受潮腐烂，所以会用石材作为柱础来防潮，同时也可以增加柱子的坚固耐久性。木材作为柱身，其大小形状各异。柱础的形状一般与柱子的形状吻合——立方体或者是圆柱体。柱础处于整个柱子中比较显眼的位置，容易吸引人们的注意力，因此人们对于柱础的装饰也相对较为重视。湘中传统民居建筑的柱础经常会加工成各种装饰形态：会在上端用石鼓装饰表现喜庆吉祥，同时周边也会雕刻有相应的鼓钉，并在鼓身雕刻有装饰性的图案。有的鼓周会设计成覆盆形状，有的会设计成莲花形状。基座的面也会有相应的雕刻的装饰，为浅浮雕图案（图7-5-6）。

第六节 传统元素符号的总结与比较

一、传统元素符号的总结

湘中传统民居的建筑形式，不是北方民居的粗犷厚重，也不是江南民居的绮丽秀美，湘中传统民居具有其自身朴素和优美的特点。

（一）入口

我国传统建筑一般都会比较看重入口空间的处理，入口的位置影响着人们的进出活动同时也影响着整个建筑的布局形式。入口空间可以视为是内外空间的一个过渡空间，入口三进房屋的屋面在外立面上会比其他部位要高一点，在开间的地方设置柱子作为挑檐，并在其上开漏窗，丰富其里面效果。同时通过挑檐形成的阴影，也可以强化了入口的位置感。后门是大宅的次要出口，主要是为了生活方便而设置的，以实用为主，一般为墙上开门，尺寸也较小。

（二）门

湘中地区传统民居建筑除了正门之外，其民居建筑内部的门也是形式各异。同时门也是一种等级地位的代表。正门一般是民居建筑的主要出入口也代表了建筑内部空间的开启，同时门也起到了组织内部空间路线的作用。大门一般都设有相应的台基，代表了一种登高的美好寓意。同时台基的材料采用的是石材，既可以防潮也起到了坚固的作用。通常也会在正门的两侧设置相应的门墩或者石雕。湘中民居对于内部建筑空间的门比较重视，所以会对其造型进行雕琢。宅门一般为木门，门外包围着门槛和门枕石，为石砌。门上大多有雕饰。湘中大宅中的宅门多为矩形和八角形。隔扇门用于民居的厅堂等处，开放性很强，一般有并排的六扇或八扇，占据了整个开间的宽度。每扇门都可以开启，增强了室内的通透性。

图7-5-6 柱础（来源：何韶瑶 摄）

大门以内的空间具有一定的私密性，而从外部空间来看入口大门其实是家庭的一个标志。湘中地区的传统民居建筑一般都是坐南朝北，但是受建筑周边环境以及地理位置和风水的影响，入口朝向位置却比较多样。

为遮风避雨，湘中地区的入口一般会做成带有门廊凹入式的空间。同时对于大门的处理湘中地区也有多种处理的方式。朝门就是院门，内部空间会设门廊。虽然大门的规模比朝门小但是也会设有门廊，同时为了强调入口空间会对门庐进行设计。门头是大门形式中最简单的形式，一般用于大户人家的住宅。门头一般是用砖砌粉饰覆小青瓦或琉璃瓦。虽然门头的规模较小，但是它的处理水平相对还是很成熟的，有的住宅还用木垂花罩构成门头。

而在湘中大宅中，外墙上开的门可分为朝门和后门两种。朝门作为大宅的主要入口，通常是由三进房屋组成的。为了突出朝门的位置，通常会对朝门进行多种处理。比如：

（三）墙面

湘中地区的城镇地区传统民居建筑密度大，而且建筑构架结构大多都是木构架。为了防止火灾的发生，于是便有了封火山墙的出现。湘中地区的传统民居建筑一般采用的是小青瓦面来进行排水，为了保证排水的顺畅，其屋顶的坡度也会设计的比较大。屋脊也会随着建筑空间的进深的增大而抬高，随着建筑空间进深的不同，封火山墙也相应地创造出了不同的形式。封火墙的装饰主要集中在墙顶，墙面的装饰一般是用稍加粉饰，这种强烈对比的装饰手法，也更加突出了顶部。山墙的顶部装饰一般是用板瓦砌成一行，并在收头的地方泥塑成各种造型。在城镇的一些民居，出现了"仿封火山墙"，就是悬山。山墙从屋顶局部伸出，仿封火山墙的造型，装饰各种各样。有的出现了各种形态的石狮。封火山墙的形式，来源于徽派民居，使湘中民居在建造上融合了徽派建筑的风格。

（四）屋面

屋顶是建筑的第五立面，是建筑整体外观的重要组成。湘中民居之所以产生了丰富的空间错落感，也是因为屋面的奇妙变化。由于民居天井四周的房屋是相连的，于是屋面也就围合成了它特有的形状。而湘中地区的大宅以南方天井院为主，天井和院落的区别之一就是在围合部分的建筑屋面上的区别，天井院四周的房屋屋面是相互连接的，纵横相连使大宅的屋顶形成一个整体。在民居密布的地方那个，由于建筑高度和屋顶的坡度不同，远远望去，花瓦一片。一种颇具时代感的美感油然而生。错综相连的屋面，构成传统时代的建筑风貌，至今令人怀念与向往。

二、传统元素符号的比较

1）村落布局

湘中地区的村落不同于湖南其他地区的村落布局方式，湘西、湘南地区境内山峦起伏，水网密布，地形多变，因此建成的传统民居形成了自己独特的风格，其传统民居因地制宜，建筑根据需要随地形灵活布置，在设计上以家庭为单位组合而成的建筑群体，根据地形地貌，重视建筑平面的布局和空间组合的整体性和序列性，通过渐进的层次变化，空间进行的灵活组合。湘中地区的村落布局形式主要以4种布局形式为主：①村落前有水系，并沿山脚散点或线性分布；②村落前有水田或是梯田，沿山脚散点或是线性分布；③在山坡上向上分层式递进分布；④在山谷中，从山口向里延伸分布。

2）平面布局

在湘中、湘南地区，居民主要是以汉人为主，所以在湘中地区和湘南地区的建筑一般为府第式的大宅建筑。而在湖南其他地区特别是湘西地区，由于湘西地区是少数民族聚居区，其传统民居具有浓厚的民族风格和朴素的地方文化特色，这里的传统民居不拘一格，最能生动、直观地展现出湘西民族文化的多样性特征，是生活在不同地区的人们为了适应周围环境，合理利用地形条件和生存空间的必然结果。同时由于深受巴蜀文化和楚文化及道家哲学思想的影响，湘西传统民居在城镇的布局上不求方正规矩，而是依山就势、灵活变化，使人工环境与自然环境浑然一体。而湘中、湘南地区砖木结构的大宅院，以正屋为主体，中轴对称，厢房、杂屋均衡展开，内部又有大大小小的小庭院，共同组合成一个庞大的建筑院落。中为尊，东为贵，西次之，后为卑，形成规制森严的建筑格局。但是湘中和湘南的传统民居建筑在建筑平面布局形式上还是有一定的区别。比如，湘中古民居侧重于封闭的府第式，栋栋相接，以门洞曲廊相连，湘南则更多的是开放的街道式建筑群，每院自成单元，巷道相通，相对独立的布局，既有利于防火防盗，又有相对宽松的人际关系。

3）建筑装饰

湘中偏重于大幅度轻盈飘起的飞檐，曼妙华美，湘南的飞檐则更为含蓄，房顶多为"金"字形，习惯上称之为"金钟顶"。在建筑装饰上，湘西地区由于是少数民族聚居区，所以其传统民居中的民族风格比较鲜明，地方文化特色很朴素，而在湘中地区，人们喜欢采用一些木雕、石雕、凌雕等形式来装饰民居建筑，为传统建筑增添了不少新意和特色。

4）建筑结构

湘中地区的建筑结构方式同湘南以及湘东地区的建筑结构方式相似，一般采用的是砖木结构。而在湘西地区，由于其山高林密、气候湿热、地形复杂、资源丰富、取材与营造方便的特征，所以采用的一般是纯木结构的干阑式建筑。

随着社会生活方式的变迁和物质条件的改善，传统民居建筑的功能逐渐减退，无法满足现代居民的生活需求；使得地处偏远或农业人口大量转移的传统聚落，常住人口日益减少，不少传统民居长期空置，年久失修，被日益破坏、垮塌的情况屡见不鲜。同时在我们调研中发现很多当地居民为改善现有居住条件的不足，自发拆除老建筑，建新房，在建筑内部随意搭建，使很多宝贵的传统建筑不断遭到肢解和破坏。大量有代表性的传统民居被毁或濒临绝迹。所以我们应该将传统民居的保护纳入城市规划的范围，不仅要引起政府的重视，还要在政府的倡导下、社会的舆论作用下，引起全社会范围内的关注。不但要依据法律保护被确定为文物的部分，对于未被列入保护范围的传统民居也要自觉加以保护。同时，利用现代传媒宣传传统民居的历史价值、社会价值、文化价值、情感价值及经济价值，唤醒人们的保护意识，让众多的市民参与到这些与他们的生活环境息息相关的保护政策和保护规划的制定和决策过程中去，这样才有利于把对传统民居的保护落到实处。

下篇：湖南传统建筑文化传承与创新

第八章 湖南近现代传统建筑文化传承

　　湖南地区浓厚的文化底蕴，孕育了大量各有特色的传统建筑。在不可分割的历史长河中，建筑与文化相互交织，近现代建筑与传统文化之间存在着某种传承。探寻近现代建筑的传承，首先要梳理湖南近现代建筑的发展脉络，通过这个脉络，逐步把握传统建筑到现代建筑的过渡过程，从中寻找些许经验，来指导湖南地区建筑今后的发展。

　　根据大量文献及一直以来对湖南地区近现代建筑风格演变的研究，我们大抵可以发现湖南近现代建筑的以下几个发展阶段：（一）1899年岳阳开埠到1910年"抢米风潮"，这个阶段主要是西方建筑的异地重构；（二）1910～1938年，这个阶段作为近现代建筑在湖南风起云涌的时期，出现了大量具有特色的建筑；（三）1938年文夕大火之后一直到20世纪70年代，这个阶段主要是战后重建以及社会主义建筑风格的出现。从类型上说，我们也可以将湖南近现代建筑总结为常见的以下几类，即公馆民居、教堂建筑、教育建筑、工业建筑。通过对近现代建筑的归纳总结，从中寻找经验与创新点，指导当今湖南地域主义建筑的研究。

第一节 追本溯源——近现代建筑的脉络

一、早期西方建筑的异地重构

清末的湖南素有"湖南一省，北枕大江，南薄五岭，西接黔蜀，自成一相对封闭的区域地理环境"一说，信息流通不便，且保守权绅势力大，"仇夷"和"拒洋"的状况根深蒂固，省会长沙更是有"铁门之城"的称号。在保守封闭的思想影响下，城市近代化进程相对受阻，未赶上19世纪后期全国范围的近代建筑建设的起步，仅存少量由留学归来的开明乡绅于村落中自建带有部分西方建筑元素的民居。

思想不断变化，湖南人变革求强的意识随着民族灾难的日益加深而不断加强。国耻带来的负罪感和湖南人固有的热忱救世观念与坚韧强悍的性格相结合，极大地激发了湘人的求强意识。在开明官吏的倡导下，终于形成一股势头强劲的变革维新思潮。

在新思潮的影响下，以教育建筑、殖民建筑和工商业建筑为契机，湖南近现代建筑终于开始有了一定的发展。以湖南最早开埠的岳阳为例，涌现了大量的近代建筑，其中就有著名的鸦片战争后第一个国人自开口岸，岳州关。自此之后，西方文化逐步进入湖南，湖南本土宗教、文化等各方面受到强烈冲击。在这样一个近代化文化的激荡期，外来建筑形式与本土文化尚未融合，新的建筑形式基本属于西方建筑的异地重构，体现在"殖民式"建筑样式、教堂建筑和近代部分公馆建筑中。

殖民式建筑：随着1899年岳阳开埠后外国人的强势植入以及1904年长沙被迫开埠，外来殖民者给湖南带来了在东南亚长期殖民统治下积累形成的一种外廊式建筑样式，这种建造方式形制上较简单统一，平面多为矩形平面外加围廊，立面由拱券连续券构成，券的大小规格根据建筑尺寸进行变化，竖向上依照西方传统三段式风格，细节上采用拱形外窗，欧式柱式和线脚（图8-1-1）。

近现代公馆：近现代公馆建筑指社会上层人士建造的高档私人住宅。这些人多是当时的社会精英人士，他们对西方文化的开放接受与欣赏学习，在形式上掀起"仿洋风"的现

图8-1-1　岳州关被拆的中洋关与现存上洋关西方传统三段式风格（来源：湖南省住房和城乡建设厅 提供）

象。这些公馆设计为了适应生活需求，建筑的平面和内部空间仍旧遵循传统的中式布局，而在外立面的处理上，则根据当时的价值取向使用西方传统建筑的立面风格。

宗教建筑：早在岳阳开埠之前，由于传教活动的影响，湖南各大城市中已经出现了外来教堂建筑，但是基于宗教建筑数量偏少的情况，对本土建筑形式没有产生太多的影响。随着长沙开埠后湖南省传教活动限制的减小，宗教建筑数量增多，影响力增大，对于湖南近现代建筑转变逐渐发挥作用，这是一种历史转型的重要见证（图8-1-2）。

然而1910年长沙发生"抢米风潮"，大规模的暴动使得湖南最早的一批异地重构的西方教堂、学校、商行、领事馆等建筑几乎焚毁殆尽，现存的近代建筑大都是1910年以后重建或此后新建的。缺少实物与照片记录，是湖南近代建筑史上的一个缺憾。

图8-1-2 益阳五马坊牧师楼（来源：熊申午 摄）

图8-1-3 长沙海关旧址（来源：熊申午 摄）

二、近代建筑兴起时期的风起云涌

"抢米风潮"大量的破坏之后，虽然西方势力通过赔款修复了一定数量的建筑，但是新建的建筑数量锐减，且大部分分布在橘子洲上。橘子洲上现存有长沙海关旧址、各类别墅公馆、美孚洋行等旧址。长沙海关旧址是湖南现存最早的殖民式建筑之一，建筑平面为外廊形式，立面严格遵循西方传统三段式立面设计，连续的拱窗和复杂的欧式线脚装饰，建筑基座为花岗岩材料基座，屋顶部分突出有老虎窗（图8-1-3）。

1914~1917年长沙作为省城率先拆除城墙并修建环城马路，1920年设立市政公所，1933年设市成立市政府，抗日战争前城市建设出现了一个相对兴盛的时期。其中学校建筑成为这一时期的主角。

随着新思潮涌入、新经济与社会结构的构建，本土教育业也得到了蓬勃的发展，直接带动了学校建筑的建设，与此同时从建筑文化角度来说，这一时期又是外来文化与本土文化交融、碰撞的时期，建筑师逐渐被广泛接受并开始直接参与建筑设计。这一系列因素，造成了湖南新建筑风格多样化，即便在同一所学校内也会出现不同的风格。种种风格中又以折中主义建筑为主导，究其原因，当时的知识分子不仅民族情结很深，还对新事物充满向往。在这种矛盾的思考下，他们认为，对于拥有强烈的反帝、反封建态度的中国人民来说，建筑形式应该是新形式，但也应该是具有中国特色的。此时西方折中主义的盛行以及现代主义的萌芽，为当时的建筑设计提供了方向。1914年，美国建筑师墨菲在长沙设计了雅礼大学，建筑形式采用"中国式"的折中主义风格，西式的平面形式，中式大屋顶，红色清水外墙。从那时开始，这种建筑形式在湖南各地被大量模仿，成为湖南近现代建筑保存最多的形式之一。

明德中学乐诚堂（1931~1932年，周凤九主持设计施工，省内最早的钢筋混凝土框架结构建筑），建筑平面沿内廊两侧布置教室，中间开间为通高大厅，立面以清水砖墙，顶部大屋顶上内嵌6个老虎窗。整个建筑体现了浓厚的折中主义风格（图8-1-4、图8-1-5）。

这期间有代表性的建筑还有湖南第一师范校舍（仿日本青山书院）、湘雅医院病房楼（1918年，墨菲设计）、湖南大学早期建筑群（蔡泽奉、刘敦桢、柳士英等设计）、国立清华大学和平楼与民主楼（梁思成设计，国立清华大学南迁修建，曾作为湖南大学三院使用，现中南大学教学楼）、信义大学建筑群，此外，中山堂（1930年）、省咨议局、国货陈列馆（中山路百货大厦）也是这一时期的具有代表性的公共建筑，除此之外还出现了各种带有明显西式风格的大小公馆。

图8-1-4 明德中学乐诚堂现状（来源：熊申午 摄）

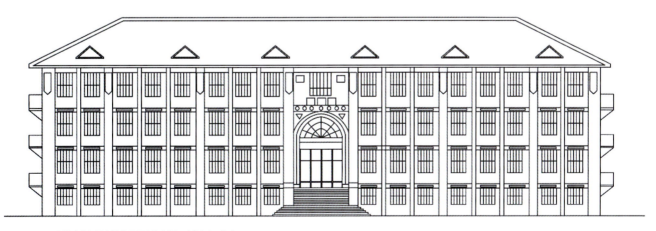

图8-1-5 明德中学乐诚堂立面图（来源：熊申午 绘）

三、文夕大火以后的建设

1938年11月12日夜晚的长沙陷入一片火海,"敌骑未至而先自焚,只是千年古城蒙受浩劫",由于这是军队警察执行"焦土"抗战,有组织、有目的的焚毁,全城几乎成一片废墟,使长沙城内的近代建筑遭受了一次灭顶之灾。大火连烧两天两夜,造成空前的浩劫,焚毁房屋5.6万余栋,占全城房屋的95.6%。原来繁华的街道成了断壁残垣,大量学校、银行、医院等公共建筑被烧毁,商业工业建筑也损失惨重。当流离的人们逐渐回到这片焦土上,准备从废墟中重建的时候,1939年9月至1944年8月,日军4次向长沙城大举进攻,并于1941年9月、1944年6月二次攻下长沙城。长沙城多次遭受战火的蹂躏,早已满目疮痍的长沙雪上加霜,城市面貌无复旧貌的可能。

1945年抗日战争胜利后,流离在外的工商业者陆续复业,湖南出现了一个短暂的和平环境。战后湖南工商贸易和农业生产逐渐复苏,却好景不长,随即又面临通货膨胀、财政崩溃等毁灭性冲击。直到新中国成立前,湖南城市建设一直呈现缓慢恢复的特点。

新中国成立以后,在抗战时期建筑发展的停滞之后,以往的建筑形式延续了一段时间。当革命的热潮和社会制度的慢慢转变,社会意识形态逐渐体现在建筑形式上,在这种环境下,民族主义与苏联建筑风格逐渐出现在湖南的建筑设计中。基于"社会主义内容、民族形式"的建设方针,建筑行业中民族主义建筑风格开始盛行(图8-1-6),设计师设计出一批具有标志象征和社会主义意识的建筑,尤其以长沙市老博物馆入口的西立面最具特点,其入口上方装饰有巨幅党旗,门楣和檐口选用葵花、火炬等富有象征意义的装饰图案展现这个时代的特征(图8-1-7)。

这一时期的建筑作品,以长沙市火车站为典型,这栋建筑因其如同"红辣椒"般的火炬塔楼设计受到广泛关注,立面上通过塔楼打破横向的巨大体量,展现出拔地而起的力量感与美感(图8-1-8)。结合平面功能合理,流线布置清晰,以及塔楼所对应的广场大钟的实用性,长沙市火车站是长沙现代主义建筑的经典之作,至今还作为交通枢纽发挥出

图8-1-6 湖南大学图书馆上的五角星(来源:熊申午 摄)

图8-1-7 长沙市博物馆入口(来源:湖南省住房和城乡建设厅 提供)

图8-1-8 长沙市火车站(来源:湖南省住房和城乡建设厅 提供)

巨大的作用,该建筑于2009年被评为"新中国成立60周年300大优秀建筑"之一。

然而这一时期也存在一些问题,由于快速的城市更新以及群众保护意识缺失,传统建筑以及近代建筑在这一时期均遭到不同程度的破坏(图8-1-9),在许多地区均存在

图8-1-9 缺少足够保护的邵阳市育婴堂（来源：唐成君 摄）

这样的被列为文保单位的文物遗产都无法得到足够重视或科学保护的问题。近年来，近现代建筑遗产的保护逐渐被作为一个大的议题被社会各界广泛关注，本书亦是顺应时代号召，对传统建筑以及相关历史建筑展开研究与保护的产物。

本节大抵总结了湖南近现代建筑发展的历程，在近现代100多年的历史中，在传统到现代的过渡期当中，依然存有大量值得我们挖掘研究的建筑类型，从教堂到公馆、从学校到厂房，这是历史的瑰宝，需要我们去保护抢救、研究传承，这也是研究传统建筑传承必不可少的一步。设计关乎社会历史文化，是一个循序渐进的过程，近现代建筑作为传统建筑向现代建筑过渡的一个阶段值得我们研究与解读。

第二节 源远流长——近现代建筑的解读

一、近现代教堂建筑

西方文化的传播，始于传教活动，其在近代中国产生了巨大的社会影响，一方面带来了西方建筑及文化，另一方面引起了我国民族文化对其的抵制和改造浪潮。不可否认，教会在传教过程中留下的建筑往往代表着中国近代建筑的起步与发展。由于历史、文化和地理位置等因素，湖南是较早接触基督教的地区，但是基督教在湖南地区的发展道路可谓一路坎坷（图8-2-1）。

（一）长沙天主堂

湖南天主教教区主教座堂，位于长沙市开福区湘春巷。2002年它被公布为湖南省重点文物保护单位的建筑，这是一个最早是由意大利人设计，武汉张保田营造厂承建，原占地128.6亩，曾经拥有包括医院、育婴堂、修道院等在内的总建筑面积21595平方米的建筑群，现今仅剩礼拜堂（图8-2-3）、钟楼和主教神甫楼（图8-2-2），围合成群体式庭院格局，占地约4000平方米。

天主堂建筑群充分体现早期西方建筑式样的异地重构，将不同式样的西方建筑风格重构于湖南大地上。天主堂主体坐北朝南，由礼拜堂和7层高22米的方筒形钟楼组成，高2米的花岗岩十字架立于南向入口上（图8-2-3），建筑底部采用麻石墙基，其外墙拥有清晰的竖向线条，辅以大量成列的竖向彩色长窗（图8-2-4），典雅壮观，是国内不多见的、规格较大的天主教堂。礼拜堂平面上呈现传统的拉丁十字侧廊式样。建筑立面的拱、尖券、正面圆花窗、塌柱等展现了典型的哥特式建筑风格。

天主堂室内立有12根圆形和梅花形麻石柱，顶棚为木结构，中央由3个大穹顶构成，每个穹顶由拱结构支承于麻石柱顶上，通过向上的拉伸营造出空阔的内部空间（图8-2-5）。建筑平面呈典型的哥特教堂布局，北端正中为祭台，大厅内设跪檐供信徒祈祷，设施齐全。礼拜堂后部高耸出方形钟楼，六层上设有平台，挂置一口大钟，每层四面开设双圆心券窗，除去第五层四向开圆窗，造型特异（图8-2-6）。该建筑的结构、装饰均具有教会建筑特色。

另一座建筑为三层文艺复兴风格的神甫楼，总建筑高度14.2米，建筑面积1570平方米。立面山墙面上的雕花依然还呈现着巴洛克风格的奢华。建筑通过双向楼梯引导直接通往二层，其充满变化的平面形式，充分展现了文艺复兴时期的自由之风。

（二）怀化沅陵永生堂

位于湘西山区的沅陵，历史上曾是整个湘西乃至湘鄂川黔四省边境的经济、文化、政治中心。永生堂位于沅陵县马路巷，是一条原名"自由路"的宗教街。1904年，外籍牧师以辰州教案的赔款为基础，在沅陵重新修建教堂、学校和医院，于是充满哥特风格的教堂建筑永生堂就此诞生。教堂坐西朝东，占地1.5亩，建筑面积近865平方米，建筑共四层，其中包含基地与路面高差形成的地下层；聚会礼拜堂则是由

图8-2-1 消逝的湖南近代教会建筑（来源：《长沙百年》）
（图片从上至下、从左至右依次为长沙雅礼大学校门、湖南圣经学院、永州零陵普爱医院、长沙天主堂建筑群、长沙司徒礼教堂、福湘女中、岳阳县人民医院、长沙基督教内地会教堂、湘潭主教楼）

图8-2-2 神甫楼（来源：熊申午 摄）

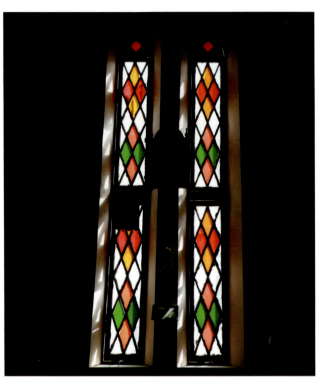

图8-2-4 彩色长窗（来源：熊申午 摄）

图8-2-3 天主礼拜堂（来源：熊申午 摄）

图8-2-5 教堂内部（来源：熊申午 摄）

图8-2-6 钟楼（来源：熊申午 摄）

图8-2-7 永生堂外观（来源：吴晶晶 摄）

地上一层和局部二层通高组成；山墙面顶部矗立着方形塔楼（图8-2-7）。

沅陵永生堂与长沙天主教堂相比更具特色，其平面形制为巴西利卡式。进门正对有4根支撑二层楼的石柱，柱顶有西式雕花（图8-2-8）。礼拜堂前端的神坛正中央悬挂十字架，顶部为半圆形穹顶，与普通的侧廊不同，礼拜堂南北侧由墙体分隔成宽阔的内廊，中间以2个大尖券拱洞与礼拜大堂相通，屋顶由分隔处向内缩进，使建筑内部空间更具层次感，同时，利于二层四面开窗，使得整个礼拜堂采光较好，视野开阔、明亮通畅。沿二层楼板设置的一圈木构跑马廊是极具地方特色的，在湖南教堂建筑中很是少见（图8-2-9）。

永生堂是石柱石拱石墙砌筑的砖木混合结构，外墙面采用青灰色清水砖，屋顶为坡屋顶，覆以青色瓦片，主入口山墙面上小塔楼突出。趣味横生的是，其建筑檐口有着典型的欧式线

图8-2-8 永生堂室内空间（来源：吴晶晶 摄）

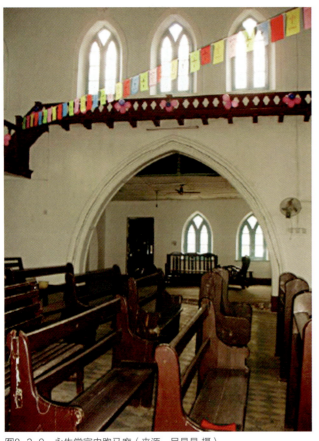

图8-2-9 永生堂室内跑马廊（来源：吴晶晶 摄）

脚，而马头墙却带有湘西民居特征，细节上尖券窗、尖窗上部的雕花装饰都有着明显的欧式建筑特征（图8-2-10）。这样一座有着上百年历史的教堂建筑，是极具特色的中西融合建筑风格，有着动人的艺术价值和研究价值。

（三）益阳五马坊牧师楼

益阳市资江区曾经作为资江古城存在于历史上，这里河流汇集，一直以来都是人口繁盛，贸易往来之地。1904年，挪威牧师袁明道在五马坊购置了一栋公馆，并将其修改成教堂，并陆续建造了女子学校等建筑，作为益阳信义会的中心地。

现存的牧师楼，是一栋极具特色的建筑，形制与常见的拉丁十字教堂不同，以一种典型的欧洲别墅住宅形式出现，它是由挪威牧师与中国工匠共同修建（图8-2-11、图8-2-12）。建筑正面通过一排7根柱子形成单侧外廊，中间两个开间为入口。建筑平面中轴对称布局，以两部楼梯串联整个建筑。

该建筑原为青砖砌筑，外廊上方屋面处理上采用了罕见的镂空工艺，加强通风效果，同时含有一丝湖南传统民

图8-2-10 永生堂建筑立面细部（来源：吴晶晶 摄）

图8-2-11 牧师楼正面(来源:熊申午 摄)

图8-2-12 牧师楼背面(来源:熊申午 摄)

图8-2-13 镂空处理(来源:熊申午 摄)

图8-2-14 檐口下方设置的十字架(来源:熊申午 摄)

居的影子(图8-2-13)。屋顶檐口部分学习中国传统建筑装饰手法,并将十字架悬挂设置于檐口下方,这也与常见的西方教堂屋顶上方设置十字的处理方式大为不同(图8-2-14)。这栋牧师楼隐约向我们展现着中西方建筑文化的交融。

(四)长沙基督教城北堂

长沙基督教城北堂,位于长沙市开福区外湘春街,始建于1902年,抢米风潮损毁后于1917年重建。城北堂建筑面积1048平方米,坐东朝西,为三层砖木结构,平面依旧呈拉丁十字。这是一栋极有代表性的建筑,从造型、装饰等方

图8-2-15 长沙基督教城北堂外观（来源：熊申午 摄）

面将中国传统建筑形式与西方教堂建筑空间巧妙地融合（图8-2-15）。

城北堂的外形展现了典型的中国传统建筑形式，立面造型为三段式，一层为麻石墙身基座，作办公空间；建筑二层以红砖砌筑，大礼拜堂便设置在这一层。教堂内的装饰图案与木棋架支撑的天花板，则为西方教堂装饰风格。建筑屋顶平面分两种，平面上对应前后厅，前厅三层，屋顶形式为庑殿顶，后厅两层则为歇山顶。正立面上墙面两侧的方窗为中国古典式的格扇窗，栗色板门则是中国风格的木门，而石拱门洞以及镶有麻石十字架圆形镂空大窗则是典型的西式风格。平面功能上，底层为分散布置的小房间办公空间，二层大空间为礼拜堂，这种平面布置已然体现出与传统基督教建筑的差异，透露着现代主义的气息。

二、近现代学校建筑

近代湖南教育事业主要由两股力量组成，一种是由教会创办的教会学校，另一种是由传统书院改革发展而来的本土学校。不可否认的是，教会学校对湖南近代教育事业做出了不可磨灭的贡献，也留下了许多具有保护价值的近现代建筑遗产。教会在湖南办学大致分为两类，一类是以培养神职人员为主的神学院，另一类即世俗性的普通学校，此类学校对近代湖南的影响非常大。

在高等学堂方面，清末有两所，一是美国复初会于1907年在岳州开办的盘湖书院大学部（湖滨大学），另一所是美国雅礼会于1905年在长沙开办的雅礼大学。除教会学校以外，湖南传统书院中走出了一些新式教育的学校，其中包括由岳麓书院发展而来的湖南大学以及由城南书院发展而来的湖南第一师范。这些院校在20世纪初新思潮蓬勃发展之际，大力改革，开办新式教育，营建新式校舍，留下了许多极具特色的教育建筑。

（一）湖南大学的校舍建设沿革

湖南大学历史悠久，不过校园的近代化建设应该始于湖南高等学堂的成立，1903年清政府颁布了《奏定学堂章程》，随即拨出专款用以"开拓斋舍，增酬书"。此时高等学堂的主要校舍还是沿用岳麓书院原有斋舍，由于原有斋舍不适合开办新学堂之用，湖南巡抚赵尔巽"奏起立案，请就岳麓书院旧址改建高等校舍，愈年落成"，于是开始建造西式校舍，逐渐建成通艺斋（今静一斋）、胜利斋和双梧斋（位于今湖南大学校医院位置），当时建筑均为两字两厢的"井"字形建筑。

1926年随着湖南公立工业专门学校、公立法政专门学校和公立商业专门学校合并为省立湖南大学。以岳麓书院原址为理工科校舍，同时增加教学设施，兴建了图书馆、科学馆及二院。第二院由当时在湖南大学土木系任教的刘敦桢先生设计，于1926年11月竣工。1929年校长任凯南申请省政府拨款兴建图书馆，由湖南大学土木系教授蔡泽奉先生设计，其设计的湖南大学科学馆则于1935年建成，占地13亩，作为理学院和工学院新的教学楼使用，现在为校办公楼

迁至辰溪前湖南大学校舍一览   表8-2-1

名称	房间数	占地面积（亩）	备注
第一院	165	52	岳麓书院，教学用
第二院	22	23	1926年新建，教学用
第一舍	40	13	岳麓书院后侧，男生宿舍
第二舍	70	12	今幼儿园处，男生宿舍
第三舍	48	15	屈子祠，男生宿舍
第四舍	39	14	麓山馆，女生宿舍
第五舍	37	12	道乡祠，男生宿舍
第六舍	21	10	南楼原址
图书馆	17	8	被毁
科学馆	41	13	校办公楼

（表8-2-1）。1938年战火抵近长沙，湖南大学图书馆也毁于日军炸毁，仅剩下门廊前的4根爱奥尼克石柱，现如今作为校门标志横亘于湘江边。战后的湖大修复了当时作为校办公室的岳麓书院以及二院，同时又由柳士英先生主持了工程馆（北楼）的建造和科学馆的加建，同时还设计了多栋新宿舍楼。1948年由柳士英教授设计了新的图书馆，占地面积1097平方米，建筑面积2338平方米，主体四层，1951年柳士英又设计了风格接近的湖南大学大礼堂。

1. 湖南大学二院（图8-2-16）：由湖南大学教授刘敦桢先生设计的第二院被用作法商两科的校舍。刘敦桢毕业于东京高等工业学校建筑科，设计中体现了日本建筑学教育中的工科特性与古典主义美学结合的特征，其设计的第二院为两层砖木结构，采用红色清水砖墙。建筑立面遵循三段式构图，窗间墙以壁柱分割，细节丰富，基座为抛光花岗岩与毛面花岗岩并饰以线脚，屋顶采用青筒瓦曲线型，门厅上方屋顶凸出，以山墙面形式构成优雅的立面构图。平面内廊式布局，在两侧与大厅共设置三部楼梯，入口处突出的柱廊处理体现出典型的古典主义手法（图8-2-17）。

2. 图书馆：湖南大学历史上共建有3座图书馆，除去早年蔡泽奉先生设计的之外，还有1947年由柳士英设计建造

图8-2-16 湖南大学二院（来源：熊申午 摄）

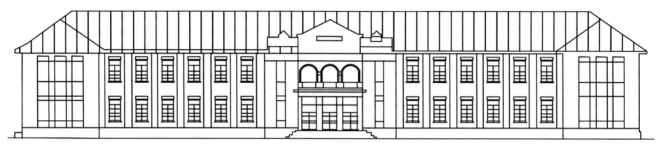

图8-2-17　湖南大学二院立面（来源：张晓晗 绘）

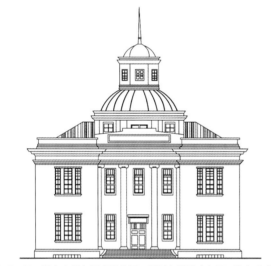

图8-2-18　湖南大学老图书馆立面，蔡泽奉设计（来源：张晓晗 绘）

的，以及近年巫纪光教授设计的新图书馆。因而，蔡老的杰作被尊称为"老图书馆"。

老图书馆1930年春动工，1933年9月建成，其平面构图为"工"字形，古典集中式构图。建筑底层为阅览室，入口位于两侧，中间的书库为上下四层的钢筋混凝土结构，由楼梯连通，书库每个书架之间开有狭窄小窗。整个建筑立面上严格对称，三段式立面由台基、墙身和檐口划分，4根两层高爱奥尼柱支撑上部檐口形成入口门廊，檐口处采用多层水平线脚进行强调。第三层特别阅览室为八角形，类似于坦比哀多形式，覆以穹顶，每个角附以壁柱，再由中央穹顶统率整幢建筑，体现出庄严、优雅的古典主义风格（图8-2-18）。令人惋惜的是，这样一栋极具价值的建筑后来毁于战乱。

湖南大学第二座图书馆由柳士英设计，屋顶的飞檐一侧是传统的云纹，而正面则是一颗规整的五角星，有着典型的民族主义建筑风格，而那纵贯三层的竖向长窗，是维也纳分离派的典型手法。整栋建筑将多种设计元素融合使用，堪称将中国传统元素与时代元素、西方艺术元素完美结合的设计产物。

3. 大礼堂：作为柳士英先生后期设计风格的代表作，湖南大学大礼堂从外观上一反柳士英先生延续近20年的设计风格，以中国传统建筑式样的重檐屋顶代替原先的现代主义设计（图8-2-19）。1951年，以当时的社会环境考虑，经济性是相当重要的一个考量因素。为了满足尽可能多的使用需求，增大了观众厅的面积，而辅助面积则做了精简。建筑巨大的重檐屋顶看似注重形式而忽略经济性，实则不然，从结构和功能出发，这种形式的建筑结构有点类似于哥特式教堂，通过在主体承重的柱子两侧设侧廊，作为联架结构（飞扶壁），侧廊的上部作为楼座的侧台，再覆以中国式重檐屋顶。大礼堂外观上的中国传统样式主要是出于当时社会需要："学校建筑在美观方向不应考虑过多，但这个建筑物与其他的校舍相比，似应有不同，当时大家主张采用自己的民族形式，我仅仅在轮廓上着眼，在细部上是有自己的手法的"，从柳士英先生这段话不难看出，在细部处理上仍然显示了他现代主义建筑素养和建筑师个人特色。例如那些曲线和典型的圆形母题，台口上的圆形装饰，大量的同心圆，都给人滚动变化的感觉，同时侧边的垂带装饰又带来稳定的感受。建筑内楼梯上的球形把手，也是柳士英先生常见的设计细节之一。可以说整个大礼堂建筑风格新颖独特，设计细节生动，色彩搭配协调，比例规整和谐（图8-2-20）。

4. 科技馆，即现在的湖南大学校办公楼，最先由蔡泽奉先生设计，1933年开始兴建，到1935年建成。建筑占地

图8-2-19 湖南大学大礼堂（来源：何韶瑶 摄）

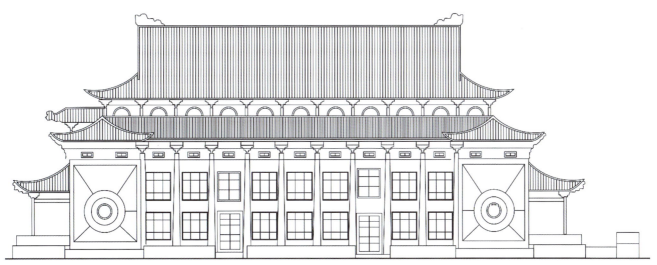

图8-2-20 湖南大学大礼堂南立面图（来源：张晓晗 绘）

面积1854平方米，总建筑面积1213平方米。建筑为砖混结构，从檐口、拱券形大门等多处均可以看出典型的古典复兴样式。整栋建筑具有完美的比例、细腻的细部构造以及优雅的美学艺术效果（图8-2-21）。科技馆最早为二层，只有北面主入口处为三层高塔楼，1948年由柳士英先生主持加建，加建过程中保留了原有塔楼和女儿墙、檐口等细部，以原有的平屋顶作为三层楼板，后加上琉璃瓦西洋式坡屋顶，延续原有建筑的风格和气质，浑然一体，成为当时改建的典型案例（图8-2-22）。

5. 宿舍建筑：1949年前，柳士英先生设计了第一、二、三、四、九学生宿舍以及教工宿舍胜利斋、静一斋（图8-2-23、图8-2-24），这些宿舍均为一至三层砖木结构建筑，它们依山傍水，有着传统的庭院式布局。宿舍平面上不是简单的条形，而是设计成内庭院的空间，通过单面廊围合

图8-2-21 湖南大学科学馆（来源：熊申午 摄）

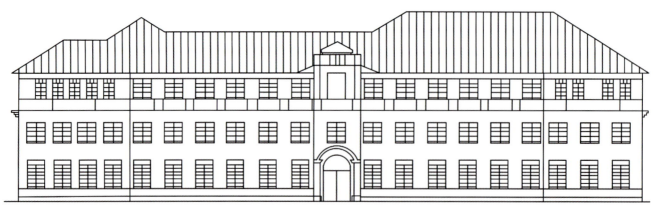

图8-2-22 湖南大学科学馆立面图（来源：张晓晗 绘）

图8-2-23 湖南大学第九学生宿舍（来源：熊申午 摄）

图8-2-24 湖南大学第一学生宿舍（来源：熊申午 摄）

成内庭院，而静一斋、胜利斋为单面外走廊，平面为"王"字形布局。

柳士英先生设计的每座宿舍都有着独自的特色，没有任何一栋重复的建筑，宿舍立面没有过多的装饰，仅通过少量线脚的设计处理以及门窗的变换，便造就了丰富的立面变化。这些作品中七舍波形墙面的起伏感，一舍与三舍入口的半圆形柱充分体现了柳士英设计中一贯的流动感，而同时大量运用到的长水平线条以及最后通过圆窗结束的设计手法，更是他独有的风格。原为男生宿舍的二舍，雨棚下的壁柱及台阶两旁的柱墩非常粗壮，两旁大面积的墙面上缀以四个圆形窗，简洁又能体现出男子的阳刚之美。原女生宿舍四舍则体现了女性的特征，由于环境的改变，据湖南大学毕业生蔡道馨教授回忆"越过小溪上两级台阶就到了掩映在古树下的门廊。入口大门稍往后靠，再用庭院把门厅与宿舍分隔开来，透过对着大门的窗户，隐约可见庭院中的树木花草，宿舍隐在其后，藏而不露，非常含蓄，体现出女性的温柔、羞涩之感"。

（二）湖南第一师范

湖南省立第一师范位于长沙市书院路东侧，坐落在长沙城南妙高峰下书院坪，前身为长沙的城南书院。学校始建于1903年，称为湖南师范馆，次年改名中路师范学堂，1912年民国成立时改名为湖南公立第一师范学校。第一师范办学过程经历战乱，学校曾数度迁移校舍也曾屡遭毁坏后复建，最初的校舍建于1911年，1913~1914年陆续建成学生宿舍，大礼堂，手工实习工厂和君子亭等，1938年国民党"焦土抗战"政策导致的文夕大火将校舍烧毁。1954年第一师范迁回书院坪旧址，1969年按照原貌重新复原（图8-2-25）。

第一师范仿照日本青山师范学校进行校园规划和校舍设计，校内建筑大部分为外廊式砖木结构，庭院式布局，建筑之间通过风雨连廊连接，组成互相连通的建筑群。细节上廊柱之间发半圆砖券，柱础为简化的须弥座，并以陶瓷花许纹样装饰。整体布局上，通过建筑单体围合成天井，再种植

图8-2-25　1966年按原貌重建的湖南第一师范（来源：何韶瑶 摄）

些许花草树木，形成庭院组合。校内所有建筑外墙均粉刷成黑灰色，窗口位置则用白色装饰窗额，整个建筑外观对比分明，轮廓突出。风雨连廊连续不断的砖券和建筑外墙上的拱窗组合起来，使得立面设计既有韵律感也有变化感，这是比较典型的"殖民地外廊样式"建筑风格。

1. 办公楼为两层砖木结构，严格遵循对称的设计原则，屋顶为歇山屋顶，屋面覆以青瓦，建筑两侧带有厢房。主入口前设有铁柱支撑的雨棚，雨棚上为二层阳台。教学楼同样为青瓦歇山屋顶，平面呈"H"形布局，两座建筑均为单外廊式，面向环绕的庭院（图8-2-26）。

2. 教学大楼：教学大楼，坐东朝西，两层总高13米，前面为花岗岩踏步，上有六角亭式大门，锥形屋顶，覆以绿色琉璃筒瓦，大门内通道分别通向左右教学楼，两头均有木质楼梯上楼。

3. 寝室：寝室分为南北两寝室，南寝室高12米，为两层外廊式建筑，共40间寝室，青瓦屋面，屋面开设气窗，院中有134平方米的天井，四周为圆木柱阶廊。北寝室高10米，与南寝室并排而建。平面为四合院布局，四周有18根周长70厘米的木圆柱，并设有宽2.8米的阶廊，共32间寝室，建筑屋顶为双坡青瓦屋面，上开8个狮子口气窗。

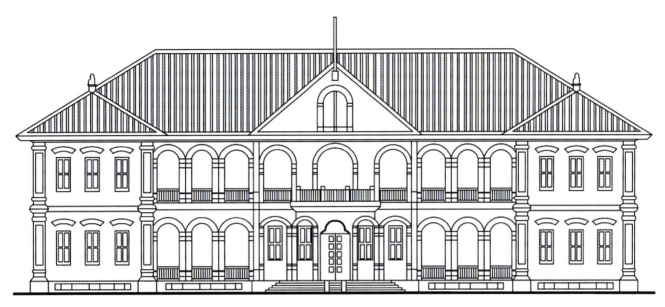

图8-2-26 第一师范办公楼立面图（来源：张晓晗 绘）

图8-2-27 台湾清华大学旧址今中南大学民主楼与和平楼（来源：熊申午 摄）

（三）台湾清华大学校舍旧址

抗日战争时期，台湾清华大学南迁长沙并兴建了两座校舍，即今中南大学的"民主楼"和"和平楼"（图8-2-27）。民主楼占地面积2217平方米，共三层高，平面主体为直线型，两翼伸展围合成内院，造型上颇为简洁，没有过多的繁复的装饰，屋顶为坡屋顶，外墙为红砖清水墙。和平楼的面积与外观，跟民主楼相似。两栋建筑外立面上均以两条长方形窗户为一组，有序地排列开来，对应平面上的每

图8-2-28 湖滨大学建筑群（来源：熊申午 摄）

一个开间，中部开间则向外突出，辅以柱廊，作为门厅与楼梯间。抗日战争胜利后，湖南大学借用此校舍成立第三院，经修缮后作为湖南大学新生院，后成为中南矿冶学院今中南大学校舍。

（四）湖滨大学建筑群

位于岳阳市黄沙湾的湖滨大学，始建于清代光绪二十七年四月，即1901年。现如今的教会大学建筑研究里，很少提及湖滨大学，这是因为它只是短暂地作为大学建筑存在于湖南近代建筑史上，后因停办转变性质而没有列在中国教会大学的名单之中。但是，这样一所学校仍留有大量值得研究的建筑。学校整体建筑布局与设计风格值得考究，原有数十栋建筑，其中包括哥特式教堂，现仅保存房屋9栋，被列为省级文物保护单位（图8-2-28）。

湖滨大学建筑群作为典型的欧式建筑群，其建筑类型丰富多样，并且每幢楼房均利用山丘地形边缘，构建通风良好的地下室与架空层，在基础处理方式上与岳阳地区其他传统建筑的大为不同。

该建筑群大多为砖木结构，坡屋顶清水砖外墙。由于湖滨大学独特的地理气候，紧挨洞庭湖又处于山坡地带，湿气较重，因此在建造过程中，除了设置架空防潮层这种处理方式以外，还大量使用高大西式门窗、拱券廊等带有明显的殖民式建筑的一些常用手法。

（五）株洲醴陵遵道中学旧址

1906年，美国基督教遵道会在湖南株洲醴陵传道并开办遵道小学，辛亥革命1914年，改为中等预备学校，1921年改称遵道中学。遵道中学近代建筑即位于县醴陵一中校园内，目前剩下两栋，一栋为原遵道中学校长及教师住宅，现名为"敬德楼"（图8-2-29）。另一栋原为遵道中学传教士范里蒙牧师的住宅，现为"崇本楼"（图8-2-30）。

这两栋建筑具有较高的艺术价值，它们由美国设计师仿照耶鲁大学教学楼的式样进行设计，具有美式建筑的风格，历经百余年的风雨，其建筑结构仍保存完好，号称中国版的"小耶鲁"。两栋建筑造型相似，均为两层砖木结构，并带有独特的半圆弧拱结构组成的半地下室防潮架空层（图8-2-31）。建筑屋顶为普通硬山坡屋顶，其中"敬德楼"还有两个突出屋面的独特木质老虎窗（图8-2-32）。

美式建筑整体不严格遵循对称的设计原则，例如在"敬德楼"正立面上的回廊共六开间拱洞，大门位于左边第三开间，且建筑的四面均为拱形回廊；而"崇本楼"则只有三面有弧拱回廊，其建筑正立面右侧为房间，房间开

图8-2-29 原遵道中学校长教师住宅

图8-2-30 范里蒙牧师住宅（来源：吴晶晶 摄）

图8-2-31 防潮架空层（来源：吴晶晶 摄）

图8-2-32 "敬德楼"立面（来源：吴晶晶 摄）

图8-2-33 屋顶、敞廊以及木楼梯（来源：吴晶晶 摄）

窗与回廊的弧拱洞相呼应，大型弧拱窗两侧还设细长弧拱墙间洞造型。值得注意的是这两栋建筑的墙体厚度近400毫米，比湖南地区常见的砖砌墙厚。较为可惜的是，原先的建筑墙体都是浅灰红色的清水砖墙，在后期修缮改造的过程中，重新在外墙上刷了涂料，并用白色涂料嵌缝，形成红砖墙效果，以至于失去了建筑原本的历史感；并且敬德楼门厅内原有的通往二楼的楼梯已被拆除，新楼梯为后期加建。而"崇本楼"的改造更为可惜，原本开敞式外廊，被填以砖块封闭起来，墙身也被刷成了灰白色，局部石材贴面，并将位于门厅的木楼梯整体搬至后部回廊中（图8-2-33）。

并且据一位退休老教师回忆，两栋建筑的门窗都是带有彩绘的精美玻璃门窗，并配有铜质的纱窗网，建筑室内还有大量的欧式壁炉以及石膏吊顶装饰，均已被改造。不论如何，整个建筑大体上展现了近代历史上少见的美式建筑风格，丰富了湖南近代建筑里殖民建筑的式样。这些建筑，是历史的见证，需要得到重视与保护。

（六）益阳信义大学建筑群

益阳市赫山区市第一中学内，存留着几座历史悠久的建筑，作为一中前身信义大学的校舍，诉说着百年来的风雨。

图8-2-34 信义大学校舍（来源：熊申午 摄）

图8-2-35 信义大学校舍细部与教室宿舍（来源：熊申午 摄）

最早在1921年，瑞典信义会决定在益阳创办"信义大学"以教育传播宗教，于是大量建造校舍。1923年校舍竣工，设文理两科，主修欧洲方言系、社会科学系以及数理系、生物系，现存一座校舍（图8-2-34）与一座教师宿舍。

校舍采用夯土外墙，低层架空通风并设有木雕花窗，主体两层大开窗作为教室使用，建筑顶部采用大型木构架庑殿顶，上覆青色琉璃瓦，此建筑屋顶处理手法与常见的不同，屋顶向内收缩与屋面相接，故于墙面上部和檐口之间形成向内凹陷的一片区域。教师宿舍同样低层架空通风，由大台阶上至一层，屋顶上布置两扇老虎窗，正立面向内凹形成单面廊（图8-2-35）。可以看出整个信义大学建筑群，已经在设计中充分考虑了当地的气候环境等多种因素并融入了传统设计元素等多种影响因素。

通过这样一些建筑我们可以看出，无论是规模较大的大学建筑群，还是规模偏小转变为中小学用途的学校建筑，都体现出时代的变化与建筑风格的融合。

（七）武冈市中山堂

武冈市第二中学内保留着这样一栋建筑，中山堂。这是一栋具有极大历史意义的建筑，黄埔军校第二分校旧址。

抗日战争时期，中央陆军军官学校武汉分校迁至武冈，从1938年到1945年一共在这里办学7年，招收了6期学员，毕业学员2.3万多名。抗日战争时期，黄埔军校，也就是中央陆军军官学校在全国各地总共办了9个分校，武冈分校为第二分校，也是办学时间最长、毕业学员最多的分校之一。

中央陆军军官学校武汉分校迁来武冈后，在城东法相岩附近营建了校本部，法相岩的天然溶洞成为军校的地下印刷厂和军火库，另外还陆续修建了多座教学建筑，主要建筑都以国民党领袖与将领名字命名，如中山堂、中正楼、应钦楼、崇禧楼等。但这些建筑基本上都已不存，唯一保存下来只有一座中山堂。

中山堂建筑风格也是当时典型的折中风格，系砖木结构单檐庑殿顶建筑，建筑平面布局上由正厅、左右厢房、花园等组成，占地约1300平方米。竖向上建筑因地势南高北低，故正面看是两层楼，但背面可见三层，并且背面设有开放式通廊与竖向连通的楼梯，建筑四角也各有一个攒尖顶角楼（图8-2-36、图8-2-37）。

三、公馆民居建筑

（一）发展历程

湖南在近代直接经历了太平天国运动、戊戌维新、辛亥革命、反袁护国、五四运动以及抗日救亡等全国性的重大事

图8-2-36　中山堂南北立面（来源：唐成君 摄）

图8-2-37　中山堂四角塔楼（来源：唐成君 摄）

件，就省城长沙本身而言，则有长沙开埠，"文夕大火"等对长沙产生深刻影响的历史事件。回顾这一段历史，我们可以看到这些历史节点对湖南近代公馆民居建筑发展产生了巨大的影响。

近代以来至湖南逐渐开埠的这一段时期内，湖南近代建筑发展缓慢，除长沙岳阳外，大部分民居仍然为传统特征，有价值的近代特征建筑以公馆为首，多为晚清官僚和富商的宅第。以长沙为例，最早的具有近代特征的公馆是1872年杨玉科所建的一栋住宅，细节上采用了新的西式地板构造并使用新工艺处理天沟、排水，但由于传统民居形制日臻完美，且民众对新事物接受程度有限，仍沿用传统民居平面布局方式。可惜年代久远，这段时期的公馆建筑已无实物，另外据《长沙市志十五卷》【224—225】记载再次印证公馆民居仍体现传统民居的主要特点。平面强调对称，突出堂屋地位，空间形象严谨工艺，外墙上的门窗较少或较小，对内利用天井组织空间，并能解决采光通风，立面上采用洁白的檐带、灰黑的瓦饰，与大面积灰色清水砖墙互相衬映。

随着湖南资本主义经济发展，城市住宅方面引入了独院式住宅等西式建筑，其平面及空间处理上保留欧美生活方式，实际上是西式住宅的异地重构（图8-2-38）。最早传入中国的建筑样式就是"外廊建筑"，特征是建筑周围环绕开放的外廊，在功能上既可看作领事馆等公建，也可看作住宅建筑，其建筑形式影响着中后期的天井式和院落式民居。

抗日战争爆发后，因湖南地理位置原因，沿海地区人员、资金后撤，名校迁来，市场更加繁荣，长沙本地公馆形式从上海等地直接引入了新式里弄住宅和花园式洋房，又结合湖南本地气候，地理及技术条件，丰富了近代公馆民居建筑的形式，在使用功能方面解决通风、采光、防潮等问题，且平面布局和体型组合更加灵活，开始不局限于对称的布局，偶数开间，而是开始随地形状况与业主个人使用需求进行设计，例如北山书屋即李默庵公馆（图8-2-39），采用院落式布局，建筑为坐北朝南局部两层主体四层的砖混结构。该建筑由门庭、住宅和杂物间3部分组成，并且引进来自上海的设计图纸进行设计模仿，住宅在平面布置上全面打破传统住宅中的对称布局，强调居住环境，在主要卧室配备独立卫生间。其他房间的布置上，紧接前廊的为两边客房和正厅，前厅共两层，一层是传统堂屋样式，而到了二层则变成宴会厅。后厅四层，则专作佛堂，正厅西侧是两层的六角亭客房。从造型上看采用了传统建筑的屋顶形式，并且多种屋顶组合。

（二）平面形式

由于不同的功能需要、地理地形环境、风俗礼仪以及外来文化等因素影响，湖南近代公馆建筑平面形态各异，有以下4种分类。

图8-2-38 长沙海关旧址（来源：熊申午 摄）

图8-2-39 北山书屋（李默庵公馆）（来源：党航 摄）

1. 独院式

公馆建筑最早以独院式为主，这种形式通过建筑与墙的围合，形成进深大于5米的院落，这些尺寸远远大于天井的院落，可以种植树木。而建筑中院落的布局进一步决定了建筑的基本平面分布，各种形式中又主要有以下3种布局方式（表8-2-2）：前院式的公馆主要受西方独院式高级住宅的影响，同时也考虑到基地和风俗的限制，其前院一般有水池和草坪，再种植一些树木，摆设一些盆景之类，通过院子分隔空间美化环境，相比天井式公馆有更好的采光通风；后院式公馆的后院则用于分隔主要用房与辅助用房，这种形式有助于辅助用房功能的扩大，建筑使用适应性更强。合院式公馆的院落较大，一般为内敛式的组合方式，体现了中国文化"自谦、退让、含蓄、包容"的内涵，宅邸砖砌厚墙，大门一闭，利于防盗。院落起的作用多而全，这也正是院落制在中国普遍使用的原因。

2. 殖民式

中国近代建筑的历史是始自"殖民式"，湖南的"殖民式"公馆经过当地民众异化，模仿殖民者在桔子洲的外廊式住宅，基于业主和工匠自己的理解而建的一种受外来文化影响的公馆。如唐生智公馆（图8-2-40），建筑平面已经完全西化，起居室取代堂屋，主要房间内设壁炉，并设地下

独院式的三种类型　　　　表8-2-2

类型	特点	图例
前院式	院落设在前墙入口，一进门就是院落	
后院式	院落设在后院，用来组织和区分主要房间与辅助用房	
合院式	两合院式或四合院，院落较大	

图8-2-40　唐智生公馆（来源：熊申午 摄）

室和通风设备。而大多数公馆仅单体采用外廊式，布局仍采用院落式、天井式，此类外廊式一般为单面外廊，宽度窄，柱子为砖柱，沿建筑的外墙设置，类似于中国传统建筑的"廊"。外廊式为南方生活提供了便利，是不可缺少的活动空间，也是室内空间的延伸。外廊可以晾晒衣服，有的则演变成了晒台，且南面的外廊也成为一种防暑的建筑形式。正因为外廊有这么多适合湖南气候和生活习惯的优点，所以被民众接受。根据外廊的设置方式，"殖民式"公馆分为单面廊和双面廊（表8-2-3）。

3. 天井式

天井式平面布局所占比例最大，主要受经济、人口影响，基地一般较小，受到面积的限制，院落压缩成天井，且湖南夏季连续高温，天井在湿热气候下利于通风，减少水蒸发量，民间《理气图说》称"井形要不方不长如单掉子形"，单掉子就是划船的单桨。天井的长宽比约为四至五比一。这样的内部空间可以形成稳定的负压区，达到较好的调节作用。于是，天井式则成为一种平衡经济性与舒适性的最好方式（表8-2-4）。

殖民式公馆的外廊位置　　　　　　　　　　　　　　表8-2-3

种类	外廊位置	实例名称
单面廊		西园北里52号 福德里4号
双面廊		马益顺巷59号 李觉公馆 十间头72号 唐生智公馆

天井式的四种类型　　　　　　　　　　　　　　表8-2-4

位置	特点	图例
前天井	天井位置靠近院门，一进门就是天井，没有门厅	
半天井	天井位置进一步前移，靠前墙，形成半天井，俗称"虎眼天井"，同时建筑入口移至前墙侧面或侧墙，有的入口处设有单独的小门厅	

续表

位置	特点	图例
边天井	过厅两侧或一侧设有天井	
后天井	天井设在靠近后墙或厨房处	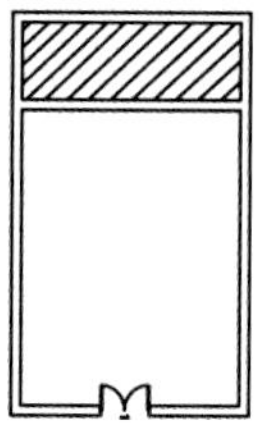

4. 内庭式

内庭式公馆的平面布局类似于现代复式住宅，进门为贯通两层的内庭，多为扁长方形，形似天井，但有屋顶，并且屋顶与堂屋屋架一体。内庭式的平面布局，加大了土地的利用率，天井盖上屋顶后成为实际的室内空间，楼梯多设于内庭的侧墙面，既扩大了堂屋面积，增加了堂屋的灵活性，又可以成为多人活动的场所，是精明的湖南人在20世纪40年代最喜欢的公馆形式（表8-2-5）。

内庭式的两种类型　　　　表8-2-5

位置	特点	图例
位置一	内庭靠近前面，可作为边庭，靠前墙第二层为平台或一层的坡屋面，可侧面采光	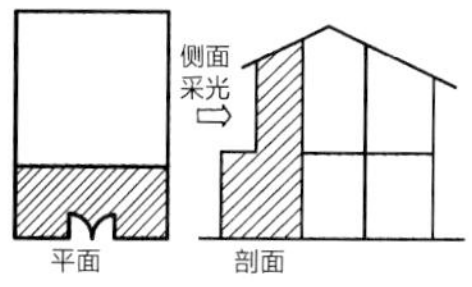
位置二	内庭靠近前后都有两层高的房屋或外墙，靠顶部明瓦采光	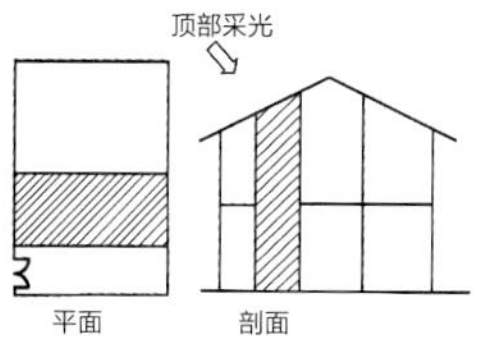

（三）典型案例

1. 楠木厅6号

楠木厅6号（图8-2-41、图8-2-42）位于长沙市开福区，外表看似普通的这栋建筑，曾作为朝鲜革命党的本部也是韩国光复战线三党统一会议的所在地，韩国国父金九先生当年在此进行抗日复国活动，由此作为重要文物建筑被保护着，因此这栋建筑也较好的保留了当时的建筑形式。

这是一栋典型的天井式公馆，建筑前后各设置一处天井，外墙采用清水砖墙，较为高大，外墙面极少开窗，凸显出这栋建筑的隐秘性。建筑内部为木结构，门窗、楼梯、扶手都有较多的传统元素。

图8-2-41 楠木厅6号后庭（来源：熊申午 摄）

2. 李觉公馆

李觉公馆（图8-2-43），今为周南中学老校区办公楼。建筑为清水砖墙，风格上中西合璧。平面布局呈曲尺状，两侧分别设有一处楼梯，整个建筑体现早期现代主义与装饰艺术风的影响。建筑东部设有阳台，打破了原本对称、封闭的建筑风格。屋顶主要是传统硬山与歇山顶的结合，阳台上部少量的平屋顶。建筑多采用装饰艺术风典型的立面竖向构图（图8-2-44），转角处用砖砌成线脚，阳台栏板上砖砌回纹图案。

图8-2-43 李觉公馆外观（来源：熊申午 摄）

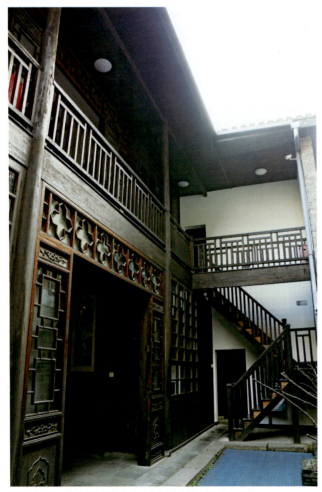

图8-2-42 楠木厅6号院内木构立面（来源：熊申午 摄）

图8-2-44 立面细节（来源：熊申午 摄）

四、工业建筑

我国近代工业的产生具有显著的舶来特征。虽在近代化进程之前，我国的手工业已经发展到相当高的水平，然而随着西方列强的侵入，带来的资本和技术的入侵直接导致了我国近代工业的产生。

（一）裕湘纱厂

位于长沙市银盆岭大桥西的裕湘纱厂原名经华纱厂，是近代湖南重要的工业企业。其工厂大门、钟楼、两侧办公楼，是长沙保存最好的工业建筑遗产。其中又以雄壮高大的大门最具特色，大门规模及结构，与武汉国棉六厂、石家庄纺织厂的大门相仿，号称全国"三大门"（图8-2-45）。门楼为方形，建筑面积41平方米，高13.5米，宽3米，进深4米，砖墙与混凝土平顶屋面，离门4米处建门卫室左右相连，一同组成弧形平面布局。大门四角各有两根圆柱支撑，石砌拱门，砌三层楼檐外伸，其构造庄重，半圆形顶心，别具一格。

厂区有1919年所建的外廊式办公楼，主楼两层，低层设有架空防潮层，通透式走廊外开拱形大窗，门厅突出，坡屋顶前一字排开九个天窗，与主屋顶垂直，造型十分独特。建筑背面架空防潮层向外突出，形成室外平台（图8-2-46）。该建筑于2009年被列入长沙市第二批近现代保护建筑名单。

（二）华昌烟厂

华昌烟厂旧址位于天心区下碧湘街112号，始建于1917年。是长沙近代较早的民办工业，属于手工作坊，规模较小。其厂房空间由民居改造而成。尽管如此，此建筑仍具有

图8-2-45　裕湘纱厂大门（来源：党航 摄）

图8-2-46　裕湘纱厂办公楼背面（来源：党航 摄）

区别于普通民居的特征。建筑为红砖砌筑，木质楼板，外墙清水墙工艺处理，造型简洁不失变化，立面的处理在比例和尺度处理上，没有采用传统民居的方式，而是以较为现代的方式进行设计（图8-2-47）。高耸的红砖外墙内有着向内倾斜的青瓦屋面形成类似内天井庭院的空间。

（三）天伦纸厂

天伦纸厂于1947年开始兴建，次年竣工投产，位于橘子洲上。天伦纸厂由两个车间并排组成，建筑主体为红砖砌筑，在屋顶圈梁位置使用混凝土收头的处理手法，形成较好的视觉效果，外立面使用壁柱划分开间，打破过于冗长的立面旋律（图8-2-48）。同时在两栋建筑之间连接部分，原以钢筋组成桁架结构，后改造加上了玻璃幕墙（图8-2-49）。目前旧厂房已作为长株潭两型社会展览馆使用。

（四）株洲国营三三一厂

新中国成立以来，我国工业经济获得了稳定的外部环境，并得到了快速发展。株洲市作为全国8个重点建设城市之一，在"一五"、"二五"期间，按照国家制订的国民经济计划展开了大规模的工业基本建设，筑建了坚实的工业基础。

国营三三一厂作为全国重点企业，如今依然保留着不少近代工业建筑，包括瞭望塔、居民楼、医院、办公楼以及两栋苏联专家楼。

消防瞭望塔受苏联专家建议建造，坐北朝南，整栋建筑均采用清水砖墙，并且设计中注意到通风和采光。塔楼平面呈正方形，高18米；消防办公楼平面呈长方形，高8.4米，几经改建后现存建筑面积约720平方米。在当时是湖南省乃至全国都十分罕见的工厂消防设施。

图8-2-48 长沙天伦纸厂侧面（来源：何韶瑶 摄）

图8-2-47 华昌烟厂旧址（来源：熊申午 摄）

图8-2-49 长沙天伦纸厂正面（来源：何韶瑶 摄）

图8-2-50 三三一厂消防瞭望楼与苏联专家楼（来源：熊申午 摄）

苏联专家楼建于1953年，是专门为来三三一厂工作的苏联专家建造的别墅式住宿楼。原有5栋，现存2栋。建筑均坐北朝南，两层，砖木结构，红砖清水外墙，木三角形屋架，红色波纹瓦屋面，左右呈中轴对称，平面规矩，回廊宽缓伸展且遵循三段式构图（图8-2-50）。

（五）粤汉铁路总机厂联合厂房

早在民国时期，政府资源委会规划将株洲打造为"东方鲁尔区"，并就此拉开粤汉铁路株洲总机厂建设步伐。联合厂房由4栋不同跨度的厂房联合在一起组成，故而得名联合厂房。它由英国建筑师设计，1937年建成左边1~3栋；1947年和1952年对其进行加长；1959年加建了右手边第四栋。厂房两端为凸字形山墙，屋顶呈双脊形，屋面平铺进口中波石棉瓦，并设置双向冲顶天窗，采光和通风效果良好。这栋建筑作为早期的工业建筑典范，为湖南乃至中国机械工厂建筑提供了模仿与学习的样本。该厂房直至今日仍然在改造使用当中（图8-2-51）。

五、其他建筑

本类型建筑指的是除学校、教堂以外的公共建筑形式。主要包括银行、邮电所、办公大楼、医院、纪念馆、博物馆

图8-2-51 联合厂房老照片（来源：湖南省住房和城乡建设厅 提供）

以及文化馆等建筑类型。

（一）中西结合

20世纪30年代，随着文化的交融激荡，中国固有之形式的建筑设计浪潮逐渐兴起，涌现了大量优秀的建筑作品，当时的中山陵便是其中翘楚。与南京相似的是，远在湖南衡阳，也矗立着一座巨大的陵园建筑群，南岳忠烈祠。这座全国规模最大的抗战烈士纪念陵园，始建于1940年，时值湖南战事吃紧之时，可谓意义重大。可以说无论从建造意义还是从建筑技艺都是中山陵之后，国内又一重要的纪念性陵园（图8-2-52）。

整个建筑群由祠堂群与陵园群组成，祠堂部分占地面积达22400平方米，共五进。整个建筑群依山而建，将牌坊、

图8-2-52　忠烈祠鸟瞰图（来源：熊申午 摄）

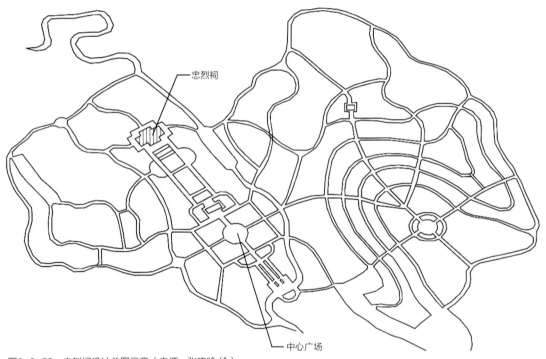

图8-2-53　忠烈祠设计总图示意（来源：张晓晗 绘）

纪念碑、纪念堂、纪念亭以及享堂等主体建筑通过中轴线串联起来，逐级升高，与中山陵相仿（图8-2-53）。

忠烈祠第一进牌坊，为三门四柱三楼的形制，石材墙面与木质大屋顶相结合，展现出厚重的纪念氛围与优美的民族艺术感，庄重而典雅（图8-2-54）。第二进为纪念碑，坐落于圆形广场之上，整个广场景观设计极为考究，在中轴对称的形式下仍然保留着美感。第三进纪念堂后，整个建筑群开始沿山势向上爬升，与中山陵不同的是，其台阶沿两侧布置，中间花坛种植出6个字，民族、忠烈、千古。第四进的纪念亭则具有巴洛克风格的装饰手法。可以说整个建筑群，充满着严肃庄重规格与优美高贵的气质，极具纪念与艺术价值。

（二）早期现代主义

早期现代主义建筑民国初期就已经逐渐出现在湖南的大地上。

介绍早期现代主义，就不得不提潭宝汽车站。早在1925年，民国政府就在湘潭窑湾潭宝公路起点修建了汽车站，并成为中国第一个钢筋砖石结构汽车站。虽然车站在20世纪60年代初就因停止旅客运营而日渐萧条，却有幸保存到了今天（图8-2-55）。

潭宝汽车站建筑平面为圆形台阶式建筑，平屋顶，一层台阶向内收缩，巧妙地设计利用负一层圆形周边屋顶作回车场，再通过花岗条石墙及砖拱承重，内部设售票、候车用房。二层以上为工作人员办公及辅助用房，并在屋顶设瞭望塔。建筑圆形中心为内天井采光屋顶。建筑周边与街道之间设立交桥，东面设岔道通湘江渡口。总的来说设计功能合理，空间流畅，造型独特，在当时呈现出较高的设计水平。

另一个较为有代表性的早期现代主义建筑为小吴门邮电大楼，作为曾经的湖南省邮政管理局办公楼，由汉口卢镛标建筑事务所1935年设计，1937年竣工。其平面结合地形设计成三角形，内部设天井，共4层，被称为小吴门邮局（图8-2-56）。建筑立面以壁柱分割墙面，竖向构图，混凝土

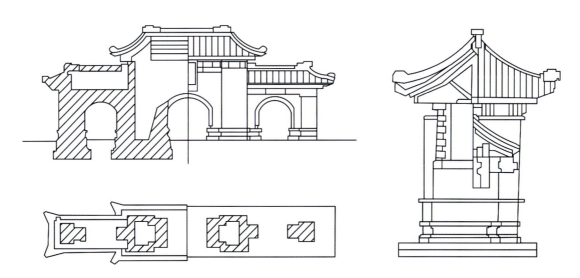

图8-2-54 忠烈祠牌坊设计图（来源：张晓晗 绘）

图8-2-55 潭宝汽车站负一层平台与建筑透视（来源：党航 摄）

材料及壁柱很有雕塑感和韵律感。

该建筑为少有的西方早期现代派风格,造型简洁大方,线脚简练而有表现力。

(三)"民族主义"

湖南省博物馆,初建于1951年3月,1958年7月正式建馆。整个建筑群内绿树成荫,环境幽雅,老陈列楼、办公楼和新陈列大楼等建筑典雅庄重,具有各自的时代特点(图8-2-57)。其中办公楼为两层内廊式建筑,由钢筋混凝土柱组成框架横条状布局。建筑外墙为长条形清水红砖砌筑,使用水泥勒脚,屋顶为歇山顶,上铺筒瓦,正门门厅向外突出并设有门廊。整个建筑立面造型庄重、色彩丰富而协调,整体与局部的关系恰当。

民主新大厦,建筑结构为砖混结构,呈中轴线对称,其最大的特点是层次丰富的屋顶设计,从两边到中间逐层突起,共分3个层次,中间一个层次采用中国传统歇山顶,设有斗栱装饰,而建筑最外侧为女儿墙与平屋顶(图8-2-58)。建筑中间三层,立面上以三段式分划,石座台基、红砖墙体。另一明显特点是外墙有丰富的变化,存在大量砖砌装饰。

图8-2-56 小吴门邮电局(来源:熊申午 摄)

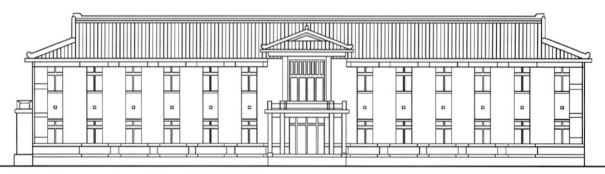

图8-2-57 湖南省博物馆办公楼立面图(来源:张晓晗 绘)

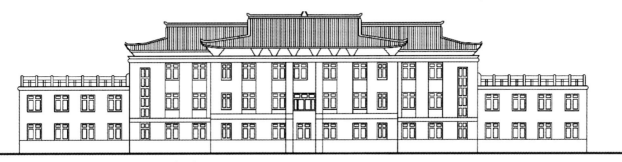

图8-2-58 民主新大厦立面图（来源：张晓晗 绘）

第三节 巧夺天工——近现代地域建筑的创新

一、柳士英先生的现代建筑尝试

柳士英先生，作为中国近代建筑教育的开创者和先驱者，对湖南建筑教育做出了巨大的贡献，这样一位教育者，同样也是湖南现代建筑的引领者。在湖南大学校舍的设计过程中，充分体现出其"现代建筑"的试验与尝试，这样的努力与热情，培育影响了下一代湖南本土建筑师。

探讨柳先生的设计，需要从柳先生的求学经历说起，柳士英先生在日本求学的年代，正是西方近现代建筑风起云涌大变革的时代。最早影响日本的折中主义思想与古典主义倾向，以及后续出现的表现主义以及受维也纳分离主义影响的"日本分离派建筑会"，共同组成了柳士英先生的建筑学教育环境。与此同时，日本民族文化中对传统建筑文化的注重，"和魂洋材"的学说，也影响了柳士英先生。这些在之后柳先生的设计活动中都得以体现。

柳士英先生长期以来进行着建筑设计实践，从20年代初毕业回国到20世纪50年代初，30余年时间内设计建筑近40座。这在当时建筑业并不发达的旧中国来说，是一个非常了不起的数字，并且他设计的建筑类型广泛，包括住宅、工厂、学校校舍、银行、办公楼、电影院、礼堂、图书馆，等等。

抗日战争胜利后，接手湖南大学校园修复重建工作，柳士英先生迎来设计的高潮，这一时期的作品也最能体现柳士英先生对现代建筑的尝试。其作品有湖南大学学生第二宿舍、湖南大学学生第三宿舍、湖南大学学生第九宿舍、湖南大学学生第四宿舍、湖南大学学生第七宿舍、湖南大学至善村教工住宅区、湖南大学胜利斋教工宿舍、湖南大学老图书馆（图8-3-1）、湖南大学科学馆（加顶层）、湖南大学工程馆、湖南大学大礼堂。

这一时期也是柳先生设计的成熟时期，相较于早起设计中出现的折中主义，柳士英先生在湖南的作品更倾向于结合中国元素的现代主义，尤其是表现主义与维也纳分离主义。

湖南大学工程馆（图8-3-2）是柳先生现代主义设计的代表作。"工程馆的横线条不是包豪斯的翻版，线条并不是附着于建筑物的表面，它的投入与抽出自有独到的手法"。建筑的主入口处有着分离派手法的影子，直线构图的竖向柱子与长窗与两侧水平线形成鲜明对比（图8-3-3）。西侧半圆形的楼梯间则带有显著的表现主义特征，体现出一种流动的设计感。建筑整体静止稳定而局部却流动且富有活力，水平向线条的起止与穿插搭配，设计得恰到好处，配合上竖向的交叉，堪称经典。与柳士英先生在湖南大学设计的诸多其他建筑一样，这栋建筑体现了他当时现代主义与表现主义创作的特征（图8-3-4）。柳士英先生在《我与建筑》一文中明确说到他曾经受过德国表现主义的影响。德国表现主义其主要特征是一种简洁而有力的流动感的造型。不过柳士英先生从来不照搬照抄，不论是古典主义的、传统的还是现代的，各种设计手法他都把它们融会贯通，变成自己的东西，

图8-3-1 湖南大学老图书馆（来源：熊申午 摄）

图8-3-2 湖南大学工程馆（来源：熊申午 摄）

图8-3-3 湖南大学工程馆立面图（来源：张晓晗 绘）

图8-3-4 湖南大学工程馆（来源：熊申午 摄）

图8-3-5 柳氏圆圈（来源：熊申午 摄）

必要的时候加以灵活运用。表现主义的特征在柳士英先生作品中的运用就是很明显的例子。

真正的表现主义主要是在整个建筑型体上的流动感，例如德国波茨坦爱因斯坦天文台。柳先生的作品中则灵活地把这种流动感加以拆解，运用在建筑的某些局部和细部装饰上。其整体造型是相对稳定的、静止的，而局部则是有活力的、流动的，这种动静结合，动中有静、静中有动，是柳先生20世纪30年代来到湖南后所设计的作品中最为常见的，也是他本人的典型创作手法之一。他的这些手法的处理也是多种多样不拘一格的。如湖南大学七舍起伏的波形墙面；湖南大学一、二、三学生宿舍正面入口的半圆形柱墩和挑檐以及七舍入口处的流线型装饰（图8-3-6）；其墙面线条的处理，都非常讲究，富有一种流动感。而湖南大学一、二、三舍设计上都运用了一种长长的水平线条划分楼层，最后绕着一个圆窗结束的处理手法（图8-3-7），极具其独特的设计风格。所有这些建筑的共同特点是整体上的静止稳定对应局部的变化流动。柳士英先生特别喜爱曲线和圆形母题，被人们称为"柳氏圆圈"（图8-3-5）。

值得提及的是，尽管在20世纪40年代西方建筑界已经开始流行现代主义建筑，但仍然只有极少数建筑设计师运用这种前卫的设计手法，因为即便在西方，这样的手法也难免受到传统学院派的强烈抵制。中国当时尽管紧跟西方潮流，但更是少有这样的市场，加上当时中国从事建筑设计的人才较少，这一时期的现代主义建筑在中国是凤毛麟角。而像柳士英先生这样的独具特色的现代主义建筑师，更加难能可贵。他在湖南大学留下的设计作品，在中国近代建筑史上，绝对是独特的一笔；他的设计实践，也绝对算是开创了湖南现代

图8-3-6 湖南大学学生七舍(来源:熊申午 摄)

建筑设计的先河。

新中国成立后,对于中国固有之形式的民族认同,民族主义的兴起。顺应时代的潮流,柳士英先生在这一时期设计的湖南大学图书馆与大礼堂也遵循了这一潮流,同时与古朴的岳麓书院相互呼应,形成环境上的和谐。然而柳士英先生也并没有完全放弃自己的建筑理念。他仅在轮廓上采用"民族形式",在细节上依然置入了很多自己的手法。如大礼堂台口上的圆形装饰,以及层层大圆中夹着小圆。室内楼梯间滚球形扶手,仿佛能随着人流上下滑动,这都是他的表现主义手法。从湖南大学图书馆的设计中可以看到,贯通三层的竖向长窗依然体现着维也纳分离派的影子(图8-3-6~图8-3-8)。

在这样的设计中,柳先生也发现了传统建筑文化与现代主义手法的一些切实可行的融合之处。传统的木结构屋顶与钢筋混凝土的结合,曲线与圆形母题的运用。层层叠叠的屋檐,错落有致,在中国传统重檐歇山顶所营造的古韵之间,开有一扇特别的圆窗。重檐与圆窗,一个是中国古典主义,一个是西方现代主义,柳士英先生创造性地将两者结合在一起,形成和谐而美丽的建筑立面(图8-3-9)。

不论如何,柳士英先生为湖南现代建筑发展奠定了基础,同样也为传统建筑文化与现代主义风格的融合提供了很好的思路,为传统建筑文化的传承打开了开端。

图8-3-7 柳士英先生经典立面手法（来源：熊申午 摄）

图8-3-8 湖南大学老图书馆（来源：熊申午 摄）

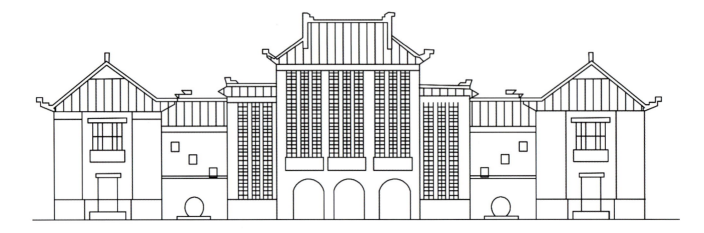

图8-3-9 湖南大学图书馆（来源：熊申午 摄）

二、从书院修复到地域主义兴起

（一）书院修复

岳麓书院作为中国古代四大书院之一，是目前国内保存最为完整，规模最大的一所传承自古代的高等学府（图8-3-10）。自从宋代开始办学至近代改为新式高等学堂，再筹建现代大学，1000多年来弦歌不绝，办学不辍。而书院建筑的历程，也折射了近现代湖南建筑行业的发展与研究的兴起。

千年古迹，历经历史磨难，近现代战乱以来残损破败，早在1945年战后，湖南大学师生便奋起修复，当时柳士英、蔺传薪先生主持书院修复，在极其困难条件下，基本保存了古迹原貌，也积攒了湖南传统建筑保护学术上的第一笔经验。当然，修复之路依然任重而道远。

20世纪70年代末，在柳士英先生的学生，湖南大学当代建筑教育元老杨慎初先生的倡议与努力之下，经湖南省委决定，对岳麓书院拨款修复。要求"结合湖大的发展，统一规划，并尽可能地恢复历史原貌"，"修复和使用，要反映'千年学府'的特点"；"应对外开放的，供国内外群众参观、学习和游览。"

杨慎初先生1960~1963年主持开办建筑学专业，亲临讲台主持讲学工作，并规划师资培养。他播下的种子，为1984年湖南大学建筑系的成立打下基础，培养出一大批当今湖南知名建筑学者。杨慎初先生长期从事建筑历史及理论研究和教学，潜心学术，不求闻达，早在1958年就开始进行湖南传统建筑的调查研究，1979年开始埋头于岳麓书院的修复研究，精心投入设计，深入施工场地，修旧如旧，使得岳麓

图8-3-10　岳麓书院（来源：熊申午 摄）

书院得以焕发新生。

可以说，杨慎初先生，继承了柳士英先生的事业，引导着湖南建筑学界的发展，也开启了湖南传统建筑文化的研究工作。杨老在岳麓书院的修复过程各种，培养出一批省内传统建筑文化保护方面的专家学者。

对于书院修复，杨先生提出了如下原则：

第一、岳麓书院与湖南大学以及风景环境，在历史上和现实中有着不可分割的联系，因此其修复和安排绝不可截然分割，自成体系，而应使校园在对比联系中形成统一整体，并融合于优美风景之中。

第二、岳麓书院是教育历史文物，具有千年演变的历史纪录，因此，它不仅可为旅游参观提供重要史迹，更重要的，还应成为教育事业发展历史的宣传阵地，成为学术研究交流活动的场所，使之突出其独特的历史内容，发挥其更大的历史作用，为现代化建设事业作出新的贡献。

第三、岳麓书院经历了千年历史，曾遭到7次战火的较大破坏，其中明代初期中断百多年，已废为墟。较大规模的重建或改建，约有12次。现存建筑多属清代遗物，部分为抗日战争后重建。但自创始经朱熹扩建后，基址未改，其讲学、藏书和供祀三个组成部分相沿发展，规制大多因袭前代，因此仍具有典型代表意义。现存建筑风格，也具有湖南地方特色；园林艺术历代记载多有其突出表现。因此，修复中考虑不可能也不必要完全按某一特定时期面貌全面重建，而采取从现实出发，在现有基础上保留现存古建原貌不变，并表现书院的基本规制；在局部改建或重建中，则根据历史遗迹，吸取其历史记载的特点和成就，并结合现实使用需要，综合考虑，既存古迹，又突出精华，以丰富修复建设内容，使之更为完整，并与校园建筑及风景环境更为协调。

修缮过程中，杨慎初先生根据书院布局，将书院划分为5个部分，分期进行针对性系统整理修复。前坪部分，两池、两亭、一台的布局；文庙部分，书院主要供祀部分；书院前部，书院的主要讲学部分，在宋代初建的基础上发展形成；书院后部，为清康熙以来逐步形成的布局。左侧滚溪祠、六君子堂、崇道祠、湘水校经堂等，中为文昌阁，后为御书楼（图8-3-11）。经过缜密的研究，杨先生将岳麓书院修旧如旧地重新展示给大众。其研究精神与方法，值得我们在传统建筑文化解析与传承中学习。

几十年如一日，几代人持之以恒地修复工作，终于让岳麓书院重新焕发出曾经的光辉。这些时日里积淀下来的，不仅仅是一座书院，而是无法计量无比宝贵的古建筑保护与修复理论与技术。在这样一些理论基础与技术经验的指导下，湖南省古建筑保护与传承，逐渐步入正轨，许许多多的保护与修复案例如雨后春笋般涌现，这其中不得不提起另外一座书院，石鼓书院。

图8-3-11 岳麓书院鸟瞰图（来源：熊申午 摄）

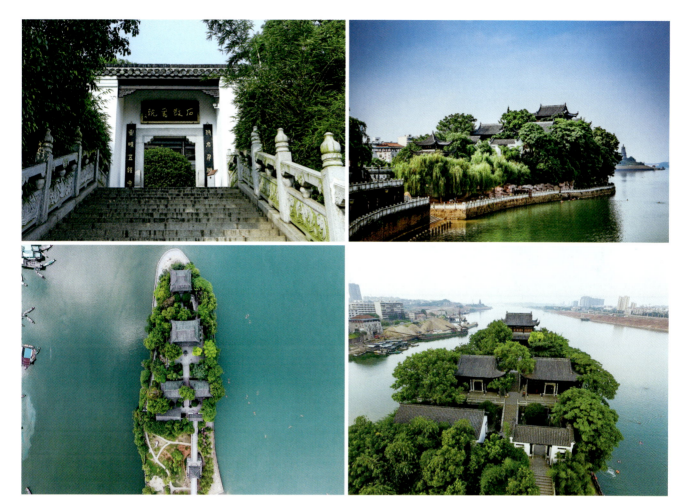

图8-3-12 石鼓书院（来源：熊申午 摄）

衡阳市石鼓书院，曾经与岳麓书院齐名，被称为"宋兴之初天下四书院"之一，千百年来兴衰变化（图8-3-12）。不幸的是书院于抗日战争中毁于日军轰炸，广大湖湘学子莫不哀叹惋惜。考虑到书院损毁严重，修复技术不足，长期以来一直以遗址的状态存在于衡阳市区的湘江之上。经过多年来岳麓书院修复等大量传统建筑保护修复经验的积累，政府终于在2006年启动了石鼓书院的修复工作。经过缜密地考据，严谨地选材，终于依旧例将石鼓书院修复至清末式样，当地百岁老人亦感慨与遭到战火毁坏前的书院几乎一模一样，重现了石鼓书院"千年学府"的英姿。这是湖南省传统建筑保护与修复的一大进展，也标志传统建筑保护与修复在技术层面上的成熟。

（二）地域主义兴起

理论的进步带来了时代的发展，在众多前辈的研究基础上，湖南省建筑行业的从业者们也开始不断学习，将中国传统建筑文化尤其是湖南传统建筑文化与现代建筑设计相结合。怀揣着柳士英先生现代主义实践和杨慎初先生传统建筑修复经验的湖南建筑学者，正一步一步，探索着湖南地域的建筑文化，形成独特的地域设计特色。

建筑从业者对地域主义建筑概念的了解是从近些年开始，但是地域建筑却已经不知不觉的存在于生活当中，存在于湖南乃至中国设计师的设计当中。早在20世纪90年代，随着全球化的文化冲击，一大批建筑师开始思考属于中国的建筑设计道路。1999年，国际建筑协会第20届世界建筑师大

图8-3-13 过度的模仿徽派建筑风格（来源：党航 摄）

会通过的《北京宪章》认为"文化是历史的积淀，存留于城市和建筑中……是城市和建筑之魂"。这次会议在对建筑发展历程的分析总结的基础上，展望了新世纪建筑学的研究方向，面对新世纪，湖南省现代建筑创作应当继往开来，在总结历史经验的基础上，多元化发展。

长久以来，地域主义建筑的演化和发展是社会不断推进、优化的创造过程。不同的地域文化孕育了不同的建筑文化，而不同的建筑文化也展现着不同的地域特色，它们之间存在相互作用，推动与协调的关系，地域性建筑的魅力需用心去研究才会有所收获。创作现代地域建筑的过程中，建筑师们对传统建筑风格不应消极被动地接受，而是应该主动自觉地继承地方传统建筑文化，吸收精华，弃其糟粕，积极主动地创造升华，像柳士英先生一样努力寻求传统文化与现代生活的结合点，不断地挖掘地域传统审美意识与现代审美意识异同与结合方式，并融合到新的建筑当中，而不是一味地模仿别人，却忽略了传统建筑的特征（图8-3-13）。只有这样才能够创作出真正体现地域文化和有生命力的现代建筑。只有从内在上不断地创新，使现代建筑地域化、地区建筑现代化，才能使传统的地域性建筑文化适应时代发展的需求，才能长久的延续下去，也将是建筑师创作取之不尽的源泉。

第九章　技术与创作策略在湖南传统建筑中的传承

建筑作为城市文化和内涵的载体，不仅是历史的纪念碑，也代表着时代的记忆。不同区域、民族的建筑形式，由于所属民族文化的迥异而有所不同。湖南省地域辽阔、少数民族众多，其传统建筑文化在源远流长的历史长河中独具一格。现代建筑汲取和继承传统建筑文化的精神，创造独具地域民族风格的本土建筑，不仅是历史赋予的时代重任，也是我们必须长期探讨的重要课题。

随着经济和科技的发展，人们的生活方式发生了根本的变化，而与人们生活息息相关的建筑也随之而变。尽管具体的建筑设计手法随着时代的需要不断发展，但经典的空间艺术处理原则却仍然是可以通过细致的研究加以贯彻和体现的。

第一节　设计原则

一、文化的合理性

建筑与文脉之间属于一种相互依存的关系，建筑是文脉的载体，文脉是建筑的灵魂。在进行建筑及外部空间环境规划设计时，不仅要考虑与自然场所、气候环境等外部条件的匹配，还需考虑人的需求、社会、历史、文化等社会人文因素，而文脉的价值体现在作为背景而产生的对建筑设计的制约上。建筑文脉的特性主要表现为两个方面：①放眼于时间的长轴，建筑文脉是记录历史发展运动轨迹的载体。而建筑作为满足人类自身心理和生理需求的产物，它蕴含着丰富的文化内涵和历史经验，记载着人类的成长历程，体现着新与旧之间的连续与衔接；②从时空静止的角度来看，体现的是文脉的共时性特征。因此，该地区设计师在处理建筑与文脉之间的关系时，遵循以下几个原则：

（一）追求文化内涵

文化内涵是在历史环境中建设新建筑时需深入挖掘的因素之一，意识形态的人文内涵通过物质形态的建筑本体得到充分的表达。建筑文化理念作为一种文化现象具有特殊的意义，是创作富含文化内涵建筑的第一步。其次需了解到人们对空间的需求以及行为倾向，进而以区域为划分深入了解传统文化内涵，解析文化个性的异同，并以此作为创造的源头。因而，湖南省建筑设计除了对各地区的历史环境进行解析外，还应对当地的传统文化、传统典故、民俗习惯、历史渊源等隐形历史文化深入挖掘，找出其中可以发展新形式的"基因"，从而达到为建筑创造增添文化层次的目的，以彰显不同"力"的魅力。

长沙简牍博物馆基地位于长沙市白沙路92号，天心阁东北侧，西临建湘路，东接白沙路，南面为规划的市民广场和城南路，地理位置重要。从周围整体环境的空间形态考虑，该博物馆采用的是地埋式屋顶台地绿化广场的布局，很好地处理了博物馆、天心阁与市民广场的关系（图9-1-1）。

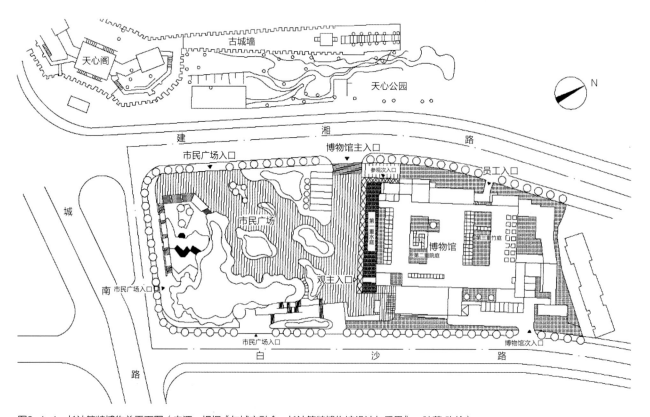

图9-1-1　长沙简牍博物总平面图（来源：根据《与城市融合：长沙简牍博物馆设计与反思》，陆薇 改绘）

但博物馆建筑体量感不强,高度较低,与天心阁古城墙的高度一致(10米),整体空间上避免了与天心阁的对峙。从建筑的形式语言来看,设计者提炼出代表着三国时期的文化精髓,以秦汉厚重的黑白对比色彩配以简洁的体量关系穿插,不仅体现了博物馆自身古朴的韵味,同时在色调上也与雄浑的天心阁及色彩凝重古城墙相协调(图9-1-2、图9-1-3)。

博物馆的室内布局通过空间横向变化来展现空间的层次感,同时为满足室内自然采光,空间的营造上借鉴了中国传统园林的营造手法,使传统的园林空间与现代博物馆空间形式有机的结合在一起。博物馆的室内外空间形成三重庭院景观:第一重为水景庭院,通过水庭和白色钢质廊架将参观者从喧嚣的城市空间引导进入安静的博物馆室内空间。传统园林空间中的框景意境通过简洁的建筑界面得以展现,并与景框后的疏竹粉墙光影共同形成立面特色;第二重为枯荣庭园,余留下的断层空间完好地记录了文物挖掘的场所特征,并由此向参观者展示了历史的沧桑感;第三重为下沉竹荫院落,空间的宁静幽远通过密植丛竹起到烘托的作用。三重庭院参观序列体现出中国传统建筑中的"转"字,使庭院景观在建筑空间中得到很好延续,中国文人精神和竹文化在参观的序列中得以彰显,建筑的室内外空间有机地融合在一起(图9-1-4~图9-1-6)。

(二)尊重传统文脉

建筑的功能和意义,须通过空间和时间的文脉来体现。面对全球化和文化趋同的挑战,传统文化的保护、继承与再

图9-1-2　长沙简牍博物馆(来源:党航 摄)

图9-1-3 长沙简牍博物馆鸟瞰图（来源：党航 摄）

图9-1-4 第一重水庭（来源：《与城市融合：长沙简牍博物馆设计与反思》）

图9-1-6 第三重竹庭（来源：《与城市融合：长沙简牍博物馆设计与反思》）

图9-1-5 第二重庭院（来源：《与城市融合：长沙简牍博物馆设计与反思》）

创造成为建筑创作最重要的要求之一。建筑理论的开拓与实践创作皆要汲取浓厚的传统养分，扎在厚实的传统根基上。因此设计师通过对各个地区的地域特征、道路系统、景观特色、空间尺度、组群关系等因素分析，把握地方文脉的传统基因。

长沙市青少年宫（图9-1-7、图9-1-8）位于中山路与黄兴路交会处，总建筑面积6.5万平方米，其中扩建建筑面积5.5万平方米，维修改造面积0.27万平方米，保留建筑面积0.78万平方米。

图9-1-7　长沙市青少年宫鸟瞰效果图（来源：中南建筑设计院股份有限公司 提供）

图9-1-8　长沙市青少年宫透视图（来源：中南建筑设计院股份有限公司 提供）

原有的长沙市青少年宫建成于1958年，当时引入了苏联"把城市最好的地段让给孩子们"的概念。同时，青少年宫又是清朝巡抚衙门所在地，沿袭了古代这段历史文脉。青少年宫为原湖南巡抚衙门，内有历史保护建筑又一村古亭，周边为历史文化街区，东南面为历史保护建筑中山纪念亭，北面临历史保护建筑北正街教堂。因而青少年宫改扩建方案，之所以采用古典式的建筑方案，是因为它不仅较好地结合了苏俄与我国明清建筑的特点，还与历史和周边古代遗迹相协调。

青少年宫院内有原生树木百余棵，其中有挂牌保护的香樟两棵，树龄已超过100年。为保护树木，建筑布局按'几'字形设计，避免了大量砍伐树木。青少年宫后期园林绿化也将依照保护古树为重点，结合历史人文，进行整体的绿化景观设计，达到绿化和建筑相互融合。

青少年宫作为青少年学习教育的场所，应当保留原青少年宫的历史记忆。在室外景观设计中将原青少年宫场地内的雷锋雕塑和刘胡兰雕塑融入其中，建成爱国主义教育基地广场。通过景观设计将历史人物与新建建筑相互融合，使新青少年宫更加具有历史厚重感。

虎形山——花瑶风景名胜区，国家级重点风景名胜区，是虎形山瑶族乡的一张"名片"。其中的崇木凼古树林、旺溪瀑布群景点，更因丰富奇特的自然资源和久远厚重的人文资源备受游客青睐。然在长期的旅游开发中，景区存在着重开发、轻规划，先开发、后规划的现象，建设的自发性、自主性和随意性明显，不仅浪费自然资源，更危害了景区的生态环境。为让景区走上一条可持续发展之路，湖南大学建筑学院教授柳肃、徐峰和卢建松率团队，开始对景区旅游整体开发规划的编制，建立起自然风貌、传统村落、聚居区域传统建筑3个保护层次的保护框架，并在保护的基础和前提下，完善村落内基础设施和公共服务设施，改善村民居住环境，规划村落未来的建设发展。大托村传统村落保护、虎形山乡街道立面改造，毛坳村小学舞台设计，虎形山乡人民会堂改造，新建乡招待所，虎形山瑶族乡的规划蓝图缓缓展开，美丽乡村的轮廓正渐次清晰（图9-1-9～图9-1-11）。

（三）体现时代精神

建筑附属于文化，是文化的一个分支，具有动态发展性，在历史发展的进程中形成自身新陈代谢的规律。建筑艺术必须根植于文化的动态更新与发展中，以解决现代生活需求为基础，不断探索历史文化传统与现代建筑的结合方式，如何将其推陈出新，融于里而表于外，成为当今建筑界重点研究的课题之一。在新时代与时俱进的城市生活背景下，湖南省以密切关注外界文化和新的历史环境为基础，取其精华去其糟粕，提炼出当地传统文化中的不变因素，并与外来文化的精华相融合进行创新。

澧县城头山遗址博物馆（图9-1-12、图9-1-13）建于城头山遗址现700米处，其设计理念围绕"城"和"稻田"展开设计。将"城"巧妙地融入到周边稻田之中，围合式的布局使整个馆形成自然的内院，主体建筑舒张有度，成为"城"的活跃因素。设计中尽量体现遗址独特的元素，将城墙、护城河、稻谷、祭坛融会在一起，充分表达了遗址的文化内涵。该博物馆凭借优越的场地条件，整体设计结合中国哲学对园林的影响，强化"虽由人作，宛作天开"与"天人合一"的思想，注重对自然因素与传统文化的承载和延续，使其成为建筑不可分割的一部分（图9-1-14、图9-1-15）。

（四）运用新技术

传统建筑是旧时代的产物，体现着过去的技术条件，新建筑是现代材料与现代技术相结合的产物。时代的价值观体现在对新技术的运用以及新功能的植入上，并非全面回到过去的生活状态和观念。

二、功能的适用性

从建筑发展历程来看，其形式的转变与人们对空间功能的需求密切相关，功能是建筑中最根本的决定性因素。功能，通常被定义为是建筑或建筑中某空间的用途。然而，功能这一概念伴随着人类生活和社会的改变发生了潜移默化的变化。建筑作为社会发展的见证者与参与者，这一变化也在建筑自身中得到反映。无论在建筑设计的理论上还是实践

图9-1-9　湖南大学建筑学院为隆回花瑶设计的节庆活动广场（来源：湖南大学研究生院官网）

中，对功能的理解、深化到最后形成全新的功能观念都是极为必要的演进过程。建筑功能的概念是有限与无限的统一，既具有狭义概念上的限度，又具有广义理解上的深度。从根本上讲，满足人们日常生活所需是建筑存在的最终目标，所以，建筑功能实际上就是建筑所支持的人的活动以及这种活动间的变化规律、相互关系和各自特有的性质。生活并非一成不变，它是动态的，建筑功能也自然而然是动态的。因此，建筑功能的本质特征是动态性。动态的功能观大致包括以下4个方面：即个体解释、周时性、相容性及兼容性特征。

图9-1-10　隆回虎形山乡富寨村富寨小学（来源：湖南大学研究生院官网）

（a）街道改造前立面

（b）街道改造后立面

图9-1-11　隆回虎形山乡街道立面改造设计（来源：湖南大学研究生院官网）

图9-1-12　澧县城头山遗址博物馆鸟瞰图（来源：罗劲工作室 提供）

图9-1-13　澧县城头山遗址博物馆透视（来源：罗劲工作室 提供）

图9-1-14　澧县城头山遗址博物馆内院1（来源：张艺婕 摄）

图9-1-15　澧县城头山遗址博物馆内院2（来源：张艺婕 摄）

（一）功能的个体解释

这是指某种特定的功能对特定的人或人群来说意味着不同的心理行为方式。人类的多样性铸成各自特别的需求，他们要求对同样的功能按其自己的性质作出解释。建筑的功能绝非是设计者在房间平面上填个命名就能了结的问题。而设计者如何能给个体的解释带来宽容的机会值得思考。

（二）功能的周期性

这里包含两层含义：一是指在建筑历史进程中，一种功能的消亡和另一种功能的替代；二是指特定功能在不同时期的表现形式具有的周期变化。

（二）功能的相容性

这是指不同功能空间或建筑间的职能关系相同、相近或具有相通性，可以交叠或临近布置。例如商场和剧场这两个具有不同功能的建筑空间，其职能也不尽相同，分别为消费和娱乐，但由于它们均属于带有商业性的公众服务性职能，因此这两个空间的功能具有相容性。城市综合体或多功能建筑的产生、发展的理论基础是功能的相容性。

（四）功能的兼容性

这是指在特定条件下，同一空间可以容纳不同的若干功能，也就是说空间形式与功能两者之间的关系并非总是一对一的。适当的空间余裕即空间的弹性，可以使若干不同的功能被同一空间所包容。空间对功能的兼容性随着其自身弹性的增强而增多，反之亦然。功能的兼容性特征为建筑功能的历史性替代和多样性埋下了伏笔。

湖南地区现代建筑在传承发展传统建筑风格的过程中，分别在各自地域环境的基础上结合各自的文脉特征及动态功能观的4个特征，对其适用性有着自己的表达。

三、生产的经济性

国民经济发展的主要支柱之一是建筑业，它不仅影响着经济的发展，也受制于经济条件。为了使工程造价更有效地控制在合理的范围内，更加充分合理的利用社会资源，在建筑设计中融入经济性理念必不可少，这样不仅可以促进国民经济走上健康发展的道路，还可以带来可观的经济效益。

注重经济性的建筑设计具有广泛性。湖南现代建筑在传承发展传统建筑风格的过程中，除了重视以往实践中所强调的一系列节能降耗措施外，包括改进建筑材料气密性和保温性能、降低层高、改善建筑形体系数等，也在其他方面全面地确立了经济性的原则和方法，例如能源与资源利用、技术组织、结构设置、建筑循环再利用以及建筑空间组织等方面。

（一）适宜性原则

当前的建筑实践，尤其是发展中国家，"适宜性"应是建筑设计的出发点，因为它是重要的经济性原则之一，主要体现在以下3方面：①为了使建筑设计更贴切地符合当地人的生活需求，在进行方案设计时应充分考虑与自然条件的融合，包括气候、地质、地貌、地形等，从而降低建筑使用中的能源消耗。②地域经济的差异与当前建筑业多种技术体系，有着密不可分的关系，即建筑设计应与经济相适宜。立足于地域经济的客观条件，切实考虑当地居民的实际消费需求，使技术设置落到实处，经济有效。③建筑设计应与社会习俗、审美、信仰、价值观等社会人文因素相适宜。

（二）集约化原则

建筑作为各项物质资源的集合体，全球1/6的净水，2/5的材料、能源消耗在建筑的建设及使用中。提高能源、资源在建造及使用过程中利用的集约化程度，无论是对社会经济还是建筑业本身的良性发展都具有深远的意义。

（三）循环利用原则

立足于人类发展的长远利益，建筑发展的动态循环机制，将建筑的新建、扩建与循环再利用相结合，不仅对于提高建筑的经济性具有十分重要的意义，同时也有利于环境的维持与保护。建筑的循环利用原则包括再利用、再循环两方面内涵。

（四）"少费多用"原则

"少费多用"这一概念是由美国建筑师、工程师R·B·富勒提出的，意在借助有效的手段，用尽可能少的材料、资源消耗来取得尽可能大的发展效益。在人类发展与资源危机的矛盾日渐突出的今天，它不失为一条重要的经济性设计原则。

第二节　设计方法

毋庸置疑，传统建筑的精髓是我们进行探索与创造的根基，每一个民族的建筑中都蕴藏着巨大的文化资源，它提供取之不尽的创作灵感。传统建筑中有许多建筑生态设计方法至今被利用，同时在其观念、形式等方面体现出人的精神需求。因而无论采取何种设计方法，湖南地区现代建筑在传承发展传统建筑风格的过程中都应抓住历史环境的基本特征，深入研究其历史文化和技术特点，传承传统建筑的文化价值，使历史环境始终处于良好的循环状态，最大限度地发掘其潜力，并赋予新的生命与活力。

一、居住建筑

居住问题是解决人类生存、生活最基本问题之一，居住建筑则是建筑设计中永恒不变的主题。人们在解决了"居者有其居"的基本生存问题后，对居住建筑提出了更进一步的要求。传统的地域文化特征随着全球一体化进程的发展而日渐淡化，"国际化"的趋势使人们意识到对传统文化的继承与发展的重要性与迫切性。湖南省有着众多类型的传统民居，虽然传统民居与现代生活方式之间存在着明显的冲突，但民居中蕴含着丰富的原生态思想，在整体布局、材料使用、构造做法上处处与湖南地区自然环境相互协调、相互融合。

（一）合理的布局设计

湖南地处亚热带季风气候区，盛夏时常出现连续高温酷暑的天气。因此，湖南现代居住建筑的总体布局在保证适量光照的前提下，有意识地通过建筑布局组织阴影区，以减少太阳辐射热。为更好地组织房间自然通风，将主要房间布置在夏季迎风面，门窗洞口对齐；在朝向上使建筑物纵轴尽量垂直于夏季主导风向，以保证必要的光照时间。通常将楼梯间布置在平面的东西侧，并在平面中设置适当的凹入空间，作为气候缓冲区，遮挡夏季强烈的太阳辐射热。

金科·东方大院（图9-2-1、图9-2-2）是金科地产在长沙倾力打造的独具东方人居魅力的现代中式宅第，从传统中式院落和建筑风格中获取建筑灵感，融合现代居住文明与中国民居建筑精粹。在规划上，建筑群的空间展开以曲折、含蓄为美，使人趣味无穷。在单体设计设计上，独栋别墅的外院、侧院、水院空间序列张弛有度，结合游泳池这一现代功能，使室外空间大度有序，同时采用三合院布局，使室内外光影交融，自然景观与建筑人文空间相映成趣，富有传统禅意。联排别墅的前院、天井、后院功能性与美感并重，直中见曲，有开有合，暗合中华传统文化刚柔有度的气质。

长沙的汀湘十里居住区（图9-2-3、图9-2-4）的建筑风格以新中式为主，传承历史之美，引领居住方向，使传统

图9-2-1 金科·东方大院（来源：何韶瑶 摄）

图9-2-2 金科·东方大院室外景观（来源：何韶瑶 摄）

与现代精华和谐统一。景观方面，以湖湘文化为基础，打造园林景观及商业街，打造最具格调的品位社区，全面展示湖湘文化丰富而深刻的内涵。在水系的营造方面，巧妙利用天然河道改造工程，创建三面环水的千岛湖的特色景观，退台式组团交错设计更使每户最大限度地亲近邻水景观；在内部更注重水系的变化，瀑布、水幕、迭水、循环水景、水景小品等景观随处可见，使灵性的水与人亲近，不但可观赏更可参与戏玩。

（二）充分利用地形条件

湖南省地貌以山地、丘陵为主，山区谷地十分珍贵，多用于耕地，民居都是依山而建，顺应等高线呈台阶式布置，疏密相间，错落有致，因而形成高低参差的山村或山寨。丘

图9-2-3 汀湘十里（来源：何韶瑶 摄）

图9-2-4 汀湘十里景观营造（来源：何韶瑶 摄）

陵地区的民居在利用地形上的长处对于现代居住建筑在平面布局和剖面设计上有着相当多的借鉴意义：

1. 体现地域性和民族特色；
2. 适应各种地形条件，立面和形体与自然景观相结合；
3. 不破坏原始地形地貌和生态环境；
4. 解决了首层潮湿、通风不良等问题，并使水平视野更加通透；
5. 最大限度地利用空间，如在底层解决停车问题；
6. 在施工过程中最大限度地减少土方量；
7. 利用高差，内部空间实现错层布置，丰富内部空间。

室内南北房间温差较大是一般住宅存在的通病，尤其是冬季。因此北侧房屋如何加强保温措施、如何提升室温、夏季如何组织房屋通风等问题成为解决室温的关键。处理高差较大的场地常见做法是采用错层法，而在现代建筑设计中，这一手法也常常为丰富室内空间及功能需要所采用。错层可促进室内空气对流，故而可以用来组织室内通风。夏季，错层空间通过调节气流通道，利用热空气上升所产生的负压将冷风引入室内降温，达到节能与改善室内环境的目的。冬季，南北向房间的室内环境质量也通过错层空间得到了较好的改善（图9-2-5）。

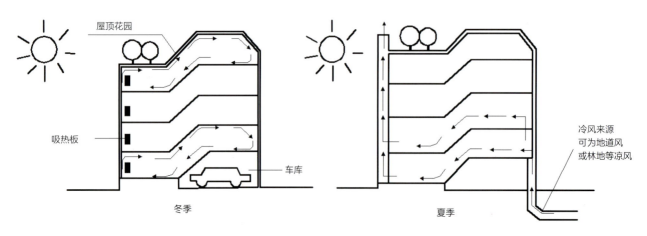

图9-2-5 利用错层调节室温（来源：臧澄澄 绘）

图9-2-6　华融·山水苑居住区（来源：湘潭市建筑设计院 提供）

图9-2-7　华融·山水苑节点透视（来源：湘潭市建筑设计院 提供）

　　背风向阳的山坳常常是山地居民安营扎寨的首选之地，环境清静宜人，且山坡和绿化有效地阻隔了山外的噪音。在现代居住建筑的设计中可借鉴这一原理，利用地势起伏形成的自然坡地或人工坡地、绿化阻隔噪声，改善居住环境。

　　华融·山水苑居住区（图9-2-6、图9-2-7）就是个充分利用地形条件的案例。该居住区位于湘潭市，占地1000亩，230万平方米的建筑面积，配有20万平方米的繁华商业。其设计理念是以原生态的地貌为蓝本，精心保留千亩山林，采用台地式园林设计，利用地形高差形成流水体系，打造山地与水系的双轴景观带，台地式园林成就错落的视野，

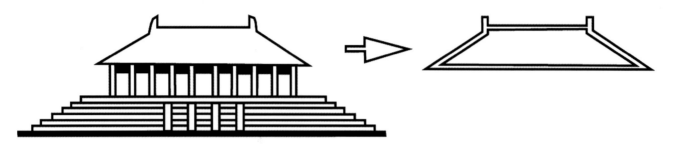

图9-2-8 片段提取示意图（来源：根据《大空间公共建筑设计中的传统文化表达》，陆薇 改绘）

将建筑融入自然之中，让自然公园的美景成为生活的底色。华融·山水苑传承中国几千年汉唐建筑文化的精髓，深刻研读湖湘生活习惯，精琢符合本地人居特色的建筑产品，以独树一帜的新中式汉唐风格别墅，绽放东方居住文明的无限魅力。其注重创新，独创十字合院，四户小院围合成一处大院，可拆可合，前庭后院，特色产品有近一倍的超大赠送空间，院落生活是对回归传统的人文演绎。

（三）充分发挥材料特性

建筑材料是构成建筑形态的基本要素之一，建筑材料的合理选用与恰当组合，体现现代建筑与传统建筑的传承关系。材料选取的标准并不取决于其自身的新与旧，而应根据材料的建造技术及其使用目的进行选取。例如：砖虽然是一种旧材料，至今已使用了数千年，但在改变了砖的制造和施工工艺后，增强了保温、隔热性能，减少了原材料的消耗，减轻了自重，提高了施工速度并为全天候施工提供了的可能性，这种旧材料的新用法便被赋予了更为重要的意义。

二、公共建筑

研究传统文化传承与发展的重要课题之一就是探寻公共建筑表达传统文化的设计手法。通过分析实例，归纳总结传统文化与现代公共建筑联系起来的设计手法并进行分类，主要有以下5种方法：模仿借鉴、变形与符号化、营造意境、借鉴哲学思想和其他手法。

（一）模仿借鉴

模仿借鉴的手法，是湖南现代建筑开始探索传统文化的表达以来，被用于实践最多的一类表达手法。通过大量的案例分析表明，这类表达手法随着本省建筑的发展呈现出由生涩转向成熟的演化过程。对于传统形式的模仿，最初为建造特征明显的传统建筑造型，提取有形的传统元素并运用于建造中，是一种"显现"的表达方式；后来，该方法的表达方式逐渐内敛，通过对无形的传统元素的运用，表达方式偏向于"暗喻"，将传统韵味与建筑合二为一，达到若隐若现的效果，引人深思。

通过深度剖析建筑实例，对其运用的模仿借鉴的设计手法进行归纳总结，有以下两类：一类是对传统形式中某些片段的取用；另一类是对传统形式整体上的模仿。

1. 片段取用

除了在整体上的模仿以外，将传统形式中的一些精彩片段单独提取出来，运用于公共建筑中，也是一种很好的表达传统的设计手法（图9-2-8）。这种手法的运用不同于整体模仿，不需要公共建筑在整体上与传统形式相似，更具有灵活性与自由性。

衡阳东站（图9-2-9）为京广客运专线7大枢纽站之一、是该线最大的非省会城市高铁站，是目前湖南省第二大高铁站。其坐落在耒水河旁，横跨的耒水大桥如彩虹般飞架南北，一头连着寓意大雁南飞的新客站，一头连着状如机场跑道的衡州大道。衡阳东站的设计理念取义大雁雄劲有力的翅膀舞动，寓意大雁南飞。衡阳又名雁城，自古有云，北雁南飞，至此歇翅。该设计采用了中国大屋顶式造型，从远处望去，从远处看，衡阳东站恰似一只展翅南飞的大雁。设计师将大雁雄劲有力的翅膀舞动起伏提炼为站房造型，同时将平静的蓝天作为站台雨篷的平板结构形式，形成交相辉映、协调统一，与美丽的"雁城"衡阳美称交相呼应。衡阳东站主站房分为三层，分别为出站层、站台层和高架层，站台雨篷和进站天桥设计为5站台，到发线9条，其中1座基本站台和4座岛式中间站台；主站房首层为出站层，层高7.5米；二层为站台前，层高8米；三层为高架层，层高至尾面局部为4.5米；尾面为波浪形，最低点为16.4米。

湖南省蔡伦竹海风景区汽车露营地，拟建于耒阳市蔡伦竹海风景区内，共有两块地块，分别为A地块资家冲（图9-2-10）和B地块石林水库（图9-2-11），其中资家冲地块三面环山，地块相对平整，场地内以竹林为主，西、南两面与营地主要道路相邻。石林水库地块位于矿产旧址，地势起伏较大，以山地为主。该地处于整个营地的最佳观视点，南面靠山，北面视野开阔，东、西两面保留有原有场地矿址。

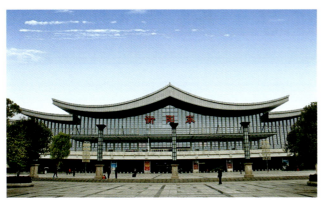

图9-2-9　衡阳东站（来源：陈宇 摄）

图9-2-10　资家冲水库鸟瞰图（来源：何韶瑶工作室 提供）

A、B两地块上根据功能需求分别设计了一所综合服务中心，其设计理念分为以下4点：①建筑的整体布局充分结合当地地形特征，尽可能大地保留原始地貌。②采用坡屋顶的建筑造型；在呼应周边建筑风格的基础上，灵活运用现代建筑设计手法将传统建筑元素较好地融于整个设计中。③采取底层架空的形式；在有效控制建筑密度的基础上，使外部环境通过架空空间，渗透到建筑中来，不仅扩大了公共广场空间，也丰富了营地的整体空间形态。④采用当地生态节能材料；建筑外墙主要采用木材和保温型断桥铝合金节能窗，结合少量LOW-E玻璃幕墙，突显简洁、大方的建筑形象。

资家冲水库综合服务中心（图9-2-12）：该建筑位于资家冲地块的最北边，三面环山，景色宜人。西、南两面与营地内的主要道路相邻，交通便利。建筑采用中轴对称的布局方式，以中间的服务性建筑为核心，两端的辅助娱乐空间由连廊相连接，分上下两层，将基础商业、餐饮、休闲娱乐及服务办公等功能有机的融于一体。

石林水库综合服务中心（图9-2-13）：该建筑位于矿洞旧址，基地内保留有原有的矿石建筑基础，整个场地处于山坡之上，拥有良好的观景视角，建筑结合地形做成阶梯状形式，并与山顶的流水结合做成景观跌水引入场地。最顶层为贵宾入口配备有餐厅、KTV、按摩、游戏厅等饮食娱乐空间，中间层设有景观中庭与棋牌、桌游室，最底层是场地的人行主入口，内设休闲茶吧，观景平台，服务咨询等功能性空间，整个建筑依山就势充分结合景观形成游走式的空间体验。

2. 整体模仿

整体模仿是指用模仿的手法在建筑整体造型设计中暗喻或明示某种传统形式，从而达到表达传统文化精髓的效果。

图9-2-11　石林水库鸟瞰图（来源：何韶瑶工作室 提供）

图9-2-12 资家冲水库综合服务中心（来源：何韶瑶工作室 提供）

图9-2-13 石林水库综合服务中心（来源：何韶瑶工作室 提供）

这种设计手法使得建筑在整体外形上与传统形式有着较大的相似性，极具辨识性。

万楼（图9-2-14～图9-2-16），又名文昌阁，位于湘潭市雨湖区宋家桥的湘江岸边（湘江铁路桥下游约500米处）。万楼始建于明朝万历四十三年（1615年），时任京官李腾芳为其取名万楼，寓意"万，乃数之大者，邑从此而大"。古代湘潭文人墨客常聚于此，登楼观景吟诗作赋。20世纪50年代，万楼主体建筑因失修垮塌，20世纪60年代其附属建筑观音阁失火被焚毁，唯杰灵台最坚固，经风吹雨打，台基保留至今。300余年间，万楼屡废屡建，先后5次重修。2009年万楼开始第六次重建。过去的岁月里，万楼以其雄伟磅礴的气势、深厚凝重的文化积淀，成为湘潭繁荣兴旺的时代象征和湘潭人民的精神依归，可以说，重建万楼是广大湘潭人的一个共同的美好愿望。万楼总高63.48米，其中主楼为52.58米。万楼采用内九层、外五层的结构，寓意着"九五至尊"。万楼的外形设计既融入了皇家大院、一类寺庙的庄严典雅，也吸收了江南民居诸如马头墙、猫拱背墙、灰瓦等柔情特色。而最为独特的还是万楼"九五至尊"的结构。

该建筑群是公共建筑在整体模仿传统建筑的典型实例之一。建筑师采用现代的建筑技术营造出传统的建筑形象。同时，在室内空间的设计，采用钢架构筑出的歇山顶（图9-2-17），再现了传统空间效果。

杜甫江阁（图9-2-18～图9-2-20），属于园林仿古建筑，为纪念唐朝诗人杜甫所建。江阁园林区占地6000多平方米，建筑面积3800多平方米，分为主阁楼、茶室、游廊和碑亭4大部分，是长沙最大的仿唐建筑。杜甫江阁选址在长沙西湖路与湘江大道相交的湘江风光带上，与天心阁、岳麓山道林二寺和岳麓书院形成一条文脉带。杜甫纪念馆，东朝湘江大道，入口前为广场及踏步；西面面向湘江、主体建筑距湘江堤边5米，一层露台飘于湘江上5米。杜甫江阁的南北连廊为诗碑廊，柱两侧立石碑刻杜甫诗歌供人学习，诗碑廊有扇形廊、曲廊，石碑点缀设置。杜甫江阁北向规划布置六角形碑亭，重檐屋顶，亭中立碑，记述长沙市政府

图9-2-14　万楼1（来源：何韶瑶 摄）

图9-2-15　万楼2（来源：何韶瑶 摄）

图9-2-16　万楼3（来源：何韶瑶 摄）

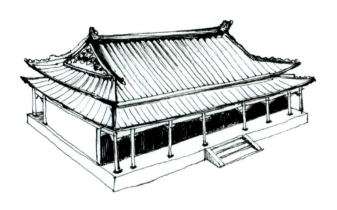

图9-2-17 歇山顶示意图（来源：刘姿 绘）

图9-2-20 杜甫江阁局部2（来源：党航 摄）

图9-2-18 杜甫江阁（来源：党航 摄）

图9-2-19 杜甫江阁局部1（来源：党航 摄）

修建杜甫江阁的缘起和经过。杜甫江阁南向靠湘江大道人行通道路边建方亭，与诗碑廊相连，是杜甫江阁的次入口，方亭为单层屋面四坡顶。江阁为四层建筑，室外地面（江堤地面）至檐口底高15.9米，至屋面脊顶高约19.5米。该建筑二层平面为杜甫纪念馆，馆正中立杜甫塑像，外墙2.1米高开高窗，实墙上用绘画介绍诗人生平，三层及四层为诗画会所，集名人雅士会诗作画，一层为诗词书画纪念品商店。建筑立面为中国传统仿唐古建筑形式，朱红色柱，仿古格栅窗，白色墙。柱廊台阶栏杆为云纹石柱、石面板栏杆。屋面歇山顶，远挑檐口，青黑色筒瓦曲线屋面，曲线舒展，体现唐代建筑古朴、雄伟、厚重的基本特征。面向湘江大道及湘江的东、西两立面均为主立面，于屋顶檐口下立横匾，上书"杜甫江阁"4个大字。该建筑群是公共建筑在整体模仿传统建筑的典型实例之一，建筑师采用现代的建筑技术营造出传统的建筑形象。

整体模仿传统形式的设计手法，使得建筑在外观上具有很强的辨识度，传统特征在整体造型得以较好的体现。但是这种设计手法也具有非常明显的缺点，其过于具象化的建筑造型容易使其流于较为肤浅的层次。

（二）变形处理

变形是一种非模仿性、非再现性的表现方式，或表现性的形态构成方法。它无视既有现实形态的数量关系，或出于造物意匠的需要，或出于内在思想、感情与动机的驱使，寻求一种符合内在需要的外在形态的表现。

1. 符号化

符号是指一个社会全体成员共同约定的用来表示某种意义的记号或标记。来源于规定或者约定俗成，其形式简单，种类繁多，用途广泛，具有很强的艺术魅力。符号具有两方面的内涵：一方面它是意义的载体，是精神外化的呈现；另一方面它具有能被感知的客观形式。即符号在人们的认识和交往中被用于信息的获取、贮存、加工和传递，同时也被作为其他对象、特性或对象间关系的代表而出现（图9-2-21）。

本书所述符号是指那些从传统文化中高度提炼、概括而出的某个对象，用来强调传统文化的某种特征，具有可重复性（图9-2-22）。符号作为连接传统文化和公共建筑的纽带而存在。相对于传统建筑形式而言，这些符号在形体上的特征不是那么强烈，但是其富含的哲学逻辑关系却使其更加靠近传统文化的精神内核部分。

彭德怀纪念馆（图9-2-23）坐落于湘潭县西南的乌石镇，建筑面积3100平方米。该纪念馆采用中国传统式庭院布局，整个建筑群随地形的变化而显高低起伏，大坡屋顶错落有致的连接与背面山峰遥相呼应，富有浓厚地方色彩的马头墙门廊，青灰瓦盖的大屋顶，灰白墙镶着的木窗棂，给人传达了一种古老的楚湘神韵，整体上看，纪念馆风格朴实自然又不失浩然之气，与彭德怀的气质胸怀很吻合（图9-2-24~图9-2-26）。

提炼、运用传统符号，在公共建筑设计中是一种相对含蓄、间接的手法。虽然此设计手法没有直接复制某种传统要素，但是传统元素的主要特征在符号化的过程中被提取出来并加以强调，同时这些符号化的特征具有可重复性，增强传统文化在公共建筑中的表达效果。

2. 夸张

夸张这一设计手法是以现实生活为基础，通过借助丰富的联想与想象力，强调描写对象的某些特点并加以夸张化，将事物的本质特征突显出来，以达到强化艺术感染力的效果。在本节的讨论中，它指的是通过对传统形式中有特色的

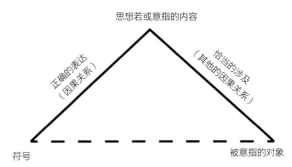

图9-2-21 奥格登的符号学图解（来源：根据《大空间公共建筑设计中的传统文化表达》，陆薇 改绘）

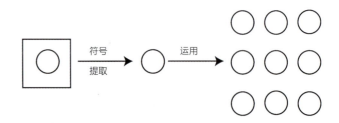

图9-2-22 符号的提取运用示意图（来源：根据《大空间公共建筑设计中的传统文化表达》，陆薇 改绘）

图9-2-23 彭德怀纪念馆（来源：刘姿 摄）

图9-2-24 入口造型（来源：刘姿 摄）

图9-2-25 屋顶造型（来源：刘姿 摄）

图9-2-26 栏杆与装饰（来源：刘姿 摄）

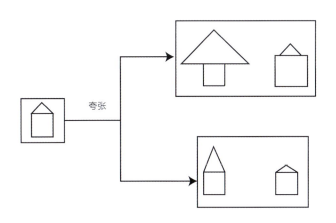

图9-2-27 夸张与变形示意图（来源：根据《大空间公共建筑设计中的传统文化表达》，陆薇 改绘）

部分进行夸张处理，使其中有特征的部分根据设计实际需要变得隐含或更加突出（图9-2-27）。

长沙南站（图9-2-28）长沙南站是京广高铁与沪昆高铁的交汇点，东南距醴陵东站76公里，南距株洲西站51公里，西南距湘潭北站26公里，北距汨罗东站77公里。高铁列车在长沙南站全部都停，它是中南地区的路网性铁路客运中心、长沙高铁新城的重要组成部分。长沙南站位于长沙市雨花区，占地面积53000平方米，其设计造型体现湖南"山水洲城"独特的地域特色，融入了浓浓的潇湘文化。山与水交响这一主题思想成了建筑设计的出发点，设计师将山峦的起伏曲线提炼为站房造型，将水的波浪提炼为站台雨棚的形式，并将传统建筑屋顶——勾连搭（图9-2-29）的构成要

图9-2-28 长沙南站鸟瞰图（来源：何韶瑶 摄）

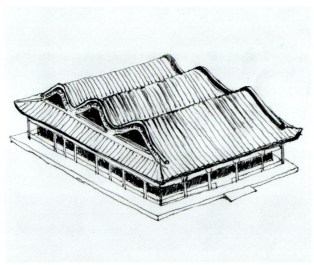

图9-2-29 勾连搭屋顶（来源：刘姿 绘）

图9-2-30 长沙南站细部（来源：何韶瑶 摄）

素经过变形和重新组合形成了"三湘四水"曲线，互相映衬，协调统一。车站主体正立面玻璃幕墙采用具有湖湘特色的窗花形式（图9-2-30），传统与现代结合，更具现代美感，同时减弱了东西日晒的影响，起到节能降耗的作用。整个建筑造型新颖、优美、富有强烈的现代感气息。

郴州市国际会展中心（图9-2-31~图9-2-33）"四面青山绕银城，林绿花香满地春"，位于城东新区郴州大道旁。郴州，地处南岭山脉余罗霄山脉交错、长江水系与珠江水系分流地带，山系重叠，群山环抱，水系蜿蜒，波澜回转。该设计解读郴州山、水自然风貌特色，"存其意、取其形、求其势"，整个建筑群体连绵起伏，将郴州的山形水势抽象再现，既体现郴州山峦叠翠、水网交融的地理特征，又象征着百舸争流、海纳百川的宏大气魄，塑造了最具地域文化与艺术特色的建筑形象，让人感受到建筑与自然浑然天成的和谐之美。

郴州市国际会展中心总用地面积13.37公顷，地上2层，地下1层，建筑面积6万平方米，室外广场12万平方米，包括7个展厅，均可灵活独立使用，是标准的城市综合性展览中心，也是目前湘南版块中唯一的大型会展中心，与区域范围内的郴州文化艺术中心（四馆一厅）、郴州体育中心共同构成郴州市新城区城市中心建筑群，总建筑规模约21万平方米，成为郴州的文化、艺术、体育、博览、商贸、交流中心。

相较于在建筑整体上模仿传统形式的处理手法，这种对传统形式进行夸张处理的设计手法更具挑战性，其优势在于通过对传统中具有特色的部分进行放大，以达到强化建筑该传统特征的效果。

（三）借鉴哲学思想

借鉴传统哲学思想的手法是指在公共建筑设计中，通过借鉴传统哲学的思想对传统文化中"无形"部分的表达。对于传统思想的借鉴所涉及的范围包括传统哲学观念和诗词文化运用等方面。

图9-2-31 郴州国际会展中心鸟瞰图（来源：杨瑛工作室 提供）

图9-2-32 郴州国际会展中心1（来源：杨瑛工作室 提供）

图9-2-33 郴州国际会展中心2（来源：杨瑛工作室 提供）

1. 映射哲学观念

传统哲学观念是传统文化的核心部分，它与建筑文化的关系是多层次的、间接的和复杂的。对于传统哲学思想的显现是现代建筑创作中传统文化较深层次的表达。

湘潭市规划展示馆及博物馆"两馆"合建（图9-2-34），位于湘潭市行政中心区北面，东临湖湘东路，西邻城市主景观轴线锦程大道，南邻湖湘东路，北与湖湘公园、梦泽湖为伴。"两馆"建设总用地面积54.6亩，建设规模33668平方米。其中，博物馆12845平方米，规划展示馆及其配套用房15086平方米。

建筑整体分为地下1层，地面4层。由博物馆、规划展示馆、党史陈列室、智慧湘潭数字湘潭指挥中心、规划局、规委会办公、规划信息中心及会议中心等组成。博物馆的主入口面向锦程大道，规划展示馆的主入口设于湖湘东路。"两馆"既相互独立，又可以通过二层及三层的连廊与活动平台实现互通。

方案由中国工程院院士、建筑设计大师程泰宁院士主持设计，设计立足于湘潭的地理环境和人文历史，以"山连大岳"为主题，寓意湘潭"格物致知""经天纬地"的厚重文化和特色，红色的基座寓意红色的文化底蕴，白色的主体寓意厚重的湖湘文化内涵，外露的架构寓意湘潭人民敢于担当的精神，整体造型恰似一艘启航的航船（图9-2-35、图9-2-36）。

另外，在设计中，还引进了绿色环保理念。利用屋面布置了706平方米的太阳能光伏板发电，在光伏发电正常的情况下，可以满足一般公共部分和办公部分的照明用电。除了建筑的创意外，"两馆"的展陈内容也各具特色。博物馆以展示湘潭的历史为主，规划展示馆以展示湘潭的未来为主。

2. 发展新概念

通过对传统文化的分总结，再进行抽象与重新演绎，可以创造出基于传统文化的新概念。如果说映射哲学观念的表达手法更多是对传统的研究和学习，那么这类手法就是对传统文化的创新性表达。

湖南大学工商管理学院坐落于苍翠拱卫岳麓山畔的湖南大学核心教学区内，具有行政、教学、实验三大功能，总建筑面积16291平方米。

图9-2-34　湘潭市规划展示馆及博物馆鸟瞰图（来源：湘潭市建筑设计院 提供）

图9-2-35　湘潭市规划展示馆及博物馆1（来源：陆薇 摄）

图9-2-36　湘潭市规划展示馆及博物馆2（来源：陆薇 摄）

湖南大学工商管理学院的总体布局与树有关：基地中央有一棵百年大樟树，枝繁叶茂，甚是壮观。古树占据了基地最中央的一块用地，设计方案最终选择打开西立面，并把东立面底层架空，此举能让大树由工商楼独享变为环境共享，通过解放大树激活了整个场地环境（图9-2-37）。将树作为视觉中心与心理归属，用大片实墙将其他喧嚣烦扰阻隔，以相对封闭的态度表达着建筑使用者的矜持和身份，在此基础上通过对建筑形体与环境界面的复合化处理，在喧嚣与封闭间形成新的场所感。西立面挖出3个竹庭，软化实墙带来的绝对封闭；同时北立面使用双层界面，在建筑与道路间形成一个过渡层次；西侧环境设计中有意识地建造矮墙、立体花坛、水池等，进一步界定建筑的领域感和环境的场所感，让喧嚣一步步弱化，最终形成宁静的学院氛围（图9-2-38、图9-2-39）。

围绕树，建筑不论功能、结构，全以玻璃开放展开，而不对着树的部分则多以实体点窗处理，强化与树的分享、交流，营造以树为中心的场所感。在时下浮躁而游离的设计美学导致标准混乱情况下，对一棵树，我们找到了心灵的一泓宁静。

这种从传统文化中发展出新概念，并将其运用于公共建筑设计中的表达手法，是一种基于传统文化的创新型表达手法。它既赋予传统文化新的生命力，同时也大大地丰富了公共建筑的设计理论。

（四）营造意境

追求"意境"创造是艺术和建筑创作遵循的准则之一，以此实现传承地域民族传统文化这一终极目标。在公共建筑设计中，通过对传统诗词的具象化、对传统色彩、材料的运用以及对传统建筑特质的表现，创造出类似于传统建筑的"意境"。

1. 具象化诗词

除了对传统哲学文化的借鉴以外，湖南传统诗词文化也是表达传统的重要资源。借鉴传统诗词所描述的意境和表达方法，带来特殊的效果。

衡山西站（图9-2-40），位于衡山县开云镇新坪村，靠近107国道，毗邻世界自然与文化遗产、国家首批5A级风景名胜区——南岳衡山，距离电视剧《西游记》取景点水帘洞3公里，西距南岳衡山核心景区入口约5公里，南距湖南省第2大城市——衡阳40公里。

衡山西站（图9-2-41、图9-2-42）建筑外形新颖，是武广高速铁路专线上一个外观较有特色的火车站。总体造

图9-2-37 湖南大学工商管理学院（来源：陆薇 摄）

图9-2-38 湖南大学工商管理学院西面透视（来源：陆薇 摄）

图9-2-39 湖南大学工商管理学院西北面透视（来源：陆薇 摄）

图9-2-40　衡山西站效果图（来源：网络）

图9-2-41　衡山西站1（来源：何韶瑶 摄）

图9-2-42　衡山西站2（来源：何韶瑶 摄）

建筑总体造型恰似一个"山"字，与南岳衡山遥相呼应。如山如云的衡山站，让乘客联想到高耸入云的南岳衡山。衡山西站的设计造型充分体现了南岳衡山独特的地域特色和湖湘文化发源地，蕴含着浓郁的湖湘文化。

衡山西站由主站房和站台雨棚组成，其中站房建筑面积7275平方米，站台雨棚10788平方米，地下通道543平方米。主站房主要分为地下一层即出站厅层、一层即候车厅层和局部夹层。站房形式为线侧下式站房，最高聚集人数为500余人，高峰期可满足1000左右人次同时候车。贵宾室2个并设有1个基本站和1个中间站台，到发线4条，站台长度为500米，站台雨棚全长450米。衡山西站站房及站台雨棚均采用独立基础，主要为框架结构，夹层楼盖和屋盖采用预应力钢筋混凝土结构，屋面结构为平面钢桁架结构。

衡阳南岳机场（图9-2-43、图9-2-44）位于中南重镇、全国重要综合交通枢纽——衡阳市衡南县城云集镇，为国家重要4C支线机场，定位为湘中南地区航空中心，东临京港高铁衡阳东站、京港澳高速公路、衡炎高速公路、湘江，北接衡阳白沙洲工业园区（深圳工业园）、湘桂高铁衡阳南站、衡昆高速公路，西连岳临高速公路、衡邵高速公路、娄衡高速公路、衡永高速公路。

衡阳南岳机场主打"大雁"文化牌，其航站楼外观体现衡阳的特色形象，从空中俯瞰，呈现"双雁齐飞"状。南岳机场航站楼位于机场跑道中部西侧，设有离港层和到港层两层，两边都有高架桥，可实现航站楼与地面道路的无缝对接，最大限度地方便乘坐飞机的市民，同时还配备了3400平方米的停车场，自驾车的旅客可以将车停放至地面停车场后，乘坐手扶电梯即可直达出港大厅。南岳机场在建筑设计上主打"大雁"文化牌，航站楼位于机场跑道中部，从远处看，像一对振翅欲飞的大雁，大厅屋顶吊板呈现"群雁聚会"的景象。

传统的诗词文化与建筑创作之间有着许多共同的地方，传统诗词文化的探索也必定成为公共建筑设计中表达的传统文化内容之一。

型就像两只振翅欲飞的雄鹰，两只雄鹰又组合成一个"山"字。整个车站的设计理念为"衡山独如飞"，取自清代诗人魏源的"岱山如坐，嵩山如卧，华山如立，恒山如行，唯有南岳独如飞"的诗句。该设计通过不同材质地搭配抽象的浮现出两只飞鸟造型，彰显"衡山独如飞"的设计理念；同时

图9-2-43 衡阳南岳机场鸟瞰图（来源：党航 摄）

图9-2-45 钵子菜博物馆1（来源：刘艳莉 摄）

图9-2-44 衡阳南岳机场（来源：党航 摄）

图9-2-46 钵子菜博物馆2（来源：刘艳莉 摄）

2. 色彩与材料

色彩是建筑的重要特征，中国传统建筑的色彩特征尤其明显。中国传统官式建筑用色强烈，以青赤黄白黑五色为主要色彩体系，具有鲜明的民族特色。

钵子菜博物馆（图9-2-45～图9-2-47）位于湖南省常德市一个曾经被城市遗忘的片区——老西门。经过设计师对当地历史形态与传统文化的保留，并赋予其新的功能业务，老街区的记忆得以重现，钵子菜博物馆便是其中的一个典型案例。该博物馆原设计的桩基础已经施工完成，由于计划保留的老药材仓库山墙过小，找不到合适的挪移公司，所以决定原址保留老山墙，重新设计。才有了追求质朴土钵子意向的红色混凝土方案，有了适用于餐饮及常德"烟民"的通风天窗，有了"神秘花园"和空中"绛紫花园"的创造（图9-2-48～图9-2-51）。也正是这一以追求质朴土钵子意向的红色混凝土方案，表现了建筑的在地域性。

湘江玖号（图9-2-52）位于长沙市大河西先导区湘江西岸，东临湘江，西临滨江景观道。该项目独占近1公里场的湘江岸线资源，且拥有覆盖长株潭城市圈的公共交通条件。湘江玖号是汇集购物中心、餐饮、电影院、娱乐休闲、酒店等多种功能的综合建筑群，致力于打造复合化、高

图9-2-47 中庭（来源：刘艳莉 摄）

图9-2-49 光井下的花园（来源：刘艳莉 摄）

图9-2-48 天窗（来源：刘艳莉 摄）

图9-2-50 内庭（来源：刘艳莉 摄）

效化、生态化、人性化的24小时充满活力的商业娱乐休闲区。

湘江玖号的造型设计运用现代生态理念，以高科技环保材料和设备，打造靓丽、新颖、时尚的建筑群，在基地北侧路口设计的标志性建筑，其新颖的造型以欢迎的姿态恭候各方宾客的来临（图9-2-53）。购物中心建筑采用金属和玻璃搭配，强调商业视觉的虚实关系，特殊的凹凸效果满足了遮阳、通风、采光、节能各方面的需要，配合最新LED灯光照明设计，带给人独特的视觉体验。沿江的休闲街以木材、金属和玻璃为主，打造轻松休闲的风情街。整个建筑简洁大气的体型、独具特色的色彩和独特的表面设计，使之成为新区商业文化娱乐的地标性建筑。

3. 表现特质

在传统建筑中，受地域气候、人文风俗、思想观念等的影响，传统建筑具有某些鲜明而普遍的特征。这些特质可能存在于建筑的每个方面，例如造型上"收分"的特征、细部设计中模数化的特征以及传统空间的通透性等。将这些特质运用于公共建筑设计中，可以含蓄地表达出传统建筑的韵味，表达更加丰富。

中国黑茶博物馆（图9-2-54、图9-2-55）坐落在安化县城东面、资江南岸的黄沙坪古茶市。建筑占地面积约10

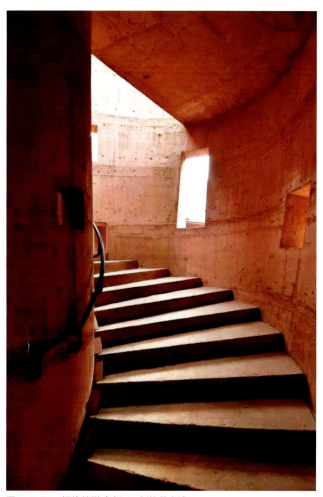

图9-2-51 螺旋楼梯(来源:刘艳莉 摄)

图9-2-52 湘江玖号鸟瞰图(来源:党航 摄)

图9-2-53 湘江玖号(来源:党航 摄)

亩,总投资4000多万元,主楼及地库房共10层,高39米,裙楼两层,建筑面积6250平方米,中国黑茶博物馆设有基本陈列展览厅、专题陈列厅、临时展览厅、多功能演播厅、文物库房、贵宾接待室、文物摄影室、安全监控室、观众服务部等设施。中国黑茶博物馆是全国唯一的黑茶专题展示博物馆,融收藏展示和观光旅游于一体,是中国黑茶之乡的标志性建筑。

博物馆造型采用中国传统楼阁式建筑风格,建筑面江一层层退台,屋檐出翘,建筑师将传统楼阁式建筑的层层屋檐和整体收分的造型进行变,将传统楼阁和塔的空间要素进行解构,重组(图9-2-56)。建筑内部构成庭院式空间,两侧由柱廊围合,内部色彩以中国传统色"红"为建筑的主要色彩,以增加建筑整体"中国红"的层次感、空间感(图9-2-57)。

(五)其他手法

1. 传统材料新结构

在公共建筑的设计中,使用传统建筑材料是一种比较巧的方法,目前在国内外已有很多这方面的尝试。在现代建筑中使用传统材料,一方面可以使传统材料在新的技术和理念下得到新的表达,另一方面可以使新的建筑具有传统的特征。中国传统建筑以木材为主,其他一些材料如竹、纸等为辅。在现代的材料技术和结构技术下,可以发展出新的适用

图9-2-54 中国黑茶博物馆（来源：党航 摄）

图9-2-56 中国黑茶博物馆节点透视（来源：党航 摄）

图9-2-55 隔栏而望资水（来源：党航 摄）

图9-2-57 中国黑茶博物馆内部空间（来源：党航 摄）

于这些材料的公共建筑结构形式。

湖南永顺老司城遗址游客中心（图9-2-58、图9-2-59）是老司城博物馆的后续项目，在遗址保护区周边的建设项目无疑是内敛的，处理游客中心与周边环境道路的关系，以及如何与相邻的博物馆和现有村落建立起密切的联系，成为设计的基本出发点在内敛的基调下，根据当地有限的建造水平，以朴素、低技的方式介入，使得游客中心像当地民居一样能够真正融进大山的血脉中，散发出建筑此时此地的情感。但是，当代建筑技术与材料的使用对于大山来说无疑是新鲜的，一种有别于传统民居村落的熟悉的陌生感便由此展开。

在游客中心的建造上，依旧延续了博物馆对于地域性材料与传统手工艺的思考，在大块卵石墙体的砌筑、竹格栅安装的基础上，拓展了屋面小青瓦做法和立面竹板的安装（图9-2-60、图9-2-61）。对对于建筑地域性的延续问题，游客中心没有偏向传统的符号与形体，而是选择了在现代建筑施工下如何保留传统手工工艺的课题，当城市的施工队伍来到乡村，与当地传统工匠共同劳作的时候，现代与传统的对立变得暧昧，他们在孕育中各自找到了新的角色。

湖南省地质博物馆（图9-2-62、图9-2-63）的整个设计将建筑的视觉形象及其所表达的文化内涵放到了一个非常重要的地位上和设计依据上。作为今后该地区的景观轴线上的标志性建筑，它不仅应该表现出地质博物馆应有的建筑气质和时代特征，还应在一定程度上更深入地体现湖南这片古楚之地悠久的历史文化积淀地域特色。只有这样才能把

图9-2-58 湖南永顺老司城遗址游客服务中心鸟瞰图（来源：崔愷工作室 提供）

图9-2-60 卵石墙体（来源：崔愷工作室 提供）

图9-2-59 湖南永顺老司城遗址游客服务中心（来源：崔愷工作室 提供）

图9-2-61 竹板立面（来源：崔愷工作室 提供）

地质博物馆这种重要的文化建筑的深刻精髓表达出来。因此建筑结合"地质"功能，提出了"从大地破土而出的岩石"这一切合建筑自身的概念，地质博物馆便是这一优美的自然环境中一块天然的矿石。设计中运用传统建筑材料以"褶皱、折叠"为建筑造型设计的主要手法，通过各个底面、立面、屋面的折曲变形来表达地质的概念，体现了地质博物馆的独特特征，并形成"矿石"的造型意向（图9-2-64、图9-2-65）。

传统建筑材料多取自于自然，相比现代的一些材料更加环保，因而更加符合目前建筑发展的方向。这些传统建筑材料在新的技术条件下可以发挥出更好的性能，具有更多的可能性。

2. 借鉴工艺做法

由于自然条件和发展水平的不同，每个地区的传统建筑都会在工艺技术上有一些各自不同的做法。这些工艺做法也可以为今天的设计实践所借鉴。传统建筑的工艺做法与传统的环境、材料、结构技术等相适应，具有生态的特征。这些传统的工艺做法，可以在公共建筑的细部设计中运用，通常能够取得出乎意料的效果。

仰山长屋由酒店，娱乐中心，洗浴中心和游泳中心构成，以唐代建筑的三角形木屋架的形式作为建筑造型，以多个形体组合形成组群，围和成院落（图9-2-66、图9-2-67）。最大特点是整体建筑表皮采用木材和石材，立面造型强调水平和垂直的交叉梁柱（图9-2-68），用以表现传统

图9-2-62　湖南省地质博物馆鸟瞰图（来源：中国文物网）

图9-2-64　湖南省地质博物馆水景（来源：党航 摄）

图9-2-63　湖南省地质博物馆（来源：党航 摄）

图9-2-65　湖南省地质博物馆细部（来源：党航 摄）

木建筑的结构特点，形成巨大的木构建筑群，三角形的形式突破了传统宫殿形式的大屋顶造型，木材的表皮隐约透露出展子虔《游春图》中清新自然的唐代乡村木篱茅屋的形式。建筑细部提炼唐代木建筑的构件——斗栱，以及传统民居的窗花，吉祥图案用于装饰。整体建筑的营造即不同于一味仿古采用大屋顶的形式，同时也不跟风于现今流行泛滥的仿徽派民居的建筑风，创造一种全新的形式（图9-2-69、图9-2-70）。

三、公共空间

空间对于建筑的重要性，不管是在延续几千年的传统建筑，还是在繁复多变的现代建筑中都显而易见。这里的公共空间主要指那些供城市居民日常生活和社会生活公共使用的室外空间，包括街巷、广场、居住区户外场地、公园等。从20世纪初到现在的一个世纪中，国内建筑界对公共空间设计如何表达传统文化的探索一直在进行，设计手法亦渐趋丰富。通过相关案例分析，可归纳出以下4类设计手法：营造传统空间感受、扩展传统空间概念和借鉴元素，体现传统。从设计手法上讲，它们是并列，但从对传统空间运用的深度上来讲，它们又是递进互补的。

（一）营造传统空间感受

通过对公共空间的空间尺度、空间形体等的把握，给人带来类似于传统建筑空间的感受。这类手法往往是对传统空间形式上的借鉴。传统公共空间是古人智慧的结晶，创造

图9-2-66 仰山长屋总平面图（来源：何韶瑶工作室 提供）

图9-2-67 仰山长屋（来源：何韶瑶工作室 提供）

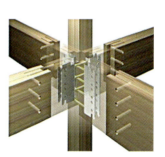

图9-2-68 木构架搭接示意图（来源：何韶瑶工作室 提供）

了宜人的空间尺度。在现代建筑设计时，应以人作为空间环境的度量标尺，处理好人与空间的关系，并以人的感知、行动、视线、生活习惯为依据，营造舒适、宜人的空间效果。把握好比例尺度，并将其提升到空间与环境层面进行体验与量度，使空间环境的各个界面协调一致形成符合功能、审美及文化象征的空间感知体验。而空间形体是给人以最为直观的印象。比例、尺度、节奏、韵律、对比、均衡、统一等均体现了形式美的原则。在建筑形体中各组成部分是否协调一致是一个重要的视觉因素，协调的比例可以引起人们的美感，具体到传统要素应用中，无论是公共空间本身的形体还

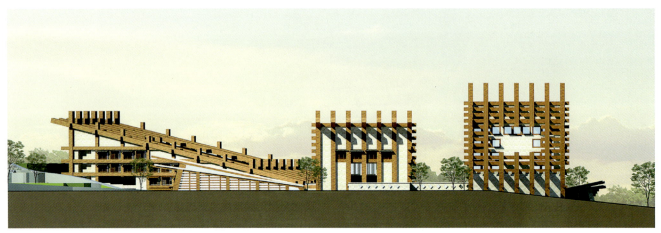

图9-2-69 仰山长屋西立面（来源：何韶瑶工作室 提供）

图9-2-70 仰山长屋东立面（来源：何韶瑶工作室 提供）

是不同组成部分与整体之间，都应保持一定的制约关系，尤其针对空间形体的形态构成，更应考虑单体与整体构成的关联性，充分考虑公共空间与周边自然环境以及建成环境的协调性，形成尺度适宜、审美合理的空间形体。

汴河街（图9-2-71～图9-2-73）坐落于古城岳阳洞庭北路与巴陵西路的交汇处，是岳阳楼核心景区的一个重要组成部分。街区全长300米，占地30余亩，总建筑面积18000平方米，南起岳阳楼景区南大门，与巴陵广场接壤，北抵千古名楼——岳阳楼，东沿洞庭北路，与国家级古典庙堂——岳州文庙隔街相望，西临浩渺洞庭湖，与爱情神话岛——君山岛遥相呼应，众星捧月，集名山名水名楼精华于一体。汴河街建筑设计古朴典雅，是目前国内仿古建筑面积较大的传统风貌商业街，历史上该地区称之为汴河区，仿古街因此而得此名。

汴河街全为仿古明清建筑，街中有景，景中有楼，古朴典雅。街区引入"一站式"消费模式，业态分布合理，集零售、购物、休闲、娱乐于一体，满足游客和居民多元化消费需求。街内共有4个商业小区，160多个店铺，从事客栈、茶楼、酒楼、酒吧、风味特色小吃、地方工艺旅游产品、地方土特产品、影楼、娱乐休闲等多种经营。汴河街不仅以其特有的仿古建筑风格，美丽的沿湖风景成为人们观赏、游览的最佳去所，而且也是吃洞庭湖鲜、购岳阳地方特产、买三湘工艺精品、赏民俗民艺，最繁华、最具湖湘文化特色和氛围的传统商贸区，更是商家发财致富，投资淘金的财富宝地。

常德老西门综合片区改造工程便是一个很好的例子。常德古称武陵，西门一带曾是常德的政治文化中心：衙门、王府、文庙、书院无不见证其冠盖翩跹。旧日商贾繁华，市井风俗，思之令人神往。然古城历经劫难，多次毁于战乱，古城墙在抗战中被大部分拆毁，全城亦遭日军夷为平地。进入21世纪后，千年沧桑后的"老西门综合片区"已经面目全非（图9-2-74）。往昔模糊不堪，依稀可辨的仅有抗日战争残存的碉堡遗迹，常德最后一栋破旧窨子屋，20世纪50年代的老药材仓库，藏在街巷深处的"常德丝竹弦剧团"等。凌乱更迭的时代打下一层层粗糙的印记，仓促的城市化进程切断了从容的传承，底层人群则寄身于丧失了尊严与美感的日常生活。

2011年5月，作为常德"十二五"规划中的保障性民生工程，"老西门综合片区改造工程"开始启动。改造工程的规划用地在一个500米×80米的狭长范围内。建筑师的设计理念基于一个简单朴素的"人"字，通过努力构造和营建一种丰富多元的空间形态，回应人们对于生活的真正渴望。具体到老西门，其要义不是简单的拟古与仿古，更不是将雕梁画栋简单叠加于钢筋水泥，而是在材料、布局、错落、线条、色调、转折接合等细微之处糅合往昔的深沉温润与今天的清灵高挑。紧贴地面的日常与市井不会中断于居住空间的变化，市民生活的风俗途径仍可徐徐展开。回迁楼凭借细腻丰富的灰色调衬托质朴的底色，和缓怡情的步道、绿植、水面街铺讲生活拉回地面，被遗弃的传统元素重新织入现代时空。

规划设计以一条以护城河为景观核心的绿轴，将整个街区延长线串联在一起。轴线的两端，面向人民路一侧设置城墙博物馆并留出广场供市民活动；朝向建设路一侧为小西门广场；三层的三角形小建筑将人流引导向葫芦口广场中心区域；高层建筑分别设置在用地相对宽敞的地段；沿着护城河的边界用地逼迫，故做成低矮的坡屋面建筑群，供商业使用；醉月楼高23.9米，是沿岸最高的建筑，成为承接来自小西门、火神庙广场、杨家牌坊广场3个方向轴线的底景；两层高的葫芦口商业建筑，一条巨大的弧线，作为回迁楼的裙房

图9-2-71 汴河街街景1（来源：陈宇 摄）

图9-2-72 汴河街街景2（来源：陈宇 摄）

图9-2-73 汴河街街景3（来源：陈宇 摄）

存在，也成为远处观看3栋高层住宅的街区天际线下舒缓的一笔（图9-2-75）。

葫芦口作为建设路小西门去往朝阳路口大西门的护城河转折点，被设计刻意加大了面积，同时利用护城河水面与葫芦口广场（图9-2-76、图9-2-77）路面之间的4米高差，将纯粹的水利设施转换成可为城市居民免费出入的广场。老西门二期投入使用后，葫芦口对面醉月楼的檐口下，成为表演的舞台，而葫芦口层层叠叠的石头台阶，成为天然的观众席。喷泉、喷雾、水生的菖蒲和芦苇，让葫芦口充满生机。人群如潮涌来，架起三脚架，穿上旗袍，摆出时髦的姿势。糊涂桥、尼莫桥、竹桥、莲花桥，无数的层叠穿越，水中的明月和天上的明月，都收进了热爱生活的人的镜头中。拍婚纱的年轻人、放假的学生、搬离老西门的老街坊们，不约而同聚集到这样一个弧形建筑环绕的地方。建筑对于城市，能够起到聚合的作用，广场演绎为真正意义的城市客厅。从U形回迁楼的西侧、街区南侧及钵子菜馆群落而来的人流可以穿过过街楼来到葫芦口；从武陵大道的小巷以及回迁楼来的住户们，可以穿过由1.5万盏灯编织成的硕大船型吊灯，进入葫芦口；建设路口的人群穿过尼莫桥来到葫芦口；新西巷的人群穿过钵子菜馆的院落和火神庙广场来到葫芦口；未来，西边的丝弦剧场、梦笔生花、大千井巷，层层递进的空间和人流，汇聚到葫芦口——人们来到崭新的老地方，空间场所续写城市与人的记忆（图9-2-78~图9-2-81）。

图9-2-74 20世纪80年代一度繁华的大西门市场（来源：网络）

图9-2-76 老西门葫芦口广场（来源：刘艳莉 摄）

图9-2-75 老西门商业建筑（来源：刘艳莉 摄）

图9-2-77 葫芦口广场细部（来源：刘艳莉 摄）

图9-2-78 梦笔生花（来源：刘艳莉 摄）

图9-2-80 街道空间1（来源：刘艳莉 摄）

图9-2-79 窨子屋博物馆（来源：刘艳莉 摄）

图9-2-81 街道空间2（来源：刘艳莉 摄）

（二）借鉴元素，体现传统

通过对一些相关的传统元素的借鉴，如材料、色彩的运用和符号的提取等，达到意想不到的空间效果。

材料是构成公共空间形态的基本要素，材料的合理选用和恰当组合，可以体现现代空间与传统空间的传承关系。一些传统元素随着社会文化发展以及现代工艺、材料、技术的进步，已不宜被简单提取后直接用于空间的营造中，使现代空间形式与传统元素有机融合，需要对代表着传统文化的建筑符号进行变异、简化、抽象等提取才可。例如，麻石是花岗岩中密度较大，质地较坚硬的一种，表面呈麻点状花斑，以黑白斑点，红黑斑点等居多，常用作建筑装饰、雕刻雕塑。麻石作为长沙市区老街主要的材料，见证了这座城市历史文化的发展。长沙城里的主要老街都是由麻石铺成的，是长沙历史文化的有力见证。由于麻石质地的适宜性，长沙市内的很多公共设施都不约而同地选其作为建造材料，与周围的自然环境融为一体，散发着一种淳朴、自然的美感。如湘江沿江风光带的各式路灯、座椅等（图9-2-82、图9-2-83）。

长沙湘江沿江风光带的四羊方尊广场观景台就充分运用龙凤纹做装饰，展现了宏伟的气势，提取传统符号的优秀案例。四羊方尊广场是利用长沙老港—南湖港拆除后剩下的双龙门吊行架构建。该广场整体伸出湘江江面15米，站在观景平台上可尽情观赏长沙独有的山、水、洲盛况。环绕观景平台的4根立柱及观景平台正前方的2大立柱，完全用深浮雕花

图9-2-82　石质路灯（来源：熊申午 摄）

图9-2-84　四羊方尊广场（来源：党航 摄）

图9-2-83　石质座椅（来源：熊申午 摄）

图9-2-85　"龙柱""凤梁"（来源：党航 摄）

岗岩装饰成"龙柱"，架在龙柱上的2根横梁，全用仿花岗岩浮雕装饰成"凤梁"。观景平台正中间为雄伟、壮观的仿青铜四羊方尊石雕。观景平台下为大型休闲广场，为人们提供装桌、椅、凳等可供游人休闲娱乐的设施（图9-2-84、图9-2-85）。

色彩的选用不仅要与整体环境和氛围协调，还要考虑色彩自身对景观营造的影响。在色彩上可提取传统空间环境中常用的色调，并加以局部颜色跳跃处理，避免单调，形式上不同方向、不同形体、虚和实的对比都有利于营造出和谐又富有变化的空间形体。如长沙梅溪湖步行桥，该桥全长183.95米，相对高度20.425米，犹如一条飘带，横跨龙王港河，连接梅岭公园和体育公园。步行桥由NEXT建筑事务所的约翰·范德沃特（John van de Water）和蒋晓飞联手设计，设计灵感源于中国传统工艺形式——中国结，并以传统色彩——红色加以装饰，同时加入了西方无限循环——莫比乌斯环的结构特征，寓意梅溪湖地区不断突破发展。步行桥由直线形的"散步道"和拱形"登山道"多段桥身交叉组成，连绵起伏的桥体与紧邻的山体形成呼应。站在桥的不同位置会有不同的视野，不同的色彩，不同的体验；既可以登高望远，也可以下行观水。在夜晚，桥身内嵌的灯带投射出温润的光晕，将这座桥与周围的山水巧妙地融合在一起（图9-2-86~图9-2-90）。

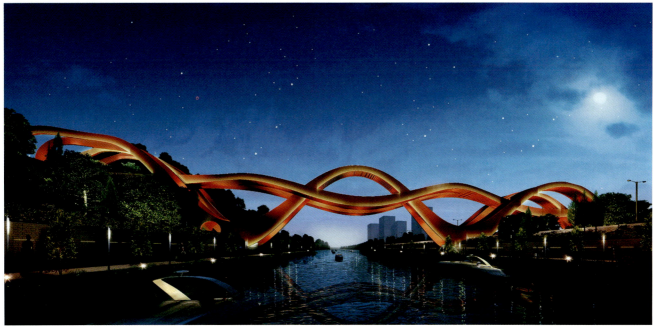

图9-2-86 长沙梅溪湖步行桥意向图（来源：蒋晓飞 设计）

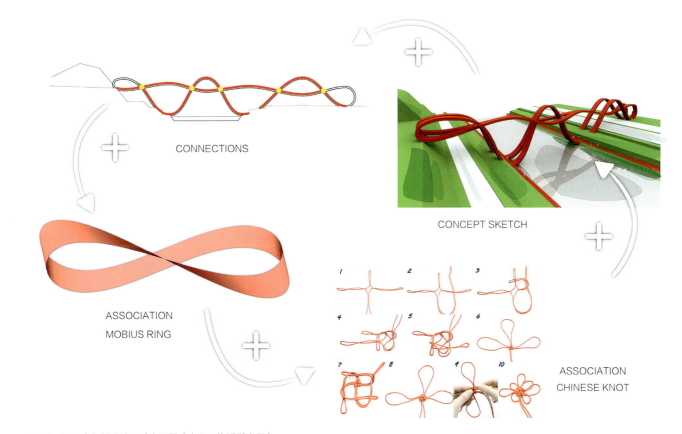

图9-2-87 步行桥设计灵感来源图（来源：梅溪湖官网）

图9-2-88 步行桥1（来源：党航 摄）

图9-2-89 步行桥2（来源：党航 摄）

图9-2-90 长沙梅溪湖步行桥（来源：党航 摄）

（三）扩展传统空间概念

这类手法是通过对传统空间性质进行抽象与再演绎，创造出基于传统的新空间。如果说前种手法更多的是对传统公共空间的研究与学习，那么这类手法就是对传统公共空间的创新性表达。

苏仙岭景观瞭望台（图9-2-91、图9-2-92）位于郴州市城区，该项目2011年被纳入苏仙岭——万华岩国家风景名胜区总体规划的环境综合整治范围。项目的建成对改善苏仙岭的环境质量，增添新的人文景观，满足游客登顶观景需求，形成城区、景区良性互动，有着十分积极和不可替代的作用。

苏仙岭景观瞭望台本着充分尊重原有场地的地形地貌的原则（图9-2-93），保护原有登山道路和植被，尽可能地捕捉场地的文化信息，延续场地的自然脉络，运用现代设计方法和技术手段，采用现代材料和本地材料相结合，追求总体环境和项目主题的最大契合，创造出赋有地方环境特征的城市、自然、建筑与山体和谐共存的空间场景。建构赋有时代性、地域性、诗意盎然的情境建筑。

苏仙岭景观瞭望台的设计从中国书法意象中获得动力，取草书"仙"字之形意，存万物之气韵，在充分解读原有山形地势特征和建筑空间逻辑的同时，运用中国书法和绘画形态的意、气、势等张力关系，从多元而自由的角度经营

图9-2-91 苏仙岭景观瞭望台（来源：杨瑛工作室 提供）

图9-2-92 苏仙岭景观瞭望台（来源：杨瑛工作室 提供）

图9-2-93 尊重原有场地的地形地貌（来源：杨瑛工作室 提供）

图9-2-94 苏仙岭景观瞭望台鸟瞰图（来源：杨瑛工作室 提供）

图9-2-96 苏仙岭景观瞭望台局部1（来源：杨瑛工作室 提供）

图9-2-95 钢格栅板廊桥栈道与保留的古道上下并置（来源：杨瑛工作室 提供）

图9-2-97 苏仙岭景观瞭望台局部2（来源：杨瑛工作室 提供）

空间，建立建筑与环境之间的动态关联，可游可观、可居可行，创造了天、地、人、神共生的情境空间，造就新的人文自然，"流而不息，合同而化"（图9-2-94）。

该设计通过线性空间的延绵有机组合充分表述和强化环境要素，以多元共存和古今并存为空间构成脉络，将建筑轻盈地凌空飞架在山脊上，钢格栅板廊桥栈道与保留的古道上下并置（图9-2-95），互相观照，悬浮交错，古今同构，佛道相生。充分发挥钢材结构灵活、轻盈、可塑的优势，营造自由的流动空间（图9-2-96、图9-2-97）。塔、桥、廊、台相应，重重悉见、舒卷自如、纵横起伏、回抱勾托、虚实相济、俯仰自得，全方位多角度观照城市空间和自然景观，穷尽人造与自然景色。至自由的形态、合自由的神灵万物、达自由的心身。"不将不迎，应而不藏"。天地并生，物我同一。

利用光洁而通透的玻璃材料和粗而实的本地卵石造就不同的空间形态意向，悬空灵动的复合钢构玻璃体，外层悬挂遮阳玻璃，可有效击碎山市旋风，让其均匀进入室内，同时局部气温的加热，可加速其纳风吐气，调温防晒（图9-2-98）。利用本地卵石和钢网壳实围合边墙，拙而不华，存自然之灵气，与玻璃同构，虚实相随、拙朴自然，加上建筑、室内、灯光和景观以及设备的一体化整体设计，使建筑整体呈现轻、洁、骨、逸之形意。

图9-2-98　苏仙岭景观瞭望台室内（来源：杨瑛工作室 提供）

四、工业建筑

在现代工业建筑设计中，应以尊重工业场地的"历史肌理"为基础，合理整合新景观的"功能肌理"，并将其融入到"城市肌理"之中，以满足城市空间连续性的要求。虽然生成这3种肌理的起因不同，彼此之间的形态也不一致，但这不影响它们共存于一个具体的工业区更新中。通过不同的方式可以将"功能肌理"与"城市肌理"分别表现出来，而"历史肌理"则需设计者重点强化和刻意遵从。将三者间的关系通过不同的组织方法协调统一起来，在相互融合、相互作用和相互叠加之间共同构筑现代工业建筑的新格局成为当今工业建筑设计中的重要课题。

（一）遵从工业历史文化空间

历史性街区的改造与更新，是在综合考虑公共空间和外部街道影响的基础上，使原有的历史肌理与新增的结构和要素有机的融合在一起。就如同织补一块毯子或衣料一样，尊重城市原来的组织结构，是对老城区改造的基础出发点。工业场地肌理是工业历史文化的载体，存在于市民心中的"集体记忆"，不仅反映了工业文化深层次结构上的内在逻辑，同时也体现了工业场所精神。保护延续场地肌理个性的价值形态，善待历史积淀下来的工业文脉是遵从工业历史文化空间的设计主题。

1. 融合空间肌理

整体保护并延续原有场地的主导空间结构是遵从历史文化空间最有效的方法之一。每一个工业文化建筑中都存在着城市肌理、功能肌理和历史肌理。这三者间的矛盾在生成现代工业文化建筑空间肌理的过程中，一般会出现两种情况：一种是当矛盾较小时，不影响三者之间的有机结合；另一种情况是当三者间的矛盾较大，难以协调时，可形成一种主次级相辅相成的空间结构，即选择一种肌理为更新后的基本空间骨架，其他两种肌理以辅助性次级空间结构存在，以并置、叠加等方式加入到基本框架结构中，由此实现三者之间有机融合的效果。

2. 凸显核心空间

核心空间是指人们可以清晰地感受到的最具工业文化代表性并承载工业文化载体的场所。通常是工业生产空间序列的高潮所在。通过保留整合核心空间，可凸显空间格局的层次性，强化空间的凝聚力，进而创造出清晰、完整的空间秩序，作为工业文化建筑格局的核心空间并起到统帅新空间秩序的作用。

长沙·万科紫台营销中心（图9-2-99～图9-2-103）位于湘江东岸，坐享一线湘江景观，三面环山，为城市中心难得的静谧台地。规划设计中，设计团队怀着一颗尊重的心邂逅3000年古城。其中一点就是"人文尊重"，在当今中国大刀阔斧的城市建设和钢筋水泥中，每个城市渐行渐远的失去本身的城市符号与文化记忆，本项目原址为101年历史的长沙机床厂，设计师抓住这一强烈记忆要素改造为本项目营销中心1912 CLUB，把工业文明与现代品质生活巧妙交融，是对城市文脉最优保护。

湖南省军民融合科技创新产业园（图9-2-104～图9-2-106），拟建于长沙市高新技术产业开发区东北部，青山路以北，尖山路以西，旺龙路和尖青路以南尖山湖公园以东地区。其概念性规划理念是生态低碳+融合创新+智慧共享，即①尊重自然，生态绿楔渗透，组团有机分布；采用绿色建筑，实现生产、办公与自然生态的完美融合，设计充分渗透生态节能理念。②运用创区别于传统工业园区的创新设计手法：营造特有的立体共享空间，使工作生产中人与环境和谐统一，同时气质高雅的共享区域符合军民融合创新企业的特征。③营造开放的、可快速拓展的空间及优质的、高增值的配套设施服务，通过集约发展及模式创新实现整个园区的高效发展。

湖南省军民融合科技创新产业园的规划主题是：五星

图9-2-99　长沙·万科紫台营销中心（来源：何韶瑶 摄）

科创，五星是军人的象征，中国的鲜明标志，寓意本项目是辐射全国的国家级军民融合创新示范区。"五星"明确项目定位为第五代科技产业园，更是五大类型园区的大融合，集高端军民科技、高品质生活、游息于一体的国内顶级产业园区。其中五大类型园区是指生态公园、创新园、创客园、康居园以及文化园。

图9-2-100　室外景观1（来源：何韶瑶 摄）

图9-2-102　室内1（来源：何韶瑶 摄）

图9-2-101　室外景观2（来源：何韶瑶 摄）

图9-2-103　室内2（来源：何韶瑶 摄）

图9-2-104 湖南省军民融合科技创新产业园（来源：何韶瑶工作室 提供）

图9-2-105 湖南省军民融合科技创新产业园总平面图（来源：何韶瑶工作室 提供）

图9-2-106 湖南省军民融合科技创新产业园透视图（来源：何韶瑶工作室 提供）

（二）凸显工业建筑景观标志

景观标志物不仅为了确定方向，更多的是一种象征意义。在现代工业文化建筑中，存在着一些尺度较大的工业景观要素。它们要么占据主要的空间位置，要么与背景反差较大形成对比，但都以辨识度较高的形式存在，记录着场地历史信息的载体。为了使工业文化的视觉可识别性与其象征意义较好地融于一体，可在该区域设置由典型工业语言中提取出的标志物，作为独居代表性的景观地标。作为参观者的外部感知参照点，在进行景观标志物的选取时，需判断其在某一方面的物质特征是否具有唯一性和单一性，足以使人们流连于整个环境而无法忘怀。支撑景观元素成为工业标志物的依据，除了其自身特有的象征意义外，还与起到烘托作用的空间营造手法密切相关。工业区景观标志物的可观赏性，可凭借自身所处区位的优势以及适宜的尺度营造有所提高，使工业元素更加突出。这种景观优势应被充分运用于某些特定区域中的公共空间营造中，构建城市层面的视觉效果出发，通过创造多角度的远观视线廊道，构筑出具有独特意义的区域或城市工业文化景观标志。

建筑师们在长沙老火车南站工业建筑遗产改造中，大量保留历史原样，如铁轨，月台等。与老车站原来的景象一样，选取一些有时代意义的元素作为老火车南站纪念广场的修饰。甚至大胆地把一辆1975年11月由中华人民共和国铁道部唐山机车车辆厂制作蒸汽型机车引入到广场的北面，改造完后，蒸汽机火车头可供市民参观，使人们在这列火车上能寻找那一段段在"粤汉铁路"上发生的动人故事（图9-2-107、图9-2-108）。

长沙·万科紫台对于历史的尊重还表现在"自然尊重"上，场地中作为百年老厂的旧址，原有生长着几株百年老树，万科把他们全部保留在场地中，并作为会所往江边可视范围的对景植物景点；同时洋房和高层顺着原生台地自然生长，达到规划中显山露水的设计原则（图9-2-109～图9-2-111）。

图9-2-107 老火车南站保留的铁轨、月台（来源：熊申午 摄）

图9-2-108 老火车南站保留的火车车厢（来源：熊申午 摄）

图9-2-109 长沙·万科紫台室外景观1（来源：熊申午 摄）

图9-2-110　长沙·万科紫台室外景观2（来源：熊申午 摄）

图9-2-111　长沙·万科紫台室外景观3（来源：熊申午 摄）

第十章　传统建筑风格在现代建筑中的传承与表达

湖南建筑在湖湘文化的影响下，自古以来就以其独特的建筑特色与建筑形式展现出湖南传统建筑风貌。湖南传统建筑既承袭湖湘建筑文化，又吸纳海外建筑文化，在两者的影响下兼容并收，形成其独特的湖湘建筑文化，建筑形式既顺应自然，又适度的改造自然，旨在与自然和谐共生。湖南现代建筑在借鉴传统建筑特色的基础上，通过总结传统建筑的设计智慧与建造经验，将其建造特色与形式适当地融入现代建筑的设计当中。现代建筑创作过程中立足本土地域文化，同时结合中国传统建筑文化，通过传统建筑风格在现代建筑中的传统与表达来创造地域建筑文化特色的新建筑形式。

湖南省传统建筑风格在现代建筑中的传承与表达手法大致可以分为以下6种类型：自然肌理的表达、自然气候的响应、历史文脉的回归、空间布局的考虑、地域材料的表现、点缀性符号的运用。湖南地区现代优秀建筑，一方面传承庭院天井等湖南省传统建筑的建构方式，另一方面也兼顾现代建筑功能空间的需求，建造出一批批具有湖湘文化特色的现代建筑，下面从6个方面对此展开叙述。

第一节 山水意境——自然肌理的表达

一、自然山水在设计中的应答

山水是城市景观的重要组成部分，在城市形象中构成了城市大背景，它应与城市建设相互映衬呼应，形成韵律优美的天际轮廓线。湖南传统村落在选址布局当中，村落并不是自然形成的，而是配合大自然的节奏设计而成的。所以无论什么样的聚落与建筑，自身都具有亲近自然的组织结构，传统聚落及建筑按风水理论顺应地势，结合自然来满足居住的良好通风采光条件，营造冬暖夏凉的小环境及畅人心怀的优美景色。在现代建筑选址设计当中，综合考虑山水要素，从宏观的角度来表现建筑在环境中的山水自然肌理关系。

案例解析一 ——中南大学新校区综合教学楼

中南大学综合教学楼位于长沙市岳麓区潇湘中路中南大学校区内，背临长沙市岳麓山风景名胜区，北接城市道路靳江路及后湖公园，东临湘江生态风光带，西临城市二环线，周边旅游资源丰富，紧邻的湘江与岳麓山两大自然资源为校区的校园形象注入了不可替代的自然活力，丰富校园景观的同时合理地响应了自然山水在设计中的应答，形成山水、建筑融为一体的格局。建筑凭借优越的场地条件，整体设计注重对自然因素的承载和延续，强调绿化与山水，在保持其相对的气候调节能力的同时，使其成为建筑不可分割的一部分（图10-1-1）。

综合教学楼的设计有效利用周边的自然景观，在场地内外构建丰富的景观层次，寓象于山水之间。设计根据学校大型阶梯教室平面功能和空间特征，建筑临水部分依托场地形态做圆弧状处理，"水"赋予建筑灵动、润泽和活力的情境，使建筑、人与自然相互呼应、相互映照、相互关联，成就了和谐共存的美妙山水画（图10-1-2）。屋顶做斜坡顶，并与地形坡构成连贯的自然坡。这样，可以使建筑获得更多的临水面，同时最大限度的得到太阳光照面积。

建筑场地中的原生树木为整个建筑的设计提供了新的设计活力，设计师在保留原生树木的同时对场地进行变化处理，设计对场地内的原生树木进行保护，同时加入新的竹子等植物，使原有的环境要素在新建筑中重新焕发生气，成为设计重要的关注点与着力点。作为人文历史见证的树木穿插在整个教学楼当中（图10-1-3），使得整个建筑更加情感化，当行走在建筑当中时，建筑空间与树木带来的视觉与身心的愉悦感也更为丰富（图10-1-4～图10-1-6）。

图10-1-2 综合教学楼平面图（来源：党航 摄）

图10-1-1 中南大学新校区综合教学楼（来源：湖南省住房与建设厅提供）

图10-1-3 综合教学楼内部景观空间（来源：党航 摄）

图10-1-4 综合楼教内部空间庭院1（来源：党航 摄）

图10-1-5 综合楼教内部空间庭院2（来源：党航 摄）

图10-1-6 综合楼教内部空间庭院3（来源：党航 摄）

案例解析二——长沙市"三馆一厅"建筑群

长沙市"三馆一厅"位于长沙市开福区新河三角洲，西滨湘江，北临浏阳河，东南向为湘江大道，占地约30公顷，地理位置独特。文化园用地呈三角形，西向和东南向为长边，有较长的可视景观面，具有宽广的表现和展示面，而西北部分则处在湘江和浏阳河的交汇处，具有很好的临江景观面。"三馆一厅"建筑群包括长沙图书馆、长沙博物馆、长沙规划展示馆、长沙音乐厅（图10-1-7）。

图10-1-7 长沙市"三馆一厅"（来源：刘宗华 摄）

在"三馆一厅"的设计中,整个建筑群设计将"山""水""洲"融入进"城"当中,建筑不是主角,而是把建筑作为整个大地景观的元素,它们与环境和谐共生、充分交融(图10-1-8、图10-1-9)。整个建筑群通过山水的呼应关系将建筑与环境的肌理关系体现了出来,诠释了长沙市作为"山水洲城"这一新的城市内涵。

二、园林空间在设计中的引用

(一)传统院落空间的置入

院落是湖南传统建筑最基本的空间结构的组织方式。院落的设置为居住在里面的人们提供了一个聚会、交流、休息的场所,同时也具有采光、纳凉、洗涤、同时兼具节能、保温、通风等诸多优点。

院落的布置,强调了建筑空间的围合,但其在空间、功能、环境交通等方面却表现出二者的不同,庭院占地面积大,建筑物的组合疏离有致,而天井占地面积小,有完整的实体界面围合,房屋建筑连属成片,檐廊连通,空间尺度亲切小巧,适合南方高温多雨的天气,具有采光、排水、洗涤、休息、保温通风等多重作用,因而当天井布局形式表现在现代建筑形式上面时,与现代建筑的空间结构相结合,二者相辅相成,相得益彰,一方面展现传统民居建筑平面肌理的布局特征,一方面延续优秀的民居设计风格,与周围的建筑环境融合,更能体现建筑整体的风貌。

案例解析一——湖南师大尖山职工住宅小区

项目选址位于长沙市国土局储备中心尖山开发区,雷锋大道的西侧。项目用地为最理想的山林地,总用地面积为40公顷。用地中部有2座需要保留的山体,规划要求100米等高线以上的山林需要保留,约占地13.5公顷(图10-1-10)。

设计将传统的造园手法精华融合到规划中的各个层面,构筑山中亭、台;水岸榭、舫;庭院阁、堂;水中廊、桥;入口照壁、景门等建筑设施,按地形设浅水小池,筑石山喷泉,放养观赏鱼类,栽植荷莲,既达到"虽由人作,宛自天开"的意境,又给居住这里的人们提供了一个交往的空间,大家

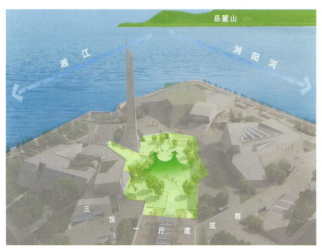

图10-1-8 长沙市"三馆一厅"山水肌理(来源:党航 绘)

图10-1-9 长沙市三馆一厅内部广场空间(来源:何韶瑶 摄)

图10-1-10 湖南师大尖山职工住宅小区鸟瞰图(来源:《湖南师大尖山职工住宅小区规划方案设计》)

可以聊天、乘凉、散步、串门，使邻里之间形成具有亲和力的区域社会群体。景观轴上的水体有的如平湖翻银，镶嵌在主入口处；有的似清溪流韵，流淌在组团间；有的像荷塘滴翠，装饰在庭园中，被山体分割的用地既联成一体，又可以各自水体为组团中心（图10-1-11）。

设计同时也注意到了地方气候特色，在空间处理、建筑风格方面吸收中国民居的优点，同时设计融合了现代时尚元素与传统建筑风格，把中国的传统建筑文化发挥得淋漓尽致，白墙黛瓦简洁的外观和色彩很有意境的和谐美，表现出了传统的古典雅韵，又体现出后现代主义的简练（图10-1-12）。

案例解析二——吉首锦绣乾城

乾州古城是湘、鄂、渝、黔4省边区古老名镇，位于古城保护区内的乾城古街作为吉首市乾州古城保护开发的一大景观锦绣乾城设计上采用湘西明清时期特色古建筑风格，青砖黛瓦，木雕盈柱，戏台楼阁（图10-1-13、图10-1-14）融入了古建筑的特有神韵和现代建筑的适用性，依托乾州古城悠久厚重的历史文化底蕴，新建建筑结合古城保护区原有的文庙、观音阁、胡家塘、三门开城楼等知名景点和爱国名将罗荣光、民族英雄杨岳斌、"画马四杰"张一尊等历史名人故居和本地民族所特有的古建筑风格和近代仿古建筑的设计理念，融合传统民居的庭院天井式布局，整条步行街青砖青瓦、木格木窗、马头墙等，一座座四合院，高低相间，错落有致，一座座院落构成庭院天井式布局，建筑群一直延伸到万溶江边，吊索桥跨江而过，靠江而建的阁楼独具风味（图10-1-15、图10-1-16）。

案例解析三——长沙大汉汉园别墅

大汉汉园位于长沙市望城区黄金乡。北接月亮岛西路，东临雷锋大道，西南接百果园。与天然氧吧——谷山森林风景区和洗心禅寺佛文化景区毗邻。

图10-1-11　建筑整体环境景观（来源：《湖南师大尖山职工住宅小区规划方案设计》）

图10-1-13　张谷英村天井庭院（来源：何韶瑶 摄）

图10-1-12　建筑对传统风格的运用（来源：《湖南师大尖山职工住宅小区规划方案设计》）

图10-1-14　吉首锦绣乾城鸟瞰图（来源：德夯风景名胜管理处 提供）

本次建筑为汉朝建筑风格，同时加入了新中式元素的运用，在创意灵感的基础上，挖掘中国传统文化内涵，突显"汉文化"精髓（图10-1-17）。在整体布局上，通过分析汉长乐宫未央宫的布局特点，将庭院的套叠和叠戴形式完美运用，创造舒适宜人的庭院空间，形成三院式中式建筑群落的布局特色。多样的建筑元素强化了本次项目的细部设计，通过对传统建筑元素的分析以及与现代感和新中式的融合，创新设计了特色的屋顶、阙、斗栱和柱子的形态，实现了内容与形式的统一、整体与局部的统一、文化与艺术的统一以及传承与创新的统一（图10-1-18、图10-1-19）。

（二）传统院落空间的异构组合

现代建筑通过更新简化传统园林的部分或整体肌理元素，让传统院落空间元素楔入新的建筑中，这种处理办法可

图10-1-15 乾州古城商业街道（来源：德夯风景名胜管理处 提供）

图10-1-16 乾州古城民俗文化园（来源：德夯风景名胜管理处 提供）

图10-1-17 长沙大汉汉园（来源：大汉城建 提供）

图10-1-18 传统院落布局（来源：湖南省住房和城乡建设厅 提供）

图10-1-19 大汉汉园院落格局（来源：大汉城建 提供）

图10-1-20 长沙万科西街庭院（来源：《万科西街庭院》）

使历史得到延续，新旧建筑得以相互协调，同时还原传统建筑的地域风格特色，强化人们的历史认知感和地域归属感。这种引用更新的设计手法，使得传统建筑的片段与文化在现代建筑中得以延续。

案例解析一——万科西街庭院

长沙万科西街庭院位于芙蓉区人民东路516号，西街庭院以简明而单纯的建筑外观形体和简化的建筑符号同丰富的空间层次相互配合，局部采取放大传统建筑构建的方法（图10-1-20），在万科西街庭院中"村"的形态构成中有基本单元、联系纽带、内部特质3个重要元素：构成村落的基本单元——院落、院落组合；村落内部的联系纽带——街巷、人行步道；村落内部的特质——怡人的尺度、富有人情味的空间（图10-1-21、图10-1-22）。

外部——提炼"墙"的元素（图10-1-23）。墙是整个建筑气质的重点表达要素，其设计概念为藏露结合、外实内虚、以及外简内繁。建筑内部：内虚——开敞走廊、通透大玻璃；内繁——复杂的体型（阳台、花池、美人靠）、不同肌理的质感涂料、木纹转印铝合金门窗。而内部则营造亲和力、舒适感（图10-1-24）。

内部——强调"院"的作用。院落体现着中国传统住宅的内向形空间，也是中国传统观念上所强调的"藏风聚气"的理念之所在；万科西街庭院设计规划中的空间层次过渡为：街坊——街巷——公共院落——私家院落；而几个私密性不同的庭院又组合围合成私家院落（图10-1-25、图10-1-26）。

为了营造"幽深"的环境氛围，选取竹子作为主要的植物，竹子具有高雅的气质，营造幽静的氛围。传统建筑在庭院环境的营造上，竹子是不可或缺的元素。竹子应种得多而不滥、适得其所，如实墙前，花窗后，小路旁，拐角处等"要害"部位，来点缀庭院之幽与水景之幽（图10-1-27）。

案例解析二——岳阳市中心医院

岳阳市中心医院设计充分考虑用地周边道路等级，在城市人流主导方向重点打造整个医院的形象入口，并在各个主

图10-1-21 传统村落的形态布局（来源：《万科西街庭院》）

图10-1-22 万科西街庭院——"村"的形态（来源：《万科西街庭院》）

图10-1-23 传统民居的外部建筑元素——墙（来源：《万科西街庭院》）

图10-1-24 万科西街庭院院墙的简化与色彩统一（来源：《万科西街庭院》）

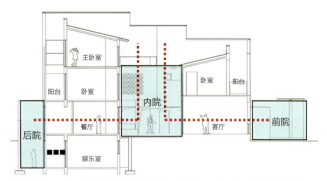

图10-1-25 万科西街庭院单体平面图（来源：《万科西街庭院》）

要出入口设置合理的广场空间，充分考虑用地地形高差，顺势而为，因地制宜，合理的布置地下车库建筑，尽可能地减小土方开挖及基坑护壁的范围，打造环境优美的医疗公园，交通上将人行流线完全独立出来，并植入优美的环境、空间业态，让人仿佛置身于一个公园中；建筑设计也将传统的院落空间进行再组织与有机更新，形成不同的开放，半开放及围合院落，同时充分利用用地内的自然水体、山体，打造山水为主题的如水墨画一般的主题景观，紧扣医疗公园的概念；

图10-1-26 万科西街庭院前、内、后院（来源：《万科西街庭院》）

图10-1-27 万科西街庭院中"竹""水"等对环境的点缀（来源：《万科西街庭院》）

图10-1-28 岳阳市中心医院平面图（来源：何韶瑶设计工作室 提供）

业态上在人流相对集中的区域，以及景观相对好的位置，设置有形态优美的服务性用房以及配套的商业网点，为整个医院提供最人性化的服务（图10-1-28、图10-1-29）。

案例解析三——韶山毛泽东遗物馆

毛泽东纪念馆位于韶山冲引凤山下，纪念馆用地处在三面被山包围的山坳中，独立、突出的建筑造型很难与周边山体景观协调，建筑采用了体量和尺度较小院落式布局，建筑紧贴山体，使纪念馆完全融合在韶山自然环境之中（图10-1-30）。在庭院空间的处理上，通过整个平面布局的主次轴线分布，缅怀厅布置在首层庭院的中间，沿着左侧的台阶拾阶而上，在二层中间布置水池、四周环绕水池布置游览路线缅怀广场，缅怀广场的印章成为整个纪念馆的视觉焦点（图10-1-31、图10-1-32）。

在主轴线的第二进庭院，首层是3个嵌入展厅之间的小庭院，设计成水池并种植睡莲，水从2层沿侧壁潺潺流下，为展厅的观众休息处提供了良好的室外景观。2层则变成1个大的庭院，由三面展厅和北面的过厅围合而成，观众站在院中水池的汀步上，可以俯瞰3个小院，看着水从2层泻下1层的水池中，感觉别致（图10-1-33、图10-1-34）。

为了衬托整个遗物馆肃穆、安静的氛围，设计降低了遗物馆的建筑标高，遗物馆与旁边的文物馆高差处理相一致，在建筑外部用平整的休憩步行广场将两者紧密联系起来，纪念馆入口采用规整的大踏步，能够很好地塑造纪念馆形象（图10-1-35）。

图10-1-29 岳阳市中心医院（来源：何韶瑶设计工作室 提供）

图10-1-32 缅怀厅东侧的大台阶与毛泽东手书诗词壁（来源：党航 摄）

图10-1-30 韶山毛泽东纪念馆（来源：党航 摄）

图10-1-33 遗物馆一层庭院水系空间（来源：党航 摄）

图10-1-31 毛泽东纪念馆缅怀广场（来源：党航 摄）

图10-1-34 广场雕塑及周围环境（来源：党航 摄）

图10-1-35 毛泽东遗物馆剖面图（来源：《用心设计勤于思考—韶山毛泽东遗物馆的建筑创》）

三、山水文化元素在设计中的应答

（一）表征·山水洲城地域文化

传统建筑具有地域文化特征的物质形态，设计师从建筑的形式语言方面取得与传统文化的统一协调，从传统的建筑和地域文化中提炼建筑设计语言，用地域材料来反映传统的文化内涵，按照文化磁场增强的原理这种方式突出环境的地域文化特色。在现代建筑设计中，人们善于从传统建筑上提炼地域性肌理符号，并将其加以抽象再现，以实现运用肌理符号表达地域文化的目的。传统建筑在不同地理环境、历史习俗、生活生产、宗教信仰等因素的影响下，形成不同的地域建筑类型。

案例解析一——湖南省博物馆新馆

湖南省博物馆新馆设计以"鼎盛洞庭"为创意源泉。鼎在中国古代具有特殊的文化内涵，湖南省博物馆新馆建筑顶部颇似水的结晶体，象征了洞庭湖水的凝固与升华，寓意凝固的湖湘文化，更为关键的是这种建筑外形的转化是从鼎的意象、气势和文化精神内涵入手，象征环洞庭文化与当代社会的对话，彰显洞庭文化的复兴与当代中华文脉的繁荣昌盛（图10-1-36、图10-1-37）。

新建筑充分考虑地势因素、巧妙借景，通过绿化与相邻的烈士公园融为一体，楼顶观众餐厅作为新的公共空间，能俯瞰烈士公园；入口大厅成为参观流线和交通组织的枢纽。建筑由3个层面组成：底层、主体和屋顶层；第一层为展览大厅、保存和研究中心、办公和辅助服务区域。第二层是主体，由木梁柱构成的结构体系。这层为新增的公共区域，包括图书室、学生教育中心等。设计中考虑做成漫步空间：来访者可以自由来往在这个巨大的公共空间里，悠闲地享受和利用博物馆的资源。第三层是屋顶层，包括一个观众厅，作为一个学习知识的场所。屋顶将成为文化和教育在长沙的象征。同时作为环境保护的一部分防止阳光直射到下面的博物馆，减少空调的使用。

新馆用融合的方法处理新旧建筑的关系，以原陈列大楼为中心，围合前庭，强化两翼，对称布局，形成三殿式建筑，集简练、稳重、统一于一体，秩序感极强。

新馆建筑自下而上使用三种建筑材料：石材代表了对历史的延续，透明玻璃代表了今天的开放，而金属大屋顶代表

图10-1-36 湖南省博物馆（来源：湖南省博物馆 提供）

了对未来的憧憬。

案例解析二——里耶秦简博物馆

里耶秦简博物馆位于湖南省龙山县里耶镇，建于2002年6月，博物馆将通过对里耶古城历史文物以及秦简的展示，将"收藏、研究、教育"集于一体，使之既承担起保护古城珍贵遗产的功能，又能充分体现湘西地区文化特性，并向公众全面展示与阐释中华文明灿烂的历史文化（图10-1-38）。

建筑总体布局依山就势，相互悬收错落，与自然环境取得有机联系和协调，建筑形态简洁、平和（图10-1-39～图10-1-41）。建筑造型充分提炼传统建筑元素精华，通过庭院等文化元素，采用简约现代的手法来表现对历史符号的提炼和再创造，建筑材料充分利用当地的页岩等乡土石材，传达出中国传统文化建筑简洁、质朴、秀美的气质。

因有"古城"才有"古井"，有"古井"才发现"古简"。城是井的依托，而简则是记录城的历史思想与灵魂。因此设计中以突出"古城·古井·古简"三点意向，来展现和体现博物馆的特色。

"城"——以沿西侧规划路以方形围合空间体现城的意向，内广场向着山林、湖水敞开。游客进入"封闭"的城后，参观完毕来到开敞的内广场，可以欣赏山林溪流美景。

"井"——中心展区模拟古井发掘时构造及地质剖面的放大模型，游人可沿坡道进入地下库房，参观库房保存及工作人员工作情况，提升游览的趣味性（图10-1-42）。

"简"——建筑造型以板块，方形体量穿插突出博物馆以秦简为主体的特色。室外小品均以秦简与文字为主题，板块条状石板雕塑结合竹林、溪水，而博物馆总体意向为穿行于时间

图10-1-37　湖南省博物馆新馆地域元素的提取演变（来源：党航 绘）

图10-1-38　里耶秦简博物馆（来源：党航 摄）

图10-1-39　里耶秦简博物馆鸟瞰——"城"（来源：里耶秦简博物馆 提供）

图10-1-40 博物馆屋顶样式（来源：党航 摄）

图10-1-42 里耶秦简博物馆"井"（来源：党航 摄）

图10-1-41 博物馆庭院空间（来源：党航 摄）

图10-1-43 博物馆内部竹简造型设计（来源：党航 摄）

河流上的桥梁，串起历史的片断（图10-1-42～图10-1-44）。

案例解析三——岳阳博物馆

岳阳市博物馆，位于湖南省岳阳市南湖广场龙舟路，1999年落成并正式对外开放。是地方志综合性博物馆。湖南省岳阳博物馆，位于国家历史文化名城岳阳市风景秀丽的南湖之畔，坐东朝西，馆舍为中国古代城堡式建筑，高28.8米，上下3层，主楼4层，建筑阔面95米，视野开阔，气势恢宏；在建筑风格上取向于传统建筑与现代建筑的互补，建筑面积为6600平方米，高度为28.8米，有陈列展厅、临时展厅、中心库房、接待室、资料室、办公室等设施（图10-1-45）。

设计时基于周围整体环境的空间形态考虑，博物馆的

图10-1-44 博物馆内部墙体壁画装饰设计（来源：党航 摄）

图10-1-45 岳阳市博物馆（来源：党航 摄）

整体形象设计体现了文化的融合，由于博物馆的定位以历史为主题的，必然还是要以古朴庄重的形式来体现，另外，博物馆周边隶属于现代都市环境，采用馆藏文物的悠久历史属性，简练出汉代和楚文化的特征，同时采用楚湘文化中高台建筑的特征来形成现今简洁宏大，造型古朴的博物馆外观建筑样式（图10-1-46）。

建筑外墙用花岗岩自然面，表现出一种历史的厚重感。大门两旁有直径为1.5米、高为9.2米的石柱，雕刻着象征中华古文化的图案和纹饰，创造了一种庄严、肃穆的氛围（图10-1-47）。

案例解析四——湖南省青铜文化博物馆

湖南省青铜文化博物馆位于炭河里国家考古遗址公园内，占地1198亩，2012年启动建设（图10-1-48）。湖南省青铜文化博物馆是炭河里国家考古遗址公园的标志性建筑，四羊方尊的出土地湖南宁乡，由于从20世纪30年代开始，出土了大批的青铜器，其出土青铜器被称为"宁乡青铜器群"。四羊方尊便是"宁乡青铜器群"的代表，也是宁乡出土最早的青铜器。因此博物馆造型以四羊方尊为原型，外形酷似一个方鼎，博物馆正门嵌入人面纹鼎造型。将四羊方尊的文化元素完美的到融入整个建筑当中。其总占地面积4000平方米，分两层，建成后游客可在这里看到1500多件宁乡出土的青铜器和大量西周时期的青铜剑。

（二）具象·山水地域形态

传统村落的选址与营建都与山水要素息息相关，建筑形式与布局呈现成片分布，从单体布局到群体组合，建筑肌理与自然环境肌理巧妙吻合。湘西传统民居依山而建，境内多山多水，沅水、澧水2条主河流纵贯全境。从地貌环境来看，建筑多建于山地，由于地形高差变化较大，促成了山地吊脚楼的形成，建筑多"依山而建，聚族而居"，一方面考虑是对山地地形坡度较大，尽量减少对耕地的使用；另一方面考虑聚落空间防御问题，临水、临崖而建依托天然防御，加强聚落营寨的防御能力。

图10-1-46 岳阳市博物馆墙面纹理饰样1（来源：刘艳莉 摄）

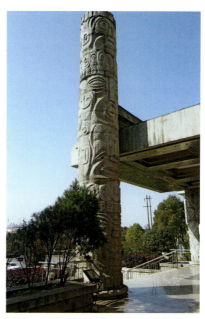

图10-1-47 岳阳市博物馆墙面纹理饰样2（来源：刘艳莉 摄）

图10-1-48 湖南省青铜文化博物馆（来源：湖南省设计院 提供）

图10-1-49 吉首大学黄永玉博物馆（来源：党航 摄）

案例解析——黄永玉博物馆

黄永玉博物馆坐落于湘西吉首大学内，由新中国一代建筑大师张永和教授领衔设计，建筑由综合科研教学楼和黄永玉博物馆两部分组成。总建筑面积25727.2平方米，综合科研教学楼建筑面积为22032.9平方米，黄永玉博物馆建筑面积为3688.3平方米（图10-1-49）。

博物馆位于吉首大学校园中心的人工湖南侧，建筑依山而建。教学楼与博物馆构成的建筑整体以楔状的剖面形态插入到基地中，用基于地形的手段恢复了基地物理环境的秩序（图10-1-50）。

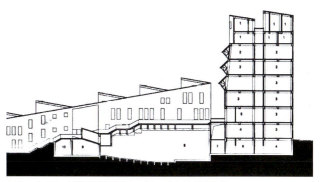

图10-1-50 博物馆剖面图（来源：《山村新解》）

裙房的屋顶与高层的北侧外墙通过再现湘西传统民居错落有致的屋顶造型以及湘西跌宕起伏的山脉图，在剖面形态上构成2个不同斜率的连续的表面，从而模糊了屋顶与外墙2种不同功能的建筑构件在形态上的差异。顶与外墙上相似的开窗方式进一步加强了这种混淆，使建筑整体加入"造山运动"。设计师将传统民居村镇聚落的肌理引入建筑的形式系统，从而在视觉上建立起新建筑与当地建筑文化传统的呼应，使之既是"山"又是"村"（图10-1-51）。

建筑中还采用了抽象简化等手法对湘西传统民居中的廊、装饰构件、窗等建筑符号进行处理，使之以一种全新的形式得以发扬，将传统的建筑符号与现代的建筑风格完美地融合在一起。

（三）演变·文化元素肌理

建筑设计当中传统文化元素的运用是延续传统建筑文化的重要途径之一，在设计中通过某一传统元素的提取与简化，并从中找到一个合理的契合点，将传统艺术的精髓融入现代设计理念中，使设计作品处处洋溢着"中国风"。

案例解析一——湖南株洲神农大剧院

神农大剧院位于株洲神农城核心区西南角，临泰山西路而建，是神农城核心区重要的节点工程、株洲市的标志性文化设施、展示本土文化的重要平台与窗口（图10-1-52）。大剧院由拥有1400个座位的剧院、400个座位的实验剧场及配套辅助用房组成，总建筑面积45991平方米。神农大剧院以"山高人为峰"为主题，展现勇敢自由、坚强进取的神农精神，以及自强不息、热情奔放的圣火精神，从而表达对神农炎帝的敬仰与纪念。大剧院建筑造型呈现"人"字的螺旋上升态势，似平地拔起的峰峦，极具标志性与纪念性。

"山高人为峰"是神农大剧院的建筑设计主题（图10-1-53）。在建筑造型上面，设计采用螺旋式环绕上升的设计手法，给人以一种拔地而起的态势。红色在中国古建筑中有举足轻重的地位，早在秦代，秦咸阳宫一号址就用了大面积的红色涂刷地面，并称之为"彤地"。在此后的历朝历代中，木构表面涂刷红色已然成了装饰的主流。中国建筑彩画历代相传，对于颜色细微差别的感知随着不同时代具有不同的风格，其所用的红色涂料也形成几

坡屋面元素引用

庭院空间元素引用

图10-1-51 传统民居坡屋面、庭院空间元素在博物馆中的引用（来源：党航 绘）

图10-1-52　神农大剧院平面图（来源：《技术的诗意与艺术的理性——株洲神农大剧院与神农艺术中心设计随笔》）

图10-1-53　株洲神农大剧院（来源：《技术的诗意与艺术的理性——株洲神农大剧院与神农艺术中心设计随笔》）

种基本类型。大剧院建筑色彩采用中国传统的红色，颜色鲜明，能够更加映衬出建筑所表达出的地域文化，这种文化是神农文化与株洲城市文化二者的融合。在建筑用材方面，设计采用钢、木、玻璃等绿色环保建材，体现绿色生态理念，现代的建筑技术向我们的后辈证明了我们今天的文明，就像神农氏被记住一样，神农大剧院将成为株洲这个时代的印迹载入人类文明的历史。

案例解析二——湖南省三馆一厅

湖南省三馆一厅设计以表现地域文化的独特魅力为着眼点，以表达场地精神为中心，以古代文明与现代文明的交织为背景，以现代材料为手段，从历史文化名城的地域环境和文化特征中获得生命力，从中国文字和中国的线型艺术——书法中获得灵感，让现代空间和建筑表皮与线型艺术相结合，依托三角洲的场地特征，将建筑置于多年由河水冲积而成的三角洲上，形成自在自为、有机共生的建筑空间形态，给自由的和偶发的建筑形式与意义赋予其内在的逻辑性和必然性（图10-1-54～图10-1-57）。

图10-1-54　湖南省"三馆一厅"墙体字体的装饰1（来源：何韶瑶 摄）

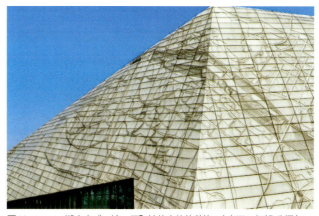

图10-1-55　湖南省"三馆一厅"墙体字体的装饰2（来源：何韶瑶 摄）

图10-1-56　湖南省"三馆一厅"1（来源：何韶瑶 摄）

图10-1-57　湖南省"三馆一厅"2（来源：何韶瑶 摄）

博物馆外墙设计方案，取材于一幅20世纪初长沙开埠初期的地图。地图采用宋体字标示了包括白沙井、坡子街、天心阁、定王台、清水塘、岳麓书院、红牌楼、橘子洲在内的18处路人皆知的地名。图书馆的外墙通过竖向百叶模拟竹简效果，通过表面的楚文字回应文化的源远流长，同时，室内装修采用大量文字浮雕，这些处理都是回应"图书""文化"的建筑主题，体现了图书馆与其他两馆所不同的个性特色。音乐厅借鉴中国传统的五线谱加中国古乐谱减字谱共同装饰外墙的表面纹理，传达出中国古典音乐与西方音乐想融合的寓意。"潇湘水云""洞庭春晓"两首古乐谱为湖南的地方乐，设计将两首古乐谱刻在音乐厅外墙上，一方面强调音乐厅是观众进行心灵感知的情感表达，另一方面强调建筑的地域性和唯一性。音乐厅建筑地势较高，从而突出其主领地位，沿着台阶拾阶而上，俯瞰整个文化园，能够使人感受到音乐厅带动整体建筑群向前冲、向上昂的开阔而奔腾的姿态，整个滨江文化园的起伏跌宕的气势也更加得到加强，气势更为宏伟、浑厚。

第二节　气候应对——自然气候的响应

一、建筑与自然环境的关系

建筑与自然生态环境的关系主要表现在两个方面，一是建筑要与自然环境要有一定的隔绝，二是建筑要与自然交融，这是对立统一的，这是建筑非常重要和独特的一个特点。建筑最初的产生是由于人要避风遮雨、抵御野兽的袭击，也就是建筑要与自然相隔绝。建筑既要与自然隔绝又要与自然交融，比如建筑向南开窗，冬天就可以有很好的阳光，建筑离不开生活。但是，随着时代的发展，人们对建筑的基本需求满足了以后，便开始在建筑中追求与自然交融，接近大自然。在满足建筑功能和空间需要的同时，完善建筑空间使用的灵活性，使建筑环境健康舒适，使用节能建筑材料，争取利用可再生建材，强调在建筑全寿命周期内实现资源的集约并减少对环境的污染，保护自然生态环境，使建筑生态、经济取得平衡。

案例解析——长沙万科金域滨江

项目坐落于长沙·湘江临岸的一个绿丘之上，旁边是几百年的古香樟。从江边看过来的绿丘自然而充满生气，而从绿丘看到的湘江亦是绝美的。在看到宗地的第一眼，设计师便有了意向：一个简洁的盒子凌驾于绿丘之上，若隐若现（图10-2-1）。

一进入这售楼中心，湘江的景色一览无遗的尽收访客眼帘。访客从入口能看到室内高11米的中庭，自然光通过大型玻璃幕墙照进地下的展示空间（图10-2-2）。与其他售楼处不同的是，售楼中心充分地展现给未来买家一个真实的，连接周边自然和景色的生活概念。

二、建筑与自然气候的关系

现代建筑为了给人们提供舒适的环境，一直利用设备和外部不可再生能源输入的"主动式系统"来控制改变环境状况。高额的能源消耗维持着这一系统的运行，同时也将人们隔绝于自然界之外。因此在建筑设计中应尊重地区自然环境状况，结合当地的自然气候，依靠建筑本身的规划布局、结构、材料的设计，以适应并利用地区气候地理特点及景观资源，构筑一个健康、高效的工作场所，从而创造一个绿色的"花园式"的建筑。

图10-2-1 长沙万科金域滨江建筑场地环境（来源：谷德设计 提供）

图10-2-2 建筑内部空间（来源：谷德设计 提供）

图10-2-3 湖南城陵矶综合保税区通关服务中心鸟瞰图（来源：上海建筑设计研究院有限公司 提供）

案例解析一 ——湖南城陵矶综合保税区通关服务中心

建筑位于湖南岳阳城陵矶芭蕉湖以北，浅山湖群的环抱之中，基地周边风景优美（图10-2-3）。建筑在设计的构思中，建筑形态的设计中裙房采用了多个退台的空间组织，柔化建筑的边界，使周边的景观和建筑相互渗透。营造出丰富的室内外休憩空间近地楼层坡形屋面绿化与平台结合，营造出多标高、层次丰富的活动空间，与内部共享空间形成良好的延续和沟通。借景的精心组织，展示了令人震撼的芭蕉湖山水长卷。

整个大楼的设计围绕功能来展开设计，建筑内部合理的功能布局使其在使用效率上更为便捷，同时从宏观的角度讲，建筑可以实现高效的绿色节能（图10-2-4）。

设计充分考虑"被动"节能方式，利用信息化软件对建筑周边环境及内部空间进行分析（图10-2-5），在建筑的体量规划及布局上产生指导性影响。采用了一系列增强室内通风、采光和室内空气质量控制的技术理念和策略，并不采用高技的装置系统却能取得良好的使用效果。

建筑立面的细部设计结合绿色建筑特征，采用绿色建筑技术应用的一体化设计，在建筑的东西立面采用双银Low-E玻璃幕墙和穿孔遮阳板。遮阳板的穿孔率通过计算，同时满足遮阳和采光的要求，并确保室内的视觉通透性（图10-2-6）。

裙房采用覆土屋面，中庭东西向的牵引式垂直绿化，生态的处理了夏冬两季对阳光的不同需求（图10-2-7）。

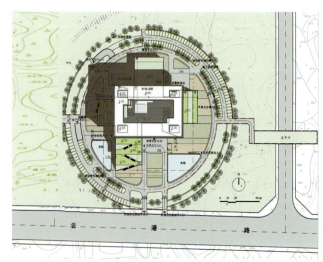

图10-2-4 城陵矶综合保税区通关服务中心平面图（来源：上海建筑设计研究院有限公司 提供）

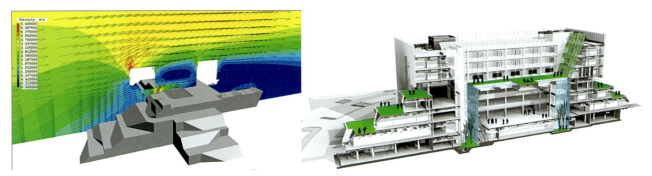

图10-2-5 建筑与周边气候分析（来源：上海建筑设计研究院有限公司 提供）

图10-2-6 建筑立面幕墙（来源：上海建筑设计研究院有限公司 提供）

图10-2-7 建筑覆土屋面及牵引式垂直绿化（来源：上海建筑设计研究院有限公司 提供）

建筑主体南侧设置水景，夏季主导的西南风经水面冷却后进入室内。共享大厅屋顶设置浅水池沿东西侧玻璃幕墙溢流，与地下室景观水池形成循环。大大减少了夏季最高热负荷处的热量堆积，降低了空调能耗的同时创造出流动的室内光影效果（图10-2-8）。

案例解析二——星沙文化艺术中心

基地位于星沙东五线以东，东六线以西，望仙路以南，洋湖路以北；基地东西长约496米，南北长约367米，总用地面积184030平方米，其中净用地面积156213平方米，基地地块原为连绵的丘陵地带，山体较多，山顶标高基本接近，山与谷、道路之间地势高差变化较大（图10-2-9）。

建筑设计向低技术、传统策略学习，大量采用被动式节能措施来降低热辐射，同时在屋顶下设置可开闭的通风间层。开口小、出檐深远的天井适合夏热冬凉湿润地区，减少热交换、遮阳、强化通风；天井、院落中的绿化还可调节小气候（图10-2-10、图10-2-11）。

建筑同时借鉴张谷英村的巷道空间，导风、强化通风，建筑设置双层表皮，构成空气空腔，减少热交换，夏天开启，强化通风，冬天封闭，保暖。

图10-2-8 从建筑室内眺望场地景观（来源：上海建筑设计研究院有限公司 提供）

图10-2-9 星沙文化中心（来源：罗朝阳 提供）

图10-2-10 屋顶绿化种植（来源：罗朝阳 提供）

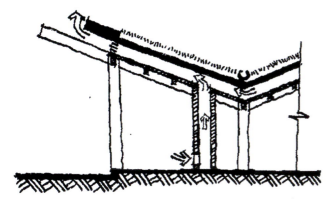

图10-2-11 屋顶可开闭的通风间层示意图（来源：罗朝阳 提供）

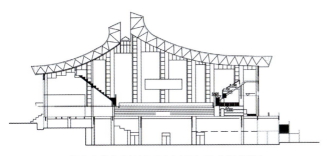

图10-2-12 湖南大学体育馆剖面图（来源：陈晓明 提供）

图10-2-13 湖南大学体育馆（来源：党航 摄）

案例解析三——湖南大学体育馆

湖南大学体育馆位于长沙市岳麓山风景区东侧的山脚下，在体育馆屋顶结构的选型中，采用两片反曲向上的空间网架形式，并在中间交接处留一通风口与采光带，采光带同样也能作为排风口，比赛厅内多余的热空气利用热压通风的原理，升到最高处通过排风口排出。坡屋顶有利于雨水的迅速排走，在夏天，室内热空气自然上升到中间最高处通过排风口排走，对自然通风的组织很有利（图10-2-12、图10-2-13）。反曲形式的屋顶对室内声学处理有好处，通过中间采光带可使比赛厅中心场地的亮度高于周边看台，满足使用上的要求。另外，坡屋顶使体育馆室内的顶界面自然产生变化，形成较好的视觉效果，同时更多地是对长沙夏季炎热多雨的气候特点的一种自然反应。体育馆西立面采用实墙和竖条窗组合的方式，给比赛厅引入一部分光源，尽管西向光源质量不高，但与西立面相距不远的岳麓山有效地规避了一部分不利光线，缩短了夏季西晒的时间。

案例解析四——长沙医学院体育馆

长沙医学院坐落在历史文化名城长沙，依湘江之畔，临岳麓书院，长沙医学院体育馆是目前学校内规模最大的教育教学设施，选址于总体校区的西南侧。"自由而自在，自在而自为"，是长沙医学院体育馆设计的宗旨，设计力图用灵动的笔调，稳重的结构造型方法，体育馆仿若大地孕育的长沙医学院体育馆也是一个孕育的摇篮——"孵化器"——孕育着师生们强健的体魄。立面采用线性造型，注重塑造形体特征明确、形态完整的体育建筑，同时强调体育中心与周围建筑群在造型上的连接与呼应。体育中心整体形式简洁、有力、生动（图10-2-14）。

其次，设计师在设计之初即融入了生态设计理念，在实践上采取模拟分析的方式选取最适宜的建筑平面布局和建筑形态，而越早的开始生态设计越有利于实现节能其二是设计者将建筑与气候的结合，处理的十分到位，无论是屋面形态对自然光的采取，还是微气候的利用，都表明气候策略是十分重要的一环。周围开一致的侧窗，在引入光线的同时也有较好的通风散热的效果。新鲜的空气从底部及侧窗输入室内,而多余的热空气则从体育馆顶部排出,是典型的烟囱效应(图10-2-15)。屋面排水采用虹吸式雨水排放系统,这个新型排水系统能更迅速高效地排放雨水。

三、建筑与周边微环境的关系

传统的建筑业一直极大地消耗着自然环境,同时附带着种种对自然环境的负作用。但随着社会的发展,人们对建筑的关注逐渐从建筑本身投向了与建筑相关的环境上,这是当

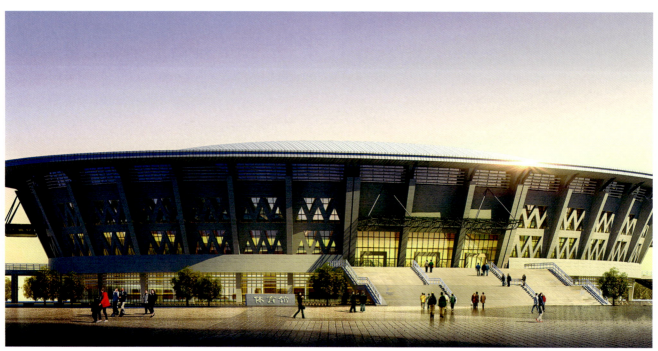

图10-2-14 长沙医学院体育馆(来源:何韶瑶设计工作室 提供)

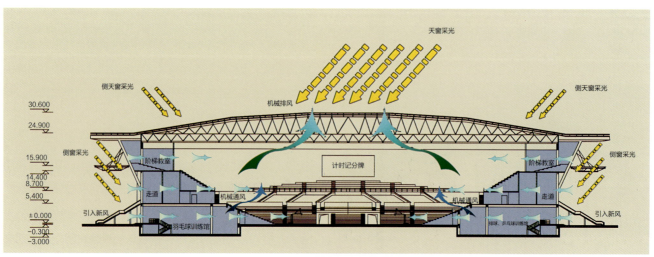

图10-2-15 长沙医学院体育馆采光通风示意图(来源:何韶瑶设计工作室 提供)

代建筑领域的一个重要特征。建筑离不开其所处的环境，环境则是建筑所依存的条件。建筑与周边环境应当保持和谐的关系。荷兰建筑大师基·考恩尼说过："建筑绝不只是单一存在的个体。它与构成自然的许多次序一样，也是庞大次序中的一个"。建筑设计归根到底是设计环境，即创造适合人类生活工作并能激发心智的新环境。因此，建筑创造不但要满足使用功能，还要与周围环境相适应，体现一定的文脉特色，这对保持城市空间环境的整体与和谐尤为重要。而建筑与环境的和谐又包括多个方面。

案例解析一——张家界黄龙洞剧场

张家界黄龙洞剧场地点位于湖南省张家界武陵源黄龙洞的洞前广场，由俞孔坚团队主持设计。剧场前有索溪河、背靠武陵源山体峭壁（图10-2-16）。在建筑空间设计中，地坪下是建筑的主要功能空间，这样设计使得从对面看过去地上部分的建筑体量减少，可以在很大程度上避免破坏周边环境，同时不影响山体与周围环境的视觉关系。

黄龙洞剧场整体建筑形态取源于湘西地区地壳的断层剖面组织结构，与武陵山砂岩峰林核心区周边山地的单斜地壳构造相呼应，建筑整体效果与周边环境相得益彰，并融入环境。当夜幕降临的时候，"岩块"层间的玻璃透出暖光，能够使人感觉到几片弯曲程度不同的岩石飘在空中的感觉更加强烈（图10-2-17）。

黄龙洞剧场的斜坡与地面的屋顶采用草坪绿化种植，这样做一方面使建筑具有节能效果，另一方面使得剧场与东侧的稻田景观融为一体。从整个建筑平面来看，环绕建筑周边的水面与背靠的山体能够很大程度上对周边的环境进行微气候调节，剧场与山体之间隔有一定的距离，这样使得穿过山体的风进行疏通，调节建筑侧部的环境气候（图10-2-18、图10-2-19）。

图10-2-16 张家界黄龙洞剧场（来源：熊申午 摄）

图10-2-17 黄龙洞剧场总平面图（来源：《张家界黄龙洞剧场——注解景观的建筑》）

图10-2-18 黄龙洞剧场与山体的呼应关系（来源：熊申午 摄）

案例解析二——常德市湘雅医院

常德湘雅医院位于北部新城月亮大道与金牛路交叉口西北角，占地面积230亩，建筑面积42.5万平方米，有床位2000床，总投资为18.8亿元。建筑地上最高为24层，地下为一层，地上裙房设计为5层，分别为门急诊、VIP门诊、医技楼、行政科研、办公楼裙房部分，裙房建筑最高高度为23.4米，主楼建筑最高高度92.05米，建筑分类为一类高层建筑（图10-2-20）。

图10-2-19 黄龙洞剧场曲面屋顶（来源：熊申午 摄）

图10-2-20 常德市湘雅医院（来源：湖南省建筑设计院 提供）

建筑设计形态以曲线为主,整体风格清新自然,采用了柳叶湖风景与柳叶的形状,在归纳与简化的基础上,产生了建筑形体(图10-2-21)。建筑病房的首层和第二层架空,使两组建筑犹如漂浮在荷塘上花园之中,架空有利于空气流通,疏通夏天停留在建筑南部的热空气,有效降低建筑环境的温度(图10-2-22)。

第三节 新修如旧——历史建筑文脉元素的回归传统

一、传统建筑文脉元素的整体继承

湖南传统建筑受历史文化的影响,各个时期的建筑都有其特色与风格。改革开放后随着人们文化意识的提升,建筑师开始对历史各个时期的建筑风格、建筑形态、建筑技艺进行研究,重新建造并完善了各个时代的传统建筑,此时一大批带有传统建筑风格的新建筑开始涌现,重新回归到人们的视线中,在此过程中,包括宫殿、寺庙、塔楼等传统建筑的回归,也包括湖南地区各个少数民族传统建筑的回归,使得传统建筑的工艺与技术得以传承。

案例解析——乔江书院

公元前295年,楚国三闾大夫、爱国主义诗人屈原被贬放逐沅湘的时候,曾到乔口采风,收集素材,为他的《九歌》等著作攫取创作源泉。西汉政治家、文学家贾谊于公元前177年被谪为长沙王太傅,继屈原之后,又一位杰出的文化巨人经过乔口溯流到长沙。唐大历四年(公元769)春,杜甫从川入湘,溯流至乔口,在这里写了《入乔口》诗。

乔江书院由杨建觉团队领衔设计,书院借鉴岳麓书院等中式传统院落建筑的形式,由主馆、二贤堂万寿宫3大部分组成(图10-3-1),占地共有6000平方米。三贤祠内祀屈

图10-2-21 建筑形体凝练了柳叶湖风景区的柳叶形状(来源:湖南省建筑设计院 提供)

图10-2-22 建筑底部架空(来源:湖南省建筑设计院 提供)

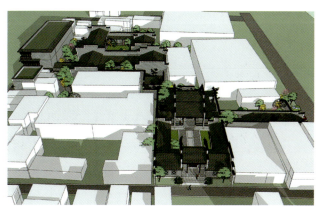

图10-3-1 乔江书院鸟瞰图(来源:杨建觉工作室 提供)

图10-3-2　乔江书院三贤堂（来源：杨建觉工作室 提供）

图10-3-4　乔江书院庭院空间（来源：杨建觉工作室 提供）

图10-3-3　柱廊空间（来源：杨建觉工作室 提供）

原、贾谊、杜甫像，让人民虔诚祭拜。

主要用于传授儒家经典。内有世学堂、好学轩、福寿堂、博雅轩、会文堂等，设有各种名家字画展览。呈庭院式样，明清风格，古朴典雅，满院书香。融学术交流、文化展示亲少年活动于一体，构筑乔口的镇镇之宝，满足今天时代对文化艺术的需求（图10-3-2～图10-3-4）。

二、传统建筑文脉元素的交融

（一）传统建筑元素的再现

再现民族文化和地域风格特点是建筑创作设计中文化传承的重要方式，传统建筑元素的再现是在现代建筑的大环境之下，结合传统建筑的典型特征与建筑意向，将传统建筑的文脉元素运用到现代建筑的创作当中。这一探索是一个不断深入的过程，先后经历了从完全仿古逐渐发展到仿古与现代建筑形式相互融合，最后达到利用元素符号表达传统建筑意向的发展道路。

案例解析一——湖南省安化县马路镇城市设计

马路镇地处安化县西部的柘溪水库沿岸，东起柘溪镇，西接奎溪镇，北连桃源、沅陵两县，南与南金乡隔水相望，距县城东坪28公里，由原来的马路镇、马路乡、岳溪乡、湖南坡乡、苍场乡"四乡一镇"合并而成，位于东经110°01′，北纬28°22′（图10-3-5）。

设计重点体现马路镇特色化——善用遗产资源，结合城镇文化；体验化——重视游客参与，设计体验活动；知识化——知性的探索，结合导览解说提供遗址教育和自然教育的机会；生态化——维护自然环境，提供生态旅游；产业化——以地区为范围，精致化经营。塑造城镇工业遗址特色

图10-3-5　马路镇城市设计鸟瞰图（来源：何韶瑶设计工作室 提供）

深化空间和景观形象设计，打造工业遗址特色旅游休闲小镇，形成更具针对性的引导控制。

为了实现城镇与自然的完美结合，可通过以下途径来实现与自然对话的生态城镇布局：采用基于反规划理论的开发适宜性分析方法，确定了规划区域内应予以保留的生态用地，包括水体以及开放空间。确保了规划工作是在首先确定了生态保留空间格局后再进行城镇建设用地的规划。通过对马路镇进行开发适宜性分析，基于分析结果，提出了对场地开发的建议：场地以马路镇的两条河流水系为依托，规划为两条生态空间廊道，东侧以政务、旅游服务为主，场地南侧以生态居住和文化体验为主，构建出行政、茶文化体验、服务、居住、学习、体验等多元的城镇环境（图10-3-6～图10-3-8）。

合理的建筑组合布局是对土地利用规划的反映，同时对激活场所，保证商业活力、社区魅力和城镇品质都起着至重要的作用；方案建筑布局策略充分考虑到基地作为镇区的独特位置所需要的城镇功能和形象，以及在尊重地形地貌的前提下需要做出特色处理的做法：

旅游服务中心、民俗风情街等旅游服务、商住组合，采用传统与现代融合的建筑语汇，将体现时代城镇特色；政务中心、文化馆、体育馆、游泳馆等建筑单体进行序列组合，形成区域地标性建筑，营造城镇识别性；茶文化街、云台大叶体验中心、物流中心等体现城镇茶旅文化特色，将是茶叶文化旅游的活动场所，形成小镇独具特色的建筑语言。商务酒店与办公、生态住宅等形成的小镇办公居住区域，将是城镇旅游接待、管理人才和高级人才的活动场所，形成具备魅力的城镇形象；采用住宅建筑群体的组合方式来界定城镇场所。这些手法的综合运用，在保证镇区区整体形象的同时，又产生多元化的印象，保证秩序的同时，也激发不同特征的创造（图10-3-9～图10-3-14）。

图10-3-6 潕溪河沿河景观（来源：何韶瑶设计工作室 提供）

图10-3-7 老街改造1（来源：何韶瑶设计工作室 提供）

图10-3-8 老街改造2（来源：何韶瑶设计工作室 提供）

图10-3-9 旅游民俗风情街内部透视图(来源:何韶瑶设计工作室 提供)

图10-3-10 民俗酒店沿河风景(来源:何韶瑶设计工作室 提供)

图10-3-11 旅游服务中心（来源：何韶瑶设计工作室 提供）

图10-3-12 政务中心（来源：何韶瑶设计工作室 提供）

图10-3-13　云台大叶茶文化街（来源：何韶瑶设计工作室 提供）

图10-3-14　云台大叶展览馆（来源：何韶瑶设计工作室 提供）

案例解析二——张家界武陵源湘西大剧院

魅力湘西大剧院位于张家界市武陵源区，这座突出民族性、文化性的"小"建筑，却别具特色，成为湘西民族艺术的殿堂。整个建筑群完全采用湘西民居的建造特征，入口建筑借鉴凤凰古城城楼的形式，左右两侧对称辅以形似民居建筑单体，整个建筑由入口服务中心、大剧院与四周的小建筑围合而成，中间形成宽敞的庭院空间，建筑的雄伟浑朴与武陵源山体遥相呼应（图10-3-15）。

案例解析三——张家界天门山峡谷大剧场及景区入口建筑群

中国传统建筑屋顶出挑是其最典型的特征。屋顶出挑的设计源于对墙身的保护，但是中国人赋予了它更多的文化与精神内涵，大屋顶被认为是天空在建筑中的形象映射，是中国古代天人观的主要表现（图10-3-16、图10-3-17）。张家界天门山峡谷大剧场及景区入口建筑群，通过对建筑屋顶写意创新的表现方式来再现张家界武陵源地区的建筑文脉，屋顶采用湘西地区传统民居屋顶的形式，屋顶翘檐轻巧。建筑也采用了高台的建筑形式，用向内倾斜的梯形体量，砖石与玻璃构成的双层墙面体现出了高台建筑的意境，与上部惟妙惟肖的轻巧的翘檐屋顶形成碰撞性的对比，营造出天门山景区雄伟高大的建筑氛围，与天门山的形象相得益彰（图10-3-18、图10-3-19）。

图10-3-16　张家界天门山峡谷大剧场（来源：熊申午 摄）

图10-3-17　张家界天门山山门（来源：熊申午 摄）

图10-3-15　湘西大剧院（来源：熊申午 摄）

图10-3-18　张家界天门山入口（来源：熊申午 摄）

（二）传建筑文脉元素的提炼

在建筑设计过程当中，将原有建筑中具有代表性的空间形态、建筑形体关系等提炼出来，有机地组织到新建筑中，可使新建筑富有某种文脉延续的内涵。同时古建筑中以院落为中心和基本单元的格局空间艺术处理方式，在今天复杂的社会中仍有现实性。

案例解析一——张家界纳百丽酒店

张家界纳百丽酒店位于张家界市武陵源区，酒店建筑巧妙融合了现代时尚元素和土家族苗族自治州等湖南境内少数民族建筑特色精华（图10-3-20、图10-3-21）。屋顶选用湘西民居建筑屋顶元素，建筑主体又融入传统宫殿建筑的歇山顶样式，入口空间屋顶采用抬梁式结构造型（图10-3-22），局部屋顶采用双屋顶式样，在建筑两侧做庭院空间，建筑整体宏伟、地域特色明显（图10-3-23）。

案例解析二——湖南邵阳崀山景区建筑群

北大门地块包括游客服务中心（门票站、售票室、休息室、旅游纪念品售卖处、服务房、恒源公司办公用房等）、丹霞广场、团队大巴停车场、私家车停车场、景区环保车停车场、公厕、景观环境及配套设施等内容，位于崀山连村地段（图10-3-24）。

服务建筑采用层层坡顶的山地建筑形式，依山势而建，

图10-3-19　张家界天门山游客服务中心（来源：熊申午 摄）

图10-3-20　张家界纳百丽酒店1（来源：熊申午 摄）

图10-3-21　张家界纳百丽酒店2（来源：熊申午 摄）

图10-3-22　建筑入口"抬梁式"结构（来源：熊申午 摄）

图10-3-23 建筑整体鸟瞰图（来源：熊申午 摄）

图10-3-24 北大门建设效果图（来源：崀山风景名胜区管理局 提供）

侧面将当地民居穿斗式屋架外露，体现当地建筑的风情。精巧的建筑形式与环境相得益彰。坡顶票房采用仿山门的建筑形式，重檐坡顶，柱脚用仿丹霞石厚重的基座支撑，形成强有力的建筑形象（图10-3-25～图10-3-27）。

建筑利用八角寨的特点，结合崀山景区民族建筑的特点和场地条件，营造一种开阔、舒展、大气的寨门形象，以符合八角寨景区做为崀山形象标志的独特地位。入口山门特意采用"八"字形梁柱构架，突出八角寨特点。屋顶采用三层叠加屋顶，顶层屋顶采用较大的飞檐和起翘，形成如翼展开的形象，增加建筑的动感和丰富建筑的形象特征（图10-3-28）。

（三）传统建筑文脉元素的创新

有着上千年的传统建筑从古至今都散发着其独特的魅力，在历史各个时期，古代的匠人都在积极探索一种更为精妙的营造方式，从而造就了历史各个时期不同风格的建筑类型，在现代，建筑师在传承传统建筑元素的同时，对其加以演变，利用现代建筑材料，从而实现结构更为坚固，外观更为精致的传统风貌建筑。

案例解析一——欧阳阁

欧阳阁地处长沙市望城区欧阳询文化园，背靠书堂山，是书堂八景之一，关于它只有传说，没有实物，只有基地，没有布局，甚至当地原住民提到它已经变成一座寺庙了，香火很旺，而今天要赋予它的功能，不是求香火，而是缅怀、祭奠和弘扬欧阳询书法家艺术的场所和空间（图10-3-29）。

设计者面对这样一个课题和挑战，选择了既非典型的唐风风格，但是具有唐风的雄大、辽阔、舒展之气势，加进了现代化的设计元素，创造了一个创意艺术的建筑。

欧阳阁由主阁、父子亭、兰亭3部分组成，集游览瞻

图10-3-25　展示中心（地质博物馆）及监控中心（来源：崀山风景名胜区管理局 提供）

图10-3-26 丹霞地质博物馆（来源：崀山风景名胜区管理局 提供）

图10-3-27 天一巷景区门楼（来源：崀山风景名胜区管理局 提供）

仰、书法展示等多种功能为一体。

主阁。建筑高24米，建筑面积480平方米，面阔进深各三间。主阁一层为双石厅，摆设双石案牍，供文人墨客在此地泼墨挥毫；二层为书香阁，展示欧阳询书法艺术；三层为瞭望台，供游人登高望远，俯而视之，览遍书堂八景，既有清溪泻雪，石桥跨港；又有数楹修舍，山石花木。拍手栏杆，畅意抒怀，为人生一大快事。

父子亭。位于主阁之后，为草亭，供奉欧阳询、欧阳通父子雕像，几竿森森翠竹掩映，栩栩如生，供游人瞻仰。

兰亭。主阁左侧的清凉房舍，是为兰亭，为主阁配套建筑，双坡悬山屋顶，建筑面积150平方米。可作礼品店、茶室、后勤用房，店内接放几案桌椅，陈设玩器古董、笔墨纸砚，供游人赏玩购买。

整个建筑群隐于山坳树林之间，古朴中不落富丽俗套，崇阁巍峨，映照欧阳询纵横天下之笔力、澄神静虑之气象。

案例解析二——湘潭白石·古莲城

湘潭白石·古莲城位于湘潭市雨湖区白石公园西侧，整个建筑区立面外观借鉴中国传统民居传统符号：马头墙、坡顶、镂花窗、青砖、灰瓦、白墙等符号元素（图10-1-30、图10-1-31），同时附加钢架、瓷砖等现代材质，使古朴的中式风格中有机地渗入现代元素，使得建筑外观更具韵律感，同时庄重典雅中又富于现代的简洁明快，形成中国传统民居与现代材质和谐结合的现代中式住宅形式。建筑色彩的使用方面，亦大胆采用徽居住宅典雅古朴的黑白灰，形成风格鲜明的建筑意象。

整个居住区将湖湘文化、莲文化、湘潭名山胜水及白石公园等文化元素巧妙地融入夏荷里组团。小区通过诗、联、赋、书、画、雕塑、假山、盆景等载体，将湘潭名山胜水、名人名迹等文化元素巧妙地植入各单元门厅、背景墙之中，极大地丰富了小区文化氛围。取长株潭城邦古韵，融湖湘建筑艺术，写意骚人墨客千载风情。最大程度上铸就了"天人合一"中式人文院落，实现人与自然和谐相处。白石·古莲城内在的社区园林讲究动观，营造山重水复之意境，点线面完美结合；曲径通幽的浅浅水流，映照美轮美奂的园林绿树，移步易景，童声悠

图10-3-28　八角寨景区门楼（来源：崀山风景名胜区管理局 提供）

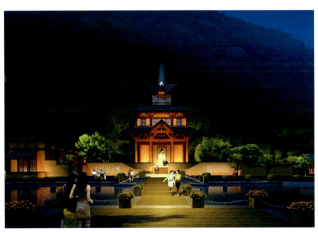

图10-3-29　欧阳阁（来源：杨建觉工作室 提供）

图10-1-30　湘潭白石·古莲城居住小区（来源：张凌峰 摄）

图10-1-31　湘潭白石·古莲城传统坡屋顶（来源：张凌峰 摄）

扬；在白石古莲城的每一个散步空间，如在镜中游，游情游心游谊。看漏窗外春花弥漫，品悠宅中清茶醇香。飞檐朱丹，叠山理水，续写阳光不锈，往事悠长。

第四节 变异空间——空间布局的考虑

一、传统空间的转化更新

随着时代的发展，传统建筑为适应功能的变化进行空间更新。新的功能需求和设计内容会带来空间等的调整与优化，从某种意义上形成传统空间的变异。虽然传统空间的功能已变异，建筑空间被拓展，但通过现代的手法使传统空间既能满足现代功能需求，又能彰显传统建筑风格。

案例解析一——常德老西门窨子屋博物馆

常德老西门窨子屋博物馆以"窨子屋"为原型，项目规划用一块"边角料"地段，建造一个展示老西门发展历史的博物馆。窨子屋是常德一带具有传统特色的民居形式，有近千年的历史传承。由于古城常德多次经历战火劫难以及时代的变迁，时至今日，传统的窨子屋基本已消失殆尽。"窨子屋博物馆"始于复建，它是历史的、也是今天的，它只属于常德，是传统在今天的延续（图10-4-1）。

窨子屋博物馆在平面轴线上自东向西形成三个并列的轴线，借鉴湖南地区天井建筑的采光通风原理，东厢通过若干个围绕庭院小天井的组织形成"现代窨子屋"部分；西厢从南至北，以3个庭院将"老窨子屋"串联在一起；中央轴线以南北庭院中央双层通高大厅，将传统与现代连接（图10-4-2、图10-4-3）。

湘西民居墙体主要为夯土及砖墙两种形式，窨子屋因为多为有钱的大户人家，故明清时代墙体勒脚部分用条石或砖石密砌，墙体多为"灰砖灌斗"墙体。由于墙体较厚，部分管线，包括局部空调回风管都埋在了墙体内。墙体上部采用三层叠涩收檐，墙角发戗的工序上由于乡间泥瓦匠做不出明

图10-4-1 窨子屋博物馆（来源：中旭理想空间工作室 提供）

图10-4-2 窨子屋博物馆立面（来源：刘艳莉 摄）

清味道，样板先后拆了3次才做成。13米高的超高外墙，旧砖或卧或立或钉，借助内部配筋，靠两层趴钉及梁头依附在木屋架上，平地而立（图10-4-4）。

"老窨子屋"400平方米的屋面共用了20万块旧瓦，檐口的叠瓦造成厚重原始的效果，屋脊中部最质朴的叠瓦花式、室内椽披上的小青仰瓦，看上去同传统冷摊瓦一模一样，但屋面在两层灰瓦间共用了7层做法，包含了从防水到保温防潮的一切现代工程需求。屋脊的戗脊瓦片在民间一般都是单数，最

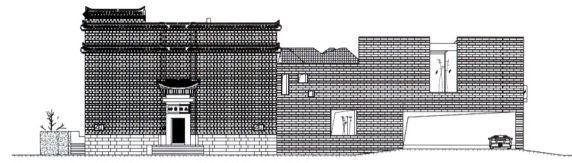

图10-4-3 窨子屋博物馆立面图（来源：中旭理想空间工作室 提供）

图10-4-4 窨子屋博物馆墙体（来源：刘艳莉 摄）

高到9，含有不同的意义。主入口门头雨搭上的瓦屋面更加随意和丰富多彩，展示了各自院子的特色（图10-4-5）。

案例分析二——中国书院博物馆

中国书院博物馆位于湖南长沙岳麓山风景名胜区岳麓书院内，中国书院博物馆位于中国规模最大、修复最好、保存最完整的古代书院——岳麓书院之内。中国书院博物馆和岳麓书院相辅相成，岳麓书院是中国传统书院的典型个案；中国书院博物馆则通过现代化陈列手段，展现丰富多彩的书院文化。

书院博物馆运用"下沉庭院""入口廊桥""上升台

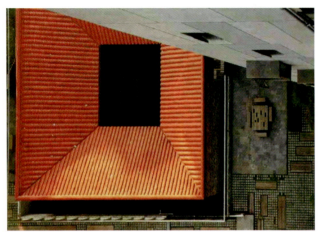

图10-4-5　窨子屋博物馆立屋顶（来源：中旭理想空间工作室 提供）

图10-4-7　中国书院博物下沉庭院（来源：党航 摄）

图10-4-6　中国书院博物馆（来源：魏春雨工作室 提供）

阶"等对传统书院的围合空间进行空间变异，使书院博物馆与岳麓书院相互呼应又有其丰富。岳麓书院周围有许多古香樟，藤蔓交织，绿翠掩映，建筑形体自身张力若对环境没有冒犯之意，一般都会被绿荫所覆盖，所以尊重这些"原住民"是取得跟书院环境协调的捷径。中国书院博物馆必须将自身定位于"从属"和"配角"的地位（图10-4-6）。

基地的北侧为岳麓书院内保存多年的古树，因此设计时采取对古树进行保留，并将建筑与古树完全融合的设计手法，建筑布局由北往南呈现行列式的布局设置，同时由于岳麓书院整体建筑高度均比较低，因此对建筑的高度进行控制，利用地下空间作为临时展厅及设备用房；在满足合理的功能空间使用需求前提下充分尊重自然环境（图10-4-7～图10-4-9）。

图10-4-8　中国书院博物馆上升台阶（来源：党航 摄）

建筑师在原有建筑关系的基础上，尽量控制博物馆的高度，在保证功能面积的前提之下将体量消解，同时充分利用地下空间，把博物馆建筑"纳"在岳麓书院的一角使建筑"藏"在自然环境中（图10-4-10、图10-4-11）。

"斋"为岳麓书院学堂与学习空间的主要空间形态，中国书院博物馆空间构成延承"斋"的形式（图10-4-12），满足采光通风、收集雨水等功效；同时结合展陈功能及参观流线的需求，引入"天井"空间，将各个展厅有机地串联起来，形成序列空间，并适度地将对外展陈和内部办公区有效分离，借天井导入自然景观，塑造恬静的空间氛围（图10-4-13）。

案例解析三——湘西保靖县昂洞卫生院。

昂洞基层慈善医院，坐落于湖南省湘西土家族苗族自治州保靖县，由香港慈善机构"沃土发展社"委托"城村架构"进行设计建造的（图10-4-14~图10-4-17）。

医院的设计从它的传统空间被重新定义开始。这个设计始于一个简单的策略，农村卫生院没有电梯，轮椅、手术推车上下都不方便，用一个连续坡道的形式为各楼层提供无障碍通道有了这条贯穿所有楼层的坡道，这些问题就都解决了。一个宽敞的坡道与大楼中间形成一个开放的中央庭院空间供公众使用，它提供座椅区的同时，也改善了空间循环。在地面上，庭院提供座椅并且额外的休息空间也可以作为一个室外等候空间。

在设计中，新的卫生院要能提供基本医疗设施。此外，能打破内地大多数公共建筑的封闭模式，提倡卫生院向社区开放，重新把它定位成一个真正让公众享用的公共建筑。

建筑外立面的材料是由回收的砖块组成，位于侧面的内部螺旋形的走廊是由混凝土定制设计而成。虽然混凝土砌块从远处看起来似乎很普通，但这些砖块是在一个柔韧的胶膜里被铸造的。因此庭院表现出了柔软和平滑变化的质感，在阳光下产生柔软多变的阴影。昂洞卫生院的每一块砖都有3个不同形状的孔，随着早、中、晚光线的变化，投射到走廊

图10-4-9 书院博物馆入口引桥（来源：党航 摄）

图10-4-10 中国书院博物馆俯视图（来源：党航 摄）

图10-4-11 "消隐"于古树中的书院博物馆（来源：党航 摄）

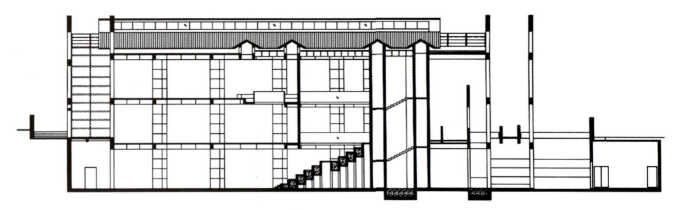

图10-4-12 书院博物馆剖面图（来源：魏春雨地方工作室 提供）

图10-4-13 书院博物馆"天井"空间（来源：党航 摄）

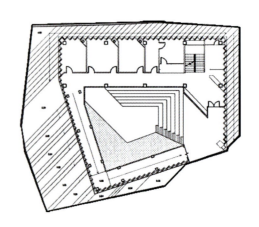

图10-4-15 保靖县昂洞卫生院平面图（来源：城村架构 提供）

图10-4-14 保靖县昂洞卫生院（来源：城村架构 提供）

图10-4-16 保靖县昂洞卫生院剖视图（来源：城村架构 提供）

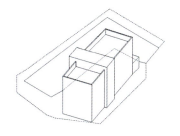 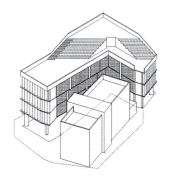 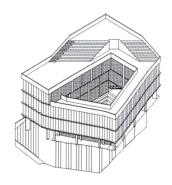

图10-4-17 空间的变异形成（来源：城村架构 提供）

地面的形状也不同（图10-4-18、图10-4-19）。外墙的砖用的是传统青砖，这些砖都是从香港运来的定制的混凝土镂空砌块，是由富有弹性的乳胶模具制成，令庭院在一天的光影变化中表现出柔和和动态的一面。而且为了避免太阳光直射到药品、药房，所有外墙都是侧斜的（图10-4-20、图10-4-21）。

图10-4-18 环形坡道（来源：城村架构 提供）

图10-4-19 人走在环形坡道（来源：城村架构 提供）

图10-4-20 砖墙的表面肌理及光影效果1（来源：城村架构 提供）

图10-4-21 砖墙的表面肌理及光影效果2（来源：城村架构 提供）

二、传统建筑空间形态的表达

建筑的形态是建筑功能要求和审美要求共同制约下建筑使用空间与视觉空间的综合产物。在众多的建筑学理论中，建筑形态的体验对象是指建筑的体量、外部壳体形态以及其所围合出来的建筑内部空间。人们都习惯用音乐和大自然类比得出的比例系统来建构理想建筑，以强调节奏、韵律并满足人视觉的需求。通常来说，熟悉且简单的基本形态合理的运用总能产生较之其他形态更为强烈的吸引力，但那些特殊多变的形态能够引起人们情感上的回应和想象力的调动。

案例解析一 ——中国村落文化博物馆

村落文化博物馆位于湖南省长沙市岳麓区中南大学新校区内，设计初期基地毗邻榨泥湖，在学校图书馆南面（图10-4-22）。方案深化过程中，基地位置调整至图书馆东面并与之隔湖相望。东边与北边接校区规划道路，南边为校区景观主轴（图10-4-23）。

在历时数千年的农业文明时代，农民以聚集在大大小小的村落中为主要的生存方式，既为了节约土地和基础设施，更是为了守望相助，以便于共同的社会文化生活和生产活动。本方案以人们从认识自然到利用自然，最后形成与自然山水相协调的聚落社会为主脉络，对建筑的生成方式考虑了自然——认知——实践3个层面。

本设计希望能让参观者从建筑纵向的形式构成上得到对传统村落文化由起源到发展成熟的一个感性的认识，与此同时又能在建筑的每个展示空间对村落文化不同层面的内涵拥有一次深刻的体验。意图使建筑创造一种超越地理和时空限制的"穿越"之感，从而体现出对传统村落文化的崭新诠释（图10-4-24）。

（1）自然

古人早有"人之居处宜以大地山河为主"的说法，自然环境是营造传统村落人居环境的基础，农业生产又是社会发展的经济基础。本方案首层为架空的过渡空间，通过层层递进的台阶、错落有致的柱子和顺势而下的涓涓细流唤起人们

图10-4-22 中国村落文化博物馆（来源：切点建筑 提供）

图10-4-23 中国村落文化博物馆平面图（来源：切点建筑 提供）

对自然山水的回忆和想像，营造出"幽"的意境。深远而宽大挑台设置了天井，将自然光线引入到架空层，洒在变换的地形之上和柱林之间。作为博物馆的室外展馆，结合地形和上方的采光井对村落公共空间进行展示和示意，模糊建筑与景观的界限，呈现一种自然形态的感觉。博物馆一层的开放空间又为中南大学师生提供一处学习、交流和休闲之所。

（2）认知

以渔樵耕读为代表的农耕文明是千百年来中华民族对生产生活的认知和总结。建筑二、三层作为主要的室内展示空间，将对传统村落文化中物质文化、非物质文化、精神信仰、科技与艺术等多方面进行展示，通过简洁的几何造型与抽象化的建筑外表皮，体现博物馆作为传统村落文化这一宏大主题的载体和展示平台。各主题展厅内部，对接了由上至下的天井，模拟村落民居天井的自然光线，营造出神秘的空间氛围。

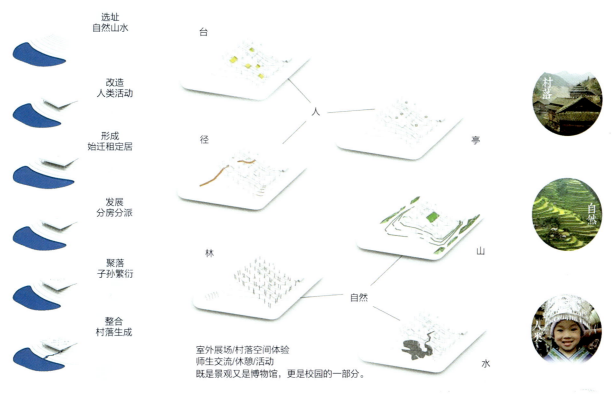

图10-4-24 中国村落文化博物馆形体生成关系（来源：切点建筑 提供）

（3）实践

古农耕文明孕育了内敛式自给自足的生活方式，人们聚族而居，村落的布局遵循着古老的礼制与族规。四层的设计灵感来自于一些传统村落的房屋布局形式，各个小体量空间的屋顶相互交叠，成为一个整体，多个小空间的相互错动、扭转，也寓意着传统村落的空间形式（图10-4-25、图10-4-26）。其空间设计将参观者带入与传统村落生活息息相关的场景中，

图10-4-25 建筑内部空间1（来源：切点建筑 提供）

图10-4-26 建筑内部空间2（来源：切点建筑 提供）

提供可以体验村落文化生产、生活互动的空间。每一组展厅以天井为空间组织的核心，展厅组数又与各类主题个数吻合。丰富而有趣的展示空间让人们通过实践去领略古人的智慧，实现对村落文化的终极体验（图10-4-27）。

建筑东立面从基地标高开始考虑架空层，架空层上部是完整的方形建筑体块，立面设计虚实对比强烈，使博物馆建筑空间的趣味性得以体现，同时也带来了博物馆建筑应有的视觉冲击。建筑立面开窗设计结合功能和采光要求，简洁的开窗形式和开窗位置的灵活处理，契合了整个建筑造型，丰富了建筑立面（图10-4-28）。

建筑立面色彩考虑与校园周边环境相呼应的灰色系，同时搭配白色和其他中性色，彰显村落文化博物馆的建筑气质。顶层的造型抽象出村落建筑单体灵活而有机布置的方式，连续的坡顶形式既吻合了村落文化的主题性，又丰富了校园建筑的天际线。材料主要采用了金属格栅，木材，玻璃等，以现代的设计手法诠释了传统思想主题。

由于基地位置的调整，建筑朝向发生变化，考虑从校园进入基地，基地主入口也从基地南面调至北面。从一层的室外展场，村落自然空间模拟到二、三层的精神与非物质等各类展厅，再到四层的互动空间体验与生活场景还原的竖向参观流线。竖向参观流线也寓意着从自然到认知到实践的村落形成过程（图10-4-29）。

图10-4-28 博物馆建筑立面（来源：切点建筑 提供）

图10-4-27 中国村落文化博物馆室内空间（来源：切点建筑 提供）

图10-4-29 博物馆室一层平面（来源：切点建筑 提供）

案例解析二——中国梅山文化园

梅山文化园位于湖南省益阳市安化县仙溪镇富溪村，古代梅山地方民族战争用的猎枪、弓箭、风火山墙式建筑、张五郎雕塑、筒车、油榨房、吊脚楼、风雨桥、夕照亭、日月亭、石构寨门、梅山茶馆、梅山文化艺术博物馆、梅山古典文化讲习室等80建筑囊括在整个文化园之中（图10-4-30）。

梅山文化生态园承载着梅山历史的记忆，传承着梅山所在区域历史文化、生态环境的保护，充分考虑将梅山地域文化和历史文脉融入到景观设计当中，使其能够充分体现出梅山的风貌和特色，形成与众不同的人文景观和深厚的文化内涵。复古而不仿古，是园内设计者们坚持的理念。中国梅山文化生态园不但有利于弘扬梅山文化精神，保护和发展当地传统特色文化资源，尤为重要的是保护富有梅山文化特色的传统建筑。中国梅山文化园石构山门、古戏台、博物馆以及园路和一系列的环境小品所表达的虚实对比。其中博物馆区别于其他建筑形象顶部残缺形的处理手法，将建筑与山体交接的边缘处理成自由的线形（图10-4-31～图10-4-35）。

图10-4-31　梅山文化生态园景观营造（来源：陈飞虎工作室 提供）

图10-4-32　石构山门形态分析（来源：皮嘉翘 绘）

图10-4-33　古戏台形态分析（来源：皮嘉翘 绘）

图10-4-34　博物馆形态分析（来源：皮嘉翘 绘）

图10-4-30　梅山文化生态园（来源：陈飞虎工作室 提供）

规则形的人工味十足，秩序感强

残缺形的随机性与自然性增加了视觉的趣味

图10-4-35　院内石阶的随机形（来源：皮嘉翘 绘）

第五节　材料和建造——地域材料的表现

建筑材料是建筑的物质基础，也是肌理符号在建筑上面最直接的物质载体。肌理在建筑中的表现一般存在两种形式，即材料的自然肌理形式及人为因素产生的肌理形式。湖南传统建筑的建筑材料，由于交通条件不发达以及交通运输能力的限制，建筑多是就地取材，采用当地盛产的建筑材料，主要是以土、砖、木为主。建筑材料作为建筑与环境衔接的载体，表现在建筑肌理上有双重作用：一方面是通过建筑材料在建筑当中的运用直接的来表现设计的风格。另一方面是通过材料的肌理来表达设计的情感，如细腻、粗糙等。虽然现代建筑材料接踵而出，但这并不意味着木、砖石等传统建筑材料的淡化与退出。木、砖和石等传统建筑材料在新的技术背景下与新材料相结合，涌现出许多优秀的建筑设计作品。

一、传统材料在设计中的考量

（一）传统民居建筑材料的使用与意境再现

在湖南省现代建筑的设计中，利用本土材料建造的结构或围合体系，直观地展现了当地的建造工艺与传统，通过材料与建筑结构的结合来再现特有的传统建筑意境。

案例分析——湖南株洲乡村酒店

项目基地位于湖南株洲市云田镇云峰湖村，地势背山面阳，环境优美。整个建筑群顺应山势，由多个院落串联而成，形成一组看似自由，实则与环境有机统一的建筑群落。建筑以两层为主，选择朴素的地域乡土建筑风格，以价格低廉的白色涂料、小青瓦、木门窗为主要建筑外立面材料，以毛石、青砖等作为主要的景观铺装材料（图10-5-1、图10-5-2）。基地内的水塘、树木、竹林与建筑有机结合，远处的青山绿水，相映成趣，无意中营造出了"采菊东篱下，悠然见南山"的世外桃源般的意境。

（二）现代材料与传统材料的对比

在湖南省本土地域建筑设计中，现代建筑材料如混凝土，玻璃和钢取代石材、木材成为主要的建筑材料。同时随着新型建筑材料的出现，建筑师得以对传统建筑材料进行新的探索，发掘传统材料的新特点与传统材质的魅力，在保持传统建筑意境的过程中，融合现代建筑设计理念及结构和材料技术，产生不同的空间与结构分割围合感受，突出新旧材质的变化韵味，更好地体现现代建筑与传统风貌的结合。传统材料与建筑材料的结合是在现代建筑设计理念及结构和材

图10-5-1　湖南株洲乡村酒店1（来源：上海米川建筑设计事务所 提供）

图10-5-2　湖南株洲乡村酒店2（来源：上海米川建筑设计事务所 提供）

料技术的基础上，使建筑既富有传统意境又具现代建筑的实用简洁之美，体现传统建筑材料的传承与更新。

案例解析——中国书院博物馆

中国书院博物馆建筑为了达到建筑表情平朴、甚至是"常态化"的目的，设计中采取了一些看似惯常的建筑材料，但在材质的表现及细部构成上进行了创新的探索，如陶杆瓦当及木质水平分割。屋顶采用截面尺寸为50毫米×50毫米×900毫米的深棕色陶杆一虚一实间隔排列，模仿瓦当阴影，取代传统小青瓦，"陶"与"瓦"同源自泥土，质地一致（图10-5-3）。墙面材料经过多番选择，从石材、陶土面砖到装饰混凝土板，最终决定选用清水混凝土，其一次成型且毫无修饰的本初质地能够更好地表达出该建筑的质朴力量（图10-5-4）。书院博物馆的窗户用水平的木构取代铝合金分割，从而与古建筑的立面窗户一样构成安静朴实的界面，建筑立面"空"和"透"相互融合，与旁边的岳麓书院产生对话。

图10-5-4 书院博物馆墙体材料（来源：党航 摄）

二、传统材料的建造方式体现现代建筑特征

传统材料在新的建造方式下，通过改进材料的施工工艺，不拘泥于传统的建造方式而使建筑能够体现出另一种新的风貌。传统建筑材料附着在其他自然材料之上的文化记忆和身体感受在很大程度上又能体现其在新的地域环境下的新特征，其塑造出来的空间形态也反映出现代生活特点。用传统材料来展示新技术下的传统材料的新型构造方式，能够使现代建筑在传统材料的构建下所表达的地域情感。

案例解析一——耒阳毛坪村浙商希望小学

耒阳毛坪村浙商希望小学位于耒阳南侧30公里的一个小山村，由壹方建筑王路、卢健松、黄怀海、郑小东团队主持设计（图10-5-5）。毛坪村浙商希望小学是一所低造

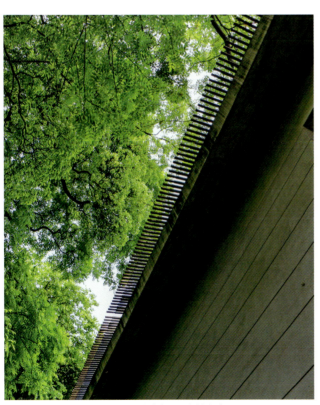

图10-5-3 书院博物馆屋顶材料（来源：党航 摄）

图10-5-5 耒阳毛坪村浙商希望小学（来源：壹方工作室 提供）

价的、结合基地、应用地方材料，并由村民参与建造的乡村小学，不但具有本土性格和人文内涵，而且富有时代精神。其设计实践是为贫困地区建造和在传承中创新的一次探索。

建筑的剖面、材料、色彩与当地的民居基本同构。形体上、尺度上都延续了场地周边建筑的基本模式。形式上尽量简化，两边屋面等坡，以获得宁静安详的气氛；尺度上延续周边建筑的特征，山墙尺度与周边民居一般无二，剖面与当地民居同构。东西方向通过对应教师办公、楼梯间的小天井划分，使建筑像是一组民居的集合，而非庞然大物。材料的基本种类并没有变化，为了控制造价，适应当地施工工艺，也没有引进新的材料。砖仍然是建筑的主体，形体、尺度和材料与当地传统基本一致，但通过之间不一样的搭配组合使得建筑不同于周边原有的民居。通过材料使用的位置与尺度变化，使得小学既与周边建筑协调，同时也展现出作为教学建筑、公共建筑的特殊性。北立面，镂空的砖砌花格被放大，反复应用，熟悉的材料获得了陌生感。两处架空的花墙，对应教员办公室的位置，砖砌花格墙如同砖制的纱帘，保持了教员办公室的私密。花格墙来源于当地民居。毛坪民居中，为了减轻自重，或者保证通风会采用这种镂空的砌法。最大的一堵花格墙位于门厅的北侧，外面的风景被像素化，成为门厅的点缀。作为维护界面，花格墙兼顾围合与通透的双重目的，原本用于檐下的小尺度做法被夸张，简单的错半砖，质朴大方。如此大面积的花格墙能够顺利实施，也得益于当地优越的地质条件。

毛坪所在地区，6度抗震设防，采用高标号水泥，花格墙可以不加其他特殊处理就能砌筑。形式的产生，是各种因素的综合结果，并不完全是设计师的灵光闪现。木格栅的立面，同样借鉴了当地建筑的语言，同时使建筑获得了一定的象征意义（图10-5-6、图10-5-7）。像展开的简牍长卷一样，小学校的建筑获得了一个有些书卷气的立面。二层的走廊也因此与众不同：向外望去，仿佛置身于一大片树林之后，建筑不单是一栋房子了，还是一个小朋友可以进入的玩具，光影交织，留下童年在毛坪生活的特殊记忆。

图10-5-6　主要材料砖、竹等在建筑上的体现1（来源：壹方工作室 提供）

图10-5-7　主要材料砖、竹等在建筑上的体现2（来源：壹方工作室 提供）

案例解析二——湖南永顺县老司城遗址博物馆（图10-5-8）

湖南永顺县老司城遗址博物馆位于前往老司城的必经之路旁边，距离县城约10公里，距离灵溪河边的遗址本体约3公里（图10-5-9）。建设用地位于谷底博社坪村旁，地势相对平坦，周围群山环抱，可用地面积87313.9平方米。工程包括A、B、C三栋建筑，其中：A楼位于用地的西南角，主要功能为纪念品商店及公共卫生间；B楼位于用地的西北侧，主要功能为遗址博物馆；C楼位于用地的东南角，主要功能为通往遗址区的电瓶车售票处和公共卫生间（图10-5-10）。

场地布局考虑到遗址景区的游览流线组织、谷地溪流的丰水期洪水的潜在影响和节约用地降低建设投资等多方因素，博物馆选择靠近用地西侧从县城方向来的公路旁，贴近道路的坡地上。用地高差南北向约6米，但路边到谷底约20米左右。

建筑选址靠坡地的上部，屋面基本与道路标高相平，而距离谷地保留较大高差，避免了洪水侵蚀隐患。博物馆分为两层，上下重叠依靠在西侧坡上，面向东侧朝向老司城方向谷口；平面上沿路南北拉开成带状布局，并略带转折与地势契合。这种与山势相结合并沿路展开的格局既便于功能分区避免流线交叉，又能获得良好的景观视野，也为合理安排参观流线和消防疏散带来便利。

建筑参观的整个流线既考虑了参观内容的顺序和游客活动的规律，同时又与山谷溪流的地势特点相结合，充分利用了自然地貌与建筑形体的景观特点，与遗址区环境风貌产生多向度的空间联系。

根据当地的气候特点，博物馆夏季需要使用空调。但厚重的组合河卵石墙和覆土屋面对隔热和提高热惰性指标有明显作用。

三个天井的布置对房间的自然通风和采光明显有利，尤其办公区的上层天井利用边廊开启通风窗，会改善整个办公区的空气流通状况（图10-5-11）。同时，办公区部分走道直接设计为室外开敞式走道，减少空调的使用。公众入口门厅的天窗也可设置开启天窗，加强通风并解决排烟问题。

建筑材料主要有外墙的河卵石垒石墙（钢筋混凝土组合墙体）为主，重点区域（如博物馆主入口、接待厅室内、观

图10-5-8 老司城博物馆鸟瞰图（来源：崔愷工作室）

图10-5-9 永顺县老司城遗址博物馆（来源：崔愷工作室 提供）

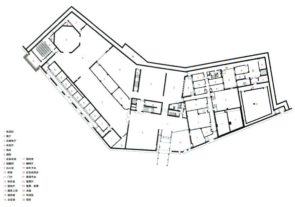

图10-5-10 老司城遗址博物馆一层平面图（来源：崔愷工作室 提供）

景厅等）用钢构架、竹格栅作为提示性的装饰元素。除少量玻璃幕墙和门厅天窗外，外墙面基本以实墙为主，适当位置开洞口和小窗以增加通透性，打破沉闷感（图10-5-12）。

选择当地特有的河卵石作为主要建筑外墙材料，大大降低了运输费用及造价，同时形成富有地方特色的建筑造型。将河卵石墙面、铺地引入室内，做到室内室外一体化设计，从而减少室内二次装修的设计内容，使建筑空间浑然一体（图10-5-13）。

另外覆土植草屋面和钢构架上的爬藤植被，将会与周边的植被树木一同，构成另一层更大范围的"景观立面"，与环境无界限的融为一体。场地地面铺砌也可采用较小的河卵石，就地取材，造价低廉，操作简便，同时更容易获得地方材料与环境的质感协调（图10-5-14）。

图10-5-12　老司城博物馆室外开敞式走道（来源：崔愷工作室 提供）

图10-5-13　老司城博物馆石墙（来源：崔愷工作室 提供）

图10-5-11　老司城博物馆天井（来源：崔愷工作室 提供）

图10-5-14　老司城博物馆竹材（来源：崔愷工作室 提供）

案例解析三——长沙铜官窑遗址博物馆

长沙铜官窑遗址，是唐至五代时期制瓷遗址，位于湖南省长沙市望城县铜官镇至石渚湖一带的湘江岸边约5公里的范围内，总面积100多万平方米，文化堆积厚1~3.2米。长沙铜官窑创于唐代初期，衰于五代。1956年湖南省文物管理委员会在文物调查中发现，1957和1959年湖南省文物管理委员会、故宫博物院和湖南省博物馆先后调查了石渚湖北岸瓦渣坪的窑址。

长沙铜官窑遗址博物馆展厅中心处，利用场地围合成一特色庭院广场。下沉式的空间，周边是自然的地下堆积层，中间垂直的交通观光空间，仿佛从窑炉中形成的器物，体现一件陶瓷成"器"的艰辛，完成由泥土到"器"的升华。这个垂直交通的设计，又仿佛是还原龙窑的"烟囱"，让建筑与山上宝塔有异曲同工之妙。站在观景梯上极目眺望，建筑掩映在山水之间，千年前的堆积层再现在当下，诉说一个传奇（图10-5-15）。

整个建筑外墙利用红色陶土板，既赋有烧结的机理，又使得建筑有了与众不同的气质。展厅中心处的下沉广场，周围设置一片特色景墙，用铜官窑碎瓷片镶嵌而成，与中间的观光体成为环境的一个有机部分（图10-5-16、图10-5-17）。

案例解析四——湖南韶山华润希望小镇社区中心

社区中心的营建充分考察了当地建筑材料的应用情况，建筑材料的运用策略为：尽可能回收拆房后的旧料；使用目前低造价的常用建材；巧用可替代的边角废料，从而达到"化腐朽为神奇"的功效。通过对当地乡土材料的应用或者再利用来体现社区中心的乡土性，让村民充分感受地方气息，唤起他们对地方历史的记忆。为此，以下材料得到充分利用。

社区中心在外墙选材上尽可能利用拆房回收的旧砖，另外以多孔黏土砖作为补充。不仅在质地上与当地既有建筑材料相呼应，在热工特性上也能满足当今建筑保温的要求。此外，红砖建筑在色彩上也和韶山的红色文化不谋而合（图10-5-18）。

社区中心改变其传统的施工建造方式，将空心水泥砖的孔洞面与密实面随机结合砌筑在楼梯间中和入口门斗处，在增加楼梯间和门斗采光通透性的同时也具有较强的功能识别性（图10-5-19）。

图10-5-15　长沙铜官窑遗址博物馆（来源：罗劲工作室 提供）

图10-5-16　铜官窑遗址博物馆入口（来源：罗劲工作室 提供）

图10-5-17　铜官窑遗址博物馆内部（来源：罗劲工作室 提供）

竹子是非常普通的地方材料。项目通过将其排列在庭院四周以做栏杆之用，在庭院与建筑之间起到了很好的界面限定。通过钢构与螺栓的锚固，并对排列间距控制，以保证使用的安全性，也便于更换（图10-5-20）。

图10-5-18 建筑外墙砌筑黏土砖(来源:《基于地区物候的建筑营造——湖南韶山华润希望小镇社区中心创作》)

图10-5-19 空心水泥砖(来源:《基于地区物候的建筑营造——湖南韶山华润希望小镇社区中心创作》)

图10-5-20 竹子在建筑材料中的应用(来源:《基于地区物候的建筑营造——湖南韶山华润希望小镇社区中心创作》)

韶山华润希望小镇社区中心通过对地域材料的创新应用,不仅延续了村民对传统历史的记忆,也丰富了乡土建筑对材料的选择范围,使普通的建筑材料在地域建筑创作上有了崭新的诠释。

案例解析五——湖南株洲朱亭堂

湖南株洲朱亭堂位于郴州湖南朱亭镇,基地面积500平方米,建筑面积380平方米。朱亭堂采用了类似因地制宜的做法,索性将教堂(含礼拜堂及辅助建筑)的长向沿窄长基地的长向布置。将教堂与公路之间的剩余地带做成一条与教堂平行的前导空间。利用迂回人的流线的做法在浅进深的基地中取得纵深感(图10-5-21、图10-5-22)。

由于信徒中大部分来自北面山下的朱亭镇,当他们攀登到离教堂还有一段距离时,在一个高高的十字架从教堂围墙后面伸出之处,信徒就可以进入一条沿围墙外延伸但隐蔽在竹篱后的小径。在二十余米的小径尽端人们将跨越一座石板桥。

由于建筑必须采取规则的矩形平面,到石板桥处公路已逼到房脚下。所以过桥后人们必须先暂时进入建筑内一个类似门厅的三角形空间,一道室内斜墙将该空间与礼拜堂分隔开。但人的流线马上一拐又回到室外,进入一连串带绿化,石凳的小院。在礼拜开始前各村来的信徒可以在这里社交,这也是教会活动的一个重要组成部分。小型的院落不仅更具亲切感,同时也为未来出现的高大礼拜堂形成反衬。这一空间序列终止在一个较大的礼拜堂前院中,从这里人们再一转身,就面对二层高礼拜堂的正门了(图10-5-23、图10-5-24)。

建筑的基本形式坚持用最简单的,也是本地民居常用的矩形平面上加双坡屋顶,因为随便扭曲一下建筑造型就会突破成本。独特的空间效果是通过在不破坏规则的总体布局的前提下做局部调整来产生的。礼拜堂内利用靠近地面的低窗及离地5米多的高窗组织对流通风。在结构形式上采用当地施工队熟悉的钢木屋架,砖承重墙及砖墩内框架体系。利用类似飞扶壁的室外横墙来加强结构的侧向稳定,这些横墙同时又起到分隔社交小院,制造纵深效果的作用。在建筑材料上选择了最便宜的本地烧制的红砖红瓦(礼拜堂的屋顶仅为冷摊瓦)及木门窗。室外除钟楼及围墙外不做粉刷外,利用清水砖瓦本身的窑变色调,质感及绿化来丰富建筑立面(现在看来连上述的部分粉刷都是多余的)。室内大部分也仅粉刷了一道石灰水。

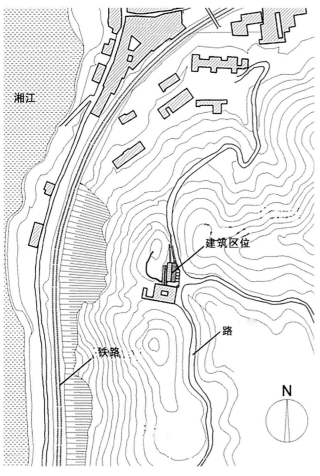

图10-5-21 朱亭堂平面(来源:《山中教堂——湖南株洲朱亭堂》)

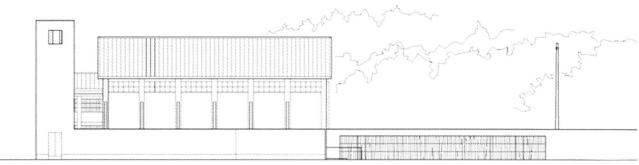

图10-5-22 朱亭堂立面(来源:《山中教堂——湖南株洲朱亭堂》)

图10-5-23 礼拜堂内景（来源：《山中教堂——湖南株洲朱亭堂》）

图10-5-24 在门厅中上眺分隔礼拜空间与门厅的斜墙及从南向北望社交小院序列（来源：《山中教堂——湖南株洲朱亭堂》）

第六节 朱楼绮户——点缀性的符号

建筑是一个复合的符号系统，建筑的符号性明显地表现在建筑的形式上，传统建筑符号在现代建筑上的运用通常有以下几种方式：

一、点缀符号在现代建筑中的直接运用

中国传统建筑符号是能代表中国优秀传统文化特征并具有传承价值的事物。在现代城市建筑设计中，对中国传统建筑符号的提炼与表达应渗透于城市景观环境设计、空间形态设计以及建筑单体设计等诸方面。将传统建筑中具有特色的局部，如形状、色调、质感、线条、纹样等，运用于现代建筑中，或寻找传统建筑形象中有代表性的意义象征，将其抽象为符号，局部运用于创作之中。

马头墙又叫封火山墙，即建筑两端的山墙顶部筑高于屋面，伸到屋顶之上，具有防火、防盗的功能，用青砖砌成，中间用黄土灌实，大火烧不进，太阳晒不透。基于湖南省传统地域建筑特征，在现代建筑设计当中，通过对马头墙元素的运用，使建筑更能够体现当地地域特色，展示建筑所体现的人文背景与时代建筑特征（图10-6-1～图10-6-9）。

案例解析一——毛泽东文学院

毛泽东文学院位于长沙市河西319国道北侧，西临长沙市委大院，东临新华社湖南分社建设用地，文学院综合楼建筑面积16300平方米左右（图10-6-7）。建筑风格传承湖南地方民族传统民居建筑特色，建筑设计汲取了湖南省传统文庙及书院建筑的空间形态、形式特征。在总体规划，平面布局，立面形象塑造等几个方面均借鉴了湖南书院建筑中的一些传统特色。

毛泽东文学院作为全国唯一一所研究毛泽东文艺思想，具有重大历史纪念意义的文化建筑，其立面形象的塑造充分体现着浓郁的中国民族传统特征及地方特色，使文学院具有传统民族特色的神韵而又不拘泥于古典且透出一派时代气息。文学院在总体规划中主要遵循传统书院建筑严格轴线对称，讲究空间序列和明确功能分区的法则。在综合楼平面布局中，建筑采用一个覆盖大片透明有机玻璃顶的"现代四合院式"共享中庭为中心，贯通二层大空间（图10-6-8、图10-6-9）。建筑采用马头墙样式的白色刷墙饰面，使建筑整体更为简洁、朴素。外面连廊空间采用传统建筑的"抬梁式"结构造

图10-6-1 湖南省传统建筑的马头墙1（来源：党航 摄）

图10-6-4 湖南省传统建筑的马头墙4（来源：党航 摄）

图10-6-2 湖南省传统建筑的马头墙2（来源：党航 摄）

图10-6-5 湖南省传统建筑的马头墙5（来源：党航 摄）

图10-6-3 湖南省传统建筑的马头墙3（来源：党航 摄）

图10-6-6 湖南省传统建筑的马头墙6（来源：党航 摄）

型，通过连廊与建筑的围合形成较小的一块外围庭院空间。

就建筑的整个色彩关系而言，传统文庙多采用官式黄瓦砖墙，色彩瑰丽，对比强烈，而书院及民居多用灰瓦白墙，营造出清淡典雅的境界。毛泽东文学院作为现代文化纪念建筑，主要以灰白色调烘托深沉庄重的气氛，体现典雅脱俗之气质，建筑屋顶形式及挑檐琉璃瓦均采用深灰色，重点部位以混凝土格花饰代替，均做白色粉刷，不拘一格（图10-6-10～图10-6-16）。

案例分析二——胡耀邦故居陈列馆

胡耀邦同志纪念馆建筑占地面积2960平方米，建筑面积3689平方米。陈列馆采用院落式布局，屋顶将坡屋顶和平屋顶有机地结合，错落有致，在山坳中形成一道风景线，整个建筑依山就势，镶嵌在山坳之中，墙面色彩仿照当地民居，形成含蓄、简朴、庄重的建筑风格。设计上充分利用地势地形，

图10-6-7 毛泽东文学院（来源：何韶瑶 摄）

图10-6-8 毛泽东文学院中庭（来源：何韶瑶 摄）

图10-6-9 毛泽东文学院内部庭院（来源：何韶瑶 摄）

图10-6-10 毛泽东文学院马头墙立面1（来源：何韶瑶 摄）

图10-6-11 毛泽东文学院马头墙立面2（来源：何韶瑶 摄）

图10-6-12 传统建筑抬梁式结构（来源：何韶瑶 摄）

图10-6-15 岳麓书院时务轩走廊（来源：何韶瑶 摄）

图10-6-13 文学院连廊仿"抬梁式"结构立面及外围庭院1（来源：何韶瑶 摄）

图10-6-16 文学院外围连廊及琉璃瓦屋顶（来源：何韶瑶 摄）

图10-6-14 文学院连廊及外围庭院2（来源：何韶瑶 摄）

图10-6-17 胡耀邦纪念馆（来源：吴晶晶 摄）

空间适型典雅，建筑与环境、意境和谐统一（图10-6-17）。

建筑入口处山墙直接采用传统的马头墙形式建造。建筑立面为横向三段式，一侧为单坡顶，另一侧纵墙分割纵向横窗，在细部处理上，雨棚形式、柱廊、门窗大量沿用传统民居要素，如格栅门、马头墙以及带有菱形装饰物的开口等（图10-6-18）。在内部形成与传统民居相仿天井小庭院布局。纪念馆外墙面为灰色花岗石贴面，屋面采用传统民居瓦屋面铺盖（图10-6-19）。

案例解析三——齐白石纪念馆

齐白石纪念馆位于湘潭市在风景幽美的白马湖畔，该纪念馆于1984年开始修建，到1993年5月落成，共用了9年时间，面积为2000平方米（图10-6-20）。

建筑形式上以"仿古不复古"为设计思路，提取一些典型的又易于拿捏的湖湘民居建筑元素，并进行一定的简化，使整个建筑富有深厚的文化底蕴和清晰的历史文脉。屋顶的形式以极具传统的湖湘民居的硬山坡顶形式为主，由于空间的丰富多变，在立面上造成了坡屋顶的错落有致，蕴含起伏，层次感强，与中国传统山水画的写意风格相合。纪念馆墙脊上并没有采用中国传统建筑的"人"字形屋顶，也没铺砌瓦当、滴水，而是将其进行一定的简化，采用灰色外墙漆饰面与白色墙体区分，灰色屋脊中配以浅色线条分割，这种做法赋予传统民居以新的生命力，是对传统建筑多层次、多角度的重新诠释，是传统符号的现代演绎。

立面上局部采用最具湖湘传统民居特色的七字挑檐廊，这种地域性建筑特色符号的引用使该建筑倍显亲切。侧墙局部加以刻有齐白石老人作品的浮雕，浮雕顶部为类似垂花小青瓦雨棚，两侧配马头墙，底部以青砖饰面，这种设计的直观表达更能彰显建筑的文化气质。

图10-6-19 纪念馆天井小庭院（来源：吴晶晶 摄）

图10-6-18 纪念馆墙体装饰（来源：吴晶晶 摄）

图10-6-20 齐白石纪念馆（来源：党航 摄）

二、点缀性符号在现代建筑中的借用

借用是一种最常用的符号表现手法,将传统建筑中的局部或片段,按照今天人们的审美情趣投射到当代建筑中,使其带有特定的建筑符码,还原传统建筑的风貌特色,强化地域归属感和历史认知感,反衬出传统建筑的质感,使得建筑形式从传统到现代的过渡自然。传统建筑肌理在现代建筑当中的借用更能表征某一元素在传统建筑的内在作用,使得人们能够对传统建筑的营造精华与其技艺更为了解。

案例解析一——彭德怀纪念馆

彭德怀纪念馆选址于彭德怀故居对面的卧虎山上,坐西朝东,背倚乌石群峰,建筑面积2800平方米。纪念馆采用中国传统的庭院式布局,顺山势设台阶,围绕序厅,疏密有致地设置了8个展室。中间一个庭院,有清泉、石头、花草点缀其中。序厅与各展室之间,由一条朝着庭院的走廊连通,走廊中段延伸出一个观景平台,站在平台上,可以远眺乌石峰、德怀亭、德怀墓和故居。将主入口方向与纪念园参观路线相吻合,入口用导向性很强的大台阶引入纪念馆主厅的马头墙门廊,以加强入口广场庄严、雄伟的纪念效果,与纪念馆主体共同创造出特殊的纪念氛围(图10-6-21)。

各展室与库房同样以四坡屋顶为母题,充分结合地形,依山就势,高低起伏,加上台阶的变化,观景平台的延伸等,随着方位的改变,建筑轮廓也随之变化,使之完全融于自然之中(图10-6-22、图10-6-23)。

案例解析二——武陵源天子阁

武陵源天子阁位于张家界深林公园武陵源景区内,天子阁高30米;为六层四重檐穿头式仿古建筑。该建筑是中国传统楼阁与湘西"吊脚楼"完美结合的产物(图10-6-24)。

图10-6-21 彭德怀纪念馆(来源:刘姿 摄)

图10-6-22 纪念馆与对面山体呼应关系(来源:刘姿 摄)

图10-6-23 彭德怀纪念馆四坡屋顶元素的简化借用(来源:刘姿 摄)

是天子山标志性建筑。天子阁是张家界天子山的著名景点，为人工建筑，在天子阁可以眺望天子山区全景，场面非常壮观。钢筋混凝土独立柱基，石雕栏杆，花岗岩地面，梓木门窗，金黄琉璃瓦屋顶。登阁远眺，三面临渊，远近群峰山峦尽收眼底。

三、传统建筑元素肌理样式的简化

现代建筑在寻求功能空间被充分利用的同时，也以简洁明快的风格来呈现新时代下建筑的功能属性与时代特征，设计师在设计过程中往往对传统的建筑样式进行模仿与简化运用到现代建筑当中，同时结合现代材料的施工工艺，形成与传统建筑肌理样式相同而材料异于传统材料的表皮特征。

案例解析——岳阳监狱监管区大门、教学楼

坡屋顶作为传统建筑屋顶的一个分类，应用最为广泛。世界很多传统公共建筑和绝大多数民居都是坡屋顶的建筑形式。传统的坡屋顶造型设计，会使建筑产生雄浑、挺拔、高崇、飞动和飘逸的独特韵律，也会使民居建筑产生亲切、自然温馨的感觉。尤其是中国的传统建筑屋顶，其不同形式的屋顶组合，高低错落的屋顶变化以及丰富多彩的屋顶颜色，成为传统建筑造型艺术的重要内容。在现代建筑设计当中，对于坡屋顶的处理更多的是对其进行简化与变形处理，结合传统坡屋顶建筑元素，设计出符合现代建筑风貌的一批建筑（图10-6-25、图10-6-26）。

岳阳监狱监管区大门及教育培训用房由湖南大学建筑学院何韶瑶教授领衔设计，单体设计强调基地文脉的延续性。湖南省岳阳监狱第一押犯点选址于湖南省岳阳市君山区，岳阳监狱基础建设第一押犯点位于岳阳监狱境内八、九监区之间。占地面积266680平方米，地形方正，地势平整，地块东侧为九监区住宅区，南面为农田，西面是省道S306线建新收费站和八监区住宅区，北面为省道S306线。

延续湖湘建筑浓郁的文化氛围是建筑设计考虑的主要要素。建筑通过形态的组合达到传统、现代与文化的结合。强调建筑的可读性，建筑立面构图对称，建筑表面的细节、传达建筑多层次的丰富内涵。建筑与文脉的关系、建筑材质的精心运用、建筑尺度的推敲、色彩的处理、表面纹理的变化，无不诉说着建筑的深沉内涵。

建筑在传统元素的基础上也加入一些现代元素，建筑屋顶在传统建筑坡屋顶的基础上进行简化手法的处理，屋顶采用大体量的弧线通过与周边其他监狱用房造型上的对比，创造出庄重、典雅，富有地方传统特色的建筑形态（图10-6-27）。使建筑显得古朴而有灵动色彩，监管区大门与轴线上的教学楼风格相互呼应，旨在为湖南岳阳监狱（第一押犯点）创造一个视觉中心（图10-6-28、图10-6-29）。

图10-6-24 武陵源天子阁吊脚楼元素的运用（来源：党航 摄）

图10-6-25 传统建筑坡屋顶（来源：党航 摄）

图10-6-26 岳阳监狱监管区大门坡屋顶简化样式（来源：何韶瑶设计工作室 提供）

图10-6-27 岳阳监狱整体鸟瞰图（来源：何韶瑶工作室 提供）

图10-6-28 岳阳监狱教学楼（来源：何韶瑶工作室 提供）

图10-6-29 岳阳监狱监管区大门（来源：何韶瑶工作室 提供）

四、点缀性符号在现代建筑中的抽象继承

符号的抽象指符号对其表达的内容形象进行简化、提炼和加工，使其更具有典型性，内涵意义更为深广。对于传统民居建筑符号的现代演绎，可引借传统民居中的片段或局部，但由于现代生活方式与技术要求均与以往有较大的差别，所以不能单纯的依靠引用传统建筑符号，而应在引借的基础上，采用夸张、缩放与拉伸、简化、解构等手法进行抽象转换后，运用到现代建筑中来，以寻求传统建筑文化能得以延续。

斗栱作为中国传统建筑的元素之一常运用于现代建筑中，栱是我国木结构建筑中的特有构件，无论从艺术或技术的角度来看，斗栱都足以代表中华古典的建筑精神和气质。它将功能与形式完美结合：功能上，它是柱与屋顶间之过渡部分，承受上部支出的屋檐，将其重量集中到柱上，是优秀的结构构件；形式上：它由下到上层层展开，造型精巧、形态美观，如盆景、似莲花，也是很好的装饰构件。斗栱对于我国传统建筑的作用不可小觑。

案例解析——岳阳市高铁东站

岳阳市高铁东站的入口平面在立柱顶部做了结合传统的斗栱结构来支撑屋顶，工程采用的耐久性混凝土施工技术。这里的斗栱为了制作和施工的方便，在形式上做了很大的变化，只采用了平身科栱的一个面，抛弃了作为单组斗栱的空间性特征（好比斗栱原来是一个立方体，只取其中的一个平面）（图10-6-30）。简化后制作尤其便捷，只需定制一个个F形的平面造型即可。最后再将这一个个F平面构件在屋檐下整齐排列，排出斗栱的空间感。加工好的预制件在施工中的组合安装，降低了投资成本、缩减工期。斗栱是网架屋面和混凝土柱之间的结构传力件，遵循了现代建筑中所推崇的"功能与形式统一"原则。

图10-6-30　岳阳市高铁东站（来源：唐成君 摄）

第十一章　湖南省传统建筑传承与现代建筑发展的机遇与挑战

城市和村镇是遗留下的居住环境和建筑空间，作为一种特殊的文化载体，记录着历史演变的轨迹，是不可再生资源，它们成为国家和民族共同记忆的载体。经济发展和城市扩张使得历史环境破坏、传统文化忽视的问题出现在城镇的更新中，湖南省的建筑传承发展正面临着巨大挑战。

挑战不全是坏事，机遇也不会自然而来，挑战与机遇是对立统一的。当前，从大环境讲，如前所述经济全球化、信息化，在带来挑战的同时，也为经济腾飞、文化繁荣和建筑发展带来了勃勃生机。就国内情况讲，社会转型要求建筑文化与之同步，为传统建筑文化传承、现代建筑发展提供了极好的机遇。因此，只有迎接挑战，顺应经济与社会巨变的潮流，才能使矛盾朝着有利于己方转化。

第一节　传统建筑文化与城市的适应性

一、传统地域文脉的割裂

文脉沿着时间的轨道行进，可一旦出现断点就极有可能使其偏离原轨道，无法继续传承发展。纵观历史长河，强制性植入政府行为以及由自然灾害、战争引起的毁灭性破坏都有可能导致断点的产生。从同一时期的横向界面上看，大行其道的城市规划，不尊崇传统文化和地域特色的"全球化"设计，导致在统一文化区域中出现其他风格迥异的文化单体，在形式和文化内涵上破坏了地域文化色块的完整性。延续专属文化，使区域空间和谐发展是传统建筑发展的着力点。

新城与古城之间的时空差异因横向空间的分离而产生断痕，这是湖南省地区文脉割裂的表象之一。例如：新旧城的发展形式采用了空间分离的模式，即新城区的建设与古城区完全分离，另辟新的中心点并以此扩张发展。新城的建筑和规划毫无传统文化的踪迹，与古城的风貌迥异，呈现出无章法、无个性局面。当两个城区间的距离是有限的，当城市的外围扩张到让两个毫无关联的点不可避免的产生交集甚至交融时，不同于各自相安时的发展，传统与现代的文化差异砰然而出（图11-1-1）。

图11-1-1　新旧建筑杂糅（来源：湖南省住房和城乡建设厅 提供）

二、传统建筑文脉的错位

文脉的错位指文脉在传承与发展阶段产生病变的过程，即局部符号或文化产生异质的过程。错位现象的产生源于认识的错位，因此对有着较为稳固体系的文脉来说，这种阶段时间不会持续太长，便会自我调整到正常轨道继续运行。从民国时期开始，致力于追逐新奇的达官显贵们受到西方复古风和商贸往来影响，在自家的门楼上"创新"，用石材替代传统木材作为建造门楼的主要材料，并在其上雕刻出罗马柱式，赋以卷曲的线条和几何图案，甚至盖起了西式的洋楼，以致湖南传统建筑上出现了西方的符号。由于受到经济的制约，这些中西合璧的建筑只在上层阶级荡起波澜，传统的构建方式依然在中下层阶级中得以延续。

（一）新旧建筑杂糅并存

湖南地区传统文化随着经济的发展，受到文化交流效应带来的异质因子影响，其建筑形式受到现代材料及建筑的影响而不断演进更新。以民居建筑为例，湖南地区现存的主要民居风格有：

1. 有一定的历史，现在仍在使用的传统民居；
2. 明清时期建造的，具有历史意义的传统民居；
3. 近代建造的，运用传统材料和工艺的传统民居；
4. 新旧材料结合，现代与传统相结合的民居建筑；
5. 新建的、局部运用新材料，基本延续传统民居形式的建筑；
6. 新建的、以现代技术和现代材料建造的现代民居。

以上6种民居形式的出现，意味着随着社会发展，该地区建筑形式在传承与发展的过程中出现了杂糅的局面。湖南省地区的民居建筑形式，除了传统工造和历史遗存以外，占较大比例的就是新旧结合的民居形式，且数量还在增加。但这种表面形式的结合，不能促进传统文化与现代建筑形式的融合，甚至不利于地方文化的保护与开发，其在某种程度上造成了对湖南地区历史文化整体风貌的破坏。例如当地居民不满足生活的现状，为追求新鲜感，在自家的老房子傍边加盖一栋与传统建筑格格不入的新楼房，赋以平屋面、不锈钢窗和瓷砖墙面；更有甚者直接拆除破旧的老房子，在原来地基上用新型材料建起欧式住宅（图11-1-2～图11-1-4）。

（二）建筑精神流于表面

建筑文化的精髓，由于流于表面的认识以及对文脉内涵延续性的忽视而发生了错位，使其沦为新建筑的装饰。政府通过严审新建图纸、统一制定模式的方式来维护传统建筑的精神，以实现传统文化的传承。然而很多居民虽然内部空间采用旋转楼梯、阳光房等较为现代化的布局，但由于受到风格的制约，仅仅在外表面包裹上了一层复古的外壳。对于那些不协调的既有建筑来说，通过采用统一外立面的方式实现城市规划的统一性，是时间短、见效快的延续方式。但在仿制的过程中，没有真正领会建筑文化内涵的建造，而是采取单一的符号化继承，忽视真正的文化精髓，因此不能成为文脉传承方式（图11-1-5）。

三、传统文脉精神的丧失

在城市的改造与更新中，人口分布受到原有社会结构破损的影响而重新组合，使城市空间结构、社会结构和生活形态等原有格局遭到破坏。以凤凰古镇为例，被开发成商业街以后，外地人通过租赁本地居民临街铺面做生意的方式，进驻到镇里。使得独具生活情趣和人情味的古镇，由于本地与外地居民生活习俗的差异而逐渐沉寂了，取而代之的是浓浓的商业气息。长此以往，古城中的传统建筑虽然得到延续，但生活场景已经消失，成为文化空壳。

图11-1-2 加建建筑（来源：张艺婕 摄）

图11-1-3 路边的欧式住宅（来源：张艺婕 摄）

图11-1-4 建筑杂糅现象（来源：张艺婕 摄）

图11-1-5 建筑精神流于表面（来源：张艺婕 摄）

第二节　传统建筑元素与设计的合理性

一、建筑元素体现设计思想

建筑元素是构成整个建筑的基本单位，研究传统建筑文化在现代建筑形式中的传承与发展，实际上就是研究传统建筑元素从建筑文化中的提取与运用。从宏观角度来看，传统元素指当地古代人们通过长时间的经验积累，总结出的一些设计方法，包括建筑单体的自由组合、村落的选址及布局方式等；从微观的角度来看，传统元素是指在进行建筑的单体设计时，对建筑材料、比例尺度的运用，以及对墙面、屋顶、门窗等细部设计的处理等。有了元素的构成，才有了建筑的民族文化、地域文化、人文文化的体现。随着时代的进步以及建筑不断的发展和演变，现代建筑中的传统建筑形态和结构等正在渐渐衰退，建筑元素也随着传统建筑在逐渐消逝，这是我们不情愿看到和接受的。

图11-2-1　感性的园林——岳麓书院（来源：党航 摄）

（一）传统元素在建筑空间中的运用

湖南地区传统建筑注重空间氛围营造，多以群体组合的方式为人们构建出游憩和观赏的艺术空间，如同经典的绘画艺术一般，随着时间迁移而变化，给人们以直接的和人性化的审美感受。

以"老庄思想"为主的感性思想和以"礼制观念"为主的理性思想共同构成了中国传统思想的意识观念，反映到建筑空间上来，就会有感性的园林与理性的庭院两种完全不同的空间形制（图11-2-1、图11-2-2）。

图11-2-2　理性的庭院——韶山毛泽东纪念馆（来源：党航 摄）

基本的表达方式。

斗栱是传统建筑中一个标志性的建筑构件，在现代大空间公共建筑细部中作为表达传统文化的元素。在岳阳东高铁站外立面设计中，斗栱被处理成简洁符号安置于柱头，既体现了传统元素与现代建筑的和谐统一，又具有很强的装饰性（图11-2-3）。

（二）传统元素在建筑形式中的运用

传统建筑中的经典元素始终是建筑设计师们创作设计的重要源泉，他们一直在探寻现代审美与传统元素间的有机融合点，即从现代建筑设计和古代固有式建筑中寻找符合现代大众审美趣味的符号。在现代建筑设计创作中穿插传统建筑的经典元素，利用现代科学技术与新型装饰材料，再现传统建筑文化，这便是传统文化元素运用到现代建筑设计的最为

（三）传统元素在建筑材料中的运用

传统建筑装饰材料与创新性科学技术的融合，赋予了建筑设计新的生机。在如今的建筑设计中，通过对传统建筑材料的运用，不仅让人产生对过往的美好回忆，又能让人在忙碌的现代生活中体会到传统文化所独有的特殊氛围。

图11-2-3 传统元素的提取——岳阳东站（来源：陈宇 摄）

图11-2-4 铜官饭店（来源：何韶瑶 摄）

（四）传统元素在建筑色彩中的运用

建筑外在色彩作为一种重要的视觉元素，传递着审美信息，一定程度上让人产生不同的心理情感。因此，在进行现代建筑设计时，对材料色彩的把握十分重要，一方面要符合时代的精神特质，另一方面又要考虑不同地域的自然环境与气候条件（图11-2-4~图11-2-6）。

二、设计过度下的元素装饰

受全球化进程的影响，社会发展方式、经济增长方式以及人们的生活方式都发生了潜移默化的变化。全球化促进了很多新的现代建筑设计理念和思想的发展，拓宽了建筑界的领域，为建筑创作带来了生机，同时也提高了大众的审美水平。这无疑标志着社会文明的进步，但全球化的发展产生了另一个问题，即文化的同化现象。在当今现代科技飞速发展的时代，除了与时俱进，跟上世界的脚步以外，挖掘并传承自己的文化特色同样重要。

（一）传统文化缺失

建筑是传统文化物化后的体现，也代表着是科学技术与文化的有机融合。不同阶段的建筑诠释了不同社会阶层的品

图11-2-5 韶山毛泽东纪念馆（来源：党航 摄）

图11-2-6 靖港古镇（来源：何韶瑶 摄）

质及文化特征，也有着区别于其他时期的建筑特点。建筑是宣扬和体现文化的载体，反之浓厚的传统文化是推动建筑发展的动力，两者相辅相成，互相促进，互相融合。然而当下省内的一些建筑设计对此却没有较好的认识，传统建筑文化元素在现代建筑设计中的作用和地位随着当代建筑文化内涵的匮乏，日渐消失，主要体现在以下3方面：

1. 历史文化的遗失

随着时间的推移，传统建筑文化的历史面貌已日渐模糊，因此如何将传统建筑的历史面貌较好地保存下去，并不断继承和发扬建筑文化成为当下湖南地区建筑设计领域的重点。

2. 地域文化特征的欠缺

由于每座城市都有着其独特的自然生态环境和地理位置，相应结构和材料的不同表现成为建筑设计的重要依据。传统建筑地域文化特征从其结构的选取和布局方式中有所体现，但现如今地域文化的特征随着现代建筑形式的冲击，因城市建筑同化性不断弱化。

3. 精神特质的匮乏

建筑是一个民族精神内涵与文化传承的载体，湖南省在几千年的历史文明进程中形成独居地域民族特色的人文思想设计理念。由于越来越多的当代设计师对西方等外来文化思想的盲目崇拜，在传统文化与西方文化思潮的对抗中，建筑师没有很好地运用并体现本省独有的精神内涵和优秀文化，无法发挥并呈现出自身的优势。

（二）局限于形式符号

传统符号是历史文化的精华，在符号的使用和创造上，不论是单一符号的运用还是某些形式的表现，再或者是现代材质的使用，都应体现传统符号的神韵和内涵，而不是刻意的模仿。然而，在借鉴传统民居的现代建筑实践中，通过对湖南省现代建筑的观察分析可以看出，一部分创作没有完全摆脱直接运用符号的弊端。因此，根植于自身特点并发扬光大，是我们在保护传统文化的同时需要兼顾的内容。从符号提取的角度来看，除了掌握每一个符号自身的"本体性"以外，还应深度挖掘它的象征意义，并运用于建筑设计中。

符号不仅代表着某一时代的概念与意义，同时也是将现代建筑形式和传统文化有机结合的纽带，因此在这个传统与现代相"冲撞"的时代，重新审视传统文化的形式和内涵显得格外重要。在提炼并运用传统建筑的元素符号时，不只是浅尝辄止地停留于表面，而应深度挖掘蕴藏在其中的内涵和神韵。

第三节　传统建筑技法与生态的可续性

一、建筑技法支持生态可持续

能源问题与环境问题越演越烈，工业化大生产及随之所产生的社会文化和社会模式引起了人类的深刻反思，探索可持续发展建筑和生态建筑的理念及意义显得更为迫切。天人合一、师法自然等蕴含于传统建筑文化中的思想观念，被学术界认可为宝贵的生态学思想，随着人们对生态建筑设计理念的深入研究后而显得尤为珍贵。而且我们今天所探寻的适宜技术和可持续发展中的技术，也在传统建筑中的一些施工方法及设计中有所体现。因此，将传统建筑中蕴含的生态化建筑技术进行初步的发掘、归纳、整理和总结，有利湖南现代生态建筑的可持续发展。

（一）湖南传统建筑的生态性研究

1. 科学建筑选址

建筑场地选址是建筑建造首先要处理的问题，传统观念倡导村落民居与环境有机融合，体现"天人合一"的思想，并认为"万物负阴而抱阳，冲气以为和""左青龙，右白虎，前朱雀，后玄武"是最理想的居住之地。在这种自然环境中，有利于形成良好的生态环境和局部小气候：背山可挡冬季寒流；面水可迎夏日凉风；朝阳可有良好日照；近水能提供生产生活用水；斜坡可避洪涝之忧；植被有利于水土保持。

2. 与地形相适应的总体布局

湖南地区地形起伏、沟壑纵横交错，是明显的丘陵环境，传统民居在总体布局上更多的是顺应地形、顺应自然。顺应地形的布局以不破坏生态、不占良田为出发点，这一布局方式不仅有效避免了由于破坏地层结构建设而引起的自然灾害，同时大大减少了建筑在建造过程中的挖、填土方量。而顺应地形的基本布置方式主要包括两种：即垂直等高线和平行等高线。为了使街道平整便于使用，平行等高线布局是湖南省的村镇通常选用的布局方式，以满足生活生产活动和交通联系所需（图11-3-1）；沿垂直等高线布局的方式通常运用于需要加强竖向交通联系的情况下（图11-3-2）。事实上，很多村镇呈现出空间折线或空间曲线的布局态势，便是这两种方式结合在一起使用的结果（图11-3-3）。

这种与地形相适应的总体布局方式灵活运用到湖南省现代建筑设计中，很好地继承了这一传统精髓，如天怡梅溪湖鱼馆。该项目位于长沙西二环梅溪湖桃花岭南侧麓溪峪。设计者从传统农家乐，到当下快时尚，再到走向生态餐饮设计再革命，建筑与空间设计绝对不会是一个与自然相对立的概念，而是作为大自然之优雅的一种延伸，被予以重新定位而已。因此该生态餐饮的设计没有进行大规模土地开发来毁坏自然，而是因地制宜的依据地形环境、标高、水景，将建筑融于其中达到一种"虽由人作，宛自天开"的意境（图11-3-4）。

3. 与自然共生的居住环境

以湘西为例，该地区城、水相依之特色，空间以水为脉络和纽带，城水相依的景色，在我国许多水乡村镇中并不罕见。然而由于各地环境不同，经济、文化发展上的差异，形成各自不同的村镇风采。湘西地处山区，河道迂回曲折，因受到

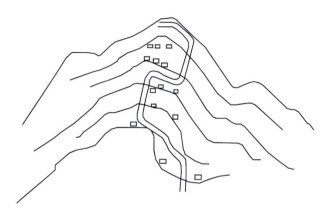

图11-3-1　平行等高线布置图（来源：根据《湘西土家族传统民居的气候适应性研究初探》，陆薇 改绘）

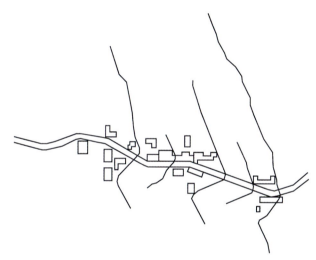

图11-3-2　垂直等高线布置图（来源：根据《湘西土家族传统民居的气候适应性研究初探》，陆薇 改绘）

图11-3-3　顺应地形的民居形式（来源：何韶瑶 摄）

图11-3-4 天怡梅溪湖鱼馆（来源：水木言设计机构 提供）

图11-3-5 湘西民居的村落（来源：湖南省住房和城乡建设厅 提供）

季节影响，流速与水量的变化均较大。沿河村镇为了抵御洪水侵袭，均建于距水面较高的两岸。村镇坚实的基座由露出水面的巨大岩石自然形成，在枯水季节尤为明显。村镇沿河婉转延伸，并顺应地形层层向上展开，具有起伏多变的总体轮廓和生动的村镇空间层次。村镇与自然环境融为一体，在层层叠叠的山峦中若隐若现，极富自然的"原始"气息，保持着村镇、人与自然环境间的内在联系（图11-3-5）。

在湖南的现代建筑中也十分注重"与自然共生"这一可持续发展的设计原则，如长沙洋湖湿地科普馆，其整体建筑与布置完全融入自然环境。该建筑以洋湖湿地所在地域特色即"垸"元素为主题，与主游客中心一起构成总平面螺旋形环绕，通过螺旋高度和宽度的变化，让参观者可以从不同角度和高度体验湿地景观，在行走中感悟建筑与大地的形状融合。整个建筑呈半开放状，外墙饰以天然石材，与周围的水系及原生态湿地融为一体，成为洋湖湿地自然景观的一部分（图11-3-6）。

图11-3-6 洋湖湿地科普馆（来源：熊申午 摄）

（二）民居建筑构筑形态的生态性研究

1. 建造形式的特性

干阑式建筑（图11-3-7）在陡坡、山坡、平地上均适宜建造。其建造特征是以竖立在地面上的木桩为基础，然后将木料构筑成屋架置于立柱上，顶上盖以瓦、树皮或茅草，

图11-3-7 干阑式建筑（来源：张艺婕 摄）

合板为隔墙，铺板为楼。

湖南众多少数民族区域均采用此类建筑形式，它具有以下几种独特的生态建筑功能：

1）利于通风散热：由于室内空间的可变换性，加之在屋内设有供炊事使用的火塘，产生的气压差促进空气流动，达到排烟散热的效果。而全封闭的堂屋和底层架空的构造不仅可以对寒气产生抵御缓冲的作用，还有效阻挡由辐射造成的热浪，达到改善室内小气候的效果，营造舒适的居住环境；

2）防潮湿：湖南地区山林之中多瘴气且和雾空气湿度较大，干阑式建筑通过底层架空营造相对干燥的居住环境；

3）干阑式建筑除了具有显著的节能效果外，对聚落减灾、环境保护和国土开发更具特殊意义。典型的如湘西风景名城凤凰沱江沿岸展开的干阑式吊脚楼、吉首峒河岸边的吊脚楼等。

2. 通风隔热采光

民居构筑形态随着各地气候条件的不同而迥异，湖南地区属亚热带季风气候区，因此建筑的隔热与通风成为该地区的重点。为适应该地区特殊的气候环境、降低建筑能耗，主要有以下3种构筑形态：天井、抱厅、干阑式吊脚楼（图11-3-8～图11-3-10）。

图11-3-9　抱厅（来源：党航 摄）

图11-3-8　天井（来源：党航 摄）

图11-3-10　干阑式吊脚楼（来源：张艺婕 摄）

天井普遍运用于湖南传统民居中，不仅为居民提供了夏日纳凉的地方，还解决了屋面排水和房屋通风采光的问题。院落的烟囱效果与其开口的大小相关联，开口越小效果越显著，且房屋的暴露面就越少，同时有效避免阳光直射，从而达到通风、隔热效果。因此，开口较小的天井院落空间是适应高温高湿地区的理想构筑形态，被广泛应用于湖南省地区（图11-3-11～图11-3-13）。

抱厅多用于城镇一般住宅和店宅之中，是湖南民族建筑特殊的院落空间类型。不同于天井院落，抱厅形成的院落空间上覆有屋面，使其同时具有室内厅堂的优点，可将这一特点概括为院厅复合。院厅复合的抱厅因屋面的遮蔽而使居民围绕院落的日常生活更加自由，同时也保持了院落通风、采光的功能，因此抱厅在对气候的适应上较天井更有优势。

3. 建筑材料

各地民居对建筑材料的选用因物质条件及地理气候的不同而有所差异。例如，根据就地取材、因地制宜的建筑选材料原则，竹、石、木、砖、土都可作为围护结构，它们具有成本低廉、获取方便以及节约造价、运费和资源的优点（图11-3-14、图11-3-15）。木材、青片石、土坯或夯土普遍运用于湖南地区传统民居中。该地区木材丰富，成为当地居民取材最简便的对象。木材是一种较为经济的造屋材料，木构建筑深挑的屋檐有助于遮挡风雨，室内外冷热空气通过

图11-3-12　中国书院博物馆（来源：陆薇 摄）

图11-3-11　韶山毛泽东纪念馆（来源：陆薇 摄）

图11-3-13　彭德怀纪念馆（来源：刘姿 摄）

檐下窗和檐上窗形成压强差，从而促使空气流动达到室内通风的效果。湖南省较多民居建造在青片石山地区，可就地取材，将其作为建造房屋的材料，青片石不仅可以用于房屋建造，还可作为铺地材料。由于土坯自身材料的生态性，它除了具有造价低廉、施工简便、材料可塑、能源节约、形式多样等优点外，还可循环使用，一旦拆除，墙土便可转化为土壤（图11-3-16）。

二、生态需求下的技法改进

在规划生态建筑方案的设计过程中，除了在遵循建筑环境控制技术基本原理的基础上深度剖析当地的气候特征和自然条件外，还应综合考虑形态设计需求和建筑功能的要求，采用适宜的建筑技术手段，合理处理并组织各建筑元素，创造益于人们身心健康的建筑环境。为保证地区风貌、建筑形态与环境生态效应的和谐统一，生态建筑设计在运用适宜技术时须将小尺度的设计措施与大尺度的环境考量相结合，具体策略分为以下4个方面：总体布局、建筑单体设计、材料构造设计以及建筑微环境的营造。

（一）总体规划布局

1. 尊重场地的自然条件

建筑场地的自然生态系统与特质是由所在地的景观和水体、植被、地形等自然形态共同构成的。合理利用并适当改造场地的地貌与地形特征，依山就势地布置道路、建筑及室外空间，可减少土方量，在最大程度上避免对生态环境的破坏以及因水土流失引起的塌方状况。在规划设计的过程中，应充分挖掘场地内对建筑微气候产生积极作用的生态因素，减弱或消除不利因素。

例如，场地的地形、地貌特征是影响建筑微气候的生态因素之一。当场地内的地形较为平坦时，整块区域的气候具有相似性，气候不会成为建筑在该场地选址的影响因素。但当场地存在低凹或斜坡地段时，不同的区域产生不同层次的气流和空气温度。由于冷、热空气密度的差异，斜坡或低谷往往是冷空气的聚集地，空气经过加热上升，促进空气流动，因此在山脊处空气流速最大，背风面最小。而湖南属亚热带季风气候，常年潮湿，在设计时应考虑将建筑置于斜坡的顶部迎风面，通过加大空气流通量带走多余湿气，同时利用植物来减弱冷风的侵袭（图11-3-17、图11-3-18）。

图11-3-14 砖的运用（来源：《毛坪村浙商希望小学，毛坪村，耒阳，湖南，中国》）

图11-3-15 竹的运用（来源：《毛坪村浙商希望小学，毛坪村，耒阳，湖南，中国》）

图11-3-16 石的运用（来源：何韶瑶 摄）

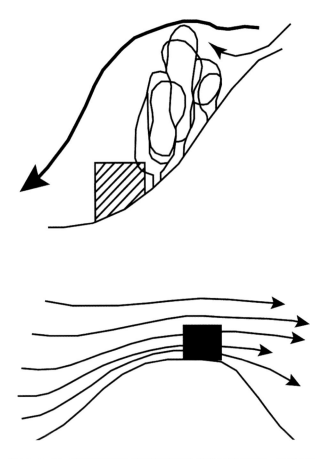

图11-3-17 建筑的位置及植被的设置对气流的影响(来源:根据《建筑节能设计手册——气候与建筑》,陆薇 改绘)

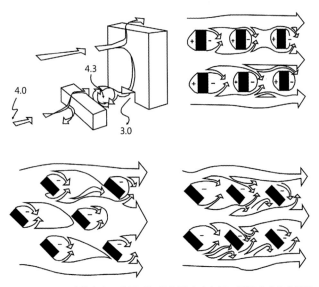

图11-3-18 建筑高度及布局对气流的影响(来源:根据《建筑节能设计手册——气候与建筑》,陆薇 改绘)

2. 自然通风

为营造毗邻建筑物间以及建筑组群内部良好的微气候环境,在规划适宜技术生态建筑设计的整体布局时,合理组织建筑物的规模、密度、间距与朝向。建筑的朝向往往根据风向而定,为使流经建筑的气流分布均匀,需使之与盛行风间形成一定的角度。当盛行风与建筑平行时,建筑内部的通风效果往往较差,建筑间的外部空间会受到较高风速的影响。当建筑组群中的大体量建筑与盛行风成垂直关系时,不仅会形成很长的风景区,还会在一定程度上改变风向,分别在迎风侧与背风侧形成正、负压区。而决定气流风向和速度的关键性因素是风压差的大小及建筑物体量的形状,空气的流速随着气流截面的增大而减小。因此较高的建筑不仅会增大迎风面的冷风渗透率,还会产生接近地面的强下沉气流,对周围的建筑物产生不良的影响。为实现良好的日照和通风,应把高层或连排式、带庭院或天井式、独立或半独立式等不同体量的建筑类型进行有机组合(图11-3-19)。虽然周边建筑的局部气流运动和日照会受到高层建筑的消极影响,但不可否认的是由高层建筑产生的高速下沉气流对空气污染严重的地区和通风状况差的高密度地区有着积极的作用。而为保证周围的低层建筑免受强风侵袭,多层的连排住宅便是最好的选择,它们可以作为低层住宅的风屏墙存在。相比完全开敞的空间,在潮湿、炎热的湖南地区,更适宜采用带天井或庭院的建筑空间组合形式,形成附属的半围合空间或完全围合的空间,起到调节建筑内部微气候的积极作用。为增大建筑与环境间的热交换,应增大半独立、独立建筑单位面积内所需围护结构的外露面,从而为附属空间的使用以及被动式保温隔热设备的采用提供了更多的可能性。综上所述,建筑内部及周围的微气候,受到各地特殊气候环境与不同类型建筑间的相互作用与反作用。针对冬季和夏季主导风向的差别,有机的组合不同的建筑类型,能够在冬季最大限度的阻挡气流的穿越,而在夏季又能积极地引导气流的穿越。

3. 建筑日照及间距

建筑接受太阳辐射的量由两方面因素决定,一方面是建现土地资源集约化的目的。

（二）单体设计

适宜技术生态建筑的单体设计，是以满足人类生活需求的基础上，灵活的借鉴并运用其他学科的理论和实践成果、生态建筑的理论以及相关的适宜技术，实现生态型建筑空间的营造。基于常规的建筑设计手法，在营造建筑空间的过程中，不仅要关注建筑对整个生态环境的影响、建筑空间使用者的生理和心理舒适度以及建筑空间与外部环境的关联，还要充分考虑空间的组织秩序关系、空间的几何形态构成以及空间尺度的适宜性。适宜技术生态建筑设计为实现建筑空间的生态化，主要从体型设计、复合界面以及局部构造措施等几个方面着手。

1. 体形设计

决定建筑物热量得失的因素之一是体形系数，它是建筑物的表面积与体积之比（S/V），建筑的热量得失随着其表面积的增大而增多，而影响着该因素变化的是建筑物的体型设计。建筑的体型设计除了要处理好建筑的造型与功能要求外，还需达到保持工整的体型，减少建筑外表面积的目标。此外，针对夏季较为炎热的地区，在建筑设计过程中需充分考虑通风与隔热的效果，从而达到改善室内的热舒适度的要求。建筑隔热，即最大限度地减少建筑外表面得热，通过遮阳来降低西晒对建筑的影响。结合场地内有利的地形风以及夏季主导风向，最大限度地改善室内通风条件，采用较为开敞的建筑空间是常用的设计手法。针对冬季需要被动式采暖的建筑，在主导风流经的区域采用封闭式设计，将一些主要的功能性房间布置在较有利于直接接收太阳能辐射的方位，同时增大南向墙面积与窗地比，有利于冬季营造良好的室内环境。

2. 复合界面

"界面"——不同物理性质的物体之间的分界面。建筑的界面是一种媒介，其主要作用是划分不同的空间，并有一

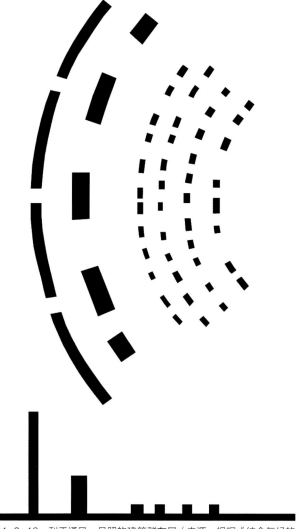

图11-3-19 利于通风、日照的建筑群布局（来源：根据《结合气候的设计思路——生物气候建筑设计方法研究》，陆薇 改绘）

筑的朝向，影响着场地内的通风效果与气流运动。湖南省地处北半球，因此，在冬季时建筑的南向界面能够接收较多的太阳能辐射，随着太阳高度角的变化，夏季时接收的太阳能辐射相对较少，但建筑的室内温度受到西晒的影响较大，因此通过采用一定的遮阳措施最大限度地减少建筑西晒，一般将建筑布置在最佳朝向时需综合考虑。而影响建筑接收太阳辐射量多少的另一因素是建筑的间距，建筑群体采用交错的方式布局，利用前排建筑之间的横向间距争取建筑日照的最大化，同时在其北向采用阶梯式退台的建筑形体或屋顶采用坡屋顶的形式以缩小日照间距，从而达到增加建筑容量、实

种既分割又联系的关系在其中。建筑与外部环境之间的分界面也是城市环境中的局部，它的作用影响了城市空间环境的整体质量。建筑界面的作用主要表现在：遮挡日晒和雨水、隔绝声音和热量交换等不利因素。

建筑"复合界面"——将二维界面的意义在三维实体空间中进行诠释，建筑与城市之间过渡性的那一层界面与周边自然环境和谐。但分界空间是依附在建筑的外界面存在的，包含了多种元素在其中。而开放性的界面构成是二维形式的建筑表皮向复合形的"建筑腔体"的转变，由于复合界面形成特殊的包含了人活动的层次性空间，于是在室外环境和建筑空间之间形成了一种对外界气候适应的缓冲空间和过渡空间，让建筑内部拥有更舒适的环境。具有生态型复合界面的建筑空间形态特征主要有：凹凸空间、双层界面、中庭及边庭、架空空间和绿化的引入等。

1）凹凸空间

通过对于建筑几何形体的切割来进行建筑复合界面设计。建筑局部形体的凹进或者是凸出也就形成有层次的复合型空间。在凹进或者凸出的建筑空间中将外部环境引入到内部空间，让建筑与其周边的环境相互渗透，使建筑的墙体从单一的围合功能变成具有丰富层次的空间。通过这种"加减法"的处理方式，消减建筑的体量感，也让其与周边的环境联系更为密切。建筑凸出和凹进的部分也会形成建筑的自遮阳体系，通过建筑形体的穿插关系，形成面积较大的阴影区域，减少阳光的直接辐射。

湖南大学建筑学院院楼设计上，使用立体主义的手法对其进行切割来形成建筑体量上的凹凸和空间上的虚实对比。多层次的空间分布，将建筑内部空间与外部环境相互渗透，实现了最大程度的融合。通过北侧建筑形体进行凹陷设计形成一个开阔的门厅空间，从而减弱整个建筑对于校园干道的压迫感。东侧的建筑采用的凹进的设计手法形成空间较大的边庭空间，使室内外空间相互交融渗透，这样既可以遮挡日晒，也是建筑与周边环境的一个生态调节部分。而且在边庭内种植相应的植被也可以舒缓使用者紧张的工作氛围（图11-3-20、图11-3-21）。建筑一层东侧的共享大厅

图11-3-20　湖南大学建筑学院（来源：陆薇 摄）

图11-3-21　建筑学院边庭空间（来源：陆薇 摄）

其实是另外一种形式的边庭，在凸出形体上开一定深度口子形成"边井"空间，相应的增加了建筑的采光面，并在此空间中种植竹子，将室外的景观环境延伸到建筑的内部空间。同时竹井所产生的烟囱效应可以加快气流速度并随之带走建筑内部的一部分热量。即使在炎热的夏季，室内仍然感觉到凉爽宜人的舒适感，同时凸凹有致的形体关系也创造了建筑有着丰富变化、流动的光影效果（图11-3-22、图11-3-23）。

2）中庭与边庭空间

中庭生态作用主要表现在：通风散热、改善自然采光条件以及吸收太阳的日照等。这些生态作用也逐渐为人所

和双层的界面等，实现夏季和冬季建筑内部空间在适度范围内的变化。作为中庭空间的一种形式，边庭空间是一种动态的过渡空间，相比传统中庭的静态的空间，边庭空间至少一个侧面是对外部空间开放的，同时在形式上也有了一些变化。边庭空间因为其开放性更具有生态效应，并且由于其与建筑内部空间的渗透关系，让内部空间的通风采光更为有效。而且边庭空间的开放性可以结合植被的设计来营造空中花园，这样有助于舒缓使用者工作的紧张氛围，同时在工作之余也能够直接的感受阳光和绿地。

现代建筑的使用功能，伴随着社会经济的高速发展以及人们对物质生活水平的不断追求，变得更为复杂多样，从而促进了设计师对不同建筑空间形式的探索，建筑综合体便是其中的一个研究要点。以悦方ID MALL为例，该项目坐落于长沙市天心区坡子街与黄兴路步行街交汇处，地处长沙五一核心商圈，项目总建筑面积12万平方米，共7层，地上五层及地下一层为商业，地下二层为停车位。该设计采用中庭这一空间形式，作为建筑内部空间和外部空间的气流交换空间，将外部空间的气候作用到内部空间中的热缓冲区，有效地缓和了外界气候变化对于内部空间热舒适性的不利影响。同时中庭空间的烟囱效应使得建筑内部的一些房间实现通风散热，利用热空气上升来带走室内聚集的过多的热量以及浑浊的空气，改善内部空间的整体空气质量（图11-3-24、图11-3-25）。

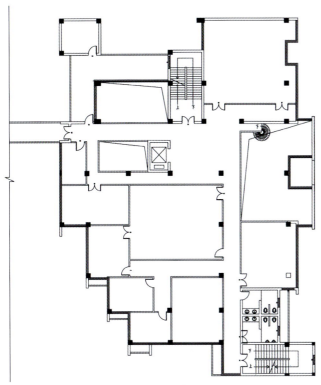

图11-3-22　建筑学院二层平面（根据《湖南地区建筑设计中适宜技术生态建筑策略的研究》，陆薇 改绘）

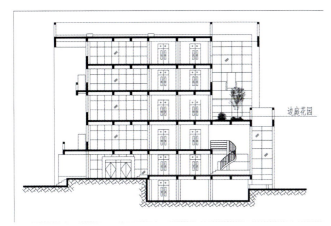

图11-3-23　建筑学院剖面图（根据《湖南地区建筑设计中适宜技术生态建筑策略的研究》，陆薇 改绘）

认识。中庭的平面布局形式主要是：嵌入形式、内廊形式、核心形式和外包形式，其中直接对外部空间开放的空间称为"边庭"。中庭空间主要是顶部遮阳处理以及采光朝向问题。特别是在夏季应该增设可调节的遮阳板、可开启通风窗

图11-3-24　悦方的中庭空间（来源：何韶瑶 摄）

图11-3-25 悦方的中庭空间（来源：何韶瑶 摄）

图11-3-26 湖南科技大学综合楼（来源：陆薇 摄）

3）架空空间

生态技术受到了当时经济、社会以及地理环境的影响，产生于当地的乡土建筑并具有明显的地域性特征。架空空间，一般是将建筑的底层空间或中间楼层空间的部分或全部空间，将正常的围合限定（如墙、窗等）去掉，是整个建筑成为通透、延续的空间，这也是支柱层的空间表现形式，有的建筑会设计成大面积的无柱空间，是有顶而无围户的空间。架空空间通常不具备功能性，而是用于人们休息以及将植被引入的空间。架空主要是为了对原有的生态环境进行保护，通过对建筑局部空间或者是整体空间的架空来改善周边环境。

湖南科技大学综合楼地处南北校区之间，是该校目前为止唯一一栋主打红色调的建筑，外观设计以简约、朴素、大方为基调，主楼共8层，底层架空为停车空间，通过中间及两侧的台阶踏步将人流引入主要教学空间。外部环境通过架空空间的使用，渗透到建筑中来，不仅扩大了公共广场空间，也丰富了校园的整体空间形态。同时底层架空的停车空间，有利于减少路边停放车辆出入时对道路交通以及校园环境的影响（图11-3-26、图11-3-27）。

4）立体绿化

立体绿化是一种生态的设计方式，通过藤本植物以及树木来进行空间多层次和多形式的绿化，可净化空气和改善生态环境。立体绿化的形式主要是：墙体绿化、中庭和边庭绿化、屋顶绿化以及建筑周边渗透环境的绿化。屋顶作为建筑的第五立面，其空间利用率较高。墙体绿化采用的绿化形式

图11-3-27 综合楼底层架空空间（来源：陆薇 摄）

是使用藤本植物来对建筑的墙体进行立面装饰。而建筑界面的复合化处理，建筑形体也会相应地产生局部的凹进空间，这些复合型的空间和环境相互渗透，使建筑和环境成为一个有机结合体系。

长沙星沙文化中心位于开元东路以北、望仙路以南，东五路与东六路之间，建筑面积约9.35万平方米，作为全省最大的县级文化中心，涵盖"两馆两中心"，主要有图书馆、档案馆、文化艺术中心、市民健身中心等。屋顶绿化是该项目的一大亮点，所选用的佛甲草属于耐旱性植物，即使在夏季无需浇水也能保证青葱。佛甲草可以取代传统的隔热层和防水保护层，其所需要的土层很薄，即使在吸足水分的情况下也远低于屋顶的承重能力。此外，它的根系无穿透力，并不会破坏屋面结构。根据植被通过光合作用吸收太阳辐射，

使周围的空气降温这一原理，通过植被屋顶、中庭空间以及场地环境的景观绿化配置，形成立体的多层次的绿化效果，有力地改善了建筑内部以及场地局部微气候条件，还形成建筑室内外的良好的视觉景观焦点。该设计通过对传统屋顶绿化的技术策略进行改进和提高后，结合新型的防水材料以及合理的构造措施的加入，使得屋顶绿化这一传统生态技术策略，更加的安全、高效（图11-3-28、图11-3-29）。

3. 结合地域技术的构造措施

生态建筑一般所采用的是与当地社会环境与经济成本相适应的构造设计技术。而构造技术的基本原则不仅仅只是通过高科技的设备，而是在充分考察地理环境状况；对建筑空间和形体及其功能空间关系合理布局的推敲；学习和发掘传统建筑所使用的生态设计方式，来改善建筑整个环境以及局部环境的微气候。

（三）建筑环境的微气候营造

为实现整体的生态效果，将建筑与水体、植物相结合，建筑周边的环境也因植物的光合作用变得更为凉爽。不同的种植密度所引导的空间内部的气流也不同，在建筑的西边布置相应的植物，通过对其推敲来改变气流方向，可有效地遮挡太阳辐射（图11-3-30）。在整体建筑规划布局中，应根据建筑来配置相应的多种类型的植物，这样随着植被种植位置的不同，其所起到的生态作用也会相应的随之变化。不仅仅是植物，水体也可以吸收一定量的太阳辐射，在经过阳光照射后通过蒸发来对整体的环境进行温度降低（图11-3-31）。

图11-3-28　长沙星沙文化中心鸟瞰图（来源：罗朝阳工作室 提供）

图11-3-29　长沙星沙文化中心屋顶绿化（来源：罗朝阳工作室 提供）

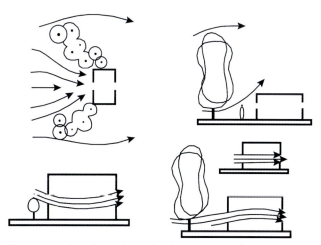

图11-3-30　植被的设置对气流的影响（来源：根据《建筑节能设计手册——气候与建筑》，陆薇 改绘）

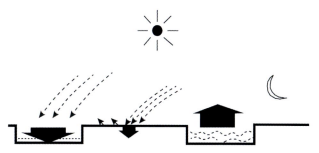

图11-3-31　水体对环境微气候的影响（来源：根据《建筑节能设计手册——气候与建筑》，陆薇 改绘）

张家界国宾大酒店（图11-3-32）是一家集住宿、餐饮、会展、度假、休闲娱乐为一体的豪华旅游酒店。该设计在建筑的西侧根据建筑形态相应的布置一定数量的落叶乔木。夏季，这些乔木就可以有效地遮挡太阳的日晒和辐射。冬季，阳光辐射可以透过落叶过后的枝干照射在建筑上，增加整个建筑的热辐射度。同时在建筑的北边也可以相应的布置一定的常绿乔木来消减气流的强度，从而减弱冬季寒风对建筑热损耗的影响。而泳池的引用不仅丰富了室外空间，通过水体吸收和储存一定量太阳辐射的过程也达到了改善整个场地环境热舒适度的目的（图11-3-33）。

图11-3-32　张家界国宾大酒店（来源：党航 摄）

第四节　传统建筑保护与再利用的可适性

泱泱中华，传统文化源远流长，各种文化思想交汇融合，流传至今。面对着众多传统历史文物和建筑，伴随着信息融合和城市化的发展，我们应如何对待这些文明产物？国内许多城市具有相当悠久的历史文化，也形成不同种类的地域文化和建筑风格。传统的木质结构建筑已不能适应当今的城市发展，如何对待这些历史文化名城、传统建筑以及由他们构成的传统城市地域文化，是放置在所有人面前的亟待解决的问题。

一、传统建筑的保护与修复研究现状

传统建筑保护理论体系由来已久，学者们从探讨建筑修复的依据、技术方法与尺度出发，就修复行为到底应该体现遗产何种价值以及如何准确挖掘价值的问题展开争论。而修复技术与方法的改变与对遗产价值的认识过程保持一致，最终确立了以"维护历史真实性价值"为核心思想的保护修复原则与保护方法体系。

整个体系围绕着原真性原则展开，即从环境、材料、工艺3个方面入手保护原始的建筑与空间环境，在修复过程中尽可能的尊重原有建筑材料与工艺。由原真性原则又派生出不

图11-3-33　酒店室外空间的营造（来源：党航 摄）

同程度的保护原则，具体如下：1. 全面保护原则，提倡保护遗产存在过程中的全部历史见证，包括历史文化科学情感等多方面的价值；2. 最小干预原则，在能够正常保存的基础上尽量避免对建筑遗产添加和拆除，以此保护建筑遗产原真性；3. 可逆识别原则，强调所有修缮与加固的部分必须与遗存有所区别，能被区分开来，强烈反对以假乱真的处理行为；4. 可逆原则则注重修复的可逆性，任何修复行为都不

能干扰到未来的保护工作；5. 原址保护原则强烈反对搬迁保护，强调一座建筑的历史环境同样拥有遗产价值；6. 缜密原则要求任何保护措施需要建立在严密的计划之上，必须对遗产本身与历史环境等多方面因素充分调查研究并进行相应记录之后再实施保护措施。

与保护修复原则相对应的保护修复方法则是保护思想的体现和运用。结合以上众多原则，当前学界已经基本形成了一套建筑遗产保护修复系统方法——"干预分级法"。使用宣布对于建筑遗产进行评价分级，然后再采取不同模式的干预手段。1. 针对遗址保护，其精神寓意远比物质完整性重要，采取不干预的方式；2. 维持现状，即当建筑现状没有大问题时，保护工作仅作用于状态维持与预防进一步破坏的方面，是一种基础的干预方式；3. 加固性修复，通过对建筑现有组织注入粘结材料或加以局部支撑保护建筑结构稳定与完整，处理地基沉降加固与校正梁架以及修补屋面与门窗木构；4. 修补性修复要求使用可识别的新材料对古建筑进行维修修补，使其恢复到破损前的状态；5. 复原性修复指当建筑初始形态具有一定的历史意义，或者少量缺失，允许将建筑修复如初，但依然需要可识别；6. 重建性修复，一般针对有助于从功能角度完善整体遗产建筑群的情况下，允许根据资料重新建造，但不能作为文物主体存在；7. 适应性再利用指的是在不影响建筑保护的前提下适量变更其用途，以适应新功能的加建改建等。

早在1964年的《威尼斯宪章》就提出，"保护的目的不仅仅是保存一个历史遗迹以满足人们对历史文化的怀念，更是为了从物质层面上延续我们的文化甚至生活本身。为社会公用之目的使用古迹永远有利于古迹的保护，这是保护的宗旨"。1977年《马丘比丘宪章》进一步完整地阐述了以上观点，明确地提出"城市的个性和特性取决于城市的体型结构和社会特征。保护、恢复和重新使用现有历史遗址和古建筑必须同城市建设过程结合起来，以保证这些文物具有经济意义并继续具有生命力""可适性再利用方法是恰当的"。使历史遗产在当代社会生活中得到更有效、更合理的利用是非常重要的。

众所周知，城市更新是一种不可逆转的过程，现代生活模式将逐步影响城市的每一个角落，而那些物质功能不能适应当代社会需求的历史建筑不可能仅仅采取博物馆式的冻结保护，对它们进行一定的有机改造，重新整合资源是社会的共同需求。但是，不论是历史建筑的改建、加建还是周围区域新建，目标都是试图通过功能的优化更替使历史建筑继续发挥内在价值，达到一种新的完整性与生命力。具体的措施包括首先对建筑进行修缮，保证其继续良好存在下去的可能，而这一过程必须遵循科学修复的原则和保护的方法，然后考虑调整建筑的使用功能，并进行适宜的改建与加建。功能的设置上一般要求尽量保持原有功能或是寻找不改变原有的空间组织关系的新功能，尽量避免对原空间的过度改变，即"最小干预原则"。越来越多的历史建筑遗产，都面有着或多或少的改造需求，如何安排新的功能加以合理利用，如何以更加开放的态度对待传统文化，同时以恰当的建筑语言与历史建筑文化产生呼应已经成为当代建筑设计及建筑遗产保护性再利用项目最重要的内容之一。

历史建筑保护与再利用所涉及的是多层次、多方位的。保护范围也从初始于对历史文物建筑的保护（图11-4-1），扩大成对其所处的历史文化环境的保护，即历史街区、历史文化名城的保护；而保护内涵则从静态地对历史信息的保存发展到人类生存的历史文化环境的延续与可持续发展；从保护力量由社会少数精英分子的大力推动发展到以使用者为中心的全体公众参与；保护的手法从对物质形态的单项整治与保护手法的创新扩展到关注建筑遗产所具有的社会生命质量、促进区域复兴与更新的任务；保护的力度从大拆大建的简单粗暴做法发展成为注重历史遗存具备的物质与非物质部分的延续。

必须指出的是，文物建筑再利用的价值是巨大的，将再利用置于理论高度，引导与整合建筑保护的研究与实践是非常必要的。20世纪60年代，西方国家大规模的城市更新，改造再利用历史建筑作为缓解"城市中心衰败"问题的方法，成为城市更新的重要实现途径，历史建筑保护再利用与城市的发展更新有着密切的关系。我国于20世纪80年代开始了经济建设的高潮，许多城市的老城区开始大规模的旧城改

图11-4-1 湖南大学大礼堂修复（来源：熊申午 摄）

造运动，同时也伴随着大规模的保护与再利用工作。根据调查研究，我们将国内旧城改造归纳为三个阶段，保护与再利用呈现出阶段性特点（表11-4-1）。

湖南省的历史建筑保护与再利用研究具有广阔的前景，湖南省历史遗存丰富保留较完好，为研究提供了可行性与必要性。截至2015年，已查明不可移动文物2万余处，划入全国重点文物保护单位共183处，总量位居全国第九，在长江以南地区位列第二位；划入省级文物保护单位共862处，其中古建筑类别共365处；划入市县各级文物保护单位共5000余处；国家大遗址7处，如里耶古城遗址、铜官窑遗址、老司城遗址、汉代长沙王陵墓群，启动和建成的国家考古遗址公园4处。湖南省古城格局保存基本完好、历史街区体现良好的整体传统风貌、建筑悠久古老、散发着浓厚的人文气息。同时前人多年的传统建筑保护修复研究，也为湖南省积累了一定历史遗存的整治与再利用的实践与经验，为新时期工作的开展提供借鉴。

我国文物保护与再利用阶段性特征　　　　表 11-4-1

	第一阶段 20 世纪 80 年代	第二阶段 20 世纪 90 年代初期	第三阶段 20 世界 90 年代后期至今
改造特点	物质改造		结构性调整
发展重点与工作中心	开发新城为主，资金紧缺，旧城着重更新和完善基础设施	城市扩张，经济开发	城市振兴，提升城市品位
改造策略	"点"式保护与改造并存	大拆大建	大面积改造与保护并重
历史遗存保护与再利用范围	少量宝贵的建筑遗存	大量性、一般化建筑遗存	
根本原因	没有足够的资金实施大规模的旧城改造，保护意识也不足	没有意识到历史遗存潜藏的经济价值，没有探求历史遗存生存途径	社会经济结构变化提出高层次要求，解决了保护与建设的矛盾，发展眼光放在追求长远的经济效益

二、保护前提下的再利用案例

（一）街区改造

历史文化街区的保护与整治，是一个复杂的问题，这种保护不属于危房改造工程，更加不是单纯的房地产开发项目，如果不能正确认识到历史街区保护的重要地位，就难以使它得到应有的保护与重视。

以长沙市太平街为例，其历史街区保存有较多的文物古迹和历史遗迹，有许多客栈旅店或是戏园茶楼（图11-4-2）。比较典型的有贾谊故居、长怀井、辛亥革命共进会旧址、明吉藩王府西牌楼旧址、李富春故居乾益升粮栈、洞庭春茶馆、宜春园等。作为屈贾之乡、湖湘文化的发源地，中国近代革命的摇篮、湖南辛亥革命的策源地，太平街区最为宝贵的历史遗存不是哪几栋建筑，而是它保留了自明清时期形成的"鱼骨式"的街巷格局，百年来街巷的名称位置基本未变，街巷宽度、两旁建筑的形式与尺度、以及建筑材料仍然体现传统的风貌。通过分级的方式，我们将街区内建筑按保存完整程度分为三类：

具有典型地方特色或者是有历史意义的古建筑及近代建筑或按风貌要求重新修复过的风貌建筑。如贾谊故居、乾益升粮栈旧址、鲁班庙旧址、共进会旧址、四正社旧址等（图11-4-3）。

受到部分损坏的传统风貌建筑，或者传统建筑做法的建筑。其建筑在色彩、材料、尺度、空间格局等方面都与一类风貌建筑基本协调，对历史文化街区的整体风貌影响不大。

大体量的建筑，从体量、外观、色彩等方面均破坏了街区内整体风貌，造成严重的景观障碍。如一些本身没有历史价值的新建多层住宅、商住楼等。

街区修复工作必须有一个宏观的把握，以太平街区现有的建筑风貌，它不具备进行全面保护的基础。因此在保护的措施上，整合街道整体风貌，与保护修缮历史建筑一样重要。太平街区的保护与更新，须着重保持街巷格局，逐步恢复传统面貌。

针对文物建筑的分级保护。相关单位经过对历史街区现存建筑的调查评估，将历史街区的历史文物建筑分为三级进行保护。对省级文物保护单位贾谊故居，保持建筑原有风格式样及原有环境，保护性修缮为"修旧如旧"。对历史街区六处不可移动文物的保护，保护其建筑立面、结构体系、基本平面布局，内部按使用性质进行相关修改利用，保护原则为"只修不建，修旧如旧"。街区25处优秀历史建筑的保护，保持建筑立面原貌（图11-4-4）。

由于历史街区街巷狭窄，交通拥挤、管线乱挂；市政、环卫设施缺乏，历史建筑基本没有卫厕设施，居民生活条件极差，在保护历史街区原真性的同时，也要使历史街区的生

图11-4-2 太平街（来源：熊申午 摄）

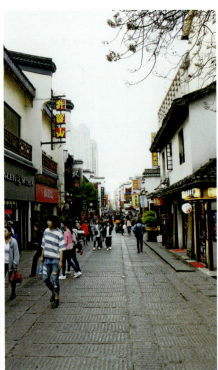

图11-4-3　太平街1（来源：熊申午 摄）

图11-4-4　太平街2（来源：熊申午 摄）

活与现代生活接轨。保护规划在保持传统街巷格局、尺度、比例、环境风貌不变的原则下，组织了历史街区的内外交通和完善了电力电信、给排水、消防管网的地埋敷设及环卫设施规划。历史街区内部道路为步行道路，宽4～6米的道路改造为应急消防道路，那些不能进消防车的巷道，加密消防栓的设置，并在历史风貌区的外围规划9～11米宽环行消防车道。与此同时，针对不可移动历史文物构筑物的金线街麻石路，在整治中寻回散失的麻石块，收购旧麻石块，按原貌恢复。而太平街道路则按传统麻石路新建。至此针对传统街区太平街，从建筑单体与街道空间等多方面多角度进行了保护，再利用，近年来太平街一改曾经的脏乱街区的特点，逐渐成为长沙市传统文化传播地与旅游聚集地，吸引了大量人气。

（二）建筑单体

与传统街区较为整体的修复利用不同，作为传统建筑保护基本单元的单体建筑，尤其是较为典型的传统建筑，其修复再利用价值高，效果更为显著。

火宫殿牌楼，火宫殿又名火宫殿、乾元宫，历史上作为火神庙，位于长沙市天心区坡子街，始建于清乾隆十二年。正殿为火神庙，右侧为普慈阁，左侧为弥陀阁。火宫殿占地6000平方米，北起坡子街，南抵坡子街，建筑精致华美。火神庙庙脊之上安有7个铜铸大葫芦，正殿有一尊高大的泥塑火神像。火宫殿牌楼为砖砌，"山"字形阁塔式建筑，两侧墙面砌有龙凤和人物浮雕。脊部同样安有葫芦与神兽。中门之上雕有火宫殿三字，原为清末著名书法家，黄自元直书的乾元宫（图11-4-5）。

1938年文夕大火，火宫殿整体建筑除牌楼外悉数烧毁，断壁残垣之下，仅有西楼少量房屋为市民简单修复使用。2000年以来，随着城市发展与商业地产开发，火宫殿区域曾经一度计划拆除，包括保留完整的牌楼。在市民的呼吁和政府的干预下，火宫殿牌楼被定为长沙市文物保护单位，火神庙于2002年重建。

现如今，火宫殿区域已经将文化、祭祀、饮食等新老元素成功融合，传承的同时发扬了其作为现代城市一部分的新鲜活力。

（三）天心阁

天心阁位于长沙老城东南角，现在市中心城南路与天心路交汇之处，历来都是古长沙的标志。天心阁之名来自于《尚书》"咸有一德，克享天心"。旧时的天心阁一带山势绵延，又为长沙城东南端最高处，视野开阔，"楚天一览，俯瞰万家"为历代的瞭望哨所，也是兵家必据之地。古阁始建于明万历年间，城墙修建于明洪武年间。清乾隆十一年（1746年），城南书院建于天心阁下，古阁"彻而更新"，布局改为两进，三重檐歇山木构楼阁，后设两层砖木结构，两端砌封火山墙，山墙为弓形（图11-4-6）。

1924年，刘敦桢先生对天心阁重新设计并重建古城阁，取消其端头的封火山墙，在两翼增建了轩楼，呈弧状布局。毁于战乱的天心阁于1983年再建，保持了主阁原貌，并参照古岳阳楼增建2座重檐辅阁——南屏和北拱。其结构采用钢筋混凝土仿木，建筑面积846平方米，三层主阁用46根圆柱支撑。在保留明清江南城阁风格的基础上，气势更加雄浑，主阁与两翼以长廊连接，如鸟张翼（图11-4-7）。

图11-4-5　火宫殿（来源：熊申午 摄）

天心阁区域扩建保护规划，其设计思路是一阁一带天心三园的思路，不仅将天心阁，作为重点保护修缮对象，同时对城墙延续带进行保护扩建，试图恢复城南书院旧时的文化带，形成较为完整的文化遗存。

文物建筑保护绝不仅仅只是单方面的保护建筑。文物建筑的保护与利用问题也就是建筑"软环境"的建设问题。那些有着深厚历史文化内涵的文物建筑被挤压在现代高层建筑中似乎是"无立足之地，且抬不起头"，而城市只剩下被现代化"克隆"出来的钢筋混凝土模具。可见，建筑的软环境，即人文环境要比"硬环境"更具深度。"软环境"涉及与整体市容密切相关的建筑景观。例如对文物建筑保护区域的制高点的控制，对固有人文氛围的保护，等等。

通过对建筑历史变迁和存在价值的研究，让更多的人了解传统建筑的价值，对于重点建筑重整周边环境，恢复部分周围环境的延续。以天心阁为例，尝试恢复重建城南书院，恢复"高阁插云""麓屏耸翠""疏树含烟""池塘夕照"这四大古时景观，或许是一种更为有效的保护传承方式。

图11-4-6　天心阁原貌（来源：《长沙老建筑》）

图11-4-7　天心阁（来源：熊申午 摄）

第十二章 结语

湖湘一脉，千年传承，潇湘洙泗，荆蛮邹鲁。

荆江以南，洞庭之畔，先秦两汉时代的楚文化；随着中原汉文化南下，程朱理学的发源，形成的正统儒学文化；历次民族大迁移带来的周边区域的文化融合；西南山区本土的少数民族文化。这些丰富而有价值的文化共同组成了精彩的湖湘文化，在近代造就了各式各样富有价值的传统建筑。

《中国传统建筑解析与传承 湖南篇》自课题研究开始到书稿出版，整整跨越了两个年头。两年来，课题组成员利用教学工作和学习之余，走遍了湖湘大地，他们走城穿巷、进村访民，实地测绘，拍摄资料，行程数千公里，风尘仆仆，其中有艰辛更有快乐。课题组成员分别来自建筑、规划两大学科，队伍中有学术渊博的学者，也有初涉学术界的青年学子，是一支充满生机与活力的研究队伍。在调查研究湖南传统建筑的基础上，广泛收集第一手资料，翻阅了大量相关的文献、史料，借鉴了国内外有关专家研究传统建筑的大量研究成果，并从湖南传统建筑的人文历史、文化渊源、公共建筑类型、村落规划布局、民居空间模式、装饰艺术及营造技术等诸多方面入手去研究、探讨湖南传统建筑中所蕴含的文化价值，分析各类建筑文化之间的差异。考虑到数量巨大而篇幅有限，本着总结的思路，从文化角度对各区域传统建筑进行划分，将各区域有代表性的一些建筑群、单体录入。传统建筑的形成，无法抛开其民族文化的影响，通过研究各个区域文化构成，分析其建筑风格形成的内在缘由，以及各地区间建筑文化相互的影响，从而更加深刻地解读传统建筑。将传统建筑解构到一点一滴细节上，能够更好地为传统建筑的传承提供帮助。

历年来湖湘学子与国内学者对湖湘建筑文化深入挖掘，已经取得不小的研究成果。本书充分研读前人研究成果，分析总结，从文化角度进行归纳，以宏观视角观察湖湘建筑文化。前人研究可敬，却也存在一些局限。一是，研究主要集中在湘西地区少数民族建筑，且多针对某一建筑群进行解析研究。多年来，湘西少数民族建筑的确获得了重视、保护与发扬，这是值得肯定的丰硕成果，但是我们不能忽视湘东北洞庭湖区域、湘中梅山地区和湘南湘江流域汉民族聚居区的建筑。值得警醒的是，尽管这些地区历史上经济更加发达，存有大量艺术价值高的传统建筑，却未得到足够重视和发掘，随着时间流逝，破坏也是相当严重，从建筑文化传承的角度来看，这是非常可惜的。二是，对于湘西少数民族传统建筑的挖掘上，又缺少对各民族建筑文化的整体把握，少数民族组成上多样，分布上有其各自的区域，不同民族区域间，建筑风格偏差也很大，不应笼统地将所有湘西建筑风格划为一类，各民族的建筑文化以及相互之间的影响都是值得研究与探讨的。

在多次实地调查测绘的过程中，也印证了这两个问题的重要性。汉民族区域的地理位置、交通更加便利，经济发展过程中，新式建筑大量使用，传统建筑渐渐弃置。加上没有得到足够的重视与发掘，逐渐破败、消逝。同时由于对各民族建筑文化差异认识的不足，出现建筑传承过程中的乱象，毫无根据地引用外来的传统建筑风格，以至于在湖湘大地上出现大量突兀的非湖湘传统建筑元素，这都是值得思考与解决的问题。

与此同时，在对近代建筑演变历程的分析后，理解湖南当代建筑设计的发展与创新。结合案例对含有传统建筑设计思路的项目拆分解析，总结出一套适合湖南、应用于湖南地区的建筑设计手法，引出一些传统建筑文化传承过程中所遭遇的机遇与挑战，借此为今后地域建筑的发展与传统建筑的传承提供一些方向。

人们认识自然、认识社会不可能一次达到终极境界，任何课题研究总是需要一个艰苦的过程才能达到预期的目标。

湖南传统建筑的传统人文价值与艺术价值的再利用研究刚刚开始，要做到系统的、全面的和清晰的研究，要真正建立一套研究的理论框架，那是一项更为艰巨的工作。正因为如此，这本著作的完成只能说是这个课题的一个阶段性成果，只能起到抛砖引玉的作用。在此，希望借由此书的撰写，为湖南传统建筑文化传承起到帮助与引导作用，在既有的问题上引起多方学者的重视，引起民众对传统建筑的正确认识。诚然，传统建筑文化博大精深，非一家一书能尽言之，望以本次研究为砖，抛砖引玉，集多家之智慧，为湖南乃至中华优秀传统建筑文化的传承助力。

参考文献

Reference

[1] 吴正东. 明清时期湖南人口与社会变迁[D]. 武汉, 华中师范大学, 2012.

[2] 许应石等. 湘西北地貌特征与城镇地貌灾害防治——以桑植县为例[C]. 全国地貌与第四纪学术研讨会, 2011.

[3] 刘宇. 蹲点：以湘西老村为例的人类学考察[D]. 长沙：中南大学, 2006.

[4] 吴鹏. 湘北地区传统建筑生态节能设计研究——以张谷英村为例[D]. 长沙：长沙理工大学, 2011.

[5] 颜朝辉. 面向湘中地区农村居民的家具设计研究[D]. 长沙：中南林业科技大学, 2012.

[6] 陶静. 我国大学战略管理实施的路径探析[D]. 长沙：湖南大学, 2008.

[7] 罗畅. 长沙地区民居建筑文化传统的研究[D]. 长沙：湖南大学, 2009.

[8] 黄新宇. 湖南特色文化发展模式研究[D]. 长沙, 湖南师范大学中共党史, 2012.

[9] 袁家荣. 长江中游史前文化暨第二届亚洲文明讨论会论文集[C]. 长沙, 岳麓书社, 1996.

[10] 尹检顺. 湖南澧阳平原史前文化的区域考察[J]. 考古, 2003（03）：56-68.

[11] 储友信. 湖南发现旧石器时代高台建筑[N], 中国文物报, 1998-4-6.

[12] 郭伟民. 澧阳平原的考古学启示[J]. 中原文物, 2005（6）：43-53.

[13] 袁家荣. 洞庭湖西部平原旧石器文化向新石器文化过渡的研究[J]. 考古学研究, 2008（01）：317-332.

[14] 王杰. 试论湖南大溪文化[J]. 考古, 1990（03）：239-254.

[15] 郭伟民. 洞庭湖区大溪文化再研究[J]. 考古学研究, 2012（04）：166-196.

[16] 谢南斗. 湖湘苗蛮文化母题与原型[J]. 中国文学研究, 2006（1）：93-96;

[17] 黄柏权. 论武陵文化[J], 广西民族研究, 2002（04）, 106-114.

[18] 戴楚洲. 漫谈武陵文化历史发展轨迹[J]湖北民族学院学报（哲学社会科学版）, 2010（03）：60-64.

[19] 颜芬. 论湘西巫傩文化与沈从文的文化意识[D]. 武汉：华中师范大学中国现当代文学2012.

[20] 曾晓桃. 雪峰文化异彩纷呈[J]新湘评论, 2009（11）：42-43.

[21] 郭伟民. 湘江流域新石器文化序列及相关问题[J]华夏考古1999年（03）, 59-72.

[22] 尹检顺. 湘江流域原始文化初论[J]南方文物, 1999（04）：51-62.

[23] 何介钧. 洞庭湖区新石器时代文化[J]考古学报, 1986（04）：385-408.

[24] 杜耘. 洞庭湖新石器文化遗址与古环境[J]华中师范大学学报（自然科学版）, 2012（12）：516-520.

[25] 施金炎、施瀚文. 论洞庭—湖湘文化[J]湖南师范大学社会科学学报, 2003, 32（04）：95-98.

[26] 毛攀云, 石潇纯, 周探科. 1988—2012年梅山文化研究述略[J]湖南人文科技学院学报, 2013（02）, 42-50.

[27] 刘铁峰. 梅山文化概论[J]娄底师专学报, 1997（03）: 25-30.

[28] 刘铁峰. 论梅山民俗性宗教文化的生成[J]湖南社会科学, 2004（04）, 95-97.

[29] 吕文明. 湘西石头建筑[J]. 中外建筑, 2007（08）: 36-38.

[30] 伍国正. 湘东北地区大屋民居形态与文化研究[D]. 昆明: 昆明理工大学建筑学, 2005.

[31] 满棠, 李勇. 中国传统建筑文化在当今的传承[J]. 山西建筑, 2009, 35（34）: 32-33.

[32] 陈莉. 城市建筑的继承与创新[J/OL]. 城市建设理论研究: 电子版, 2013（22）.

[33] 刘平波. 湖南省森林火灾空间建模研究[D]. 长沙: 中南林业科技大学 森林经理学, 2010.

[34] 付玉昆. 基于生态学理论的湖南地区社区公园规划设计研究[D]. 长沙: 湖南大学, 2016.

[35] 潘霁亮. 中英亲属称谓习俗的文化比较[J]. 和田师范专科学校学报（汉文版）, 2005, 25（2）: 116-117.

[36] 刘明举. 坡脚墟场交换行为的理性[D]. 武汉: 中南民族大学, 2009.

[37] 李迎春. 湘西少数民族环境习惯法研究[D]. 长沙: 中南林业科技大学, 2012.

[38] 童小娟. 把自己推进坟墓[J]. 《产权导刊》, 2011（4）: 75-76.

[39] 刘俊. 析论湘西土家族传统民居建筑艺术[J]. 《装饰》, 2005（5）: 71-71.

[40] 关雪荧. 苗族民居建筑艺术的保护与传承研究——以湖南省绥宁县大园古苗寨为例[D]. 北京: 中央民族大学, 2012.

[41] 季诚迁. 古村落非物质文化遗产保护研究——以肇兴侗寨为个案[D]. 北京: 中央民族大学, 2011.

[42] 吴育群. 侗族建筑艺术价值探讨-以黎平侗族建筑为例[J]. 《中文信息》, 2013（11）: 155-156.

[43] 罗兴华, 彭国斌, 赵勤恒. 三江侗族木架构古建筑三维虚拟展示设计的思考[J]. 《艺术百家》, 2012（12）; 170-172.

[44] 侗族建筑: 文化空间的聚合与叙事[J]. 《中国西部》, 2005（2）: 46-58.

[45] 谭文慧. 湘南传统民居装饰艺术研究[D]. 长沙: 湖南师范大学美术学, 2008.

[46] 许应石, 李长安, 高孟秋, 毛蓬亭. 湘西北地貌特征与城镇地貌灾害防治——以桑植县为例. 全国地貌与第四纪学术研讨会[C], 2011.

[47] 张芸芸. 湘西传统民居建筑符号及其现代演绎的研究[D]. 湖南大学, 2010.

[48] 向阳. 湘西地区新闻信息传播形态的衍变[D]. 中央民族大学, 2006.

[49] 张应和. 湘西古文化: 多民族融合交汇的瑰丽长卷[J]. 民族论坛, 2008（08）: 7.

[50] . 湘西土家族苗族自治州地方志编纂委员会. 湘西州志.[M]. 长沙: 湖南人民出版社, 1999.

[51] 郑英杰. 湘西文化特点略论[J]. 云梦学刊, 2001, 02: 48-51.

[52] 魏挹澧. 湘西风土建筑[M]. 武汉: 华中科技大学出版社, 2010: 172.

[53] 龙玲. 湘西百年古城老司城的可持续发展初探[J]. 华中建筑, 2009（03）: 215-219.

[54] 张士泉. 寺、庙、祠、观、庵的区别[J]. 湖南农机, 2012（04）: 39.

[55] 张海波. 湘西州古典园林调查与分析[D]. 中南林业科技大学, 2015.

[56] 柳肃. 湖南古建筑[M]. 北京: 中国建筑工业出版社, 2016: 53-55, 62-65, 107-109.

[57] 龙玲. 湘西百年古城老司城的可持续发展初探[A]. 中国民族建筑研究会. 华南地区古村古镇保护与发展（广州）研讨会文集[C]. 中国民族建筑研究会, 2008: 8.

[58] 邓晓红, 李晓峰. 解读摆手堂[J]. 华中建筑, 2013, 10: 171-174.

[59] 柳肃. 湘西民居[M]. 中国建筑出版社, 2008: 52-57.

[60] 罗婷方. 湘西碗米坡库区移民村镇的历史文化保护研究[D]. 湖南大学, 2008.

[61] 赵忠鼎. 湘西土家族吊脚楼建筑构件研究[D]. 中南林业科技大学, 2014.

[62] 许昊皓. 湖南地域聚落空间构型研究[D]. 湖南大学, 2014.

[63] 王宏涛. 湘西地区传统民居生态性研究[D]. 湖南大学, 2009.

[64] 向婧妮. 洪江古商城：浮华随流水而去[J]. 国土资源导刊, 2014（1）：84-91.

[65] 高琦. 湖南洪江黔城古城研究[D]. 武汉理工大学, 2008.

[66] 刘彦华, 马承滨. 通道：一座深山小城的守望与担当[J]. 小康·财智, 2016（8）：42-46.

[67] 欧阳彦红. 洞口县宗祠建筑形制研究[D]. 华中科技大学, 2012.

[68] 刘枫. 湖湘园林发展研究[D]. 中南林业科技大学, 2014.

[69] 李哲. 湘西少数民族传统木构民居现代适应性研究[D]. 湖南大学, 2011.

[70] 郑雅慧. 传统民居的空间形态与生态营造分析[D]. 湖北工业大学, 2007.

[71] 魏玖. 湘西南地区高椅古村落建筑装饰艺术研究[D]. 湖南工业大学, 2014.

[72] 郭谦. 湘赣民系民居建筑与文化研究[M]. 北京：中国建筑工业出版社, 2005：23-30.

[73] 欧阳建林. 湘南传统民居窗的调查与应用研究[D]. 湖南农业大学, 2012.

[74] 湛先文. 湘南古村落保护规划研究[D]. 中南大学, 2011.

[75] 罗维. 湖南望城靖港古镇研究[D]. 武汉理工大学, 2008.

[76] 汤毅. 湖南历史文化村镇空间形态研究[D]. 湖南师范大学, 2012.

[77] 张璐. 湖南传统民居建筑对现代居住环境的启示[D]. 湖南师范大学, 2014.

[78] 李哲. 湖南永兴县板梁村建筑布局及形态研究[D]. 湖南大学, 2007.

[79] 李泓沁. 江永兰溪勾蓝瑶族古寨民居与聚落形态研究[D]. 湖南大学, 2006.

[80] 魏欣韵. 湘南民居——传统聚落研究及其保护与开发[D]. 湖南大学, 2003.

[81] 李楚智, 范迎春. 湘南古宗祠的功能及其空间场所性[J]. 湖南第一师范学院学报, 2014（03）：110-113.

[82] 白佐民, 邵俊仪. 中国美术全集建筑艺术编袖珍本坛庙建筑[M]. 北京：中国建筑工业出版社, 2004：78-81.

[83] 冒亚龙. 湖南南岳书院建筑空间形态与文化表达研究[D]. 昆明理工大学, 2003.

[84] 王丹妮. 长沙传统宗教园林发展历史及其环境特征研究[D]. 中南林业科技大学, 2013.

[85] 周丽. 湖南古代桥梁结构类型和特点研究[D]. 湖南大学, 2008.

[86] 阳林杰. 湘南传统民居对现代建筑设计的启示[D]. 湖南师范大学, 2009

[87] 李艳旗. 湘南地区单一姓氏聚居传统村落建筑布局研究[D]. 湖南大学, 2010.

[88] 中华人民共和国城乡建设部. 中国传统民居类型全集. [M]. 北京：中国建筑工业出版社, 2014

[89] 李敏. 湘南地区瑶族传统民居群落研究[D]. 中南林业科技大学, 2013.

[90] 柳肃. 古建筑设计[M]. 武汉：华中科技大学出版社, 2009：118-119.

[91] 梁博. 湘南传统民间建筑营造法研究[D]. 湖南大学, 2012.

[92] 许建和. 地域资源约束下的湘南乡土建筑营造模式研究[D]. 西安建筑科技大学, 2015.

[93] 田长青. 湘南传统外庭院内天井式民居建筑形态研究[D]. 湖南大学, 2006.

[94] 乐地. 湘南民居中吉祥图的运用与研究[D]. 湖南大学, 2004.

[95] 李俊. 湘中南地区传统民居形态特征的现代转换研究[D]. 湖南大学, 2006.

[96] 唐凤鸣. 湘南民居的建筑装饰艺术价值[J]. 美术学报, 2006（02）：36-39.

[97] 陈福群. 湘南地区传统聚落景观模式语言研究[D]. 湖南师范大学, 2015.

[98] 文卷. 湖南传统民居地域审美文化差异研究[D]. 中南大学, 2013.

[99] 王医. 湘中北地区传统民居建筑形式的气候适应性研究[D]. 湖南大学, 2012.

[100] 张璐. 湘南传统民居建筑对现代居住环境的启示[D]. 湖南师范大学, 2014.

[101] 何峰, 柳肃. 汝城明清宗祠门楼木雕装饰艺术的湘粤文化渊源[J]. 装饰, 2012（09）: 115-116.

[102] 张慧. 东洞庭湖区域聚落遗产要素与价值评估[D]. 中南大学设计艺术学, 2012.

[103] 伍国正. 湘东北地区大屋民居形态与文化研究[D]. 昆明理工大学建筑设计及其理论, 2005.

[104] 李百浩, 金毅, 徐宇甦. 外围内敛的湖南古城镇——汨罗长乐古镇[J]. 华中建筑, 2009（02）: 234-239.

[105] 董世宇. 由形态分形到秩序分形——以湖南省岳阳市张谷英村为例[J]. 华中建筑, 2012（09）: 162-164.

[106] 云燕. 人文观念影响下的中国古代村落文化[J]. 青年文学家, 2009.

[107] 陈书芳. 历史文化名城人文景观的保护和塑造研究[D]. 江南大学设计艺术学, 2008.

[108] 袁丽萍. 名楼精饰雕镂生辉——岳阳楼雕饰艺术解读[D]. 湖南师范大学美术学, 2007.

[109] 张庆余, 曾庆淼. 论岳阳楼的文化价值及其保护[J]. 湖南大学学报（社会科学版）, 2001（01）: 16-20.

[110] 张迎冰. 岳阳文庙的建筑规制与特色初探[J]. 岳阳职业技术学院学报, 2005（03）: 43-45.

[111] 徐晨曦. 古村落人居环境保护研究[D]. 湖南师范大学人文地理学, 2012.

[112] 黄禹康. 中国传统民居聚落中的一枝奇葩——张谷英大屋[J]. 城乡建设, 2007（09）: 74-76+5.

[113] 李杨文昭. 平江县古祠堂建筑特点研究[D]. 湖南大学, 2016.

[114] 任奇伟. 张谷英村建筑模式语言研究[D]. 中南林业科技大学, 2013.

[115] 谷涛. 张谷英大屋[D]. 湖南师范大学课程与教学论, 2002.

[116] 王医. 湘中北地区传统民居建筑形式的气候适应性研究[D]. 湖南大学建筑学, 2012.

[117] 伍国正, 余翰武, 隆万容. 传统民居的建造技术——以湖南传统民居建筑为例[J]. 华中建筑, 2007, 11: 126-128.

[118] 许建和, 严钧, 宋晟. 土地资源约束下的湖南地区乡土建筑营造特征比较研究[J]. 华中建筑, 2015（04）: 123-126.

[119] 粟敏. 湖南传统居住环境的生态探析[D]. 湖南师范大学设计艺术学, 2011.

[120] 孙一帆. 明清"江西填湖广"移民影响下的两湖民居比较研究[D]. 华中科技大学建筑设计及其理论, 2008.

[121] 薛卓恒. 湘中地区城镇传统民居形态研究[D]. 湖南大学建筑历史与理论, 2007.

[122] 陈萌. 论曾国藩故居的美学特质[C]// 中国民居学术会议. 2008.

[123] 王瑜. 湘中民居的地域性构成研究[D]. 湖南大学建筑学, 2011.

[124] 彭博雅. 湘中涟源地区清代大宅民居建筑研究[D]. 湖南大学建筑学, 2010.

[125] 邹伟华. 湘中传统民居的探索[J]. 家具与室内装饰, 2011, 06: 86-87.

[126] 彭博雅, 柳肃. 湘中杨市镇清代大宅民居建筑研究[J]. 华中建筑, 2009, 12: 110-113.

[127] 贺业钜. 湘中民居调查[J]. 建筑学报, 1957（03）: 51-58.

[128] 邹阳. 梅山文化与安化传统民居[D]. 湖南大学设计艺术学, 2008.

[129] 喻培杰. 湖南传统民居木制窗花美学研究[D]. 湖南大学建筑环境艺术设计, 2010.

[130] 熊莹. 基于梅山非物质文化传承的乡村建筑环境研究[D].

湖南大学设计艺术学，2014.

[131] 邹阳. 梅山地区历史文化景观适应性再现[D]. 湖南大学设计艺术学，2012.

[132] 刘方舟，柳肃. 湖南新化正龙村民居建筑浅析[J]. 中外建筑，2013（03）：60-63.

[133] 李静. 安化民居建筑符号再生设计研究[D]. 湖南工业大学设计艺术学，2011.

[134] 何韶瑶. 湖南传统建筑[M]. 湖南大学出版社. 2016

[135] 刘亦师. 中国近代建筑发展的主线与分期[J]. 建筑学报，2012（10）：70-75.

[136] 张河清. 湘江沿岸城市发展与社会变迁研究（17世纪中期~20世纪初期）[D]. 四川大学，2007.

[137] 欧鹏. 浅谈长沙近现代建筑发展[J]. 山西建筑，2010（19）：62-63.

[138] 张复合. 中国近代建筑史研究与近代建筑遗产保护[J]. 哈尔滨工业大学学报（社会科学版），2008（06）：12-26.

[139] 谢杰. 长沙近现代建筑立面特征及保护研究[D]. 湖南大学，2012.

[140] 黄晓平. 湖南近代教会建筑研究[D]. 湖南大学，2012.

[141] 侯珊珊. 长沙近代教会建筑研究[D]. 湖南大学，2011.

[142] 郑晓旭. 湖南大学早期建筑研究[D]. 湖南大学，2011.

[143] 郑晓旭，柳肃. 一座典型的折衷主义建筑——湖南大学早期建筑群之二院述评[J]. 中外建筑，2011（02）：45-47.

[144] 龙黎露. 湖南大学近现代保护建筑的修缮研究[D]. 广州大学，2011.

[145] 孙鹏飞. 长沙近代高等院校建筑研究[D]. 湖南大学，2011.

[146] 高明. 近代湖南教会学校研究[D]. 湖南师范大学，2003.

[147] 罗明. 对长沙近代公馆建筑形态的类型学研究[D]. 湖南大学，2005.

[148] 罗明，柳肃. 从文化心理研究长沙近代公馆建筑[J]. 华中建筑，2007（01）：185-188.

[149] 毛经纬. 长沙近现代工业建筑遗产特征及其整体保护研究[D]. 湖南大学，2012.

[150] 肖湘军. 长沙近现代历史建筑色彩特征及其保护性修复方法研究[D]. 湖南大学，2010.

[151] 张捷. 留学生与中国近代建筑思想和风格的演变[D]. 山西大学，2006.

[152] 路中康. 民国时期建筑师群体研究[D]. 华中师范大学，2009.

[153] 柳肃. 柳士英设计风格的发展演变[J]. 南方建筑，1994（03）：35-38.

[154] 蔡道馨. 寓意于居——柳士英先生宿舍设计评介[J]. 南方建筑，1994（03）：39-40.

[155] 杨慎初. 岳麓书院的源流及其修复[J]. 南方建筑，1998，04：36-41.

[156] 杨慎初. 岳麓书院修复问题的探讨[A]. 建筑历史与理论（第一辑）[C]，1980：11.

[157] 王伟. 传统建筑文化的传承与发展[J]. 大众文艺，2013（09）：109-110.

[158] 何敏. 大理白族传统建筑文脉解析及其传承[D]. 重庆大学，建筑艺术学，2012.

[159] 欧阳国辉，周榕，王成刚. 与城市融合：长沙简牍博物馆设计与反思[J]. 中外建筑，2011（04）：67-70.

[160] 覃小燕. 城市历史环境中新建筑的设计原则与手法的研究[D]. 武汉理工大学，建筑设计及其理论，2006.

[161] 孙欣. 浅谈经济性对建筑设计理念的影响[J]. 科学之友（B版），2007（09）：173-174.

[162] 曾毓隽，熊燕. 探讨建筑功能的动态特征[J]. 山西建筑，2007（32）：41-42.

[163] 吕倩. 初探建筑设计中的经济性理念[D]. 东南大学，建筑设计及其理论，2005.

[164] 韩燕. 居住建筑的生态适用设计[D]. 中央美术学院，2002.

[165] 郑锐鲤. 大空间公共建筑设计中的传统文化表达[D]. 上海交通大学，建筑设计及其理论，2009.

[166] 魏春雨. "树"——湖南大学工商管理学院大楼设计[J]. 南方建筑，2009（02）：82-85.

[167] 卢洁. 长沙城市公共设施设计的湖湘文化特征研究[D]. 湖南师范大学, 设计艺术学, 2010.

[168] 姜丽, 邵龙. 后工业文化景观资源转换策略研究（三）——传承工业建筑文脉[J]. 中国建筑装饰装修, 2010（02）: 172-177.

[169] 杨瑛. 中南大学综合教学楼[J]. 城市建筑, 2015, （22）: 108-115.

[170] 湛先文, 陈旻蕾. 诗情山水, 画意人家——湖南师大尖山职工住宅小区规划方案设计[J]. 中外建筑, 2009（08）: 86-89.

[171] 郭明卓. 用心设计勤于思考——韶山毛泽东遗物馆的建筑创作[J]. 建筑学报, 2009（12）: 24-27, 28-29.

[172] 蔡佩. 湖湘文化在博物馆空间设计中的应用探讨[D]. 湖南师范大学, 2013.

[173] 张永和. "山""村"新解——吉首大学综合科研教学楼及黄永玉博物馆[J]. 城市环境设计, 2009（12）: 82-85.

[174] 于一平. 技术的诗意与艺术的理性——株洲神农大剧院与神农艺术中心设计随笔[J]. 建筑知识, 2013（03）: 58-61.

[175] 宋拥民. 长沙市交响音乐厅建声设计[A]. 中国民族建筑研究会设计专业委员会、噪声与振动控制网、北京国建信文化发展中心. 2016年全国声学设计与演艺建筑工程学术会议论文集[C]. 中国民族建筑研究会设计专业委员会、噪声与振动控制网、北京国建信文化发展中心, 2016: 4.

[176] 苏昶, 谭春晖, 燕艳. 绿建"实"现——以湖南城陵矶综合保税区通关服务中心为例[J]. 绿色建筑, 2016（01）: 14-16.

[177] 蔡晓曦. 夏热冬冷地区高校中小型体育馆生态设计研究[D]. 湖南大学, 2010.

[178] 巫纪光, 陈晓明. 环境与效率的追求——谈湖南大学体育馆设计的体会[J]. 华中建筑, 2002（04）: 23-25.

[179] 俞孔坚, 张慧勇, 刘向军, 张娟, 刘玉洁. 张家界黄龙洞剧场 注解景观的建筑[J]. 城市环境设计, 2013（05）: 124-125.

[180] 老西门综合片区改造[J]. 建筑学报, 2016（09）: 10-25.

[181] 魏春雨, 齐靖, 沈昕, 张光. "活的书院"——中国书院博物馆[J]. 建筑学报, 2013（06）: 36-37.

[182] 皮嘉翘. 中国梅山文化园建筑与环境设计中残缺美的表达[D]. 湖南大学, 2012.

[183] 王路, 卢健松, 黄怀海, 郑小东, 克里斯蒂安·里希特. 毛坪村浙商希望小学, 耒阳, 湖南, 中国[J]. 世界建筑, 2014（04）: 97-98, 144.

[184] 朱巍. 朴实、低技的设计——永顺县老司城遗址博物馆[J]. 建筑与文化, 2014（10）: 76-81.

[185] 王竹, 陶伊奇, 钱振澜. 基于地区物候的建筑营造——湖南韶山华润希望小镇社区中心创作[J]. 建筑与文化, 2013（06）: 41-44.

[186] 缪朴. 山中教堂 湖南株洲朱亭堂[J]. 时代建筑, 2007（04）: 44-49.

[187] 李松平. 回归乡野——胡耀邦故居纪念园规划设计感想[J]. 中外建筑, 2007（11）: 13-17.

[188] 廖文灿, 杨晓军. 形神兼备情与景融——解读齐白石纪念馆改扩建方案设计[J]. 中外建筑, 2008（11）: 134-136.

[189] 刘岚. 环境传统创新——彭德怀纪念馆创作实践[J]. 中外建筑, 2003（02）: 27-29.

[190] 张芸芸. 湘西传统民居建筑符号及其现代演绎的研究[D]. 湖南大学, 2010.

[191] 毛靓. 皖南传统民居生态化建筑技术初探[D]. 东北林业大学, 道路与铁路工程, 2006.

[192] 周晓. 论传统建筑文化元素与现代建筑设计之关系[J]. 美与时代（上旬）, 2014（09）: 73-75.

[193] 王宏涛. 湘西地区传统民居生态性研究[D]. 湖南大学, 建筑设计及其理论, 2010.

[194] 肖湘东. 湘西民族建筑布局和空间的研究[D]. 中南林学院, 园林植物与观赏园艺, 2004.

[195] 肖湘东, 陈伟志. 湘西民族建筑的生态观[J]. 山西建筑, 2006（06）: 48, 65.

[196] 王帅. 湖南地区建筑设计中适宜技术生态建筑策略的研究[D]. 湖南大学, 建筑设计及其理论, 2008.

[197] 魏春雨. 地域界面类型实践[J]. 建筑学报, 2010（02）: 62-67.

[198] 于荣, 王海宽. 城市化进程中传统建筑的保护[J]. 低温建筑技术, 2006（04）: 139-140.

[199] 吴焜. 城市建设与传统建筑保护——以日本为例[J]. 经营与管理, 2008（05）: 53-54.

[200] 陈萍. 历史环境中的传统建筑保护与再利用[D]. 东南大学, 2006.

[201] 陈蔚. 我国建筑遗产保护理论和方法研究[D]. 重庆大学, 2006.

[202] 王云璠. 长沙历史街巷的保护与更新研究[D]. 湖南大学, 2007.

[203] 魏志强, 唐国安. 传承·复兴·延续——长沙太平街区保护与更新的思考[J]. 中外建筑, 2009（04）: 113-115.

[204] 王蔚, 魏春雨, 缪琳, 吕亚宁, 刘大为. 历史街区对城市发展的影响——以改造后的长沙太平街为例[J]. 建筑学报, 2010（S1）: 18-21.

[205] 龙玲, 柳肃. 长沙古城天心阁的保护与利用探讨[J]. 南方建筑, 2004（05）: 75-77.

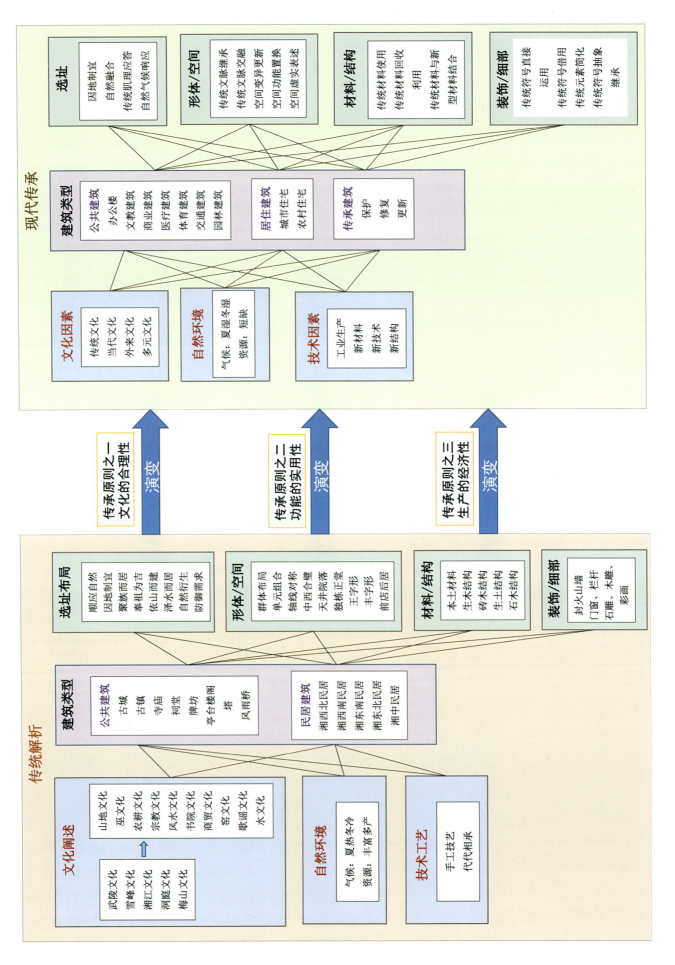

后 记

Postscript

湖南传统建筑是指从远古到19世纪中叶以前的建筑，其建筑风格的形成经过了漫长的历史发展过程，是数千年来湖湘大地各民族经过实践逐渐形成的特色文化之一，也是湖南各个时期劳动人民创造和智慧的结晶。

湖南文化底蕴丰富，海内外影响深远，湖南传统建筑最直接记录了这一地区各个历史时期人类的衣、食、住、行等生活情况。透过湖南传统建筑的形态能寻找几千年来传统思想、文化和制度留下的深深痕迹，触摸湖南的传统建筑可以解读湖南人民在历史上的迁徙、发展历程、政治制度、经济制度、宗教信仰、建造文化等信息，了解湖南特有的民族风俗、家族的兴衰、居者的轶事等。为研究人类文化发展提供了重要的史料依据，具有高度的文化价值。

然而，湖南传统建筑并不是一成不变的，随着建筑材料及其建筑技术的改进，各种类型的建筑在不同的历史时期，都会有不同的变化，这些变化又与各个时期政治、经济、文化、审美等意识形态密切相关。

本书的策划、调研和编写是在国家住房和城乡建设部村镇司、湖南省住房和城乡建设厅村镇处具体领导和指导下，由湖南大学建筑学院何韶瑶教授工作室编写完成。为顺利完成本书的撰写，编写团队多次赴现场调研、收集资料，前后共组织180余人次（包括湖南大学老师、博士生研究生、硕士研究生和本科生）参加了调研工作，及时收集足够的、真实的和较优秀的具有代表性的传统建筑、具有传承特点的代表性现代建筑信息，掌握湖南省传统建筑的数量、种类、分布、价值及其生存状态；掌握内省城市建设发展过程中的传统建筑传承现状，为本书的完成奠定了基础。

本书由何韶瑶教授担任编写组组长，书稿各章节编写具体分工如下：前言和结语由何韶瑶编写；第一章 绪论和第二章 湖南传统建筑文化的形成背景由唐成君、吴添编写；第三章 武陵·源——湘西北地区传统建筑风格特征解析由张梦淼、张艺婕编写；第四章 雪峰·巍——湘西南地区传统建筑风格特征解析由张梦淼、吴晶晶编写；第五章 潇湘·梦——湘东南地区传统建筑风格特征解析由何韶瑶、黄力为、周万能编写；第六章 洞庭·波——湘东北地区传统建筑风格特征解析由何韶瑶、刘艳莉编写；第七章 梅山·居——湘中地区传统建筑风格特征解析由江嫚、刘姿编写；第八章 湖南近现代传统建筑文化传承由姜兴华、熊申午、罗学农编写；第九章 技术与创作策略在湖南传统建筑中的传承何韶瑶、唐成君、陆薇；第十章 传统建筑风格在现代建筑中的传承与表达由章为、党航编写；第十一章 湖南省传统建筑传承与现代建筑发展的机遇与挑战由唐成君、陈宇、陆薇编写。

本书的研究及成书过程中得到了中国城市科学规划设计研究院院长方明对研究成果的指导，得到了湖南大学建筑学院柳肃教授、中南大学建筑与艺术学院石磊教授、湖南理工学院土木建筑工程学孙超法院教授、湖南师范大学资源与环境科学学院周宏伟教授、湖南省建筑设计院李彩琳总规划师、湖南省规划协会秘书长及省规划院副总规划师田高平、娄底市住建局彭砥如总工程师、湖南省建筑科学院周湘华总建筑师对研究成果提出建设性的建议；湖南省政协文史委、湖南省文物局及各地、市、州和县规划局、建设局、文物局以及长沙市规划局及杨正强等为本书撰写提供宝贵的图片，在此表示衷心感谢。

书稿编写过程中得到了省内外各相关设计院和工作室的大力协助，为本书提供大量的案例，分别是崔愷院士工作室、何韶瑶工作室、湖南省建筑设计院、湖南大学设计研究院有限公司、杨瑛工作室、魏春雨工作室、陈飞虎工作室、罗朝阳工作室、曾益海工作室、杨建觉工作室、卢健松工作室、罗劲工作室、吴越工作室等，在此一并表示衷心感谢。

感谢清华大学罗德胤副教授、北方工业大学建筑工程学院杨绪波老师在本书编写全过程中的指导和协调，特别感谢吴佳和张华两位编辑在后期校核调整中的认真、负责而高效的工作。

今天的湖南正处在积极推进新型城镇化发展的重要时期，城市和村庄都在急剧发展的过程中发生着前所未有的深刻变化。因此，及时广泛地调查研究湖南传统建筑，充分挖掘、整理、解析其形态特征及建造精华，保留并传承其可供学习、借鉴的文化遗产，是一件利在当代，功在千秋的大事！

近几年，在湖南省住房和城乡建设厅领导下，我们课题组先后编写了《湖南传统村落》、《湖南传统建筑》和《湖南传统民居》，这三本书的撰写为本书的完成奠定了良好的基础，也为湖南传统建筑文化的系统研究与传承奠定了良好的基础。

湖南现代建筑在文化传承方面的优秀案例较多，由湖南省住房和城乡建设厅牵头，第一次全面总结湖南近现代建筑在文化传承方面的发展状况，书中所选案例基本上代表了地域建筑特征的传承现状，也反映了现阶段湖南省对地域建筑传承所付出的努力。但限于时间紧、任务重，及其人力物力各方面的原因，省内也许还有更好的建筑未被列入书中，但我们确已尽最大的努力去收集提炼。

本书顺利付梓历时两年，过程艰辛，其呈现的内容也仅仅是探索过程中的阶段性成果，不一定全面反映湖南传统建筑及现代建筑的现状，还有待今后深入持久地研究和探讨。此时此刻，楚国诗人屈原的诗句"路漫漫其修远兮，吾将上下而求索"最能反映我们的心境。

由于编者水平有限，时间仓促，不妥之处在所难免，衷心希望广大读者不吝赐教，予以批评指正。